国家开放大学
THE OPEN UNIVERSITY OF CHINA

混凝土结构设计原理

（第4版）

贾英杰　杨维国　主编

U0318693

中央广播电视大学出版社·北京

图书在版编目（CIP）数据

混凝土结构设计原理／贾英杰，杨维国主编 . -- 4
版 . --北京：中央广播电视大学出版社，2017.8 (2017.12重印)
ISBN 978 - 7 - 304 - 08762 - 3

Ⅰ.①混… Ⅱ.①贾…②杨… Ⅲ.①混凝土结构 –
结构设计 – 开放教育 – 教材 Ⅳ.①TU370.4

中国版本图书馆 CIP 数据核字(2017)第 173178 号

混凝土结构设计原理（第 4 版）

HUNNINGTU JIEGOU SHEJI YUANLI

贾英杰　杨维国　主编

出版·发行：中央广播电视大学出版社

电话：营销中心 010 – 66490011　　　　总编室 010 – 68182524

网址：http://www.crtvup.com.cn

地址：北京市海淀区西四环中路 45 号　邮编：100039

经销：新华书店北京发行所

策划编辑：邹伯夏　　　　　版式设计：赵　洋
责任编辑：申　敏　　　　　责任校对：张　娜
责任印制：赵连生

印刷：北京明月印务有限责任公司　　印数：9001～12000
版本：2017 年 8 月第 4 版　　　　2017 年 12 月第 3 次印刷
开本：787mm×1092mm　1/16　　印张：20.75　字数：465 千字

书号：ISBN 978 - 7 - 304 - 08762 - 3

定价：47.00 元

第4版前言

　　土木工程涵盖了建筑工程、桥梁工程、地下工程、水利工程及港口工程等学科专业，而"混凝土结构设计原理"作为土木工程专业基础课程构成了其共有平台。课程内容体现了本专业学生应当具备的专业基础知识，可为学生在校学习专业课和毕业后从事本专业领域工作奠定坚实的基础，同时为学生今后在本专业继续深造做好一定的铺垫。

　　混凝土结构由一些基本构件，例如受拉构件、受压构件、受弯构件、受剪构件、受扭构件或复合受力构件等组成。而"混凝土结构设计原理"课程主要讲述这些构件的受力性能和设计计算方法，它是土木工程专业最重要的专业基础课。本书主要内容包括：材料的物理和力学性能，混凝土结构设计的基本原则，各种基本构件的性能分析、设计计算和构造措施等。

　　由于目前我国土木工程各领域混凝土结构设计规范尚不统一，建筑工程和公路桥涵工程采用的是极限状态设计方法，而铁路桥涵工程使用的是容许应力设计方法，因此本书突出混凝土结构构件的受力性能分析，主要介绍建筑工程和公路桥涵工程的相关规范内容，而铁路桥涵工程的构件设计方法及相关规范内容尚未考虑。

　　书中各章节按混凝土结构构件的受力性能和特点划分，便于根据不同的教学要求对内容进行取舍。在叙述方法上，考虑学生从基础课到专业课的认识规律，由浅入深，循序渐进，力求对基本概念及基本原理论述清楚、重点突出，使学生能较容易地掌握结构构件的力学性能及理论分析方法，对结构构件的设计计算和设计步骤力求做到具体、实用。为了符合国家开放大学的教学特点，每章都附有小结、思考题和习题，以便学生能更好地理解和掌握课程内容。

　　本书为"混凝土结构设计原理"课程的主教材，为了使学生更好地学习本课程，更充分地运用多种学习资源，在文字教材和视频教材的基础上，中央广播电视大学出版社开发了"混凝土结构设计原理"学习资源包，其囊括文字教材、形成性考核册、全媒体数字教材、章后习题解答、终结性考试试题解析等学习资源。其中，文字教材和形成性考核册以纸质形式出版；全媒体数字教材、章后习题解答、终结性考试试题解析等通过扫描文字教材上的二维码，登录"开放云书院"下载获得。

　　学习资源包中的全媒体数字教材以学生和学生的学习为中心，为学生提供优质、丰富的学习资源和实验演示，用尽可能通俗易懂、严谨科学的语言和展现方式，深入浅出地为学生进行教学引导，通过学习和练习，力求达到最佳的学习效果，帮助学生更好地掌握混凝土结构的设计原理。全媒体数字教材并非将印刷文字教材简单地数字化，而是将学习内容用图、文、声、像、画等全媒体展示，并有机地集成于一体，使学生获得更及时、更多角度的阅读、视听、掌控、互动等全面体验。这不仅方便了学生的在线或离线学习，还可与远程教学平台结合，实现开放大学的泛在教学和学生的泛在学习。

本书由北京交通大学土木建筑工程学院和国家开放大学理工教学部合作编写。具体分工如下：第 1 章、第 2 章、第 3 章及第 11 章由北京交通大学杨维国教授编写，第 4 章、第 5 章及第 8 章由北京交通大学贾英杰副教授编写，第 6 章、第 9 章及第 10 章由北京交通大学袁泉副教授编写，第 7 章由国家开放大学王卓教授编写。全书由贾英杰、杨维国统一修改定稿。

学习资源包中的形成性考核册、章后习题解答和终结性考试试题解析由王卓编写。学习资源包中的全媒体数字教材的教学设计工作由王卓完成，开发制作工作由王卓和电大在线远程教育技术有限公司共同完成。

清华大学叶列平教授、北京工业大学曹万林教授及北京交通大学季文玉教授审阅了本书并提出许多宝贵意见。何玉阳、李挺、汤丁、张子荣、刘丹、刘佩、贾穗子、刘钧慧等为本书绘制了插图。国家开放大学理工教学部对本书的编写给予了高度的重视与支持，中央广播电视大学出版社为本书的顺利出版提供了很大的帮助，在此表示衷心的感谢。

本书在编写过程中参考了大量国内外文献，引用了不少学者的资料，这些在本书的参考文献中已予列出，在此向广大作者表示衷心的感谢。

希望本书能为读者的学习和工作提供帮助，鉴于作者水平有限，书中难免有错误及不妥之处，望请读者批评指正。

编　者

2017 年 3 月于北京

目　录

第 1 章 绪 论

学习目标

1. 深刻理解并掌握钢筋和混凝土的共同工作条件。
2. 充分认识钢筋混凝土结构的优点和缺点。
3. 了解钢筋混凝土结构在土木工程中的应用及发展前景。

1.1 混凝土结构的一般概念

由水泥等胶凝材料、石子和砂等粗细骨料、水和其他掺和料及外加剂，按适当比例配制、拌和并硬化而成的具有一定强度和耐久性的人造石材，称为混凝土，也常被称为"砼"。混凝土结构则是以混凝土为主要材料，并根据需要配置钢筋、预应力钢筋、型钢等，组成承力构件的结构，如素混凝土结构、钢筋混凝土结构、预应力混凝土结构、钢管或钢骨混凝土结构和纤维混凝土结构。

素混凝土结构是由无筋或不配置受力钢筋的混凝土制成的结构，常用于路面、基础等和一些非承重结构；钢筋混凝土结构是由配置受力的普通钢筋、钢筋网或钢筋骨架的混凝土制成的结构；预应力混凝土结构是由配置受力的预应力钢筋通过张拉或其他方法建立预应力的混凝土结构；纤维混凝土结构是在钢筋混凝土中加入钢纤维、碳纤维筋等形成的混凝土结构。

钢筋混凝土结构和预应力混凝土结构常用做土木工程中的主要承重结构，广泛应用于建筑、桥梁、隧道、矿井以及水利、港口等工程。

钢筋和混凝土都是现代土木工程中重要的建筑材料，钢筋的抗拉和抗压强度都很高，但混凝土的抗压强度较高而抗拉强度很低。为充分发挥两种材料各自的性能优势，把钢筋和混凝土按照合理的组合方式有机地结合起来，共同工作，使钢筋主要承受拉力，混凝土主要承受压力，以满足工程结构的使用要求。

如图 1-1 所示的混凝土简支梁，在外力作用下会产生弯曲变形，梁的上部材料受压，下部材料受拉。当此梁由素混凝土制成时 [如图 1-1 (a) 所示]，由于混凝土抗拉强度很低，当荷载作用值还很小时，梁下部受拉区边缘的混凝土就会出现裂缝，而受拉区混凝土一旦开裂，在荷载的持续作用下，裂缝会迅速向上发展，梁在瞬间骤然脆裂断开，而梁上部混凝土的抗压能力还未能充分利用。素混凝土梁的承载力很低，变形发展不充分，属脆性破坏 [如图 1-1 (c) 所示]。当在梁受拉区配置适量的钢筋，形成钢筋混凝土梁时 [如图 1-1 (b) 所示]，在荷载的作用下，梁的受拉区混凝土仍会开裂，但由于钢筋的存在，可以代替受拉区混凝土承受拉力,裂缝不会迅速发展,受压区的压应力仍由混凝土承受,所以梁可以承受继续增大的荷载,直到钢筋的应力达到其屈服强度。随后荷载仍略有增加,致使受压区混凝土被压碎,混凝土抗压强度得到充分利用。此时,梁达到极限承载力,挠度变形明显,发展充分,属延性破坏 [如图1-1(c)所示]。可见,在受拉区配置钢筋明显地提高了梁受拉区的抗拉能力,从而使钢筋混凝土梁的承载力比素混凝土梁有很大的提高。在钢筋混凝土梁中,混凝土的抗压能力和钢筋的抗拉能力都得到充分利用,而且在梁破坏前,其裂缝充分发展,变形明显增大,有明显的破坏预兆,属延性破坏,结构的受力特性得到显著改善。

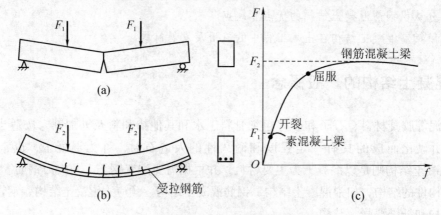

图1-1 素混凝土梁及钢筋混凝土梁破坏形态
(a) 素混凝土梁;(b) 钢筋混凝土梁;(c) 梁上荷载 - 挠度关系曲线

承受压力的构件——柱,通常也配置钢筋(如图1-2所示),以协助混凝土承受压力,达到减小柱的截面尺寸、改善柱的受力性能、提高柱的承载能力和增加柱的延性的目的。

1.2 钢筋和混凝土共同工作的可能性与有效性

钢筋和混凝土这两种物理和力学性能不同的材料之所以能够有效地结合在一起共同工作,主要是基于下述3个条件:

1. 钢筋和混凝土之间良好的黏结力

钢筋与混凝土之间存在黏结力,使两者能结合在一起,在外荷载的作用下,构件中的钢筋与混凝土变形协调,共同工作。因此,黏结力是这两种不同性质的材料能够共同工作的基础。

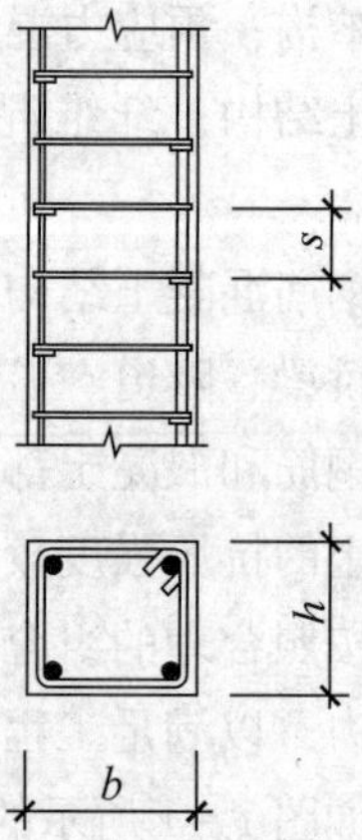

图1-2 柱配钢筋构造

2. 接近的温度线膨胀系数

钢筋与混凝土两种材料的温度线膨胀系数很接近,钢筋为 1.2×10^{-5},混凝土为 $(1.0 \sim 1.5) \times 10^{-5}$,因此,当温度变化时,两种材料不会因产生过大的变形差而使黏结力遭到破坏。

2

3. 混凝土对钢筋的保护作用

钢筋埋置于混凝土中，混凝土对钢筋起到保护和固定的作用，使钢筋不容易发生锈蚀，且使其受压时不易失稳，在遭受火灾时不致因钢筋很快软化而导致结构整体破坏。因此，在混凝土结构中，一定厚度的混凝土保护层是保证两者共同工作的必要措施。

1.3 钢筋混凝土结构的特点

1.3.1 钢筋混凝土结构的优点

钢筋混凝土结构之所以有广泛的应用，是因为它有诸多的优点。钢筋混凝土结构的主要优点有以下几方面：

1. 取材较方便

砂、石是混凝土的主要成分，均可就地取材。在工业废料（例如矿渣、粉煤灰等）比较多的地方，可利用工业废料制成人造骨料等，并用于混凝土结构中。

2. 承载力高

和砌体结构、木结构相比，钢筋混凝土结构的承载力高，在一定条件下，可以用来代替钢结构，从而达到节约钢材、降低造价的目的。

3. 耐久性佳

在混凝土结构中，由于钢筋受到混凝土的保护不易锈蚀，所以混凝土结构的耐久性得到提高。处于正常环境下的混凝土耐久性较好，而高强混凝土的耐久性更好。处于侵蚀性环境下的混凝土结构，经过合理的设计及采取有效措施后，也可满足工程需要。

4. 整体性强

现浇或装配整体式混凝土结构具有良好的整体性，所以结构的刚度及稳定性均较好，这不仅有利于抗震，而且有利于抵抗振动和爆炸冲击波。

5. 耐火性优

混凝土为不良导热体，埋置在混凝土中的钢筋受高温影响远较暴露在外的钢结构小。只要钢筋表面的混凝土保护层具有一定的厚度，在发生火灾时钢筋就不会很快软化，从而可避免结构倒塌。

6. 可塑性好

新拌和的混凝土可塑性很强，因此可根据需要制成不同尺寸与任意形状的结构，以有利于建筑造型。

7. 节约钢材

钢筋混凝土结构合理地利用了材料的性能，发挥了钢筋与混凝土各自的优势，与钢结构相比，可节约钢材、降低工程造价。

8. 保养维护费用低

与钢、木结构相比，钢筋混凝土结构很少需要维修，能有效地降低维护成本。

1.3.2 钢筋混凝土结构的缺点

钢筋混凝土结构同时也存在着不少缺点,主要表现在以下几方面:

1. 自重大

钢筋混凝土结构自重较大,能承担的有效荷载相对较小,在大跨度结构、高层建筑结构中的应用十分不利。另外,自重大会使结构的地震作用加大,不利于结构抗震。

2. 抗裂性差

钢筋混凝土结构在正常使用情况下,构件截面受拉区通常存在裂缝,如果裂缝过宽,则会影响结构的耐久性和适用性。

3. 需用大量模板

钢筋混凝土结构的制作需要模板予以成型。如采用木模板,则可重复使用的次数较少,从而增加工程造价。

4. 施工受季节性影响

钢筋混凝土结构施工工序复杂,周期较长,且受季节气候影响大。

随着科学技术的不断发展,混凝土结构的缺点正在被逐渐克服或有所改进。如采用轻质、高强混凝土及预应力混凝土,可以减小结构自身重力并提高其抗裂性;采用可重复使用的钢模板,可以降低工程造价;采用预制装配式结构,可以改善混凝土结构的制作条件,少受或不受气候条件的影响,并能提高工程质量及加快施工进度等。

1.4 混凝土结构的发展与应用

1.4.1 混凝土结构发展概况

钢筋混凝土结构与砖石砌体结构、钢结构和木结构相比,历史并不长,至今约有 160 年的历史,但发展很快,大致可分为 4 个阶段。

第一阶段(1850—1920 年):1824 年英国人 J. 阿斯普丁(J. Asptin)发明了波特兰水泥,1856 年转炉炼钢成功,为钢筋混凝土的发明提供了充分而坚实的物质基础。当时,钢筋和混凝土的强度较低,计算理论采用弹性理论,设计方法采用容许应力法,故混凝土结构在建筑工程中的应用发展较慢,直到 1903 年才在美国辛辛那提建造了世界上第一栋混凝土结构的高层建筑——16 层的英格尔大楼(Ingalls Building)。而且,在第一次世界大战前,混凝土结构只在多层房屋的基础和楼盖中得到应用。

第二阶段(1920—1950 年):这一阶段混凝土和钢筋的强度均有所提高。1928 年,法国工程师弗雷西内(Freyssinet)成功研制了预应力混凝土,为钢筋混凝土结构向大跨度发展提供了保障,并且装配式钢筋混凝土和薄壁空间混凝土结构也有了很大的发展。1930 年以后,混凝土结构的试验研究开始进行,在计算理论上已开始考虑材料的塑性,按破损阶段计算结构的破坏承载力。

第三阶段(1950—1980 年)：第二次世界大战后，随着高强混凝土和高强钢筋的出现，预制装配式混凝土结构、高效预应力混凝土结构、泵送商品混凝土以及各种新的施工技术等广泛地应用于各类土木工程中，在计算理论上已过渡到充分考虑混凝土和钢筋塑性的极限状态设计理论，在设计方法上已发展到以概率为基础的多系数表达的设计公式。

第四阶段：从 1980 年起至今 30 多年来，混凝土结构出现了前所未有的发展与应用，如超高层建筑、大跨度桥梁、跨海隧道和高耸结构等。振动台试验、拟动力试验和风洞试验较普遍地开展，计算机辅助设计和绘图的程序化改进了设计方法并提高了设计质量，也减轻了设计工作量，并且结构构件的设计采用了以概率理论为基础的极限状态设计方法。同时，非线性有限元分析方法的广泛应用，也推动了混凝土强度理论和本构关系的深入研究，并形成"近代钢筋混凝土力学"这一分支学科。

混凝土结构在材料应用、结构体系和计算理论 3 方面的发展都具有明显的特征。

1. 材料应用

(1)混凝土。目前，常用的普通混凝土尚存在强度和耐久性不高、工作性能欠佳、抗裂性较差、脆性较大、抗渗能力和抗蚀能力较弱、水化热偏高、易产生裂缝等不足。针对这些缺点，混凝土的性能研究出现了许多重大变革。如采用聚合物混凝土，以改善其脆性，提高其抗渗能力和抗蚀能力；发明浸渍混凝土，以提高混凝土的耐久性和抗蚀性；用玻璃纤维增强水泥等，以改善混凝土的抗裂性、耐磨性及延性。其他以水泥为基材的各种混凝土，如轻质混凝土、加气混凝土、树脂混凝土、纤维混凝土以及根据性能要求发展的高强混凝土、高流动性混凝土、耐热混凝土、耐火混凝土和膨胀混凝土等，则突出了复合化的性能。20 世纪 80 年代末到 90 年代初出现的高性能混凝土(High Performance Concrete, HPC)，对混凝土的耐久性、工作性、强度、适用性、体积稳定性等均有很好的保证。其他如绿色高性能混凝土(Green HPC)和超高性能混凝土(Ultra HPC)，前者用以工业废渣为主的细掺料代替大量水泥熟料，以更有效地减少环境污染；后者如活性粉末混凝土和纤维增强混凝土，其特点是高强度、高密实性，或以大量纤维增强来克服混凝土材料的脆性。按施工方法不同配制的混凝土，如碾压混凝土、泵送混凝土和流态混凝土，应用比较广泛；水下混凝土、压浆混凝土和喷射混凝土等也得到应用。现在，我国常用的混凝土强度可达到 C50 ~ C60，特殊工程可用 C80 ~ C100；而美国常用的混凝土强度已达到 C80 ~ C135，特殊工程中用到的活性粉末混凝土强度可达到 400 MPa。

(2)钢材。钢材的发展以提高其屈服点和综合性能(包括防锈和防火)为主。通过不同的制作工艺、冷热处理方式、合金元素的添加等，可大幅提高钢材的屈服强度；同时对其塑性、冷弯性、黏结力、抗高温、可焊性、抗冲击和抗爆性等方面也都可加以改善，以有效地提高钢材的使用效率。此外，在预应力混凝土构件中采用的高强钢材也有较大的发展，如调质钢材的屈服强度/抗拉强度可达 1 350/1 500 ~ 1 450/1 600 MPa，用高频感应炉热处理预应力钢材的屈服强度/抗拉强度可达 800/950 ~ 1 350/1 450 MPa。预计未来混凝土采用的钢材强度将可能会超过 13 500 MPa。我国在工程结构的钢材应用研究方面正向着高强度、高延性、低松弛和耐腐蚀的方向发展。

（3）其他化学合成材料。化学合成材料用于抗力结构是材料发展的崭新领域。20 世纪以来，聚合物纤维（聚丙烯、尼龙、聚酯和聚乙烯等）类复合化材料在混凝土中的掺加，形成纤维加强混凝土，可大幅提高混凝土的韧性、抗冲击性能、抗热爆性能等与韧性有关的物理性能；而高弹模纤维（钢纤维、玻璃纤维、碳纤维等）的掺加，不仅能提高上述性能，而且能使混凝土的抗拉强度和刚性有较大的提高。在实际应用中，还可采用树脂将纤维黏结成束而形成纤维筋来代替钢筋，以利用其抗腐蚀、高强度、抗疲劳性、弹性大、高电阻及低磁导性等特点。

新研制的自修复混凝土，是在混凝土中掺入灌以树脂的纤维，当结构构件出现超过允许宽度的裂缝时，混凝土内的微细纤维管孔破裂，树脂自动流出封闭裂缝。再如，将结构的梁和柱之间用聚合物作为缓冲材料连接，它在一般荷载作用下是刚性连接，而在振动作用较大时变成柔性连接，起到吸收和缓冲地震或风力带来的加速度作用。化学合成材料还可用于建筑的外围部件，如用之代替钢、木等传统材料；或用于改善建筑制品的性能，包括保温、隔热、隔声、耐高温、耐高压、耐磨、耐火等新的需求。

2. 结构体系

用两种或两种以上材料组合，利用各自的优越性开发出高性能的便于使用的结构产品，是 21 世纪土木工程的一个重要特征。目前，钢与混凝土组合结构是采用钢构件和混凝土构件或钢与混凝土组合构件共同组成的承重结构体系或抗侧力结构体系。这种组合可使钢和混凝土两种材料取长补短，得到良好的技术经济效果。钢与混凝土组合构件有组合板、组合梁和组合柱等，其中钢管混凝土柱的应用已有 80 多年的历史。在组合结构中，组合剪力墙体系、组合框架体系、组合筒体系和组合巨型框架体系等，目前已得到广泛的应用。

钢与混凝土组合结构除具有钢筋混凝土结构的优点外，还有抗震性能好、施工方便、能充分发挥材料的性能等优点，因而得到广泛的应用。各种结构体系，如框架、框架—剪力墙、剪力墙、框架—核心筒等结构体系中的梁、柱、墙均可采用组合结构。

3. 计算理论

近年来，钢筋混凝土结构的基本理论和设计方法研究正在不断发展与完善中。目前，考虑混凝土非弹性变形的计算理论已有很大进展，在连续板、梁及框架结构的设计中考虑塑性内力重分布的分析方法已得到较为广泛的应用。随着对混凝土强度和变形理论的深入研究，现代化测试技术的发展及有限元分析方法的应用，对混凝土结构，尤其是体形复杂或受力状况特殊的二维、三维结构已能进行非线性的全过程分析，并开始从个别构件的计算过渡到考虑结构整体空间工作、结构与地基相互作用的分析方法，使混凝土结构的计算理论和设计方法日趋完善，并向着更高的阶段发展。

《混凝土结构设计规范》（GB 50010—2010）将混凝土强度等级提高到C80，混凝土结构中的非预应力钢筋以 HRB400 级作为主导钢筋，并适当调整了材料设计强度的取值，以提高结构的安全度；增加了混凝土结构内力及应力分析的基本方法；为适应复杂结构分析的需要，增加了混凝土及钢筋本构关系及破坏准则的有关内容。《混凝土结构设计规范》还对结构构件承载力计算方法、各类构件的构造措施等进行了修订、补充和完善。此外，《混凝土结构设计规范》还明确了工程设计人员必须遵守的强制性条文。本书除介绍混凝土结构设计的基本原理外，在设计方法上将主要讲述《混凝土结构设计规范》的内容。

1.4.2　混凝土结构在实际工程中的应用

混凝土结构除在一般工业与民用建筑中得到极为广泛的应用外，令人瞩目的是它在高层及超高层建筑、大跨桥梁和高耸结构中的应用和发展。

1. 高层及超高层建筑结构

目前世界上建成的最高的钢筋混凝土超高层建筑是位于阿拉伯联合酋长国的哈利法塔（Khalifa Tower），又称为迪拜大厦，总层数为 162 层，总高度为 828 m，其中混凝土结构高度为 601 m（如图 1-3 所示）。哈利法塔的平面为"Y"形，中部是一个六边形的钢筋混凝土核心筒，周边有三个翼，每个翼又有自己的高性能混凝土核心筒和周边柱群，翼与翼之间通过中部六边形的钢筋混凝土核心筒相互支撑。

我国目前最高的建筑是上海中心大厦，建筑主体是 118 层，总高为 632 m，结构高度为 580 m，塔楼结构由钢筋混凝土筒、钢骨混凝土巨柱和钢结构伸臂桁架组成（如图 1-4 所示）。钢筋混凝土巨柱底部最大截面尺寸为 5 300 mm × 3 700 mm，钢筋混凝土筒底部最大厚度为 1 200 mm，钢筋混凝土巨柱最大混凝土强度等级达到 C70。

图 1-3　阿联酋迪拜的哈利法塔　　　　　　图 1-4　上海中心大厦

2. 大跨空间结构

法国国家工业与技术中心的钢筋混凝土薄壳结构属于公共建筑。它的平面呈三角形，边长为 218 m，壳顶离地面 48 m，是双层波形拱壳（如图 1-5 所示）。悉尼歌剧院位于澳大利亚悉尼港，建造在伸入海中的一块狭小地段上，由 3 组、10 对壳片组成，以环境优美和建筑造型独特而闻名于世（如图 1-6 所示）。该建筑为钢筋混凝土结构，其外部造型已完全无墙、柱的概念，它的外部造型与内部功能无直接联系，内部形状由吊在钢筋混凝土壳上的钢桁架决定。

图 1-5　法国国家工业与技术中心

图 1-6　悉尼歌剧院

3. 桥梁结构

桥梁工程中的中小跨度桥梁大部分都采用混凝土结构建造，大跨度桥梁也有相当一部分采用混凝土结构建造。如 1991 年建成的挪威预应力斜拉桥（Skarnsundent），跨度达 530 m；重庆长江二桥为预应力混凝土斜拉桥，跨度达 444 m；虎门大桥中的辅航道桥为预应力混凝土刚架公路桥，跨度达 270 m；攀枝花预应力混凝土铁路刚架桥，跨度为 168 m。公路混凝土拱桥的应用也较多，其中突出的如 1997 年建成的四川万州长江大桥，为上承式拱桥，采用钢管混凝土和型钢骨架组成三室箱形截面，跨长 420 m（如图 1-7 所示）；贵州江界河 330 m 的桁架式组合拱桥和 312 m 的广西邕宁邕江中承式拱桥等均为混凝土桥。

预应力混凝土箱形截面斜拉桥或钢与混凝土组合梁斜拉桥是当前大跨度桥梁的主要结构形式。我国在 1993 年 10 月建成通车的上海杨浦大桥，是钢与混凝土组合梁斜拉桥，主跨 602 m，主桥全长 1 178 m（如图 1-8 所示）。

图 1-7　万州长江大桥

图 1-8　上海杨浦大桥

4. 隧道及地下结构

隧道及地下工程多采用混凝土结构建造。我国自 1949 年至 2012 年，修建了超过 5 000 km 长的铁路隧道，其中成昆铁路线中有隧道 427 条，总长 341 km；修建的公路隧道约 5 000 条，总长超过 3 200 km。我国除北京、上海、天津、广州、深圳、南京、成都、沈阳等已有地铁在运营外，另有多个大城市的地铁正在建造及筹划之中。另外，许多城市均采用混凝土结构建造地下商业街、地下停车场、地下仓库和地下旅店等，海底隧道和过江隧道的修建也均采用混凝土结构。

5. 水利工程结构

水利工程中的水电站、拦洪坝、引水渡槽、污水排灌管等均采用钢筋混凝土结构。目前世界上最高的混凝土重力坝为瑞士的大迪克桑斯坝，高 285 m；其次为俄罗斯的萨杨苏申克坝，高 245 m（如图 1-9 所示）。我国的四川二滩水电站拱坝高 240 m（如图 1-10 所示）；三峡水利枢纽中的水电站主坝高 185 m，设计装机容量为 $2\,240 \times 10^4$ kW，该枢纽的发电量居世界单一水利枢纽发电量第一位。另外，举世瞩目的南水北调大型水利工程，沿线建造有很多预应力混凝土渡槽。

图 1-9　俄罗斯萨杨苏申克坝

图 1-10　四川二滩水电站拱坝

6. 特种结构

特种结构中的烟囱、水塔、筒仓、储水池、电视塔、核电站反应堆安全壳、近海采油平台等也有很多是采用混凝土结构建造的。如 1989 年建成的挪威北海混凝土近海采油平台，水深 216 m；加拿大多伦多电视塔为预应力混凝土结构，塔高 553.33 m（如图 1-11 所示）；上海东方明珠电视塔由 3 个钢筋混凝土筒体组成，高 468 m（如图 1-12 所示）；瑞典建成的容积为 $10\,000$ m³ 的预应力混凝土水塔；我国山西云冈建成的两座直径为 40 m、容量为 6×10^4 t 的预应力混凝土煤仓等。

图 1-11　加拿大多伦多电视塔

图 1-12　上海东方明珠电视塔

1.5　本课程的主要内容及特点

1.5.1　课程内容

混凝土结构构件按主要受力特点来划分，可分为以下几类。

1. 受弯构件

这类构件主要承受弯矩，故称为受弯构件，如梁、板等。同时，构件截面上也有剪力存在。对于板，剪力对设计计算一般不起控制作用。而在梁中，除应考虑弯矩外，尚需考虑剪力的作用。

2. 受压构件

这类构件主要受压力作用，且大部分受压构件中压力的作用位置不在截面形心上，或截面上同时有压力和弯矩共同作用，故称为偏心受压构件，如柱、墙等。偏心受压构件一般都伴随有剪力作用，因此，受压构件通常需考虑弯矩、轴力和剪力共同作用的影响。

3. 受拉构件

对于层数较多的框架结构，当水平力产生的倾覆力矩很大时，部分柱截面上除产生剪力和弯矩外，还可能出现拉力，这种构件称为偏心受拉构件。其他如屋架下弦杆、拉杆拱中的拉杆等，则通常按轴心受拉构件考虑。

4. 受扭构件

这类构件的截面上除产生弯矩和剪力外，还会产生扭矩，因此，这类结构构件应考虑扭矩的作用，如曲梁、框架结构的边梁、雨篷梁等。

本课程主要讲述以上混凝土结构基本构件的受力性能、承载力和变形计算以及钢筋配置和构造要求等。这些内容是土木工程混凝土结构中的共性问题，是混凝土结构的基本理论，以此为基础并结合整体结构的力学分析，才能进行结构方案的选择和优化，故本课程为土木工程专业的专业基础课。

1.5.2　课程特点

1. 材料复杂性和基本力学概念的统一

钢筋混凝土是由两种力学性能完全不同的材料组成的复合材料，自身性能复杂，与材料力学中匀质、连续、理想的弹性材料不同，因此，材料力学公式在混凝土结构中可直接应用的不多，但其截面分析时通过平衡关系建立基本方程的途径是相同的。两种材料在截面面积和材料强度上的匹配不同，也会引起构件受力性能和破坏特征的改变。掌握好钢筋和混凝土材料的力学性能和影响因素，同时加强材料力学的基本概念在构件截面分析中的应用，对于钢筋混凝土构件设计既具有基本理论意义，又具有工程实际价值。

2. 实践性和设计理论性的统一

由于混凝土材料性能的复杂性和离散性，钢筋混凝土材料的力学性能和构件的计算方法、计算公式都是建立在大量试验的基础上并考虑概率统计的方法进行确定的。学习本课程时，要重视构件的试验研究，掌握通过试验现象观察到的构件受力性能，以及受力分析所采用的基本假设的试验依据；充分理解现阶段所建立的强度和变形理论，在运用计算方法、计算公式时，理解其适用范围和具体条件。

3. 设计多样性和目标唯一性的统一

混凝土结构设计包括方案选择、材料选择、截面形式确定、配筋计算和构造措施保证等。结构设计是一个综合性的问题，在进行结构布置、处理构造问题时，不仅要考虑结构受力的合理性，而且要考虑使用要求、材料、造价、施工等方面的问题。由于设计者的个性差异，对同一问题往往会形成多种解决方案，所以最终目标应结合具体情况，做到安全、适用、耐久、技术先进和经济合理的有效统一。因此，在学习过程中要注意以工程应用为目标，培养对多种因素进行分析和综合的能力。

4. 规范权威性和设计创造性的统一

规范是国家制定的有关结构设计计算和构造要求的技术规定和标准，是具有约束性和立法性的文件，是设计、校核、审批结构工程设计的依据。强制性条文是设计中必须遵守的带有法律性质的技术文件，这将使设计方法达到统一化和标准化，从而有效地贯彻国家的技术经济政策，保证工程质量。由于科学技术水平和生产实践经验是不断发展的，所以规范也必然需要不断修订、补充和完善。因此，在学习和掌握钢筋混凝土结构理论和设计方法的同时，要熟悉和运用规范，并注意不应仅限于规范所规定的条文、公式、表格等具体形式，更要注意对规范条文的概念和实质的正确理解，要善于观察和分析，不断地进行探索和创新，只有这样，才能正确地运用规范，充分发挥设计者的主动性和创造性。

1.5.3 学习方法

1. 注重实践教学环节，扩大知识面

混凝土结构设计原理是以试验为基础的，因此，除课堂教学外，还要加强试验教学，以进一步理解学习内容和训练试验的基本技能。结合课程设计和毕业设计等实践性教学环节，学生可初步具有运用理论知识正确进行混凝土结构设计和解决实际问题的能力，并能在学习过程中逐步熟悉和正确运用我国现行的相关设计规范和设计规程，如《混凝土结构设计规范》（GB 50010—2010）（以下简称《混凝土规范》）、《工程结构可靠性设计统一标准》（GB 50153—2008）、《建筑结构荷载规范》（GB 50009—2012）、《建筑抗震设计规范》（GB 50011—2010）、《高层建筑混凝土结构技术规程》（JCJ 3—2010）和《公路钢筋混凝土及预应力混凝土桥涵设计规范》（JTG D62）（以下简称《公路桥规》）等。

2. 注意难点，突出重点

本课程涉及知识面广，综合性强，内容更新快，具有内容多、试验多、符号多、公式多、构造规定多的特点，学习时要遵循教学大纲的要求，贯彻"少而精"的原则，突出对重点内容的学习，对学习中的难点要找出它的根源，以利于化解。

3. 深刻理解重要的概念，以概念指导构件的设计计算并加强对构造措施的理解

在学习过程中，对各章后面给出的思考题及习题要认真完成。正确的学习方法应该是先复习教学内容，对例题有透彻理解后再做习题，切忌边做习题边看例题。习题的正确答案往往不是唯一的，这也是本课程与一般数学、力学课程所不同的地方。对于构造规定，要着眼于理解，切忌死记硬背，对常识性的构造规定应形成习惯性记忆。

小　结

1. 混凝土结构是以混凝土为主要材料制成的结构。这种结构充分发挥了钢筋和混凝土两种材料各自的优点。在混凝土中配置适量的钢筋后，可使构件的承载力大大提高，构件的受力性能也得到显著改善。

2. 钢筋和混凝土两种材料能够有效地结合在一起共同工作，主要基于3个条件：钢筋与混凝土之间良好的黏结力，接近的温度线膨胀系数，混凝土对钢筋的保护作用。这是钢筋混凝土结构得以实现并获得广泛应用的根本原因。

3. 混凝土结构有很多优点，但也存在一些缺点，应通过合理的设计，发挥其优点，克服其缺点。

4. 本课程主要讲述混凝土结构构件的设计原理，与材料力学既有联系，又有区别，学习时应注意比较。

思考题

1. 试分析素混凝土梁与钢筋混凝土梁在承载力和受力性能方面的差异。

2. 钢筋与混凝土共同工作的基础是什么？

3. 混凝土结构有哪些优点和缺点？如何克服其缺点？

4. 本课程主要包括哪些内容？学习时应注意哪些问题？

第2章 材料的物理和力学性能

学习目标

1. 熟悉混凝土材料在各种受力状态下的强度与变形性能；掌握混凝土的选用原则。

2. 熟悉混凝土结构中所用钢筋的品种、级别及其性能；掌握混凝土结构对钢筋性能的要求及选用原则。

3. 了解钢筋与混凝土共同工作的原理；熟悉保证钢筋与混凝土之间协同工作的构造措施。

2.1 混 凝 土

普通混凝土是由水泥、石子和砂3种主要材料用水拌和经凝固硬化后形成的人工石材。混凝土的物理力学性能主要包括强度和变形，其他物理性能，如碳化、耐腐蚀、耐热、防渗等也有深入的研究。本节主要阐述混凝土的强度和变形问题。

2.1.1 混凝土的强度

混凝土的强度是其受力性能的基本指标，是指在外力作用下，混凝土材料达到极限破坏状态时所能承受的应力。混凝土的强度不仅与其材料等组成因素有关，还与其受力状态有关。混凝土受力条件不同，就会表现不同的承载能力。受力状态可分为单向受力状态和复杂受力状态。工程中常用的混凝土强度主要有立方体抗压强度、棱柱体轴心抗压强度和轴心抗拉强度等，它们均是单向受力状态下的混凝土强度指标。其中，立方体抗压强度标准值是混凝土各种力学指标的基本代表值。工程实践中主要利用混凝土的抗压强度。

1. 立方体抗压强度

标准试块(边长为150 mm 的混凝土立方体)在标准条件下(温度为20 ℃ ±2 ℃，相对湿度在95% 以上)养护28 d 或设计规定龄期，按规定的标准试验方法(中心加载，平均加载速度为0.3～0.8 MPa/s，试件上、下表面均不涂润滑剂)测得的破坏时的平均压应力称为混凝土立方体抗压强度，记为 f_{cu}^0 (单位：N/mm^2)(上标"0"表示试验值)。

为满足工程实践的需要，须对混凝土进行强度等级的划分和规定。在《混凝土规范》中，混凝土强度等级按立方体抗压强度标准值确定，即上述方法测得的具有95% 保证率的立方体抗压强度，用符号 $f_{cu,k}$ 表示。混凝土强度从 C15 到 C80 共划分 14 个等级，级差为 5 MPa。其中，符号 C 表示强度等级，如 C30 表示立方体抗压强度标准值为 30 N/mm^2。强度为 C50 及 C50 以上的混凝土规定为高强混凝土。

　　试验研究表明,混凝土的破坏是内部微裂缝逐渐发展的结果,破坏现象是裂缝发展过程的最后阶段。图2-1所示为试块在不同受荷阶段经检测所获得的裂缝发展形态示意图。试块在加载前,混凝土中就存在收缩裂缝和由于骨料周围泌水产生的微裂缝(黏结裂缝);受载后,当应力较小时,骨料和水泥石产生弹性变形,初始微裂缝基本不发展;当荷载达到约65%极限荷载时,骨料颗粒与水泥石接触表面产生了局部应力集中,因拉应力超过骨料与砂浆界面的黏结强度,将出现一些新的裂缝(砂浆裂缝),同时初始微裂缝进一步扩展;当加载至85%极限荷载时,砂浆裂缝急剧扩展,先通过大骨料的黏结裂缝,再通过小骨料的黏结裂缝,成为非稳定裂缝;在达到100%极限荷载时,形成与加载方向平行的纵向贯通裂缝,将试块分割成许多小柱体,最后小柱体失稳崩裂,导致混凝土破坏。

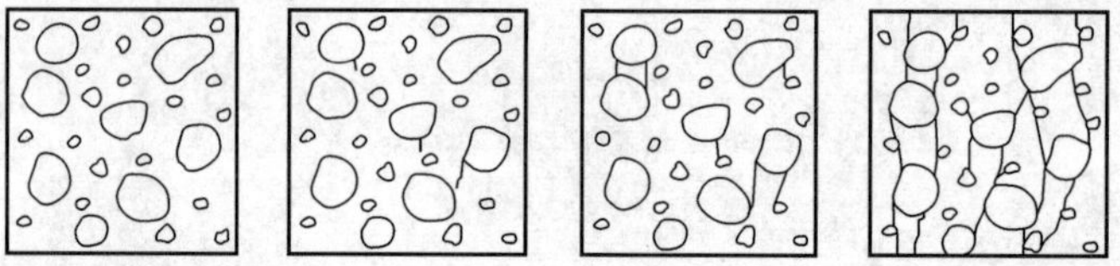

加载前　　　65%极限荷载　　　85%极限荷载　　　100%极限荷载

图2-1　裂缝发展形态示意图

　　由此可见,混凝土受压破坏的根本原因是受荷过程微裂缝的不断发展,因此,如能对混凝土的裂缝开展加以限制,则在一定程度上可以提高混凝土的抗压强度。

　　立方体试块在压力机上受压,当未涂润滑剂时,试件两端因受承压钢板横向摩擦力的约束作用,加载接触面的侧向膨胀受到约束限制,而试件远离加载面的中间部位受摩擦力的约束作用显著降低,造成裂缝未能沿加载方向上下延伸发展,而是成斜向随荷载的增长不断地向两端扩展,最后形成角锥面破坏[如图2-2(a)所示],这种水平约束会使混凝土强度有所提高。如果在承压钢板与试块接触面之间涂以润滑剂,以消除摩擦力的影响,则试块将出现与加载方向大致平行的竖向裂缝而破坏[如图2-2(b)所示],这时抗压强度低于有端部摩擦力影响的立方体的相应试验结果。

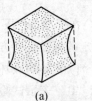

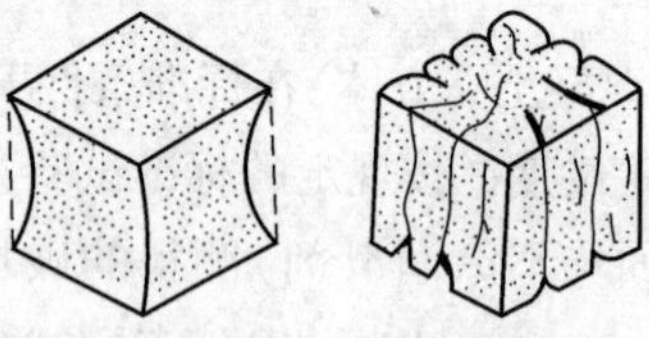

(a)　　　　　(b)

图2-2　混凝土立方体试块受压破坏形态

(a)无润滑剂;(b)有润滑剂

　　试验表明,混凝土立方体试块尺寸越大,实测破坏强度越低,反之越高,这种现象称为尺寸效应。一般认为,这是混凝土内部缺陷等因素造成的,试件尺寸大,内部缺陷(微裂缝、气泡)相对较多,故强度较低。边长为 200 mm 和 100 mm 的立方体试件,其实测所得的立方体抗压强度分别是边长为 150 mm 的立方体试件相应强度的 0.95 倍和 1.05 倍。加载速度对混凝土的抗压强度也有一定的影响,加载速度过快,内部微裂缝难以充分扩展,塑性变形受到一定的抑制,于是强度较高。反之,加载速度过慢,则强度有所降低。

混凝土的强度还与试验时的龄期有关,养护龄期越长,测得的破坏强度越高。在一定的温度和湿度条件下,混凝土的强度开始增长较快,后来逐渐减慢,这一强度增长过程可以延续若干年。

2. 棱柱体轴心抗压强度

实际工程中,大部分混凝土构件的纵向尺寸通常都比横截面尺寸大很多,因此,采用棱柱体试件比立方体试件能更好地反映混凝土结构的实际受力状态。《混凝土规范》规定棱柱体试件试验测得的具有 95% 保证率的抗压强度为混凝土轴心抗压强度标准值,用符号 f_{ck} 表示。

棱柱体试件与立方体试件的制作条件相同,试件上、下表面均不涂润滑剂。混凝土棱柱体抗压试验及试件破坏情况如图 2-3 所示。棱柱体试件的高宽比越大,试验机压板与试件之间的摩擦力对试件高度中部横向变形的约束影响越小,因此,棱柱体试件的抗压强度比立方体的抗压强度值小,而且棱柱体试件的高宽比越大,强度越小,但当高宽比达到一定值后,棱柱体的抗压强度变化很小。因此,试件的高宽比一般取 2~3。《普通混凝土力学性能试验方法标准》(GB/T 50081—2002)规定以 150 mm × 150 mm × 300 mm 的棱柱体作为混凝土轴心抗压强度试验的标准试件,试件的制作、养护和加载试验方法同立方体试件。圆柱体试件(直径为 150 mm,高为 300 mm)的抗压强度 f'_c 有时也会用到,其试验方法同棱柱体试件。

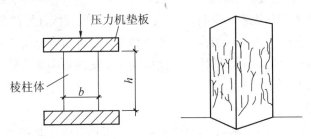

图 2-3　混凝土棱柱体抗压试验及试件破坏情况

混凝土轴心抗压强度与立方体抗压强度之间的关系可通过大量的对比试验获得,如图 2-4 所示。轴心抗压强度试验值 f_c^0 与立方体抗压强度试验值 f_{cu}^0 大致呈线性关系。对于普通混凝土,轴心抗压强度平均值与立方体抗压强度平均值的比值为 0.76~0.8;对于高强混凝土,这一比值可达 0.8~0.85,并随着混凝土强度的增加而增大。

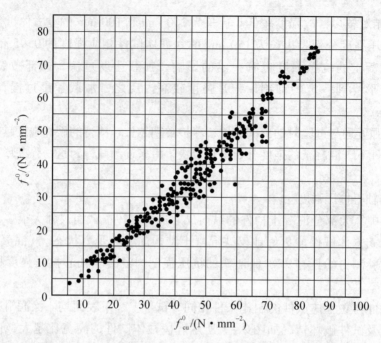

图2-4　混凝土轴心抗压强度与立方体抗压强度之间的关系

《混凝土规范》规定立方体抗压强度f_{cu}^0和轴心抗压强度f_c^0的换算关系按式(2-1)确定：

$$f_c^0 = 0.88\alpha_{c1}\alpha_{c2}f_{cu}^0 \tag{2-1}$$

式中：α_{c1}——棱柱体强度与立方体强度之比，混凝土强度等级为 C50 及以下时，取 $\alpha_{c1}=0.76$，混凝土强度等级为 C80 时，取 $\alpha_{c1}=0.82$，中间按线性规律变化取值；

$\quad\quad\ \alpha_{c2}$——高强混凝土的脆性折减系数，混凝土强度等级为 C40 及以下时，取 $\alpha_{c2}=1.00$，混凝土强度等级为 C80 时，取 $\alpha_{c2}=0.87$，中间按线性规律变化取值；

$\quad\quad\ 0.88$——由于实际工程中现场构件的制作和养护条件通常比实验室条件差，且实际结构构件承受的是长期荷载，比试验时承受的短期加载要不利得多，考虑此差异而取用的折减系数。

3. 轴心抗拉强度

轴心抗拉强度也是混凝土的基本力学指标之一，用它可确定混凝土的抗裂能力和抗剪能力，也可间接衡量混凝土的冲切承载力等其他力学性能。混凝土的轴心抗拉强度可采用直接轴心受拉的试验方法来测定，也可用间接的方法来测定。由于混凝土内部的不均匀性、安装试件的偏差等，加上混凝土轴心抗拉强度的离散性较大，所以，准确地测定轴心抗拉强度存在一定的困难。国内外常采用间接方法来测定混凝土轴心抗拉强度。图 2-5 所示为混凝土劈裂试验示意图。

劈裂试验可用圆柱体[如图 2-5(a)所示]或立方体试件[如图 2-5(b)所示]进行，在试件上、下与加载板之间各加一垫条，使试件上、下形成对应的条形加载，造成沿试件中心

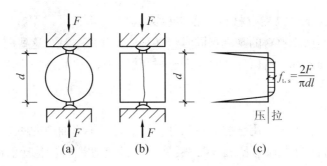

图 2 − 5　混凝土劈裂试验示意图
(a)用圆柱体进行劈裂试验；(b)用立方体进行劈裂试验；(c)劈裂面中水平应力的分布

面的劈裂破坏。由弹性力学可知，此时在试件的竖直中面上除两端加载点附近的局部区域为压应力外，其余部分都将产生均匀的水平拉应力[如图 2 − 5(c)所示]，当拉应力增大到混凝土的抗拉强度时，试件将沿竖直中面产生劈裂破坏。混凝土的劈裂抗拉强度 $f_{t,s}$ 可按式(2 − 2)和式(2 − 3)计算：

$$立方体试件 \qquad f_{t,s} = \frac{2F}{\pi d^2} \qquad\qquad (2 − 2)$$

$$圆柱体试件 \qquad f_{t,s} = \frac{2F}{\pi dl} \qquad\qquad (2 − 3)$$

式中：F——竖向总荷载；

　　　d——立方体试件的边长或圆柱体试件的直径；

　　　l——圆柱体试件的长度。

试验结果表明，劈裂强度除与试件尺寸(尺寸效应)等因素有关外，还与垫条的大小、形状和材料特性有关。加大垫条宽度，可以提高试件的劈裂强度，标准试验的垫条宽度取 20 mm，垫条可采用三层胶合板制成。

根据试验结果，并考虑结构中混凝土与试件混凝土之间的差异，以及对 C40 以上混凝土考虑脆性折减系数 α_{c2} 等，混凝土轴心抗拉强度 f_t^0 与立方体抗压强度 f_{cu}^0 的关系可通过式(2 − 4)得出：

$$f_t^0 = 0.88 \times 0.395 \alpha_{c2} (f_{cu}^0)^{0.55} \qquad\qquad (2 − 4)$$

式中，系数 0.88 和 α_{c2} 的含义同式(2 − 1)。

2.1.2　复杂受力下混凝土的受力性能

在实际工程结构中，某些构件或某些节点的混凝土受力并非处于简单的受力状态，如钢筋混凝土梁弯剪段的剪压区、框架的梁柱节点区、工业厂房柱的牛腿、工程结构中的深梁等。此类复杂应力状态下的混凝土强度，由于问题比较复杂，所以目前尚未建立比较完善的混凝土强度理论，主要还是依赖于试验结果。

在简单受力状态下,混凝土材料的极限应力(强度)状态可以用数轴上的一点来表示。在复杂应力状态下,由于材料的某一点同时受多种应力作用,且当这些应力的某种组合使材料达到极限状态时而破坏,所以,此时混凝土材料的极限应力状态应当用平面曲线或空间曲面来表示。

1. 双轴应力状态

双轴应力状态试验一般采用正方形板试件。试验时沿板平面内的两边分别作用法向应力 σ_1 和 σ_2,沿板厚方向的法向应力 $\sigma_3 = 0$,板处于平面应力状态。混凝土在双向受力下的应力状态如图2-6所示。

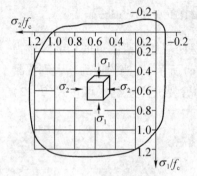

图2-6 混凝土在双向受力下的应力状态

在图2-6中,第一象限为双向受拉应力状态,σ_1 和 σ_2 相互间的影响不大,无论两向受拉应力比如何变化,实测破坏强度基本上都接近于单轴抗拉强度。第三象限表示双向受压的情况,由于一个方向的压应力对另一方向的压应力引起的侧向变形起到一定程度的约束作用,限制了试件内混凝土微裂缝的扩展,故而提高了混凝土的抗压强度。当两向应力比为1和0.5时,测得的最大压应力分别为单轴抗压强度的1.16倍和1.26倍。双轴受压时,强度的最大值发生在 $\sigma_1 / \sigma_2 = 0.5$ 时。第二象限和第四象限表示混凝土处于一向受压、另一向受拉时的状态,由于同时受拉和受压助长了试件在受拉方向的变形,加速了内部微裂缝的发展,所以使混凝土强度降低。此时,混凝土的强度低于单轴受力(拉或压)强度。

2. 三轴受压状态

三轴受压试验有三种加载组合方式,最典型的是侧向等压($\sigma_r = \sigma_2 = \sigma_3$)的三轴受压试验,试验结果如图2-7所示。试验时先通过液体静压力对混凝土圆柱体施加径向等压应力,然后对试件施加纵向压应力 σ_1 直至破坏。加载过程中,由于侧压的限制,试件内部微裂缝的产生和发展受到阻碍,因此,当侧向压力增大时,轴向抗压强度也相应地增大。根据对试验结果的分析,三轴受压时混凝土的纵向抗压强度为:

$$f_{c1} = f'_c + \beta\sigma_r \tag{2-5}$$

式中:f_{c1}——混凝土三轴受压时沿圆柱体纵轴的轴心抗压强度;

f'_c——混凝土圆柱体单轴抗压强度;

σ_r——侧向压应力;

β——侧向应力系数,取值范围为4.5~7.0,侧向应力较低时,取较大值。

3. 剪压或剪拉复合应力状态

构件截面同时作用剪应力和压应力或拉应力的剪压或剪拉复合应力状态在工程中较为常见,通常采用空腹薄壁圆柱体进行这种受力试验,试验时先施加纵向压力(或拉力),然后施加扭矩至破坏,如图2-8所示。

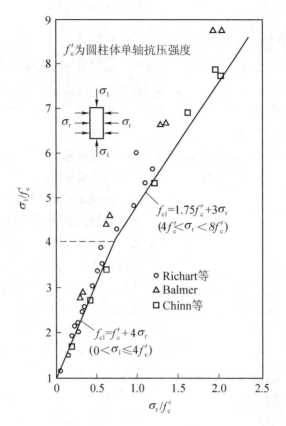

图 2-7　三轴受压试验结果

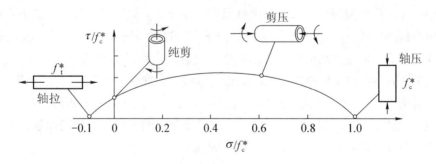

图 2-8　剪压或剪拉试验及试验曲线

由图 2-8 可见，在剪拉应力状态下，随着拉应力绝对值的增加，混凝土抗剪强度降低，当拉应力约为 $0.1\sigma_0$ （$\sigma_0 = f_c$）时，混凝土受拉开裂，抗剪强度降低到零。在剪压应力状态下，随着压应力的增大，混凝土的抗剪强度逐渐增大，并在压应力达到某一数值时达到最大值。此后，由于混凝土内部微裂缝的发展，抗剪强度随着压应力的增大反而减小，当压应力达到混凝土轴心抗压强度时，抗剪强度为零。可以看出，由于剪应力的存在，混凝土的极限抗压强度要低于轴向抗压强度，所以，当结构中出现剪应力时，其抗压强度会有所降低，而且抗拉强度也会降低。

2.1.3　混凝土的变形

混凝土的变形一般有两种:一种是受力变形,如混凝土在短期加载、长期荷载作用和多次重复荷载作用下产生的变形;另一种是体积变形,如混凝土由于硬化过程中的收缩以及温度和湿度变化而产生的变形。变形是混凝土的一个重要力学性能。

1. 混凝土在单调短期加载下的变形性能

在单调短期荷载作用下,轴压混凝土的应力—应变关系是混凝土材料最基本的性能,是研究混凝土构件承载力、变形、延性和受力全过程的重要依据。

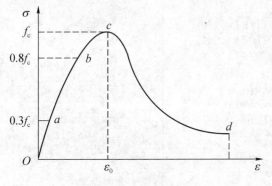

图 2-9　普通混凝土轴心受压时典型的
应力—应变曲线

混凝土受压时的应力—应变曲线一般用标准棱柱体或圆柱体试件测定。图 2-9 所示为普通混凝土轴心受压时典型的应力—应变曲线,图中各个阶段的特点如下:当荷载较小时,即 $\sigma \leqslant 0.3 f_c$(图中 Oa 段)时,应力—应变关系接近于直线,故 a 点相当于混凝土的弹性极限。此阶段中混凝土的变形主要取决于骨料和水泥石的弹性变形,混凝土内部的初始微裂缝没有发展。随着荷载的增加,当应力为 $(0.3 \sim 0.8) f_c$(图中 ab 段)时,由于水泥混凝土胶体的黏性流动和混凝土内部微裂缝的扩展,混凝土表现出越来越明显的塑性,应力—应变关系偏离直线,应变的增长速度比应力增长快。此阶段中混凝土内部的微裂缝虽有所发展,但处于稳定状态,故 b 点称为临界应力点。随着荷载的进一步增加,当应力为 $(0.8 \sim 1.0) f_c$(图中 bc 段)时,应变的增长速度进一步加快,应力—应变曲线的斜率急剧减小,混凝土内部的微裂缝进入非稳定发展阶段。当应力到达 c 点时,混凝土发挥出受压时的最大承载力,即轴心抗压强度 f_c(极限强度),相应的应变值称为峰值应变 ε_0。此时混凝土内部的微裂缝已延展成若干通缝。Oc 段通常称为应力—应变曲线的上升段。超过 c 点以后,试件的承载力随着应变的增长而逐渐减小,这种现象称为应变软化。当应力开始下降时,试件表面将出现一些不连续的纵向裂缝,随后应力下降加快,当应变增加到 0.004 ~ 0.006 时,应力下降减缓,最后趋于稳定。cd 段称为应力—应变曲线的下降段。下降段的存在表明受压破坏后的混凝土仍保持一定的承载能力,它主要由滑移面上的摩擦咬合力和裂缝所分割成的混凝土小柱体的残余强度提供。但下降段只有在试验机本身具有足够的刚度,或采取一定措施吸收下降段开始后由于试验机刚度不足而回弹所释放出的能量时才能测到。否则,由于试件达到峰值应力后的卸载作用,试验机释放加载过程中积累的应变能会对试件继续加载,迫使试件迅速破坏。

混凝土轴心受压时应力—应变曲线的形状与混凝土强度等级和加载速度等因素有关。图 2-10 所示为不同强度等级的混凝土轴心受压应力—应变曲线。由图 2-10 可见,高强

度混凝土在 $\sigma \leqslant (0.75 \sim 0.90) f_c$（普通混凝土 $\sigma \leqslant 0.3 f_c$）之前，应力—应变关系接近直线，而且线性段的范围随着混凝土强度的提高而增大；高强混凝土的峰值应变 ε_0 随着混凝土强度的提高有增大的趋势，可达 0.002 5 甚至更多（普通混凝土 ε_0 为 0.001 5 ~ 0.002 0）；达到峰值应力以后，高强混凝土的应力—应变曲线骤然下跌，表现出很大的脆性，强度越高，下降越陡。图 2 - 11 所示为加载速度不同时混凝土受压的应力—应变曲线。由图 2 - 11 可以看出，不同加载速度对混凝土的受压应力—应变曲线有较大的影响，随着加载速度的降低，曲线变得更平缓，强度峰值也有所降低。

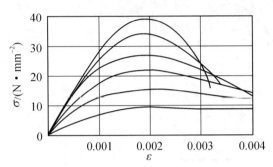

图 2 - 10　不同强度等级的混凝土轴心
受压应力—应变曲线

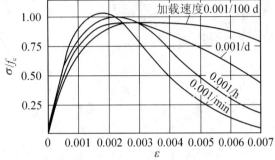

图 2 - 11　加载速度不同时混凝土
受压的应力—应变曲线

　　由上述可知，混凝土在荷载作用下的应力—应变关系曲线表现出明显的非线性特征，由应力—应变曲线可以确定混凝土的极限强度、相应的峰值应变 ε_0 以及极限压应变 ε_{cu}。所谓极限压应变，是指混凝土构件正截面承载力达到最大值时截面受压边缘混凝土所产生的压应变，它包括弹性应变和塑性应变。极限应变越大，混凝土的变形能力越好。对于均匀受压的混凝土试件，其应力达到 f_c 时，混凝土将不能承受更大的荷载，故峰值应变 ε_0 就成为构件的极限压应变。ε_0 随混凝土强度等级的不同在 0.001 5 ~ 0.002 5 内变动（如图 2 - 10所示），结构计算时取 $\varepsilon_0 = 0.002$（普通混凝土）或 $\varepsilon_0 = 0.002\ 00 \sim 0.002\ 15$（高强混凝土）。对于非均匀受压的混凝土构件，如受弯构件和偏心受压构件，其受压区混凝土所受的压应力是不均匀的，当受压区最外层纤维达到最大压应力 f_c 后，附近应力较小的内层纤维协助外层纤维受压，整个截面的承载力仍能提高，当截面的抗弯或压弯承载力达到最大值时，最外层纤维的应力已处于均匀受压时应力—应变曲线的下降段，对应的应变也超过峰值应变，此时的应变即为构件的极限压应变 ε_{cu}，其值为 0.002 ~ 0.006，有的甚至达到 0.008，结构计算时取 $\varepsilon_{cu} = 0.003\ 3$（普通混凝土）或 $\varepsilon_{cu} = 0.003\ 0 \sim 0.003\ 3$（高强混凝土）。当对混凝土结构进行有限元非线性数值分析时，需要用数学模型尽量准确地描述出混凝土实际的应力—应变关系。《混凝土规范》附录 C 对混凝土单轴受压和单轴受拉应力—应变关系作出规定。

　　2. 混凝土的变形模量、泊松比和剪切模量

　　混凝土受压应力—应变关系是一条曲线，在不同的应力阶段，应力与应变之比的变形模

量不是常数。混凝土的变形模量有如下 3 种表示方法。

(1)混凝土的弹性模量 E_c(原点切线模量)。如图 2 - 12 所示，E_c 为应力—应变曲线原点处的切线斜率，称为混凝土的初始弹性模量，简称弹性模量，即：

$$E_c = \tan\alpha_0 \qquad\qquad (2-6)$$

式中：α_0——混凝土应力—应变曲线在原点处的切线与横坐标的夹角。

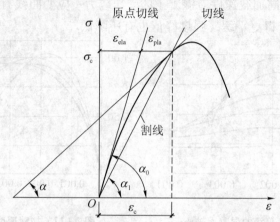

图 2 - 12 混凝土变形模量的表示方法

由于混凝土在一次加载下的初始弹性模量不易准确测定，所以通常借助多次重复加载卸载后的应力—应变曲线的斜率来确定 E_c。具体做法是先将棱柱体试件加载至 0.5 MPa，经过 60 s 恒载保持后再加载至 $\sigma = f_c/3$，然后卸载至 0.5 MPa，再重复加载至 $\sigma = f_c/3$。经过对中、预压等 2~3 次的往复加载，再从最后一次的 0.5 MPa 加载至 $\sigma = f_c/3$ 的过程中测量其加载曲线形成的混凝土弹性模量，具体方法可见《普通混凝土力学性能试验方法标准》中的规定。经试验统计得混凝土弹性模量 E_c 与立方体强度 $f_{cu,k}$ 的关系为：

$$E_c = \frac{10^5}{2.2 + \dfrac{34.7}{f_{cu,k}}} \ (\text{N/mm}^2) \qquad\qquad (2-7)$$

混凝土进入塑性阶段后，初始弹性模量公式已不能反映该阶段的应力—应变性质，因此，有时用变形模量或切线模量来表示此时的应力—应变关系。

(2)混凝土的割线模量 E_c'。图 2 - 12 中 O 点至曲线任一点应力为 σ_c 处割线的斜率，称为任意点割线模量。它的表达式为：

$$E_c' = \tan\alpha_1 \qquad\qquad (2-8)$$

由于总应变 ε_c 中包含弹性应变 ε_{ela} 和塑性应变 ε_{pla} 两部分，因此所确定的模量也可称为弹塑性模量。割线模量随着混凝土应力的增大而减小，是一种平均意义上的模量。若设 $\lambda = \varepsilon_{ela}/\varepsilon_c$，由图 2 - 12 可得 $E_c \varepsilon_{ela} = E_c' \varepsilon_c$，则：

$$E'_c = \frac{\varepsilon_{ela}}{\varepsilon_c} E_c = \lambda E_c \qquad (2-9)$$

式中：λ——弹性系数，它随着应力的增大而减小，当 $\sigma = 0.5 f_c$ 时，λ 的平均值为 0.85，当
$\quad\quad\sigma = 0.8 f_c$ 时，λ 的值为 0.4～0.7，而且，混凝土强度越高，λ 值越大，弹性特征
$\quad\quad$越明显。

（3）混凝土的切线模量 E''_c。在混凝土应力—应变曲线上某一应力值处作一切线，如
图 2 – 12 所示，其应力增量与应变增量的比值称为相应于该应力值时混凝土的切线模量，其
表达式为：

$$E''_c = \tan\alpha \qquad (2-10)$$

可以看出，混凝土的切线模量是一个变值，并且随着混凝土应力的增大而减小。

（4）混凝土的泊松比 ν_c。泊松比是指在一次短期加载（受压）时试件的横向应变与纵向应
变之比。当压应力较小时，ν_c 为 0.15～0.18，接近破坏时可达 0.5 以上。《混凝土规范》中
取 $\nu_c = 0.2$。

（5）混凝土的剪切模量。根据弹性理论，剪切模量 G_c 与弹性模量 E_c 的关系为：

$$G_c = \frac{E_c}{2(1 + \nu_c)} \qquad (2-11)$$

当取泊松比 $\nu_c = 0.2$ 时，由式（2 – 11）可导出 $G_c = 0.417 E_c$，我国《混凝土规范》规定混
凝土的剪切模量 $G_c = 0.4 E_c$。

3. 重复荷载下混凝土的应力—应变关系（疲劳变形）

钢筋混凝土桥梁、吊车梁受到重复荷载的作用，港口海岸的混凝土结构受到波浪冲击而
损伤等，这种重复荷载作用下引起的结构破坏称为疲劳破坏，其破坏特征是裂缝小而变形
大。在重复荷载作用下，混凝土的强度和变形有重要的变化。

图 2 – 13（a）所示是混凝土棱柱体试件在一次加载、卸载作用下的应力—应变曲线。
当混凝土棱柱体一次短期加荷，其应力达到 A 点时，应力—应变曲线为 OA，此时卸荷至
零，其卸荷的应力—应变曲线为 AB，停留一段时间后再量测试件的变形，则试件的变形
曲线由 B 又向 O 点恢复了一部分至 B'，此部分后恢复的变形称为弹性后效 ε_{ae}，而剩余不
能恢复的变形称为残余变形 ε_{cp}。可见，一次加载、卸载过程的应力—应变图形接近于一
个环状曲线。

图 2 – 13（b）所示是混凝土棱柱体在多次重复荷载作用下的应力—应变曲线，若加载、
卸载循环往复进行，当 σ_1 小于疲劳强度 f_c^f 时，在一定的循环次数内，塑性变形的累积是收
敛的，且滞回环越来越小，趋于一条直线 CD。如应力加大至 σ_2（仍小于 f_c^f），荷载多次重复
后，应力—应变曲线将接近直线 EF；CD 直线与 EF 直线都大致平行于在一次加载曲线的原
点所作的切线。如果再加大应力至 σ_3（大于 f_c^f），滞回环由加载过程凸向应力轴逐渐变成直
线后，继续循环，塑性变形会重新开始出现，而且塑性变形的累积是发散的，即累积塑性变

形一次比一次大，且由凸向应力轴转变为凸向应变轴。由于累积变形超过混凝土的变形能力而破坏，破坏时裂缝小但变形大，所以这种现象称为疲劳。塑性变形收敛与不收敛的界限，就是材料的疲劳强度。疲劳强度为$(0.5 \sim 0.7)f_c$，小于一次加载的棱柱强度f_c，此值与荷载的重复次数、荷载的变化幅值及混凝土的强度等级有关，通常以使材料破坏所需的荷载循环次数不少于200万次时的疲劳应力作为疲劳强度。

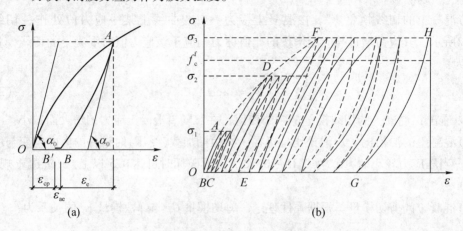

图 2 – 13　混凝土在重复荷载作用下的应力—应变曲线

施加荷载时的应力大小是影响应力—应变曲线发展和变化的关键因素，即混凝土的疲劳强度与重复作用时应力变化的幅度有关。在相同的重复次数下，疲劳强度随着疲劳应力比值的增大而增大。疲劳应力比值ρ_c^f按式（2 – 12）计算：

$$\rho_c^f = \frac{\sigma_{c,\,min}^f}{\sigma_{c,\,max}^f} \tag{2 – 12}$$

式中：$\sigma_{c,\,min}^f$、$\sigma_{c,\,max}^f$——构件截面同一纤维上混凝土的最小应力和最大应力。

4. 混凝土的收缩

混凝土在空气中结硬时体积减小的现象称为收缩；在水中结硬时体积增大的现象称为膨胀。一般情况下，混凝土的收缩值比膨胀值大很多，因而它是主要的研究对象。

混凝土收缩与时间的关系如图2 – 14所示。混凝土的收缩值随时间而增长，结硬初期收缩较快，1个月大约可完成1/2的收缩，3个月后收缩速度缓慢，一般在2年后趋于稳定，最终收缩应变为$(2 \sim 5) \times 10^{-4}$，一般取收缩应变值为$3 \times 10^{-4}$。引起收缩的重要因素是干燥失水，因此，构件的养护条件及使用环境的温、湿度对混凝土的收缩都有影响。

影响混凝土收缩的因素有：

（1）水泥的品种。水泥的强度等级越高制成的混凝土，收缩越大。

（2）水泥的用量。水泥越多，收缩越大；水灰比越大，收缩越大。

（3）骨料及级配的性质。骨料的弹性模量大，收缩小；对于高强混凝土，级配优良，则收缩较小。

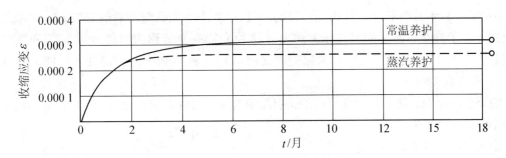

图 2 – 14   混凝土收缩与时间的关系

（4）养护条件。在凝结硬化过程中，养护环境温、湿度越大，收缩越小。

（5）混凝土的制作方法。混凝土越密实，收缩越小。

（6）使用环境。使用环境温度高、湿度低时，收缩大。

（7）构件的体积与表面积比值。比值大时，收缩小。

5. 混凝土的徐变

结构在荷载或应力保持不变的情况下，变形或应变随时间增长的现象称为徐变。徐变对于结构的长期变形、预应力混凝土中的钢筋应力有重要的影响。

图 2 – 15 所示为混凝土徐变测试的结果。由图 2 – 15 可见，当对棱柱体试件加荷应力达到 $0.5f_c$ 时，其加荷瞬间产生的应变为瞬时应变 ε_e；若荷载保持不变，则随着加荷时间的增长，应变也将继续增长，这就是混凝土的徐变应变 ε_{cr}。通常，徐变应变开始时增长较快，以后逐渐减慢，经过一定时间后，徐变趋于稳定，徐变应变值为瞬时弹性应变值

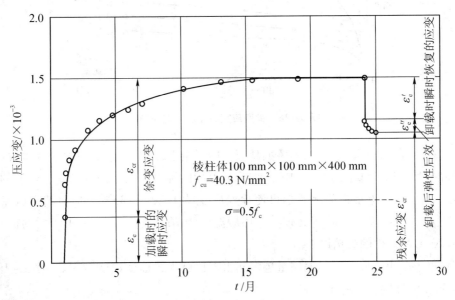

图 2 – 15   混凝土徐变测试的结果

25

的1~4倍。两年后卸载，试件瞬时恢复的应变 ε'_e 略小于加载时的瞬时应变 ε_e，卸载后混凝土并不处于静止状态，而是逐渐地恢复，这种恢复的变形称为弹性后效 ε''_e。弹性后效的恢复时间为20 d左右，其值约为徐变应变的1/12，最后剩下的大部分不可恢复的变形为 ε'_{cr}，称为残余应变。

混凝土的徐变会使构件的变形增加，引起结构构件的内力重新分布，造成预应力混凝土结构中的预应力损失等。

影响混凝土徐变的因素有：

（1）施加的初应力水平。混凝土的应力越大，徐变应变越大。随着混凝土应力的增加，徐变将发生不同的情况。图2-16所示为徐变应变与压应力的关系。由图2-16可知，当应力 $\sigma \leqslant 0.5f_c$ 时，曲线接近等距离分布，说明徐变应变与初应力成正比，这种情况称为线性徐变。在线性徐变的情况下，加载初期徐变应变增长较快，6个月时，一般已完成徐变应变的大部分，后期徐变应变的增长速度逐渐减小，1年以后趋于稳定，一般认为3年徐变基本终止。当 $\sigma = (0.5 \sim 0.8)f_c$ 时，徐变应变与应力不成正比，徐变应变增长较快，这种情况称为非线性徐变。当应力 $\sigma > 0.8f_c$ 时，徐变的发展不再收敛，最终将导致混凝土破坏。实际工程中，$\sigma = 0.8f_c$ 即为混凝土的长期抗压强度。

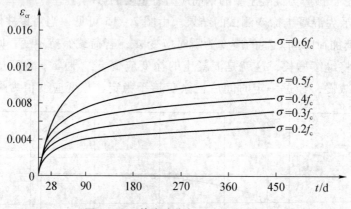

图2-16　徐变应变与压应力的关系

（2）加荷龄期。加荷时混凝土的龄期越短，即混凝土越"年轻"，徐变应变越大。

（3）养护和使用条件下的温、湿度。加荷前养护的湿度越大，温度越高，水泥的水化作用越充分，徐变应变越小，蒸汽养护可使徐变应变减小20%~35%。加荷期间虽然湿度很低，但温度很高，所以徐变应变会较大；环境温度为70 ℃的试件受荷1年后的徐变应变，是温度为20 ℃的试件的2倍以上。

（4）混凝土的组成成分。水泥用量越多和水灰比越大，徐变应变越大。使混凝土强度发展较快的水泥将导致较低的徐变应变。

（5）构件尺寸。构件尺寸决定了介质湿度和温度影响混凝土内部水分溢出的程度，而且随着构件体表比的增大，混凝土的徐变应变将减小。但当混凝土与环境达到湿度平衡时，尺寸效应将消失。

钢筋对混凝土的变形起约束作用，从理论上讲可以减小混凝土的收缩和徐变应变。但迄今为止，绝大多数的收缩和徐变试验均没有考虑配筋的影响，另外，应用于结构分析时，为了简化计算，一般也忽略钢筋的影响。

2.1.4　混凝土的选用原则

《混凝土规范》规定：钢筋混凝土结构的混凝土强度等级不应低于 C20，采用强度等级为 400 MPa 及以上的钢筋时，混凝土强度等级不应低于 C25。预应力混凝土结构的混凝土强度等级不宜低于 C40，且不应低于 C30。承受重复荷载的钢筋混凝土构件，混凝土强度等级不应低于 C30。

2.2　钢　　筋

2.2.1　钢筋的种类

在钢筋混凝土结构中使用的钢筋品种很多，主要有两大类：一类是有明显屈服点（流幅）的钢筋，如热轧钢筋；另一类是无明显屈服点的钢筋，如钢丝、钢绞线及预应力螺纹钢筋。按外形不同，钢筋可分为光圆钢筋和变形钢筋两种，如图 2－17 所示。变形钢筋有热轧螺纹钢筋、冷轧带肋钢筋等。光圆钢筋直径为 6～50 mm，握裹性能稍差；变形钢筋直径一般大于 10 mm，握裹性能好，其直径是"标志尺寸"，即与光圆钢筋具有相同质量的"当量直径"，其截面面积按此当量直径确定。

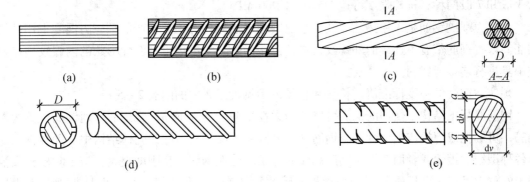

(a)　　　　　(b)　　　　　(c)

(d)　　　　　(e)

图 2－17　钢筋外形示意图

（a）光圆钢筋；（b）月牙纹钢筋；（c）钢绞线（7 股）；（d）螺旋肋钢丝；（e）预应力螺纹钢筋

按化学成分划分，普通混凝土结构中的钢材可分为碳素钢和普通低合金钢两类。根据含碳量的多少，碳素钢又可分为低碳钢（含碳量小于 0.25%）、中碳钢（含碳量为 0.25%～0.6%）和高碳钢（含碳量为 0.6%～1.4%），含碳量越高，强度越高，但可塑性和可焊性会降低。普通低合金钢除碳素钢中已有的成分外，再加入少量的硅、锰、钛、钒、铬等合金元素，可有效地提高钢材的强度和改善钢材的其他性能。目前，我国普通低合金钢按加入元素的种类有以下几种体系：锰系（20MnSi、25MnSi）、硅钒系（40Si2MnV、45SiMnV）、硅钛系（45Si2MnTi）、硅锰系（40Si2Mn、48Si2Mn）和硅铬系（45Si2Cr）。

《混凝土规范》规定：用于钢筋混凝土结构的国产普通钢筋可使用热轧钢筋和余热处理钢筋；用于预应力混凝土结构的国产预应力钢筋宜采用预应力钢丝、钢绞线和预应力螺纹钢筋。

热轧钢筋是低碳钢、普通低合金钢在高温状态下轧制而成的。热轧钢筋为软钢，其应力—应变曲线有明显的屈服点和流幅，断裂时有"颈缩"现象，伸长率比较大。热轧钢筋根据其力学指标的高低不同，可分为 4 种：300 MPa、335 MPa、400 MPa 和 500 MPa。根据其外形和生产工艺的不同，热轧钢筋又可分为热轧光圆钢筋（HPB）、普通热轧带肋钢筋（HRB）和细晶粒热轧带肋钢筋（HRBF）。余热处理钢筋（RRB）为钢筋热轧后立即穿水，进行表面控制冷却，利用芯部余热自身完成回火处理所得的成品钢筋。普通钢筋混凝土结构中的纵向受力钢筋推荐使用 400 MPa 级和 500 MPa 级钢筋。

预应力钢丝包括中强度预应力钢丝和消除应力钢丝。中强度预应力钢丝是强度为 800 ~ 1 270 MPa 的冷加工或冷加工后热处理钢丝；消除应力钢丝的抗拉强度为 1 470 ~ 1 860 MPa，是将钢筋拉拔后校直，经中温回火消除应力并经稳定化处理的钢丝。消除应力钢丝可分为 3 种：光面钢丝、螺旋肋钢丝和刻痕钢丝。螺旋肋钢丝是以普通低碳钢和低合金钢热轧的圆盘条为母材，经冷轧减径后在其表面冷轧成两面或三面有月牙肋的钢筋；刻痕钢丝是在光面钢丝的表面上进行机械刻痕处理，以增加其与混凝土的黏结能力。

预应力钢绞线是由多根高强钢丝捻制在一起经过低温回火处理清除内应力后制成的，分为 3 股和 7 股两种，抗拉强度可达 1 570 ~ 1 960 MPa。

预应力螺纹钢筋是采用热轧、轧后余热处理或热处理等工艺生产的预应力混凝土用螺纹钢筋。该类钢筋带有不连续的外螺纹，在任意截面处，均可用带有匹配形状的内螺纹连接器或锚具进行连接或锚固。

预应力钢筋的强度标准值、符号和直径范围见附录 2 中的附表 2 – 5。

钢筋混凝土结构中使用的钢筋可以分为柔性钢筋和劲性钢筋。常用的普通钢筋称为柔性钢筋，可绑扎或焊接成钢筋骨架或钢筋网，分别用于梁、板、柱或壳体结构中。劲性钢筋是由各种型钢、钢轨或者用型钢与钢筋焊成的骨架。劲性钢筋本身刚度很大，施工时模板及混凝土的重力可以由劲性钢筋本身来承担，因此能加速并简化支模工作，而且其承载力也比较大。

另外，为了节约钢材和扩大钢筋的应用范围，常对热轧钢筋进行冷拉、冷拔等机械加工。冷加工后，钢筋的力学性能发生较大的变化。

冷拉是在常温下用机械方法将有明显流幅的钢筋拉到超过屈服强度即强化阶段中的某一应力值，然后卸载至应力为零。由于应力已超过弹性极限，故卸载至应力为零时，应变并不等于零，即存在残余应变。取消拉力后，在自然条件下放置一段时间或进行人工加热后再进行拉伸，则应力—应变曲线中的屈服强度有明显提高，这种现象称为时效硬化。试验结果表明，普通低碳钢在常温下即发生时效，而低合金钢需加热才有时效发生，并和温度有很大关系。温度过高(450 ℃以上)，强度有所降低而塑性性能有所增加；温度超过700 ℃，钢材会恢复到冷拉前的力学性能，不会发生时效硬化。为了避免冷拉钢筋在焊接时高温软化，要先焊好后再进行冷拉。钢筋经过冷拉和时效硬化后，能提高屈服强度、节约钢材，但冷拉后钢筋的塑性(伸长率)有所降低。为了保证钢筋在强度提高的同时又具有一定的塑性，冷拉时应同时控制应力和应变。

冷拉只能提高钢筋的抗拉屈服强度，其抗压屈服强度反而会降低，因此，在设计中，冷拉钢筋不宜作为受压钢筋使用。

冷拔钢筋是将钢筋用强力拔过比它本身直径还小的硬质合金拔丝模，这时钢筋同时受到纵向拉力和横向压力的作用，将发生塑性变形，截面变小而长度变长。经过几次冷拔后，钢筋的强度会比原来有很大的提高，但其塑性会降低很多。

需要指出的是，近年来，强度高、性能好的钢筋(如钢丝、钢绞线)在我国已可充分供应，故冷拉钢筋和冷拔钢丝不再列入《混凝土规范》，当需要应用这些钢筋时，应符合专门规程的规定。

2.2.2　钢筋的强度与变形性质

1. 有明显屈服点的钢筋

图 2 - 18 所示为有明显流幅的钢筋应力—应变曲线。由图 2 - 18 可见，在 A 点以前，应力—应变曲线为直线，A 点对应的应力称为比例极限。OA 为理想弹性阶段，卸载后可完全恢复，无残余变形。过 A 点后，应变较应力增长得快，曲线开始弯曲，到达 B' 点后，钢筋出现流塑现象，B' 点称为屈服上限。当 B' 点的应力降至下屈服点 B 点时，应力基本不增加，而应变出现一个波动的小平台，这种现象称为屈服。B 点到 C 点

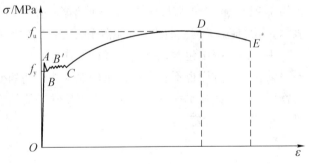

图 2 - 18　有明显流幅的钢筋应力—应变曲线

的水平距离称为流幅或屈服台阶。上屈服点 B' 数值通常不稳定，下屈服点 B 数值比较稳定，称为屈服点或屈服强度。有明显流幅的热轧钢筋的屈服强度是按下屈服点来确定的。过 C 点后，应力又继续上升，说明钢筋的抗拉能力又有所提高。曲线的最高点 D 所对应的应力称为钢筋的极限强度，CD 段称为强化阶段。过 D 点后，试件在最薄弱处会发生较大的塑性变形，截面迅速缩小，出现颈缩现象，变形迅速增加，应力随之下降，直至 E 点断裂破坏。

对于有明显屈服点的钢筋，屈服点所对应的应力为屈服强度，屈服强度是重要的力学指标。在钢筋混凝土结构中，当钢筋强度超过屈服强度时就会发生很大的塑性变形，此时混凝

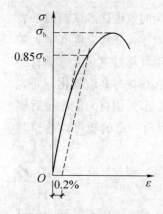

图 2 – 19 无明显流幅的
钢筋应力—应
变曲线

土结构构件也会出现较大的变形或裂缝，导致构件不能正常使用，所以，在计算承载力时，应以屈服点作为钢筋的强度值。

2. 无明显流幅的钢筋

图 2 – 19 所示为无明显流幅的钢筋应力—应变曲线。由图 2 – 19可见，大约在极限抗拉强度的 65% 以前，应力—应变关系为直线，此后，钢筋表现出塑性性质，直至曲线的最高点之前都没有明显的屈服点。曲线的最高点所对应的应力称为极限抗拉强度 σ_b。对于无明显流幅的钢筋，如预应力钢丝和钢绞线，《混凝土规范》规定，在进行构件承载力设计时，取残余应变 0.002 所对应的应力 $\sigma_{p0.2}$ 为"条件屈服强度"。根据试验统计，$\sigma_{p0.2}$ 一般为极限抗拉强度 σ_b 的 85%。

3. 钢筋的弹性模量

钢筋的弹性模量是根据拉伸试验中测量的弹性阶段的应力—应变曲线所确定的。弹性模量 $E = \sigma/\varepsilon = \tan\alpha_0$。由于钢筋在弹性阶段的受压性能与受拉性能类似，所以，同一种钢筋的受压弹性模量与受拉弹性模量相同。各类钢筋的弹性模量见附录 2 中的附表 2 – 7。

4. 钢筋的塑性性能

钢筋除上述两个强度指标(屈服强度和极限强度)外，还有两个塑性指标：伸长率和冷弯性能。这两个指标反映了钢筋的塑性性能和变形能力。

钢筋的伸长率是指钢筋试件上标距为 $10d$ 或 $5d$(d 为钢筋试件的直径)范围内的极限伸长率，记为 δ_{10} 或 δ_5。钢筋的伸长率越大，表明钢筋的塑性和变形能力越好。钢筋的变形能力一般用延性表示。钢筋应力—应变曲线上屈服点至极限应变点之间的应变值反映了钢筋延性的大小。

由于伸长率中包含颈缩断口区域的残余变形，一方面使得不同量测标距长度得到的结果不一致，另一方面也不能全面、正确地反映钢筋的变形能力。近年来，工程界开始采用最大力作用下的总伸长率——均匀伸长率来反映钢筋的变形能力。参照图 2 – 20，均匀伸长率 δ_{gt} 可由式(2 – 13)确定：

$$\delta_{gt} = \left(\frac{L - L_0}{L} + \frac{\sigma_b}{E_s} \right) \times 100\% \qquad (2 – 13)$$

式中：L_0——不包含颈缩区拉伸前的量测标距长度，$L_0 \geqslant 100$ mm；

L——拉伸断裂后不包含颈缩区的量测标距长度；

σ_b——最大拉伸应力；

E_s——钢筋的弹性模量。

由式(2 – 13)可见，均匀伸长率包括残余应变和弹性应变，它反映了钢筋的真实变形能力。

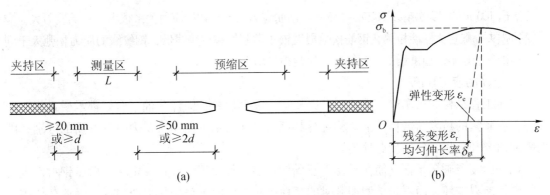

图 2-20　均匀伸长率

(a)量测标距；(b)应力—应变关系

《混凝土规范》要求普通钢筋及预应力钢筋在最大力下的总伸长率不应小于表 2-1 规定的数值。《建筑抗震设计规范》还规定了抗震设计的构件在最大拉力下的总伸长率实测值不应小于 9%。

表 2-1　普通钢筋及预应力钢筋在最大力下的总伸长率限值

钢筋品种	普通钢筋			预应力钢筋
	HPB300	HRB335、HRB400、HRBF400、HRB500、HRBF500	RRB400	
δ_{gt}	10.0%	7.5%	5.0%	3.5%

为了使钢筋在使用时不会脆断，加工时不致断裂，还要求钢筋具有一定的冷弯性能。冷弯是将钢筋围绕某个规定直径 D（D 按钢筋直径及级别不同规定为 $1d$、$3d \sim 8d$ 不等）的弯曲压头弯曲一定的角度 α，如图 2-21 所示。弯曲后的钢筋应无裂纹、无鳞落或断裂现象。冷弯性能也是评价钢筋塑性的重要指标，当工程有需要时，有时还进行反向弯曲的性能试验。

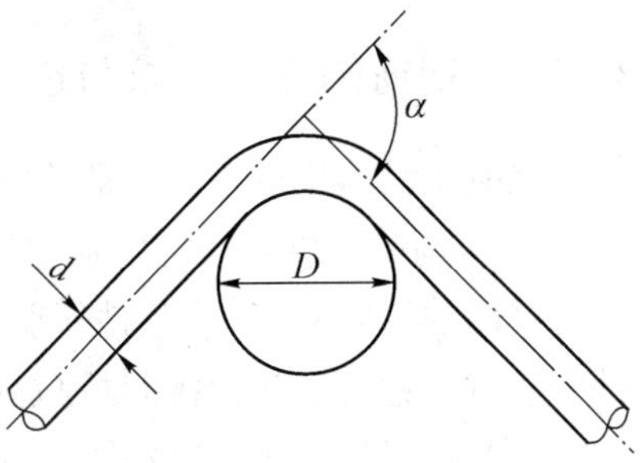

图 2-21　钢筋的冷弯

对有明显屈服点的钢筋，工程应用中的检验指标为屈服强度、极限抗拉强度、伸长率及冷弯性能四项。对无明显屈服点的钢筋，检验指标为除屈服强度外的其他三项。

5. 钢筋的松弛

预应力混凝土结构中，预应力钢筋张拉后，长度基本保持不变，但其应力随着时间的增长而降低的现象称为松弛，故而引起预应力损失。

钢筋应力松弛随时间而增长，且与初始应力、温度和钢筋种类等因素有关。试验表明，钢筋应力松弛初期发展较快，国际预应力混凝土协会(Fédération Internationale de la Précontrainte,

FIP)给出 100 h 的松弛约占 1 000 h 的 55%。钢筋应力松弛与初始应力关系很大，初始应力大，应力松弛损失一般也大。冷拉热轧钢筋松弛损失较各类钢丝和钢绞线低，钢绞线的应力松弛大于同种材料钢丝的松弛。温度增加，钢筋应力松弛损失增大。

6. 钢筋的疲劳性能

许多工程结构如吊车梁、铁路或公路桥梁、铁路轨枕、海洋采油平台等都承受重复荷载作用。在频繁的重复荷载作用下，构件材料抵抗破坏的情况与一次受力时有本质的区别，因而需要研究和分析材料的疲劳性能。

钢筋的疲劳破坏是指钢筋在承受重复周期荷载的作用下，经过一定次数后，钢材发生突然的脆性断裂破坏，而不是单调加载时的塑性破坏，此时钢筋的最大应力低于静荷载作用下钢筋的设计强度。钢筋的疲劳强度是指在某一规定应力变化幅度内，经受一定次数的循环荷载后，才发生疲劳破坏的最大应力值。一般认为，在外力作用下，钢筋疲劳断裂是由钢筋的内部缺陷造成的，这些缺陷一方面会引起局部应力集中，另一方面由于重复荷载的作用，会使已产生的裂纹时而压合，时而张开，使裂痕逐渐扩展，最终导致断裂。

影响钢筋疲劳强度的因素很多，如应力变化幅度、最小应力值、钢筋外表面的几何形状、钢筋直径、钢筋种类、轧制工艺和试验方法等，其中最主要的是钢筋的疲劳应力幅，即 $\sigma^{f}_{max} - \sigma^{f}_{min}$ (σ^{f}_{max}、σ^{f}_{min} 分别为重复荷载作用下钢筋的最大应力和最小应力)。《混凝土规范》给出各类钢筋在不同疲劳应力比值($\rho^{f} = \sigma^{f}_{min}/\sigma^{f}_{max}$)时疲劳应力幅的限值 Δf^{f}_{y}(普通钢筋)和 Δf^{f}_{py}(预应力钢筋)，见附录 2 中的附表 2-8 和附表 2-9，这些值都是以荷载循环 200 万次条件下的钢筋疲劳应力幅值为依据而确定的。同时，《混凝土规范》还规定，当 $\rho^{f} \geq 0.9$ 时，可不作钢筋疲劳验算。

2.2.3 钢筋的性能要求与选用原则

混凝土结构中的钢筋一般应满足下列要求：

1. 较高的强度和合适的强屈比

钢筋的屈服强度(或条件屈服强度)是构件承载力计算的主要依据。屈服强度高，则材料用量省。钢筋的实测极限抗拉强度与实测屈服强度之比称为强屈比 f_u/f_y，它代表钢筋的强度储备。强屈比大，则结构的强度储备大，《混凝土规范》规定，其值不应小于 1.25。同时，钢筋的实测屈服强度与规定的钢筋屈服强度标准值之比也不应过大，否则，在结构整体工作时会引起某些构件强度储备过大而造成其他重要构件先行破坏，不能形成预先所需要的延性设计，《混凝土规范》规定该比值不应大于 1.3。

2. 足够的塑性

在工程设计中，要求混凝土结构承载能力极限状态为具有明显预兆的塑性破坏，以避免脆性破坏，而且抗震结构需要具有更高的延性，这就要求其中的钢筋具有足够的塑性，满足一定的延伸率。另外，施工时钢筋要弯转成型，因而钢筋应具有一定的冷弯性能。

3. 可焊性

在工程设计中，要求钢筋具备良好的焊接性能，在焊接后不应产生裂纹及过大的变形，以保证搭接时焊接接头性能良好。

4. 耐久性和耐火性

细直径钢筋尤其是冷加工钢筋和预应力钢筋容易遭受腐蚀而影响表面与混凝土的黏结性能，降低承载力。环氧树脂涂层钢筋或镀锌钢丝均可提高钢筋的耐久性，但降低了钢筋与混凝土间的黏结性能。

热轧钢筋的耐火性能最好，冷拉钢筋次之，预应力钢筋最差。设计时应注意设置必要的混凝土保护层厚度，以满足对构件耐火极限的要求。

5. 与混凝土具有良好的黏结力

黏结力是钢筋与混凝土得以共同工作的基础，其中钢筋凹凸不平的表面与混凝土间的机械咬合力是黏结力的主要部分，所以变形钢筋与混凝土的黏结性能最好，设计时宜优先选用变形钢筋。

另外，在寒冷地区要求钢筋具备抗低温性能，以防止钢筋因低温冷脆而致破坏。

混凝土结构的钢筋应按下列规定选用：

（1）纵向受力普通钢筋宜采用 HRB400、HRB500、HRBF400、HRBF500 级钢筋，也可采用 HRB335、HPB300、RRB400 级钢筋。

（2）箍筋用于构件的抗剪、抗扭及抗冲切时，其抗拉强度设计值受到限制，如用 500 级高强钢筋时，强度得不到充分利用，但当用于约束混凝土的间接配筋（如连续螺旋配箍或封闭焊接箍）时，利用高强钢筋则具有一定的经济效益。因此，箍筋宜采用 HRB400、HRBF400、HPB300、HRB500、HRBF500 级钢筋，也可采用 HRB335 级钢筋。

（3）预应力钢筋宜采用预应力钢丝、钢绞线和预应力螺纹钢筋。

2.3　钢筋与混凝土的黏结

2.3.1　黏结的意义

钢筋和混凝土这两种材料能够结合在一起共同工作，除两者具有相近的线膨胀系数外，更主要的是由于混凝土硬化后，钢筋与混凝土之间产生良好的黏结力。为了保证钢筋不从混凝土中拔出或压出，更好地与混凝土共同工作，还要求钢筋具有良好的锚固。黏结和锚固是钢筋和混凝土形成整体、共同工作的基础。

钢筋混凝土受力后会沿钢筋和混凝土接触面产生剪应力，通常把这种剪应力称为黏结应力。若构件中的钢筋和混凝土之间既不黏结，钢筋端部也不加锚具，则在荷载作用下，钢筋与混凝土就不能共同受力。

黏结作用可以用图 2-22 所示的钢筋与混凝土之间的黏结应力示意图来说明。根据受力性质的不同，钢筋与混凝土之间的黏结应力可分为裂缝间的局部黏结应力和钢筋端部的锚固黏结应力两种。裂缝间的局部黏结应力是在两个相邻开裂截面之间产生的，钢筋应力的变化会受黏结应力的影响，黏结应力使两个相邻裂缝之间的混凝土参与受拉。局部黏结应力的丧失会造成构件刚度的降低和裂缝的开展。钢筋伸进支座或在连续梁中承担负弯矩的上部钢筋在跨中截断时，需要延伸一段长度，即锚固长度。要使钢筋承受所需的拉力，就要求受拉钢筋有足够的锚固长度，以积累足够的黏结力，否则，将发生锚固破坏。同时，可通过在钢筋端部加弯钩、弯折，或在锚固区贴焊短钢筋、贴焊角钢等措施来提高锚固能力。光圆钢筋末端均需设置弯钩。

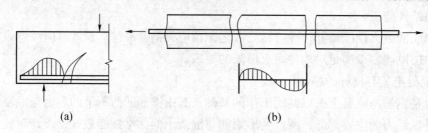

(a)   (b)

图 2 – 22   钢筋与混凝土之间的黏结应力示意图

(a)锚固黏结力；(b)裂缝间的局部黏结应力

2.3.2   黏结力的组成

黏结力一般由以下 3 部分组成：

1. 化学胶结力

化学胶结力是由混凝土中水泥凝胶体和钢筋表面发生化学变化而产生的吸附作用力，这种作用力很弱，一旦钢筋与混凝土的接触面发生相对滑移即消失。

2. 摩阻力（握裹力）

摩阻力是混凝土收缩后紧紧地握裹住钢筋而产生的力。摩阻力与压应力的大小及接触界面的粗糙程度有关，挤压应力越大、接触面越粗糙，摩阻力越大。

3. 机械咬合力

机械咬合力是钢筋凹凸不平的表面与混凝土之间产生的机械咬合作用力。变形钢筋的横肋会产生这种咬合力，其作用机理如图 2 – 23 所示。钢筋凸肋对混凝土产生的斜向挤压力，可分解为沿纵向对周围混凝土的剪应力和沿横向对混凝土的扩张力。当混凝土保护层较薄或钢筋间净距较小时，会发生混凝土保护层剥落或钢筋间裂缝贯通的劈裂黏结破坏；当保护层较厚或配置横向钢筋以加强混凝土的横向抗拉强度时，则会发生沿凸肋外缘纵向的剪切黏结破坏，也称为"刮犁式"破坏。

2.3.3   黏结强度

钢筋的黏结强度通常采用直接拔出试验进行测定（如图 2 – 24 所示），为了反映弯矩的作用，也可用梁式试件进行弯曲拔出试验。

根据直接拔出试验中钢筋沿纵向的应变分布情况，钢筋和混凝土之间的黏结应力并非均

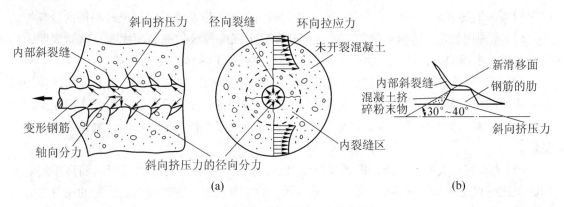

图 2－23　变形钢筋与混凝土咬合作用机理

（a）钢筋力和混凝土应力分布；（b）钢筋肋与混凝土的作用

匀分布，因此一般以平均黏结应力 τ 来反映两者界面上的应力大小：

$$\tau = \frac{N}{\pi dl}$$

式中：N——钢筋的拉力；

　　　d——钢筋的直径；

　　　l——黏结长度。

　　由拔出试验可知，不同强度等级混凝土的平均黏结应力 τ 和相对滑移 s 的关系如图 2－25 所示，随着混凝土强度的提高，黏结锚固性能将有较大的改善，黏结刚度增加，相对滑移减小。一般以黏结破坏时钢筋与混凝土界面上的最大平均黏结应力作为其黏结强度。

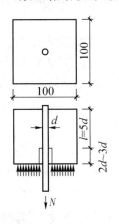

图 2－24　钢筋拔出试验

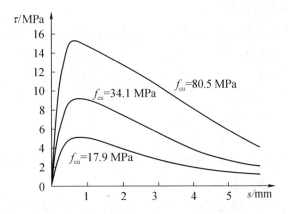

图 2－25　不同强度等级混凝土的平均黏结应力和相对滑移的关系曲线

2.3.4　影响黏结强度的因素

　　影响钢筋与混凝土黏结强度的因素很多，主要影响因素有混凝土强度、保护层厚度和钢筋净间距、钢筋表面和外形特征、横向配筋、侧向压应力以及浇筑混凝土时钢筋的位置等。

（1）光圆钢筋及变形钢筋的黏结强度都随混凝土强度等级的提高而提高。试验表明，当其他条件基本相同时，黏结强度τ_u与混凝土的抗拉强度f_t大致成正比关系。

（2）钢筋外围混凝土保护层过薄或钢筋间的净距过小时，容易发生沿钢筋纵向的保护层劈裂或钢筋间混凝土的劈裂破坏。增大保护层厚度或保证钢筋间净距，可以提高混凝土的抗劈裂能力，有利于黏结强度的充分发挥，保护层厚度大于 5 倍钢筋直径时，黏结强度将趋于稳定。

（3）光面钢筋表面无凹凸，机械咬合作用小，黏结强度低。月牙肋变形钢筋挤压混凝土的面积比同直径的螺纹钢筋小，黏结强度也低。对于直径较大的带肋钢筋，肋的相对受力面积减少，黏结强度也有所减少。此外，当钢筋表面涂抹环氧树脂以防止锈蚀时，黏结强度降低较多。

（4）横向钢筋（如梁中的箍筋）可以限制混凝土内部裂缝的发展和到达构件表面的裂缝宽度，从而提高黏结强度。因此，在使用较大直径钢筋的锚固区或搭接长度范围内或截面内钢筋较多的位置，应设置一定数量的附加箍筋，以防止混凝土保护层的劈裂崩落。

（5）在直接支承的支座处，如梁的简支端，钢筋的锚固区会受到来自支座的横向压应力作用，横向压应力约束了混凝土的横向变形，使钢筋与混凝土间抵抗滑动的摩阻力增大，因而可以提高黏结强度。

（6）黏结强度与浇筑混凝土时钢筋所处的位置有关。混凝土浇筑深度过大（超过 300 mm）时，紧邻上部钢筋下方的混凝土会出现沉淀收缩和离析泌水，气泡逸出，使混凝土与水平放置的上部钢筋之间产生强度较低的疏松空隙层，从而削弱钢筋与混凝土间的黏结作用。

当钢筋的锚固长度加长时，黏结破坏时的最大总黏结力增加，但在锚固长度范围内的平均黏结强度有所降低。

钢筋在节点内的锚固、互相之间的搭接以及在必要位置处的截断，除与钢筋和混凝土间的黏结性能有关外，还受到构件形式、受力状态、裂缝开展等因素的影响，具体要求详见第 5 章。

由于黏结破坏机理复杂，影响黏结力的因素众多，工程结构中黏结受力的多样性，目前尚无比较完整的黏结力计算理论。《混凝土规范》采用的是：不进行黏结计算，根据试验结果，按一定的保证率要求，用构造措施来保证混凝土与钢筋的黏结。

通常采用的构造措施有：

（1）对不同等级的混凝土和钢筋，规定要保证最小搭接长度与锚固长度和考虑各级抗震设防时的最小搭接长度与锚固长度。

（2）为了保证混凝土与钢筋之间有足够的黏结强度，必须满足混凝土保护层最小厚度和钢筋间最小净距的要求。

（3）在钢筋接头范围内应加密箍筋。

（4）受拉的光圆钢筋端部应做弯钩。

小　结

1. 混凝土的强度指标有立方体抗压强度、棱柱体轴心抗压强度和轴心抗拉强度。立方体抗压强度是混凝土材料性能的基本代表值,棱柱体轴心抗压强度和轴心抗拉强度是工程实践中直接利用的强度指标。各强度指标间的试验平均值可建立相应的换算关系。各种强度代表值均可由立方体抗压强度换算获得。混凝土的强度等级依据立方体抗压强度标准值(试验值满足 95% 的保证率)确定。

2. 混凝土物理力学性能的主要特征是:抗拉强度远低于抗压强度,为抗压强度的 1/16 ~ 1/8;受压应力—应变关系从加载初期就是非线性的,应力很低时才近似地视为线弹性;混凝土的受压破坏实质上是由垂直于压力作用方向的横向胀裂造成的,因而,混凝土双轴受压和三轴受压时强度提高,而一向受压、另一向受拉时强度降低;混凝土的强度和变形都与时间有明显的关系;混凝土内部的初始微裂缝对混凝土的强度、变形和裂缝的形成与发展有重要的影响,混凝土浇筑后的养护应严格按照相关施工规范的规定进行,使其强度在短时间内尽快提高,以减少混凝土收缩引起的过多裂缝及初期强度低引起的过大徐变变形。

3. 与普通混凝土相比,高强混凝土的弹性极限、与峰值应力相对应的应变值 ε_0、荷载长期作用下的强度以及与钢筋的黏结强度等均比较高。但高强混凝土在达到峰值应力以后,应力—应变曲线下降很快,表现出很大的脆性,其极限应变也比普通混凝土低。因此,对于延性要求比较高的混凝土结构(如地震区的混凝土结构),应慎重选用强度等级过高的混凝土。

4. 普通钢筋混凝土结构采用的钢筋主要为热轧钢筋,它有明显的流幅;预应力钢筋主要为钢绞线、消除预应力钢丝和热处理钢筋,这类钢筋没有明显的流幅。钢筋有两个强度指标:屈服强度(或条件屈服强度)和极限抗拉强度,屈服强度是计算依据。钢筋还有两个塑性指标:延伸率和冷弯性能。混凝土结构要求钢筋具有适当的强屈比和良好的塑性。

强度较低的热轧钢筋经过冷拉或冷拔等冷加工,提高了钢筋的强度,但降了塑性。冷拉仅可以提高钢筋的抗拉强度,而冷拔可以同时提高钢筋的抗拉强度和抗压强度。除一些边远地区外,现已可直接生产和使用高强度钢筋,较少对热轧钢筋进行现场冷加工处理。

5. 钢筋与混凝土之间的黏结是两种材料共同工作的基础。黏结强度一般由胶结力、摩擦力和咬合力组成。采用机械锚固措施(如末端弯钩、末端焊接锚板、末端贴焊锚筋)可弥补黏结强度的不足。混凝土的强度等级、保护层厚度和钢筋净间距、钢筋的外形特征、横向钢筋的布置和压应力的分布情况等是影响黏结强度的主要因素。

思 考 题

1. 混凝土的强度指标有哪些? 什么是混凝土的强度等级?

2. 试述混凝土棱柱体试件在单向受压短期加载时应力—应变曲线的特点。混凝土试件的峰值应变 ε_0 和极限压应变 ε_{cu} 各指什么? 结构计算中如何取值?

3. 单向受力状态下,混凝土的强度与哪些因素有关?

4. 混凝土的复杂受力强度有哪些？试分析复杂受力时混凝土强度的变化规律。

5. 在重复荷载作用下，混凝土的应力—应变曲线有何特点？何谓混凝土的疲劳强度？

6. 混凝土的变形模量有哪些？怎样测定弹性模量？

7. 与普通混凝土相比，高强混凝土的强度和变形性能有何特点？

8. 混凝土的立方体抗压强度、轴心抗压强度和抗拉强度3个强度指标试验平均值之间的换算关系是如何确定的？为什么轴心抗压强度低于立方体抗压强度？

9. 何谓混凝土的徐变？徐变的特点是什么？产生徐变的原因有哪些？影响混凝土徐变的主要因素有哪些？徐变对结构有何影响？徐变和收缩有何区别？

10. 混凝土收缩对钢筋混凝土构件有何影响？收缩与哪些因素有关？如何减少收缩？

11. 工程结构设计中选用混凝土强度等级的原则是什么？

12. 混凝土结构用的钢筋可分为几类？其应力—应变曲线各有什么特征？

13. 钢筋的强度和塑性指标各有哪些？在混凝土结构设计中，钢筋强度如何取值？

14. 有明显屈服点钢筋和无明显屈服点钢筋的应力—应变曲线有何不同？两者的强度取值有何不同？我国《混凝土规范》中将热轧钢筋按强度分为几种？

15. 钢筋混凝土结构对钢筋的性能有哪些要求？

16. 建筑用钢筋有哪些品种和级别？在结构设计中如何选用？

17. 结构设计中选用钢筋的原则是什么？

18. 什么是黏结应力和黏结强度？黏结强度一般由哪些成分组成？影响黏结强度的主要因素有哪些？为保证钢筋和混凝土之间有足够的黏结力，要采取哪些措施？

习　题

混凝土的立方体抗压强度标准值分别为 30 N/mm^2 和 60 N/mm^2，试计算其轴心抗压强度、轴心抗拉强度及弹性模量。

第3章　混凝土结构设计的基本原则

学习目标

1. 掌握工程结构极限状态的基本概念，包括结构上的作用、结构的功能要求、设计基准期、设计使用年限和两类极限状态等。

2. 了解结构可靠度的基本原理；掌握荷载和材料强度标准值、可靠指标及分项系数的概念；熟悉近似概率极限状态设计法在混凝土结构设计中的应用。

3.1 结构的功能要求和极限状态

3.1.1 结构的功能要求

结构设计的基本目的：在一定的经济条件下，结构在预定的使用期限内满足设计所预期的各项功能。其功能要求包括以下3方面：

1. 安全性

在规定的使用期限内(一般为50年)，结构应能承受在正常施工、正常使用情况下可能出现的各种荷载、外加变形(如超静定结构的支座不均匀沉降)、约束变形(如温度和收缩变形)等的作用。在偶然事件(如地震、爆炸)发生时和发生后，结构应能保持整体稳定性，不应因局部破坏引发连续倒塌而造成生命财产的严重损失。

2. 适用性

在正常使用期间，结构应具有良好的工作性能，如不发生影响正常使用的过大变形(挠度、侧移)、振动(频率、振幅)，或产生让使用者感到不安、宽度过大的裂缝等。

3. 耐久性

在正常使用和正常维护条件下，结构应具有足够的耐久性，即在各种因素的影响下(混凝土碳化、钢筋锈蚀)，结构的承载力和刚度不应随时间有过大的降低，导致结构在其预定的使用期限内丧失安全性和适用性，降低使用寿命。

3.1.2 结构的极限状态

整个结构或结构的一部分超过某一特定状态就不能满足设计指定的某一功能要求，这个特定状态称为该功能的极限状态。例如，构件即将开裂、倾覆、滑移、屈曲和失稳破坏等，即当能完成预定的各项功能时，结构处于有效状态，反之，则处于失效状态。有效状态和失效状态的界限状态，称为极限状态，它是结构开始失效的标志。

结构的极限状态可分为承载能力极限状态和正常使用极限状态两类。

1. 承载能力极限状态

结构或构件达到最大承载能力、疲劳破坏或者达到不适于继续承载的变形时的状态，称为承载能力极限状态。超过承载能力极限状态，结构或构件就不能满足安全性的要求。

《工程结构可靠性设计统一标准》规定了承载能力极限状态的主要内容：

（1）结构构件或连接因超过材料强度而破坏，或因过度变形而不适于继续承载。

（2）整个结构或其中一部分作为刚体失去平衡（如倾覆、滑移）。

（3）结构转变为机动体系（静定结构或超静定结构中出现足够多的塑性铰）。

（4）结构或结构构件丧失稳定（如细长受压构件的压曲失稳）。

（5）结构因局部破坏而发生连续倒塌。

（6）地基丧失承载力而破坏。

（7）结构或结构构件的疲劳破坏。

2. 正常使用极限状态

结构或构件达到正常使用或耐久性能中某项规定限值或规定程度的状态，称为正常使用极限状态。超过正常使用极限状态，结构或构件就不能保证适用性和耐久性的功能要求。

《工程结构可靠性设计统一标准》规定了正常使用极限状态的主要内容：

（1）影响正常使用或外观的变形，如挠度或侧移过大，会导致非结构构件受力破坏，给人不安全感或导致结构不能正常使用（如吊车梁）等。

（2）影响正常使用或耐久性能的局部损坏，如过宽的裂缝会导致钢筋锈蚀等耐久性问题。

（3）影响正常使用的振动。过大的振动会造成不舒适感，并影响精密仪器的使用。

（4）影响正常使用的其他特定状态。

结构或构件按承载能力极限状态进行计算后，还应该按正常使用极限状态进行验算。

3.1.3 结构的安全等级

在进行结构设计时，应根据建筑的重要性采用不同的可靠度标准。《工程结构可靠性设计统一标准》用建筑结构的安全等级表示建筑的重要性程度，如表 3-1 所示。重要建筑与次要建筑的划分，应根据结构破坏可能产生的后果，即危及人的生命、造成经济损失、产生社会影响等的严重程度来确定。

表 3 - 1　建筑结构的安全等级

安全等级	影响程度	建筑物类型
一级	很严重	重要的建筑物
二级	严重	一般的建筑物
三级	不严重	次要的建筑物

各类结构构件的安全等级，宜与整个结构的安全等级相同，但允许根据重要程度和综合经济效益对部分结构构件进行适当调整。如提高某一结构构件的安全等级所需的额外费用很少，又能减轻整个结构的破坏，从而减少人员伤亡和财产损失，则可将该结构构件的安全等级比整个结构的安全等级提高一级。相反，如某一结构构件的破坏并不影响整个结构或其他结构构件的安全性，则可将其安全等级比整个结构的安全等级降低一级，但不得低于三级。

3.2　结构的可靠度和极限状态方程

3.2.1　结构上的作用、作用效应及结构抗力

1. 结构上的作用和作用效应

(1)结构上的作用。结构上的作用是指施加在结构或构件上的力，以及引起结构变形和产生内力的原因。结构上的作用可分为直接作用和间接作用两种。直接作用是指施加在结构上的荷载，如恒荷载、活荷载、风荷载和雪荷载等；间接作用是指引起结构外加变形和约束变形的其他作用，如地震、爆炸冲击波、地基不均匀沉降、温度变化、混凝土收缩、徐变和焊接变形等。间接作用不仅与外界因素有关，还与结构本身的特性有关。例如，地震对结构物的作用不仅与地震加速度有关，还与结构自身的动力特性有关。一般来说，结构上的作用按随时间的变化可分为 3 类：

① 永久作用。在结构使用期间，其值不随时间变化，或其变化与平均值相比可以忽略不计，或其变化是单调的并能趋于限值的作用，如结构的自身重力、土压力和预应力等。这种作用一般为直接作用，通常称为永久荷载或恒荷载。

② 可变作用。在结构使用期间，其值随着时间变化，且变化与平均值相比不可忽略，如楼面活荷载、桥面或路面上的行车荷载、风荷载和雪荷载等。这种作用如为直接作用，则通常称为可变荷载或活荷载。

③ 偶然作用。它是在结构使用期间不一定出现，但一旦出现，其量值就会很大且持续时间很短，如罕遇地震、爆炸和撞击等引起的作用。这种作用多为间接作用，当为直接作用时，通常称为偶然荷载。

(2)作用效应。直接作用和间接作用施加在结构构件上，由此在结构内产生内力和变形

（如轴力、剪力、弯矩、扭矩以及挠度、转角和裂缝等），称为作用效应。当为直接作用（荷载）时，其效应称为荷载效应，通常用 $S = CQ$ 表示，其中 Q 为荷载，C 为荷载效应系数。如简支梁在均布荷载 q 的作用下，支座的最大剪力为 $V = ql/2$，其中 V 为荷载效应，$l/2$ 为荷载效应系数，l 为梁的计算跨度。

荷载和荷载效应之间一般近似地按线性关系考虑，且两者均为随机变量或随机过程。

2. 结构抗力

结构抗力 R 是指整个结构或构件承受作用效应（内力和变形）的能力，如构件的承载能力和刚度等。混凝土结构构件的截面尺寸、混凝土强度等级以及钢筋的种类、配筋的数量及方式等确定后，构件截面便具有一定的抗力。抗力可按一定的计算模式确定。影响抗力的主要因素有材料性能（强度、变形模量等）、几何参数（构件尺寸等）和计算模式的精确性（抗力计算所采用的基本假设和计算公式的精确性）等。

结构上的作用（特别是可变作用）与时间有关，结构抗力也随时间而变化。

3.2.2　结构的可靠性和可靠度

结构在规定的时间内、规定的条件下完成预定功能的能力，称为结构的可靠性。它是结构安全性、适用性和耐久性的总称。当结构的作用效应小于结构抗力时，结构处于可靠状态，反之结构将失效。

由于施加在结构上的作用效应和结构自身抗力均为随机变量，因而，结构抗力是否满足作用效应的要求也是一个随机事件。结构抗力不满足作用效应要求的事件的概率称为结构的失效概率，记为 P_f，相反的事件出现的概率称为可靠概率，记为 P_s，两者满足 $P_f + P_s = 1$。

结构可靠度则是指结构在规定的时间内、规定的条件下完成预定功能的概率。结构可靠度是结构可靠性的概率度量。结构可靠度定义中所说的"规定的时间"是指"设计使用年限"；"规定的条件"是指正常设计、正常施工、正常使用和维护的条件，不包括非正常的和人为的错误等。

3.2.3　设计使用年限、设计基准期和实际使用寿命

1. 设计使用年限

设计使用年限是指设计规定的结构或结构构件不需进行大修即可按其预定目的使用、完成预定功能的时期，即结构在规定的条件下所应达到的使用年限。它是结构工程"合理使用年限"的具体化。我国《工程结构可靠性设计统一标准》规定了各类建筑结构的设计使用年限，如表 3 - 2 所示。若业主提出更高的要求，也可按业主的要求采用。各类工程结构的设计使用年限是不统一的。总体而言，桥梁应比建筑工程的使用时间长，大坝的设计使用年限更长。

表 3-2　设计使用年限分类

类　别	设计使用年限/年	示　例
1	5	临时性建筑结构
2	25	易于替换的结构构件
3	50	普通房屋和构筑物
4	100	标志性建筑和特别重要的建筑结构

2. 设计基准期

设计基准期为确定可变作用及与时间有关的材料性能等取值而选用的时间参数，它是结构可靠度分析的一个时间范围。由于各类作用量值及结构的材料性能等均是和时间相关的随机过程，所以，为确定结构物在将来设计使用年限中可能出现的作用或材料性能可能发生的变化，以过去某个时间段发生在结构上的作用和材料性能所发生的变化作为设计依据，此时间段即为设计基准期。

由上述内容可知，设计基准期可根据结构设计使用年限的要求适当选定。一般来说，设计使用年限长，设计基准期可能长一些；设计使用年限短，设计基准期可能短一些。《工程结构可靠性设计统一标准》规定了房屋建筑结构的设计基准期为 50 年。由于作用及材料性能的变化均属随机过程，参考设计基准期确定的作用及结构抗力不会完全等同于设计使用年限内发生的作用及结构抗力，所以，新建结构的可靠性需采用概率形式来表达。

3. 实际使用寿命

当结构使用到一定期限时，因故不能满足其预定的安全性、适用性和耐久性的功能要求而退出服役，则从建成使用到退出服役的使用时间称为结构的实际使用寿命。在使用过程中，结构的实际使用寿命可能长于设计使用年限，也可能短于设计使用年限。当结构的实际使用寿命超过设计使用年限时，结构的失效概率会增大，不能保证其承载力极限状态的可靠指标，但并非结构立即丧失所要求的功能或立即发生破坏。

3.2.4　极限状态方程及可靠指标

1. 极限状态方程

设 S 表示荷载效应，它代表由各种荷载分别产生的荷载效应的总和，可以用一个随机变量来描述；设 R 表示结构构件抗力，也是一个随机变量。当构件的每一个截面都满足 $S \leqslant R$ 时，才认为构件是可靠的，否则认为是失效的。

结构的极限状态可以用极限状态函数来表达。承载能力极限状态函数可表示为：

$$Z = R - S \qquad (3-1)$$

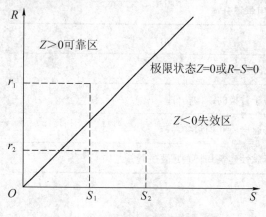

图 3 - 1　极限状态方程取值示意图

根据概率统计理论，设 S、R 都是随机变量，则 $Z = R - S$ 也是随机变量。根据 S、R 的取值不同，Z 值可能出现 3 种情况，如图 3 - 1 所示：当 $Z = R - S > 0$ 时，结构处于可靠状态；当 $Z = R - S = 0$ 时，结构达到极限状态；当 $Z = R - S < 0$ 时，结构处于失效（破坏）状态。$Z = R - S = 0$ 成立时，结构处于极限状态的分界线，超过这一界限，结构就不能满足设计规定的某一功能要求。

由于结构设计中经常考虑的不仅是结构的承载能力，多数场合还需要考虑结构对变形或开裂等的抵抗能力，也就是说要考虑结构的适用性和耐久性的要求，所以上述的极限状态方程可推广为：

$$Z = g(x_1, x_2, \cdots, x_n) \tag{3-2}$$

式中，$g(\cdots)$ 是函数记号，在这里称为功能函数。$g(\cdots)$ 由所研究的结构功能而定，可以是承载能力，也可以是变形或裂缝宽度等。x_1，x_2，$\cdots$，x_n 为影响该结构功能的各种荷载效应以及材料强度、构件的几何尺寸等。结构功能则为上述各变量的函数。

2. 可靠指标和目标可靠指标

如果已知效应 S 和抗力 R 的分布函数，则可通过数学方法求得极限状态函数 $Z = R - S < 0$ 的失效概率 P_f。假设效应 S、抗力 R 均为服从正态分布的随机变量且两者为线性关系，且 S、R 的平均值分别为 μ_S、μ_R，标准差分别为 σ_S、σ_R，则极限状态函数也服从正态分布，且其平均值 $\mu_Z = \mu_R - \mu_S$，标准差 $\sigma_Z = \sqrt{\sigma_R^2 + \sigma_S^2}$。由概率论可知，极限状态函数 $Z = R - S < 0$ 的失效概率 P_f 与 $\beta = \mu_Z / \sigma_Z$ 之间存在一一对应的关系，如图 3 - 2 所示。$\beta = \mu_Z / \sigma_Z$ 称为可靠指标。失效概率 P_f 越小，β 值越大，结构的可靠性越高。对于服从正态分布的情况，可靠指标 β 与失效概率 P_f 之间存在表 3 - 3 所示的对应关系。

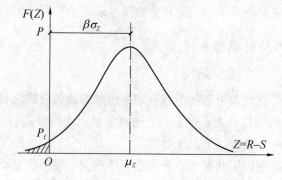

图 3 - 2　可靠指标与失效概率关系示意图

表 3 - 3　可靠指标 β 与失效概率 P_f 的对应关系

β	P_f	β	P_f	β	P_f
1.0	1.59×10^{-1}	2.7	3.47×10^{-3}	3.7	1.08×10^{-4}
1.5	6.68×10^{-2}	3.0	1.35×10^{-3}	4.0	3.17×10^{-5}
2.0	2.28×10^{-2}	3.2	6.87×10^{-4}	4.2	1.33×10^{-5}
2.5	6.21×10^{-3}	3.5	2.23×10^{-4}	4.5	3.40×10^{-6}

　　结构按承载能力极限状态设计时，要保证其完成预定功能的概率不低于某一允许的水平，并且应对不同情况下的目标可靠指标[β]值作出规定。结构和结构构件的破坏类型分为延性破坏和脆性破坏两类。延性破坏有明显的预兆，可及时采取补救措施，目标可靠指标可定得稍低些；脆性破坏常是突发性破坏，破坏前没有明显的预兆，目标可靠指标应该定得高一些。《工程结构可靠性设计统一标准》根据结构的安全等级和破坏类型，以及人们心理所能接受的事故概率水平，如触电死亡、坠机死亡等 10^{-6} 数量级的年发生概率，推算得出所能接受的工程结构 50 年事故概率为 $10^{-5} \sim 10^{-4}$，即相当于表 3 - 3 中的可靠指标 3.2 ~ 4.2 对应的失效概率。通过对代表性的结构构件进行可靠度分析，得出按承载能力极限状态设计时的目标可靠指标 [β] 值，如表 3 - 4 所示。用可靠指标 β 进行结构设计和可靠度校核，可以较全面地考虑可靠度影响因素的客观变异性，使结构满足预期的可靠度要求。

表 3 - 4　结构构件承载能力极限状态的目标可靠指标 [β] 值

破坏类型	安 全 等 级		
	一级	二级	三级
延性破坏	3.7 (4.7)	3.2 (4.2)	2.7 (3.7)
脆性破坏	4.2 (5.2)	3.7 (4.7)	3.2 (4.2)

注：括号内的数字用于公路桥梁结构。

3.3　极限状态设计表达式

3.3.1　荷载和材料强度的取值

　　结构物在使用期内所承受的荷载不是一个定值，而是在一定范围内变动；结构材料的实际强度等也在一定范围内波动，可能比设定的材料强度大或者小。因此，结构设计时所采用的荷载值和材料强度值应采用概率统计方法来确定。

　　1. 荷载标准值的确定

　　(1)荷载的统计特性。我国对建筑结构的各种恒载、民用建筑(包括办公楼、住宅、商店等)楼面活荷载、风荷载和雪荷载进行了大量的调查和实测工作，对所取得的资料应用概率统计方法处理后，得到这些荷载的概率和统计参数。

　　① 永久荷载。建筑结构中的屋面、楼面、墙体、梁、柱等构件自重重力以及找平层、

保温层、防水层等自重重力都是永久荷载，通常称为恒荷载，其值不随时间而变化或变化很小。永久荷载是根据构件体积和材料重度确定的。由于构件尺寸在施工制作中的允许误差以及材料组成或施工工艺对材料重度的影响，构件的实际自重会在一定范围内波动，且其随机变量的分布特征符合正态分布。

② 可变荷载。建筑结构的楼面活荷载、风荷载和雪荷载等属于可变荷载，其数值随着时间而变化。

民用建筑楼面活荷载一般分为持久性活荷载和临时性活荷载两种。在设计基准期内，持久性活荷载是经常出现的，如家具等产生的荷载，其数量和分布随着房屋的用途、家具的布置方式而变化，且随着时间而改变；临时性活荷载是短暂出现的，如人员临时聚会的荷载等，随着人员的数量和分布而异，其大小也和时间相关。

(2)荷载代表值。施加在结构上的荷载，不但具有随机性质，而且除永久荷载外，一般都随时间而变化。因此，在确定荷载的统计特征、代表值及效应组合时，必须考虑时间参数，结构可靠度的确定也应考虑时间因素。例如，对于设计使用年限不同(如分别为 30 年、50 年和 100 年)的建筑结构，要使它们具有相同的可靠度，由于使用年限长的建筑所经受的各类荷载或作用会大于使用年限短的建筑，所以，所设计的构件的承载力应该是设计使用年限长的大于使用年限短的。考虑到我国的传统习惯，并与国际结构安全度联合委员会的建议一致，《工程结构可靠性设计统一标准》规定了房屋建筑结构的设计基准期 T 为 50 年，特殊建筑物可例外。

从 20 世纪 80 年代到 20 世纪末，我国对恒荷载、民用楼面活荷载、风荷载和雪荷载进行了大量的调查和实测，对新时期的房屋使用荷载水平进行跟踪，并对所取得的资料进行分析，得到荷载的概率分布函数和统计参数，为确定各种荷载代表值、荷载效应组合以及进行结构可靠度分析提供了科学依据。

在进行建筑结构设计时，不同荷载效应应采用不同的荷载代表值。荷载代表值主要是标准值、组合值、频遇值和准永久值等。当设计上有特殊需要时，也可规定其他代表值。

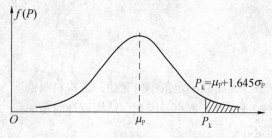

图 3 - 3 荷载标准值的概率含义

① 荷载标准值。荷载标准值是结构按极限状态设计时采用的荷载基本代表值，是现行国家标准《建筑结构荷载规范》(以下简称《荷载规范》)中对各类荷载规定的设计取值。荷载的其他代表值可以标准值为基础乘以适当的系数后得到。荷载标准值对应于荷载在设计基准期内最大荷载概率分布的某一分位数。若为正态分布，则如图 3 - 3 中的 P_k 所示。荷载标准值理论上应为结构在使用期间，在正常情况下，可能出现的具有一定保证率的偏大荷载(上分位)值。例如，若取正态分布，荷载的标准值为：

$$P_k = \mu_P + 1.645\sigma_P \qquad\qquad (3-3)$$

则 P_k 具有 95% 的保证率，即在设计基准期内超过此标准值的荷载出现的概率为 5%。式 (3-3) 中的 μ_P 为平均值，σ_P 为标准差。

我国现行《荷载规范》对永久荷载和可变荷载的标准值作出以下规定。

A. 永久荷载标准值 G_k。对于结构自重等永久荷载，其标准值一般按工程图纸的标志尺寸及材料的标准重度计算得出，相当于构件自身重力实际概率分布的平均值，即其保证率为 50% 的分位值。对于自重变化较大的材料（变异系数超过 0.05~0.1），尤其是制作屋面的轻质材料，在设计中应根据荷载对结构不利或有利，分别取永久荷载标准值为其自重的上分位值或下分位值。

B. 可变荷载标准值 Q_k。对于可变荷载，《工程结构可靠性设计统一标准》中规定其标准值根据荷载在设计基准期间可能出现的最大荷载概率分布并满足一定的保证率来确定。《荷载规范》中规定的可变荷载标准值是参照历史经验及最新研究成果，选定合适的上分位值进行确定（如图 3-4 所示）。

在结构设计中，各种材料和构件的自重及各类可变荷载的标准值可在《荷载规范》中查取。

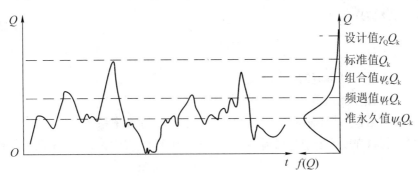

图 3-4　可变荷载的代表值和设计值

② 可变荷载的组合值、频遇值和准永久值（如图 3-4 所示）。可变荷载以不利作用出现时，其标准值取设计基准期内最大值概率分布的较高分位值。但当两个或两个以上的可变荷载同时出现时，这些可变荷载同时达到设计基准期最大值的概率将减小，仍按多个可变荷载标准值进行组合将会使设计过于保守，经济上亦不合理。因此，按一定的规则对其中一些可变荷载的标准值进行折减，折减后的荷载值称为组合值。《荷载规范》给出了不同可变荷载的组合值系数 ψ_c，将荷载组合值系数乘以标准值即可得可变荷载的组合值 $\psi_c Q_k$。

荷载的频遇值 $\psi_f Q_k$ 为频遇值系数乘以标准值，是指在结构上频繁出现的较大荷载值。可变荷载根据荷载类型并按给定的正常使用极限状态的要求，将在基准期内被超越的总时间占基准期的比例较小 (10%) 的作用值，或被超越的频率限制在规定频率内的作用值规定为频遇值。如结构不能满足正常使用要求是由下列情形引起时：结构的局部损坏或疲劳破坏（如开裂）；结构的使用功能差（如不舒适的振动）。

荷载准永久值 $\psi_q Q_k$ 为准永久值系数乘以标准值，是指在结构上经常作用的荷载值，它在基准期内被超越的总时间占设计基准期的比例较大（50%）。荷载准永久值是正常使用极限状态按长期效应组合情况设计时采用的荷载代表值。

各类可变荷载相应的组合值系数、频遇值系数、准永久值系数可在《荷载规范》中查到。

可变荷载各类代表值及其设计值的含义可由图 3－4 表示。

2. 材料强度标准值的确定

（1）材料强度的变异性及统计特性。由第 2 章可知，建筑材料的强度均具有变异性，主要由材质以及工艺、加载、尺寸等因素引起。例如，按同一标准生产的钢材或混凝土，各批之间的强度是常有变化的，即使是同一炉钢轧成的钢筋或同一次搅拌而得的混凝土试件，按照统一方法在同一试验机上进行试验，所测得的强度也不完全相同。

统计资料表明，钢筋强度和混凝土强度的概率分布基本符合正态分布。

（2）材料强度标准值。钢筋和混凝土的强度标准值是钢筋混凝土结构按极限状态设计时采用的材料强度基本代表值。材料强度标准值应根据符合规定质量的材料强度概率分布的某一分位值确定，如图 3－5 所示。由于钢筋和混凝土强度均服从正态分布，故它们的强度标准值 f_k 可统一表示为：

$$f_k = \mu_f - \alpha\sigma_f \qquad (3-4)$$

式中：μ_f——材料强度测量值的平均值；

$\quad\ \sigma_f$——材料强度测量值的标准差；

$\quad\ \alpha$——某个概率要求下材料实际强度 f 不低于 f_k 的保证率系数。

由此可见，材料强度标准值是材料强度概率分布中具有一定保证率的偏低的材料强度值。

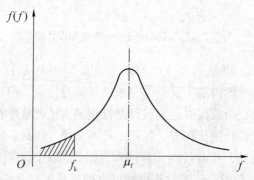

图 3－5　材料强度标准值的概率定义

① 钢筋的强度标准值。为了保证钢材的质量，国家有关标准规定钢材出厂前要抽样检查，且检查的标准为废品限值。对于各级热轧钢筋，废品限值约相当于屈服强度平均值减去两倍标准差，其保证率为 97.73%。《混凝土规范》规定，钢筋的强度标准值应具有不小于 95% 的保证率。可见，国家标准规定的钢筋强度废品限值符合这一要求，且偏于安全。因

此,《混凝土规范》以国家标准规定值作为钢筋强度标准值的依据,具体取值方法如下:对有明显屈服点的热轧钢筋,取国家标准规定的屈服点(废品限值)作为强度标准值;对无明显屈服点的热处理钢筋、消除应力钢丝及钢绞线,取国家标准规定的极限抗拉强度 σ_b (废品限值)作为强度标准值,但设计时取 $0.85\sigma_b$ 作为条件屈服点。

各类钢筋、钢丝和钢绞线的强度标准值和设计值见附录 2 中的附表 2 - 4、附表 2 - 5 和附表 2 - 6。

② 混凝土的强度标准值。混凝土的强度标准值为具有 95% 保证率的强度值,即式(3 - 4)中的保证率系数 $\alpha = 1.645$。混凝土各强度标准取值方法如下:

立方体抗压强度标准值 $f_{cu,k}$ 为:

$$f_{cu,k} = \mu_{f_{cu}} - 1.645\sigma_{f_{cu}} = \mu_{f_{cu}}(1 - 1.645\delta_{f_{cu}}) \tag{3 - 5}$$

式中: $\mu_{f_{cu}}$、$\sigma_{f_{cu}}$、$\delta_{f_{cu}}$——立方体抗压强度的平均值、标准差和变异系数。

轴心抗压强度标准值 f_{ck} 为:

$$f_{ck} = 0.88\alpha_{c1}\alpha_{c2}f_{cu,k} \tag{3 - 6}$$

其中各有关参数的含义同式(2 - 1)。

轴心抗拉强度标准值 f_{tk} 为:

$$f_{tk} = 0.88 \times 0.395\alpha_{c2}f_{cu,k}^{0.55}(1 - 1.645\delta_{f_{cu}})^{0.45} \tag{3 - 7}$$

其中各有关参数的含义同式(2 - 1)。

由式(3 - 6)和式(3 - 7)可知, f_{ck} 和 f_{tk} 均可以由 $f_{cu,k}$ 求得,所以, $f_{cu,k}$ 为混凝土强度的基本代表值。

不同强度等级的混凝土强度标准值见附录 2 中的附表 2 - 1。

3.3.2　分项系数

直接采用荷载和材料强度的标准值作为代表值进行构件或结构承载力设计时,其失效概率过高,可靠指标过低,超出人们可以接受的程度,因此须采用概率极限状态方法进行设计,以达到表 3 - 4 规定的目标可靠指标。

采用概率极限状态方法用可靠指标 β 进行设计,需要大量的统计数据,而且,当随机变量不服从正态分布、极限状态方程是非线性时,计算可靠指标 β 比较复杂。对于一般常见的工程结构,直接采用可靠指标进行设计时工作量太大,有时因统计资料不足而无法进行。因此,考虑到以往的设计习惯和实用上的简便,把设计过程中的荷载效应、结构抗力等视为随机变量,应用数理统计的概率方法进行分析,将荷载标准值乘以荷载分项系数得到荷载设计值,将材料强度标准值除以材料分项系数得到材料强度设计值,用以设计值作为代表值进行抗力和效应的验算来代替可靠指标的计算,并达到目标可靠指标的要求。这样,既考虑了结构设计的传统方式,又可避免设计时直接进行概率方面的计算。

1. 材料强度的分项系数

《混凝土规范》规定的钢筋强度的分项系数 γ_s 根据钢筋种类的不同，取值为 $1.1 \sim 1.2$；混凝土强度的分项系数 γ_c 规定为 1.4，如表 3 - 5 所示。上述钢筋和混凝土强度的分项系数是根据轴心受拉构件和轴心受压构件按照目标可靠指标经过可靠度分析而确定的。从《混凝土规范》的材料强度标准值和强度设计值的换算可以看出，不同级别的材料，其材料分项系数并非定值，而是在某个范围内波动，这主要是因为考虑了过去的工程经验和当前的技术经济政策。

分项系数确定之后，即可确定材料强度设计值。材料强度标准值除以材料的分项系数，即可得出材料强度设计值。混凝土轴心抗压强度设计值 $f_c = f_{ck}/\gamma_c$，钢筋抗拉强度设计值 $f_y = f_{yk}/\gamma_s$（热轧钢筋）或 $f_{py} = f_{pyk}/\gamma_s$（预应力钢筋），钢筋的抗压强度设计值则根据和混凝土极限压应变相当的应变水平来确定。钢筋和混凝土材料的强度设计值见附录 2 中的附表 2 - 1、附表 2 - 4 和附表 2 - 6。

表 3 - 5 分项系数取值

项　目	分项系数取值
钢筋材料分项系数 γ_s	1.10（对 400 MPa 级及以下的热轧钢筋）
	1.15（对 500 MPa 级热轧钢筋）
	1.20（对预应力钢筋）
混凝土材料分项系数 γ_c	1.4
永久荷载分项系数 γ_G	1.20（可变荷载效应控制的组合）
	1.35（永久荷载效应控制的组合）
	1.0（当永久荷载效应对承载力有利时）
可变荷载分项系数 γ_Q	1.40
	1.30（对可变荷载标准值大于 4 kN/m² 的工业房屋楼面结构）
	0.0（当可变荷载效应对承载力有利时）

2. 荷载的分项系数

荷载的分项系数是根据规定的目标可靠指标和不同的可变荷载与永久荷载的比值，对不同类型的构件进行反算后，得出相应的分项系数，从中经过优选，得出最合适的数值而确定的。各类荷载的分项系数取值如表 3 - 5 所示。荷载设计值通过荷载标准值与荷载分项系数的乘积得到（如图 3 - 4 所示）。可变荷载分项系数与可变荷载的组合值系数、频遇值系数和准永久值系数不同，它不是单独根据可变荷载统计特性和设计中对荷载值取值的要求确定的，而是取决于规定的结构目标可靠指标，即结构设计的安全水平。当结构设计的可靠指标变化时，分项系数也要变化，从而设计值也发生变化，而荷载的代表值是不变的，因此荷载设计值不属于可变荷载的代表值。

需要指出的是，从可靠指标分离导出分项系数时，虽然用了统计与概率的方法，但是在概率极限状态分析中只用到统计平均值和均方差，并非实际的概率分布，同时，在运算中采用一些近似的处理方法，因而计算结果是近似的，所以只能称为近似概率设计方法。对于符合随机变量的实际分布及其对应的真正概率设计方法，目前还处于研究阶段。

3.3.3　承载能力极限状态设计表达式

令 S_k（下标 k 指标准值）为荷载效应标准值、$\gamma_S(\geqslant 1)$ 为效应分项系数，两者乘积为荷载效应设计值，即：

$$S_d = \gamma_S S_k \qquad (3-8)$$

同样，令 R_k 为结构抗力标准值，$\gamma_R(>1)$ 为抗力分项系数，两者之商为抗力设计值，即：

$$R_d = \frac{R_k}{\gamma_R} \qquad (3-9)$$

此外，考虑到结构安全等级或结构设计使用的差异，其目标可靠指标应作相应的提高或降低，故引入结构重要性系数 γ_0。由

$$\gamma_0 S_d \leqslant R_d \qquad (3-10)$$

得

$$\gamma_0 \gamma_S S_k \leqslant \frac{R_k}{\gamma_R} \qquad (3-11)$$

式(3-11)是极限状态设计简单表达式。实际上，荷载效应中的荷载有永久荷载和可变荷载，并且可变荷载不止一个，但考虑到两个或两个以上可变荷载同时出现最大值的可能性较小，故引入荷载组合值系数对其标准值进行折减。

按承载能力极限状态进行设计时，应考虑作用效应的基本组合，必要时尚应考虑作用效应的偶然组合。《荷载规范》规定：对于基本组合，荷载效应组合的设计值应从由可变荷载效应控制的组合和由永久荷载效应控制的组合中取最不利的值进行确定。

由可变荷载效应控制的组合，其承载能力极限状态设计表达式的一般形式为：

$$\gamma_0 \left(\gamma_G S_{Gk} + \gamma_{Q_1} \gamma_{L_1} S_{Q1k} + \sum_{i=2}^{n} \gamma_{Q_i} \gamma_{L_i} \psi_{c_i} S_{Q_i k} \right) \leqslant R\left(\frac{f_{sk}}{\gamma_s},\ \frac{f_{ck}}{\gamma_c},\ a_k,\ \cdots \right) = R(f_s,\ f_c,\ a_k,\ \cdots)$$

$$(3-12)$$

由永久荷载效应控制的组合，其承载能力极限状态设计表达式的一般形式为：

$$\gamma_0 \left(\gamma_G S_{Gk} + \sum_{i=1}^{n} \gamma_{Q_i} \gamma_{L_i} \psi_{c_i} S_{Q_i k} \right) \leqslant R \left(\frac{f_{sk}}{\gamma_s}, \frac{f_{ck}}{\gamma_c}, a_k, \cdots \right) = R(f_s, f_c, a_k, \cdots) \qquad (3-13)$$

式(3-12)~式(3-13)中:

γ_0——结构构件的重要性系数,与安全等级对应,安全等级为一级或设计使用年限为 100 年及以上的结构构件不应小于 1.1,安全等级为二级或设计使用年限为 50 年的结构构件不应小于 1.0,安全等级为三级或设计使用年限为 5 年及以下的结构构件不应小于 0.9,在抗震设计中不考虑结构构件的重要性系数;

γ_G、γ_{Q_1}、γ_{Q_i}——永久荷载、第一种可变荷载、其他可变荷载的分项系数,按表 3-5 取值;

S_{Gk}、$S_{Q_1 k}$、$S_{Q_i k}$——由永久荷载、第一种可变荷载、其他可变荷载的标准值所产生的效应,如荷载引起的弯矩、剪力、轴力和变形等;

γ_{L_i}——第 i 个可变荷载考虑设计使用年限的调整系数,其中 γ_{L_1} 为主导可变荷载 Q_1 考虑设计使用年限的调整系数;当结构设计使用年限为 5 年时,$\gamma_{L_i} = 0.9$,当为 50 年时,$\gamma_{L_i} = 1.0$,当为 100 年时,$\gamma_{L_i} = 1.1$;

ψ_{c_i}——可变荷载的组合值系数,其值不应大于 1.0;

n——可变荷载的个数。

式(3-12)和式(3-13)的右侧为结构承载力,用承载力函数 $R(\cdots)$ 表示,表明其为混凝土和钢筋强度标准值(f_{ck}、f_{sk})、分项系数(γ_c、γ_s)、几何尺寸标准值(a_k)以及其他参数的函数。

3.3.4 正常使用极限状态设计表达式

按正常使用极限状态设计,主要是验算构件的变形和抗裂度或裂缝宽度。按正常使用极限状态设计时,变形过大或裂缝过宽虽影响正常使用,但危害程度不及承载力不足引起的结构破坏造成的损失那么大,所以可适当降低对可靠度的要求。《工程结构可靠性设计统一标准》中规定,计算时不需乘以分项系数,也不需考虑结构的重要性参数 γ_0,即符合式(3-14)的要求:

$$S_d \leqslant C \qquad (3-14)$$

式中:S_d——作用组合的效应(如变形、裂缝等)设计值;

C——设计对变形、裂缝等规定的相应限值。

在正常使用状态下,可变荷载作用时间的长短对于变形和裂缝的大小显然是有影响的。因为可变荷载的最大值并非长期作用于结构之上,所以,应按其在设计基准期内作用时间的长短和可变荷载的超越总时间或超越次数对其标准值进行折减。

按荷载的标准值进行组合时,荷载效应组合值 S_d 应按照式(3-15)计算:

$$S_d = S_{Gk} + S_{Q_1 k} + \sum_{i=2}^{n} \psi_{c_i} S_{Q_i k} \qquad (3-15)$$

式中，永久荷载及第一个可变荷载采用标准值，其他可变荷载均采用组合值，ψ_{c_i} 为可变荷载组合值系数。

按荷载的频遇值进行组合时，荷载效应组合值 S_d 应按式(3 – 16)计算：

$$S_d = S_{Gk} + \psi_{f_1} S_{Q_1k} + \sum_{i=2}^{n} \psi_{q_i} S_{Q_ik} \qquad (3-16)$$

式中：ψ_{f_1}——可变荷载的频遇值系数；

　　　ψ_{q_i}——可变荷载的准永久值系数。

按荷载的准永久值进行组合时，荷载效应组合值 S_d 应按式(3 – 17)计算：

$$S_d = S_{Gk} + \sum_{i=1}^{n} \psi_{q_i} S_{Q_ik} \qquad (3-17)$$

荷载效应的计算可由例 3 – 1 说明。

【例 3 – 1】某建筑物地沟的预应力混凝土盖板，安全等级定为二级，板长为 3.3 m，计算跨度为 3.2 m，板宽为 0.9 m，板自重为 2.14 kN/m²，后浇混凝土面层厚 40 mm，板底抹灰层厚 20 mm，可变荷载取 2.0 kN/m²，准永久值系数为 0.4，试计算按承载能力极限状态和正常使用极限状态设计时的截面弯矩设计值。

【解】永久荷载标准值计算如下：

板自重　　　　　　　　$2.14(kN/m^2)$

40 mm 后浇层　　　　　$25 \times 0.04 = 1(kN/m^2)$

20 mm 板底抹灰层　　　$20 \times 0.02 = 0.4(kN/m^2)$

沿板长方向均匀分布的荷载标准值为：

$$0.9 \times 3.54 = 3.186(kN/m)$$

可变荷载的均布荷载标准值为：

$$0.9 \times 2.0 = 1.8(kN/m)$$

简支板在均布荷载作用下的弯矩表达式为：

$$M = \frac{1}{8} q l^2$$

故荷载效应为：

$$S_{Gk} = \frac{1}{8} \times 3.186 \times 3.2^2 = 4.078(kN \cdot m)$$

$$S_{Q_1k} = \frac{1}{8} \times 1.8 \times 3.2^2 = 2.304(kN \cdot m)$$

按承载能力极限状态设计时，因只有一种可变荷载，故由可变荷载起控制作用时的承载能力极限状态设计表达式(3 – 12)可得：

$$M = \gamma_0 (\gamma_G S_{Gk} + \gamma_{Q_1} S_{Q_1k})$$

此时，取 $\gamma_0 = 1.0$，$\gamma_G = 1.2$，$\gamma_{Q_1} = 1.4$，则弯矩设计值为：

$$M = 1.0 \times (1.2 \times 4.078 + 1.4 \times 2.304) = 8.119(kN \cdot m)$$

若按永久荷载效应控制，则由式(3-13)可得：

$$M = \gamma_0(\gamma_G S_{Gk} + \gamma_{Q_1}\psi_{c_1}S_{Q1k})$$

此时，取 $\gamma_0 = 1.0$，$\gamma_G = 1.35$，$\gamma_{Q_1} = 1.4$，$\psi_{c_1} = 0.7$，则弯矩设计值为：

$$M = 1.0 \times (1.35 \times 4.078 + 1.4 \times 0.7 \times 2.304) = 7.763(kN \cdot m)$$

比较可变荷载效应控制的组合结果和永久荷载效应控制的组合结果可知，前者计算值较大，故最终应按可变荷载效应起控制作用来考虑。

按正常使用极限状态设计时，弯矩效应值有标准组合和准永久组合两种。

按荷载的标准组合时，弯矩效应值为：

$$M_k = 4.078 + 2.304 = 6.382(kN \cdot m)$$

按荷载的准永久组合时，弯矩效应值为：

$$M_q = 4.078 + 0.4 \times 2.304 = 4.9996(kN \cdot m)$$

例3-1中仅有一个可变荷载，计算较简单。若有两个或两个以上可变荷载，则需确定其中哪一个可变荷载的影响大，并取之为 Q_{1k}，即第一个可变荷载，其余可变荷载均作为 Q_{ik}。在方案设计阶段，当需要用手算初步进行荷载效应组合计算时，对于一般常遇的排架结构和框架结构，为计算方便，可变荷载的影响大小可不予区分，并采用相同的组合值系数，其承载能力极限状态设计表达式可以简化表达为：

$$\gamma_0\left(\gamma_G S_{Gk} + 0.9\sum_{i=1}^{n}\gamma_{Q_i}\gamma_{L_i}S_{Q_ik}\right) \leqslant R(f_s, f_c, a_k, \cdots) \tag{3-18}$$

对于由永久荷载效应控制的组合，其承载能力极限状态设计表达式仍为式(3-13)。

小　结

1. 结构设计的本质是科学地解决结构物的可靠性与经济性之间的矛盾。结构可靠度是结构可靠性(安全性、适用性和耐久性的总称)的概率度量。结构安全性的概率度量是结构可靠度中最重要的内容。

设计基准期和设计使用年限是两个不同的概念。前者为确定可变作用及与时间有关的材料性能等取值而选用的时间参数，后者表示结构在规定的条件下所应达到的使用年限，两者均不等同于结构的实际寿命或耐久年限。

2. 作用于建筑物上的荷载可分为永久荷载、可变荷载和偶然荷载。永久荷载可用随机变量概率模型来描述，服从正态分布；可变荷载可用随机过程概率模型来描述。

3. 对于承载能力极限状态的荷载效应组合，应采用基本组合(持久和短暂设计状况)或偶然组合(偶然设计状况)；对于正常使用极限状态的荷载效应组合，应按荷载的持久性和不同的设计要求采用3种组合，即标准组合、频遇组合和准永久组合；对于持久状况，应进行正常使用极限状态设计；对于短暂状况，可根据需要进行正常使用极限状态设计。

4. 钢筋和混凝土强度的概率分布属正态分布。钢筋强度标准值是具有不小于97%保证率的偏低强度值，混凝土强度标准值是具有95%保证率的偏低强度值。钢筋和混凝土的强度设计值是用各自的强度标准值除以相应的材料分项系数而得到的。正常使用极限状态设计时，材料强度一般取用标准值；承载能力极限状态设计时，材料强度取用设计值。

5. 结构的极限状态分为两类：承载能力极限状态和正常使用极限状态。以相应于结构各种功能要求的极限状态作为结构设计依据的设计方法，称为极限状态设计法。在极限状态设计法中，若以结构的失效概率或可靠指标来度量结构的可靠度，并且建立结构可靠度与结构极限状态之间的数学关系，即为概率极限状态设计法，能够比较充分地考虑各有关因素的客观变异性，使所设计的结构比较符合预期的可靠度要求。

6. 概率极限状态设计表达式与以往的多系数极限状态设计表达式形式上相似，但两者有本质的区别。前者的各项系数是根据结构构件基本变量的统计特性，以可靠性分析经优选确定的，它们起相当于设计可靠指标$[\beta]$的作用；后者采用的各种安全系数主要是根据工程经验确定的。

思 考 题

1. 什么是结构上的作用？荷载属于哪种作用？作用效应与荷载效应有什么区别？

2. 荷载按随时间的变化可分为哪几类？荷载有哪些代表值？在结构设计中，如何应用荷载代表值？

3. 什么是结构抗力？影响结构抗力的主要因素有哪些？

4. 什么是材料强度标准值和材料强度设计值？从概率意义来看，它们是如何取值的？

5. 什么是结构的预定功能？什么是结构的可靠度？可靠度如何度量和表达？

6. 什么是结构的极限状态？极限状态分为几类？各有什么标志和限值？

7. 什么是失效概率？什么是可靠指标？两者有何联系？

8. 什么是概率极限状态设计法？其主要特点是什么？

9. 说明承载能力极限状态设计表达式中各符号的意义，并分析表达式是如何保证结构可靠度的。

10. 对于正常使用极限状态，如何根据不同的设计要求确定荷载效应组合值？

11. 解释下列名词：安全等级、设计基准期、设计使用年限和目标可靠指标。

习 题

1. 结构可靠性的含义是什么？结构超过极限状态会产生什么后果？建筑结构安全等级是按什么原则划分的？

2. "作用"和"荷载"有什么区别？影响结构可靠性的因素有哪些？结构构件的抗力与哪些因素有关？为什么说构件的抗力是一个随机变量？

3. 建筑结构应满足哪些功能要求？结构的设计工作寿命如何确定？结构超过其设计工作寿命是否意味着不能再使用？

4. 什么是结构的可靠度和可靠指标？我国《工程结构可靠性设计统一标准》对结构可靠度是如何定义的？

5. 什么是结构的功能函数？什么是结构的极限状态？功能函数 $Z>0$、$Z<0$ 和 $Z=0$ 时各表示结构处于什么样的状态？

6. 为什么说极限状态设计法是近似概率设计方法？其主要特点是什么？

7. 我国《荷载规范》规定的承载力极限状态设计表达式采用何种形式？说明式中各符号的物理意义、荷载效应基本组合的取值原则及式中可靠指标体现在何处。

8. 什么是荷载标准值？什么是可变荷载的频遇值和准永久值？什么是荷载的组合值？

9. 对正常使用极限状态进行验算，为什么要区分荷载的标准组合和荷载的准永久组合？如何考虑荷载的标准组合和荷载的准永久组合？

10. 混凝土强度标准是按什么原则确定的？混凝土材料分项系数和强度设计值是如何确定的？

11. 钢筋的强度标准值和设计值是如何确定的？分别说明钢筋和混凝土的强度标准值、平均值及设计值之间的关系。

第4章 受弯构件正截面承载力计算

学习目标

1. 熟练掌握适筋梁正截面受力的3个阶段，包括截面上的应力分布变化、破坏形态、纵向受拉钢筋配筋率对破坏形态的影响、3个工作阶段在混凝土结构设计中的应用等。

2. 掌握受弯构件正截面承载力计算的基本假定和计算简图及其在受弯承载力计算中的应用。

3. 熟练掌握单筋矩形、双筋矩形与T形截面受弯构件正截面受弯承载力的计算方法，配置纵向受拉钢筋的主要构造要求。

4.1 概　　述

受弯构件是指在外力作用下截面主要承受弯矩和剪力，或虽承受轴力但其影响很小而忽略不计的构件。受弯构件是土木工程领域应用数量最多、使用范围最广的一类构件。房屋结构中各种类型的梁、板以及楼梯和过梁（如图4-1所示），厂房中的屋面梁、吊车梁，铁路和公路中的钢筋混凝土桥梁等，都属于受弯构件，其主要作用是将竖向荷载通过受弯构件传递到竖向支承构件上。受弯构件存在受弯破坏和受剪破坏两种可能，其中，由弯矩引起的破坏往往发生在弯矩最大处且与梁板纵轴线垂直的正截面上，故称为正截面受弯破坏。受弯构件按极限状态进行设计时一般需进行下列计算和验算：

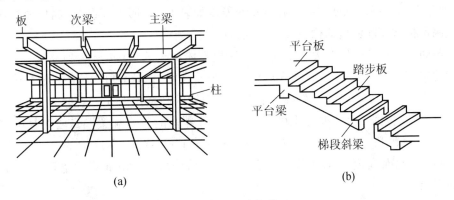

（a）

（b）

图4-1　受弯构件

（a）肋梁楼盖；（b）梁式楼梯

1. 承载能力极限状态计算

承载能力极限状态计算，即关于构件安全的截面承载力计算。在进行截面承载力计算时，荷载效应（弯矩 M 和剪力 V）通常按弹性结构力学方法计算；在某些连续梁、板中，荷载效应也可以按塑性设计方法求得。

2. 正常使用极限状态验算

正常使用极限状态验算，即关于受弯构件适用性和耐久性方面的验算，包括裂缝宽度和变形验算，将在第 9 章介绍。

除进行上述两类计算和验算外，还必须满足梁、板构件的构造措施，以保证其防火、防锈蚀、施工易操作、钢筋与混凝土的黏结力传递等。

4.2 梁、板结构的一般构造

1. 梁、板截面的形式与尺寸

受弯构件中，梁可视为一维构件，其纵向长度比截面高度和宽度要大很多，而且截面高度一般都大于其宽度；板为二维受弯构件，根据平面长、宽的尺寸大小可分为单向受力和双向受力，而截面高度比平面尺寸小。钢筋混凝土梁、板构件根据是否现场施工制作可分为预制和现浇两大类。预制板的截面形式有平板、槽形板和多孔板等多种。预制梁最常用的截面形式为矩形和 T 形。有时为了降低层高，将梁做成十字梁或花篮梁，将板搁置在伸出的梁耳上。钢筋混凝土现浇梁、板的形式很多，当板与梁整体浇筑时，板在将其上的荷载传递给梁的同时，还和梁一起构成 T 形或倒 L 形截面共同受力。受弯构件常用的截面形状如图 4-2 所示。

板的厚度应满足承载力和刚度的要求，板的最小厚度对于单跨简支板不宜小于 $l/30$（l 为板的计算跨度），对于多跨连续板不宜小于 $l/40$，悬臂板的最小厚度（指悬臂板的根部厚度）不宜小于 $l/12$。现浇钢筋混凝土板的最小厚度如表 4-1 所示，同时，当板内有管线穿行时，尚应满足板截面削弱后的构造要求，故板厚宜适当增加。

梁的截面尺寸与其跨度有关，对于不与楼板整体浇筑的梁（称其为独立梁），其截面高度与跨度的比值可为 1/12 左右，独立悬臂梁的截面高度与其跨度的比值可为 1/6 左右。矩形截面梁的高宽比 h/b 一般取 2.0～3.5；T 形截面梁的高宽比 h/b 一般取 2.5～4.5（此处 b 为梁肋宽）；有时根据工程需要，也可采用梁宽大于梁高的"宽扁梁"或者与楼板同高的暗梁。为了统一模数和方便施工，当梁高 $h \leqslant 800$ mm 时，截面高度取 50 mm 的倍数，当 $h > 800$ mm 时，截面高度取 100 mm 的倍数；一般的梁宽取 50 mm 的倍数，较宽时可取 100 mm 的倍数。

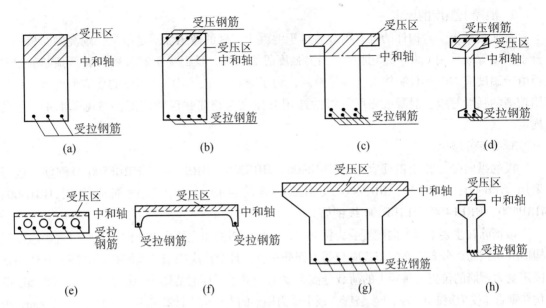

图 4 - 2　受弯构件常用的截面形状

(a)单筋矩形梁；(b)双筋矩形梁；(c)T 形梁；(d)工字形梁；(e)空心板；
(f)槽形板；(g)箱形梁；(h)花篮梁

表 4 - 1　现浇钢筋混凝土板的最小厚度　　　　　　　　　　　mm

板 的 类 别		最小厚度
单向板	屋面板	60
	民用建筑楼板	60
	工业建筑楼板	70
	行车道下的楼板	80
双向板		80
密肋楼盖	面板	50
	肋高	250
悬臂板(根部)	悬臂长度不大于 500 mm	60
	悬臂长度为 1 200 mm	100
无梁楼板		150
现浇空心楼盖		200

注：悬臂板悬挑长度较长时，可适当减小悬挑自由端的板厚。

2. 混凝土强度的确定

普通混凝土受弯构件的抗弯承载力对于混凝土强度的敏感性不是很强，现浇梁、板的混凝土强度等级采用 C20 ~ C35 即可，因为强度等级过高，反而易引起收缩开裂。预制的梁和板由于温度应力较小且制作工艺容易控制，为了减轻自重及利用高强度的预应力钢筋，可采用较高的强度等级。混凝土强度等级的选用需注意与钢筋强度的匹配，参见 2.1.4 节中的规定。

3. 钢筋的选用

板的纵向受力普通钢筋宜采用 HRB400、HRB500、HRBF400、HRBF500 级钢筋，也可采用 HPB300、HRB335、RRB400 级钢筋；梁的纵向受力普通钢筋应采用 HRB400、HRB500、HRBF400、HRBF500 级钢筋。

楼板除在主要受弯方向配置受力钢筋外，在单向板的非主要受力方向或支座位置尚应配置构造分布钢筋。分布钢筋的布置应与受力钢筋垂直，且交点应用细铁丝绑扎或焊接，其作用是固定受力钢筋的位置并将板上的荷载分散到受力钢筋上，同时能防止混凝土由于收缩或温度变化在垂直于受力钢筋的方向产生裂缝。板中受力钢筋的直径应由计算确定，一般为 6 ~ 12 mm，板厚度较大或受力较大时，宜采用较粗直径的钢筋。其间距为：当板厚 $h \leqslant 150$ mm 时，不宜大于 200 mm；当板厚 $h > 150$ mm 时，不宜大于 $1.5h$，且不宜大于 250 mm。为保证施工质量，钢筋间距不宜小于 70 mm，如图 4-3 所示。当板中受力钢筋需要弯起时，其弯起角度可根据板的厚度在 30° ~ 45° 中选取。板中单位长度上的分布钢筋，其截面面积不宜小于单位长度上受力钢筋截面面积的 15%，且不宜小于该方向板截面面积的 0.15%；其间距不宜大于 250 mm。当由于混凝土收缩或温度变化对结构产生的影响较大或对裂缝的要求较严格时，板中分布钢筋的数量应适当增加。

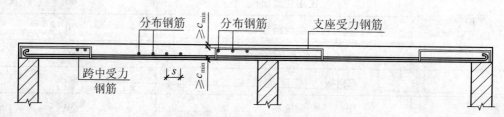

图 4-3　单向板的配筋

梁中的钢筋有纵向受力钢筋、弯起钢筋、箍筋和架立钢筋等。纵向受力钢筋的作用是承受由弯矩在梁内产生的拉力，常用直径为 12 ~ 25 mm；当梁高 $h \geqslant 300$ mm 时，其直径不应小于 10 mm；当 $h < 300$ mm 时，其直径不应小于 8 mm。为保证钢筋与混凝土之间具有足够的黏结力和便于浇筑混凝土，梁上部纵向钢筋的净距不应小于 30 mm 和 $1.5d$（d 为纵向钢筋的最大直径），下部纵向钢筋的净距不应小于 25 mm 和 d，如图 4-4 所示。当梁下部纵向钢筋的配置多于两层时，三层及三层以上钢筋水平方向的中距应是下面两层钢筋中距的 2 倍。

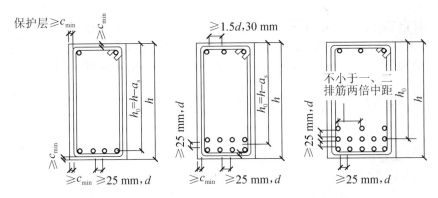

图 4 - 4　梁纵向钢筋净距、保护层厚度及有效高度

当梁内纵筋过多时，宜采用并筋的配筋形式，如图 4 - 5 所示。通过将不超过 3 根的纵向钢筋集中放置，这样在一层中可放置更多的钢筋，尽量减少两层或者三层布筋的可能性，增加截面的有效高度；同时，在钢筋的连接上，由于并筋本身可以分开连接，避免了大直径钢筋即使单根连接也会导致连接率很大的情况，故可以增大钢筋连接的可靠度。并筋的锚固长度或者搭接长度要比单根钢筋长，《混凝土规范》为了简化，把并筋等效成同面积的单根钢筋来考虑。并筋设置时对钢筋间距、保护层厚度、裂缝宽度验算、搭接接头面积百分率等要求均按相同截面积等效后的公称直径要求，即相同直径的二并筋等效直径为 $\sqrt{2}$ 倍单根钢筋直径，三并筋等效直径可取为 $\sqrt{3}$ 倍单根钢筋直径。二并筋可按纵向或横向的方式布置；三并筋宜按品字形布置，并均以并筋的重心作为等效钢筋的重心。

图 4 - 5　梁纵向钢筋的并筋布置形式

当计算只需在受拉区配置纵筋，在梁受压区外缘两侧按构造配置架立钢筋时，称为单筋梁。架立钢筋用于固定箍筋并形成钢筋骨架。如受压区配有纵向受压钢筋形成双筋截面梁，则可不再配置架立钢筋。架立钢筋及其他构造钢筋的要求见 5.6.3 节的相关要求。

箍筋的选用参见第 5 章中的相关要求。

4. 混凝土保护层最小厚度及截面的有效高度

（1）混凝土保护层最小厚度。为防止钢筋锈蚀和保证钢筋与混凝土的黏结，梁、板的受力钢筋均应有足够的混凝土保护层。如图 4 - 4 所示，混凝土保护层应从最外层钢筋的外边缘起算。钢筋的混凝土保护层最小厚度 $c_{\min}$ 应按附录 4 中的附表 4 - 4 采用，同时受力钢筋的保护层厚度不应小于受力钢筋的直径。

（2）截面的有效高度。计算梁、板承载力时，因为混凝土开裂后，拉力完全由钢筋承担，力偶力臂的形成只与受压混凝土边缘至受拉钢筋截面重心的距离有关，这一距离称为截面的有效高度，用 h_0 表示，如图 4 - 4 所示。在室内正常环境下，混凝土强度等级高于 C25 时，设计计算的 h_0 可近似按如下数值采用：

梁：一排钢筋时，$h_0 = h - a_s = h - c - d_v - \dfrac{d}{2}$，$a_s$ 一般可取 40 mm。

两排钢筋时，$h_0 = h - a_s = h - c - d_v - 25 - \dfrac{d}{2}$，$a_s$ 一般可取 60 ~ 70 mm。

板：$h_0 = h - a_s = h - c - \dfrac{d}{2}$，$a_s$ 一般取 20 mm。

式中：c——保护层厚度，mm；

$\quad\quad d$——纵筋直径，mm；

$\quad\quad d_v$——箍筋直径，mm。

4.3 梁正截面受弯承载力的试验研究

4.3.1 适筋梁正截面受弯的 3 个阶段

1. 适筋梁的试验

通过试验对比发现，当梁所配的纵筋比较适当时，梁从受拉区混凝土开裂到纵筋屈服、受压区混凝土压碎，发展过程有阶段性，便于人们发现和控制，这种梁称为适筋梁。图 4 – 6 所示是一简支的矩形截面试验梁，在梁跨中距离支座为 a 的两个对称处加载，荷载为 P，在梁跨中部将形成纯弯段，纯弯段内承受的弯矩 $M = Pa$。

试验时，梁的跨中设置有百分表以量测挠度 f，在纯弯段的中心区段用应变仪量测梁侧表面一定长度纵向纤维的平均应变，并逐级加载直到梁最终破坏。

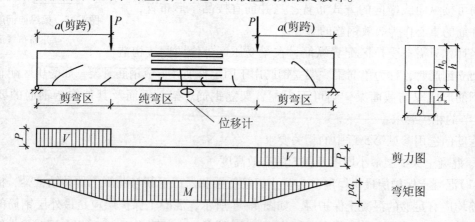

图 4 – 6 简支的矩形截面试验梁

2. 适筋梁受力过程的 3 个阶段

图 4 – 7 所示是试验梁的弯矩—挠度（$M^0 - f$）关系曲线。梁在加载开始到破坏的全过程中，$M^0 - f$ 关系曲线并非一直保持线性，而是有明显的非线性变化，可将曲线中两个明显的转折点作为界限点，并将适筋梁的受力过程分为 Ⅰ、Ⅱ、Ⅲ 三个受力阶段。

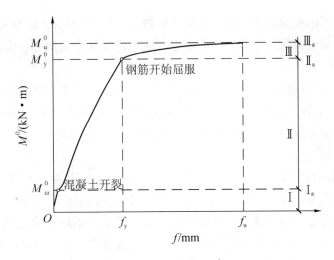

图 4 - 7　试验梁的弯矩—挠度(M^0-f)关系曲线

(1)混凝土开裂前的未裂阶段(第 I 阶段)。当弯矩较小时,挠度和弯矩的关系接近直线变化,梁尚未出现裂缝,称为第 I 阶段。此时由于弯矩很小,梁截面上各纤维的应变也很小,且变形的变化规律符合平截面假定。如图 4 - 8 I 所示,梁的工作情况与匀质弹性梁相似,混凝土基本上处于弹性工作阶段,应力与应变成正比,受拉区和受压区混凝土应力的分布图形为三角形。当弯矩增大时,量测的应变也随之加大,但其变化规律仍符合平截面假定。由于混凝土抗拉能力较抗压能力弱,而且其受拉时应力—应变关系是曲线性质,故在受拉区边缘处混凝土将首先开始出现塑性特征,受拉区应力图形开始偏离直线而逐渐变弯,而且受拉区应力图形中曲线部分的范围将不断沿梁高向上发展。

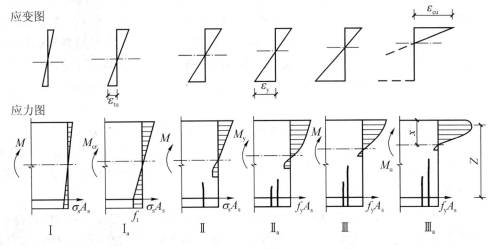

图 4 - 8　梁在各受力阶段的应力、应变图

当弯矩增加到 M_{cr} 时,受拉区边缘纤维的应变达到混凝土受弯时的极限拉应变 ε_{tu},梁的

下边缘处于将裂未裂的极限状态，此时即第Ⅰ阶段末，以Ⅰₐ表示，如图4-8Ⅰₐ所示。受压区混凝土发生相应应变时仍处于弹性工作状态，应力图形接近三角形；但这时受拉区的应力图形则呈曲线分布。

在Ⅰₐ阶段时，受拉钢筋的应变与周围同一水平处混凝土的应变相等。钢筋应变接近混凝土受拉极限应变 ε_{tu} 值，相应的应力处于 20~40 MPa，远小于其屈服强度。由于受拉区混凝土塑性的发展，第Ⅰ阶段末梁中性轴的位置较第Ⅰ阶段初期略有上升。Ⅰₐ可作为受弯构件抗裂度的计算依据。

(2)带裂缝工作阶段(第Ⅱ阶段)。在 $M = M_{cr}$ 点，受拉区混凝土开裂，试验曲线出现明显的转折点，此时进入第Ⅱ阶段，钢筋承担了未裂前受拉区混凝土承担的拉力，因而，开裂后钢筋应力会出现突变并随荷载的增加而继续增加。当受拉钢筋应力达到屈服强度时(这时梁所受的弯矩为 M_y)，标志着第Ⅱ阶段结束。在第Ⅱ阶段中，裂缝一旦出现，即具有一定的开展宽度，并沿梁高向上延伸。随着弯矩的继续增加，受压区混凝土压应变与受拉钢筋拉应变的值均不断增加，但其沿梁高平均应变的变化规律仍基本符合平截面假定。第Ⅱ阶段是大部分梁在正常荷载作用下的工作状态，此时梁的挠度及裂缝宽度需满足正常使用极限状态的要求。

随着弯矩 M 的增加，梁的挠度逐渐增大，裂缝开展越来越宽。由于受压区混凝土压应变的不断增大，塑性性质得到充分的表现。混凝土的应变增长速度较应力增长速度越来越快，受压区应力图形将呈曲线变化。当弯矩继续增加使得受拉钢筋应力达到屈服强度(f_y)时，称为第Ⅱ阶段末，以Ⅱₐ表示，如图4-8Ⅱₐ所示。

(3)破坏阶段(第Ⅲ阶段)。当 $M = M_y$ 的瞬间，$M^0 - f$ 关系曲线上出现了第二个明显转折点，即进入第Ⅲ阶段。此时梁受拉区的裂缝急剧开展，梁跨中挠度急剧增加，钢筋应力大小保持 f_y 基本不变，而应变有较大增长。当弯矩稍有增加时，钢筋应变骤增，裂缝宽度随之扩展并沿梁高向上延伸，受压区高度减小，但受压区混凝土的总压力 C 始终与钢筋的总拉力 T 保持平衡($T = C$)。受压区混凝土边缘纤维压应变迅速增长，由混凝土应力—应变关系曲线可知，受压区混凝土塑性特征表现得更为充分，混凝土受压区的应力在受压边缘甚至出现下降趋势。

弯矩增加至极限弯矩 M_u 时，成为第Ⅲ阶段末，以Ⅲₐ表示。此时梁正截面拉压力偶体系达到最大值，梁已开始破坏，受压边缘纤维的压应变被称为混凝土受弯时的极限压应变 ε_{cu}。试验梁虽仍可继续变形，但所承受的弯矩开始下降，最后在破坏区段上受压区混凝土被压碎甚至崩落。

在第Ⅲ阶段整个过程中，钢筋所承受的总拉力和混凝土所承受的总压力始终保持不变，但由于中和轴逐步上移，内力臂 Z 持续微小增加，故截面极限弯矩 M_u 较Ⅱₐ时的 M_y 也略有增加。第Ⅲ阶段末(Ⅲₐ)可作为按照承载力"极限状态"计算时的依据。

由试验梁从加荷到破坏的整个过程可以知道：

(1)第Ⅰ阶段梁的挠度增长速度较慢；第Ⅱ阶段由于梁带裂缝工作，所以挠度增长速度较前阶段快；第Ⅲ阶段由于钢筋屈服，所以挠度急剧增加。

(2)随着弯矩的增加，中和轴不断上移，受压区高度逐渐缩小，混凝土边缘纤维的压应变随之加大。受拉钢筋的拉应变也随着弯矩的增长而加大。梁侧面平均应变分布基本上仍是上、下两个三角形为相同曲率，即应变符合平截面假定。受压区应力图形在第Ⅰ阶段为三角形分布，第Ⅱ阶段为微曲的曲线分布，第Ⅲ阶段呈更为丰满的曲线分布。

4.3.2 纵向受拉钢筋配筋率对正截面受弯破坏形态和受弯性能的影响

上述梁正截面 3 个阶段的工作特点及其破坏特征，是由受拉区配置适当纵筋的梁试验得到的。当梁受拉区纵筋配置发生变化时，其破坏形式将不会完全遵循上述的 3 个受力状态。按照梁破坏形式及其特点的不同，可将其划分为以下 3 类。

1. 适筋梁

如前所述，这种梁的破坏始自受拉区钢筋的屈服。在钢筋应力到达屈服强度时，受压区混凝土边缘纤维的应变尚小于混凝土受弯极限压应变。在梁完全破坏以前，由于钢筋要经历较大的塑性伸长，梁底裂缝充分开展，梁挠度迅速增加，所以形成明显的破坏预兆。

将 $Ⅱ_a$ 时弯矩 M_y 对应的挠度设为 f_y，$Ⅲ_a$ 时极限弯矩 M_u 对应的挠度设为 f_u，由图 4-7 可知，弯矩从 M_y 增长到 M_u 时的增量 $(M_u - M_y)$ 虽较小，但相应的挠度增量 $(f_u - f_y)$ 很大。适筋梁承受的弯矩超过 M_y 后，在截面承载力没有明显变化的情况下，变形能够充分发展，具有较强的变形能力。这种承载力几乎维持不变但具有较强变形能力的特性，称为延性，习惯上常把适筋梁的破坏叫做"延性破坏"，如图 4-9(a)所示。$(f_u - f_y)$ 越大，截面的延性越好。

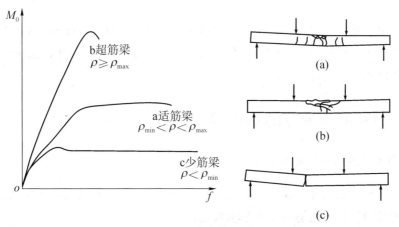

图 4-9 梁正截面的 3 种破坏形式

2. 超筋梁

若梁截面受拉区配置的钢筋过多，则在受拉区钢筋未达到屈服之前，受压区混凝土就达到极限压应变，提前压碎而破坏。试验表明，此时梁截面裂缝开展不宽，延伸不高，梁的挠度亦不大。梁的混凝土压坏缺乏明显的预兆，这种破坏常称为"脆性破坏"，如图4－9(b)所示。

超筋梁由于配置过多的受拉钢筋，所以其受弯矩作用时，钢筋应力低于屈服强度，不能充分发挥作用，从而造成浪费，且破坏前无明显预兆，故设计中应避免采用这种梁。

对比适筋梁和超筋梁的破坏状态，前者破坏始自受拉钢筋屈服，后者则始自受压区混凝土压碎。从适筋梁到超筋梁的演变过程中，由于配筋量(配筋率)的变化会造成钢筋和混凝土破坏顺序的变化，所以可找到某一配筋量，使钢筋应力达到屈服强度的同时，受压区边缘纤维的应变也恰好达到混凝土受弯极限压应变值。此时形成的破坏称为"界限破坏"(或平衡破坏)，即适筋梁与超筋梁的区分界限，相对应的配筋率称为界限配筋率ρ_{max}。当梁的实际配筋率$\rho = A_s/bh_0 < \rho_{max}$时，破坏始于钢筋的屈服；当梁的实际配筋率$\rho > \rho_{max}$时，破坏始于受压区混凝土的压碎；当梁的实际配筋率$\rho = \rho_{max}$时，受拉钢筋应力达到屈服强度的同时，受压区混凝土压碎，梁立即破坏。

3. 少筋梁

当梁的配筋率ρ很小时，梁的受拉区混凝土在较小弯矩作用下开裂后，原先由受拉区混凝土承受的拉力转而由钢筋承担。如果配筋过少，钢筋的应力将突然增大且马上导致钢筋屈服，然后裂缝急剧开展，挠度增大，钢筋可能出现拉断，最后混凝土梁断裂破坏，其破坏特点类似于素混凝土梁。

少筋梁破坏时，裂缝往往集中出现一条，不仅开展宽度很大，而且沿梁高延伸较高，即使受压区混凝土暂未压碎，但因此时裂缝宽度过大，标志着梁已被"破坏"，如图4－9(c)所示。

从单纯满足承载力需要出发，少筋梁的截面尺寸选用得过大，故不经济；同时，它的承载力取决于混凝土的抗拉强度，受拉区混凝土一裂即坏，无明显征兆，属于"脆性破坏"，故在土木工程结构中不允许采用。

4.4 正截面承载力计算的基本假定及应用

4.4.1 正截面承载力计算的基本假定

在建立受弯构件正截面承载力计算公式时，根据构件的实验状态，对钢筋混凝土受弯构件的正截面承载力计算采用下列4个基本假定：

(1)构件正截面在弯曲变形后依然保持平面，即平截面假定。

(2)不考虑受拉区混凝土的抗拉强度，拉力全部由受拉钢筋承担。

(3)混凝土的应力—应变曲线如图4－10所示，应力—应变曲线的数学表达式可以写成：

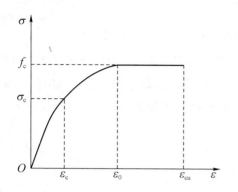
图 4－10　混凝土的应力—应变曲线

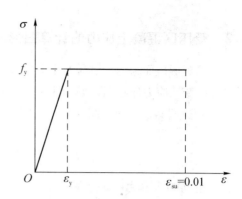
图 4－11　钢筋理想化应力—应变曲线

当 $0 \leqslant \varepsilon_c \leqslant \varepsilon_0$ 时：

$$\sigma_c = f_c \left[1 - \left(1 - \frac{\varepsilon_c}{\varepsilon_0} \right)^n \right] \tag{4-1}$$

当 $\varepsilon_0 \leqslant \varepsilon_c \leqslant \varepsilon_{cu}$ 时：

$$\sigma_c = f_c \tag{4-2}$$

$$n = 2 - \frac{1}{60} (f_{cu,k} - 50) \tag{4-3}$$

$$\varepsilon_0 = 0.002 + 0.5 (f_{cu,k} - 50) \times 10^{-5} \tag{4-4}$$

$$\varepsilon_{cu} = 0.003\,3 - (f_{cu,k} - 50) \times 10^{-5} \tag{4-5}$$

式(4－1)～式(4－5)中：

　　σ_c——对应于混凝土压应变为 ε_c 时的混凝土压应力；

　　ε_0——对应于混凝土压应力刚达到 f_c 时的混凝土压应变，当计算的 ε_0 值小于 0.002 时，
　　　　应取为 0.002；

　　ε_{cu}——正截面处于非均匀受压时的混凝土极限压应变，当计算的 ε_{cu} 值大于 0.003 3 时，
　　　　应取为 0.003 3，正截面处于轴心受压时，混凝土极限压应变应取为 0.002；

　　$f_{cu,k}$——混凝土立方体抗压强度标准值；

　　n——系数，$n \leqslant 2.0$。

(4)钢筋采用图 4－11 所示的理想化应力—应变曲线，其数学表达式为：

当 $0 \leqslant \varepsilon_s \leqslant \varepsilon_y$ 时：

$$\sigma_s = \varepsilon_s E_s \tag{4-6}$$

当 $\varepsilon_s > \varepsilon_y$ 时：

$$\sigma_s = f_y \tag{4-7}$$

受拉钢筋的极限拉应变应取 0.01。

4.4.2　受压区混凝土应力的计算图形

以单筋矩形截面为例，根据上述 4 个基本假定可得出截面在承载能力极限状态下，即第Ⅲ阶段末的应变、应力分布图，如图 4-12 所示。此时截面受压边缘达到混凝土的极限压应变 ε_{cu}，若假定这时截面受压区高度为 x_n，则受压区距离中和轴 y 高度处混凝土纤维的压应变为：

$$\varepsilon_c = \varepsilon_{cu} \frac{y}{x_n} \tag{4-8}$$

受拉钢筋的应变为：

$$\varepsilon_s = \varepsilon_{cu} \frac{h_0 - x_n}{x_n} \tag{4-9}$$

受压区混凝土压应力的合力 C 为：

$$C = \int_0^{x_n} \sigma_c b \mathrm{d}y \tag{4-10}$$

分别将式(4-1)、式(4-2)和式(4-8)代入式(4-10)，并取 $\varepsilon_0 = 0.002$，$\varepsilon_{cu} = 0.0033$，$n = 2$(C50 以下的混凝土)，则积分可得：

$$C = 0.798 f_c x_n b \tag{4-11}$$

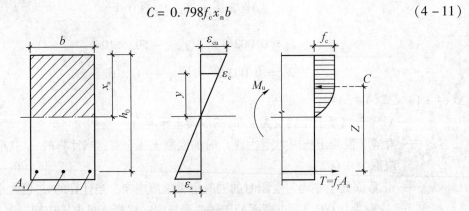

图 4-12　混凝土截面的应力、应变分布图

适筋梁破坏时，受拉钢筋应力已达到屈服强度，钢筋承受的总拉力 T 为：

$$T = f_y A_s \tag{4-12}$$

由水平平衡条件 $C = T$ 可求得受压区高度 x_n：

$$x_n = 1.253 \frac{A_s}{bh_0} \frac{f_y}{f_c} h_0 = 1.253 \rho \frac{f_y}{f_c} h_0 \tag{4-13}$$

由图 4-12 可知，根据弯矩平衡，即 $\sum M = 0$，对受拉钢筋的合力点取矩，可得：

$$M_u = CZ = \int_0^{x_n} \sigma_c b(h_0 - x_n + y)\mathrm{d}y = 0.798 f_c x_n b(h_0 - 0.412 x_n) \quad (4-14)$$

将式(4-13)代入式(4-14)，并以受拉钢筋所承受的拉力表示，有：

$$M_u = TZ = f_y A_s \left(h_0 - 0.412 \times 1.253\rho \frac{f_y}{f_c} h_0\right) = f_y A_s \left(1 - 0.516\rho \frac{f_y}{f_c}\right)h_0 \quad (4-15)$$

上述计算包含数学积分的运算，过程较为复杂。在实际设计工作中，可先将受压区混凝土的应力图形等效为矩形应力图形，然后通过保持受压区应力图的合力大小及其作用点不变，保持抗弯承载力相同，使后续计算过程大为简化，如图4-13所示。图形简化需遵循下列条件：

(1)等效矩形应力图形的形心位置应与理论应力图形的形心位置相同，即压应力合力 C 的位置不变。

(2)等效矩形应力图形的面积应等于理论应力图形的面积，即压应力合力 C 的大小不变。

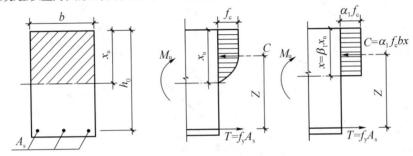

图 4-13　等效矩形应力图形的换算

如图4-13所示，假定理论受压区高度为 x_n，换算矩形的受压区高度为 x，令 $x = \beta_1 x_n$，再假定矩形应力分布图形的压应力值为 f_{cm}，并假定它与理论应力分布图形中的最大应力 f_c 之间的关系为 $f_{cm} = \alpha_1 f_c$。通过对不同强度混凝土的应力—应变关系曲线(如图4-10所示)进行积分计算，求得相应的面积和应力图形的重心位置，从而计算出上述的系数 α_1、β_1，如表4-2所示。

表 4-2　受压混凝土的简化应力图形系数 α_1 和 β_1 值

混凝土强度等级	≤C50	C55	C60	C65	C70	C75	C80
β_1	0.8	0.79	0.78	0.77	0.76	0.75	0.74
α_1	1.0	0.99	0.98	0.97	0.96	0.95	0.94

由表4-2可见，受弯构件采用的混凝土强度等级一般不高于C50，故取 $\alpha_1 = 1.0$，$\beta_1 = 0.8$。

4.4.3　界限相对受压区高度

适筋梁与超筋梁的界限为平衡配筋梁，即梁破坏时钢筋应力达到屈服，同时受压区混凝土边缘纤维的应变也恰好达到混凝土受弯的极限压应变值 ε_{cu}。定义梁横截面中，等效矩形应力的受压区高度 x 与截面有效高度 h_0 的比值为相对受压区高度 ξ，即 $\xi = x/h_0$，则平衡破坏时的相对受压区高度为界限相对受压区高度，即 $\xi_b = x_b/h_0$。

如图 4-14 所示，设钢筋开始屈服时的应变为 ε_y，则：

$$\varepsilon_y = \frac{f_y}{E_s} \tag{4-16}$$

式中：E_s——钢筋的弹性模量。

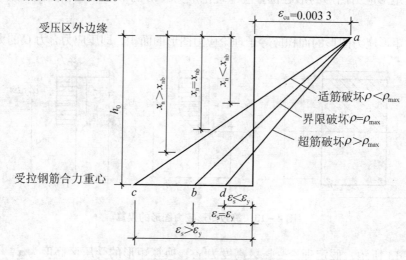

图 4-14　不同配筋的截面应变图

设界限破坏时，受压区的真实高度为 x_{nb}，则有：

$$\frac{x_{nb}}{h_0} = \frac{\varepsilon_{cu}}{\varepsilon_{cu} + \varepsilon_y} \tag{4-17}$$

由矩形应力分布图形折算的受压区高度 $x = \beta_1 x_n$，即 $x_b = \beta_1 x_{nb}$，代入式(4-17)可得：

$$\frac{x_b}{\beta_1 h_0} = \frac{\varepsilon_{cu}}{\varepsilon_{cu} + \varepsilon_y}$$

则有：

$$\xi_b = \frac{x_b}{h_0} = \frac{\beta_1}{1 + \dfrac{f_y}{\varepsilon_{cu} E_s}} \tag{4-18}$$

当梁的相对受压区高度 $\xi < \xi_b$ 时，受拉区钢筋先行达到屈服应变 ε_y，然后受压区混凝土

最外缘才达到极限压应变 ε_{cu}，梁宣告破坏，属于适筋梁；当 $\xi > \xi_b$ 时，受压区混凝土先达到极限压应变 ε_{cu} 而宣告破坏，此时受拉区钢筋尚未屈服，属于超筋梁；当 $\xi = \xi_b$ 时，可求出界限破坏时的特定配筋率，即适筋梁的最大配筋率 ρ_{max} 值。根据截面上水平力平衡条件 $C = T$ 可得：

$$\alpha_1 f_c b x_b = f_y \rho_{max} b h_0$$

故

$$\rho_{max} = \frac{x_b}{h_0} \frac{\alpha_1 f_c}{f_y} = \xi_b \frac{\alpha_1 f_c}{f_y} \qquad (4-19)$$

在钢筋混凝土结构中，常用钢材的界限相对受压区高度 ξ_b 值如表 4-3 所示。只在受拉区配置钢筋的受弯构件，采用不同混凝土和钢筋时相应的最大配筋率 ρ_{max} 如表 4-4 所示。

表 4-3 常用钢材的界限相对受压区高度 ξ_b 值

混凝土强度 / 钢筋级别	≤C50	C55	C60	C65	C70	C75	C80
HPB300	0.576	—	—	—	—	—	—
HRB335	0.550	0.541	0.531	0.522	0.512	0.503	0.493
HRB400、RRB400、HRBF400	0.518	0.508	0.499	0.490	0.481	0.472	0.463
HRB500、HRBF500	0.482	0.473	0.464	0.455	0.447	0.438	0.429

表 4-4 单筋受弯构件避免超筋破坏的最大配筋率 ρ_{max} 值

混凝土强度 / 钢筋级别	C20	C25	C30	C35	C40	C45	C50
HPB300	2.05%	2.54%	3.05%	3.56%	4.07%	4.50%	4.93%
HRB335	1.76%	2.18%	2.62%	3.07%	3.51%	3.89%	4.24%
HRB400、RRB400、HRBF400	1.38%	1.71%	2.06%	2.40%	2.74%	3.05%	3.32%
HRB500、HRBF500	1.06%	1.32%	1.58%	1.85%	2.12%	2.34%	2.56%

从式(4-19)和表 4-3、表 4-4 可以看出，混凝土强度等级相同时，采用强度等级较低的钢筋，ξ_b 值较大，ρ_{max} 值较大。梁最大配筋率的确定尚应避免纵筋配置过多时黏结破坏的发生。

4.4.4 适筋和少筋破坏的界限条件

根据前面所述少筋梁"一裂即坏"的破坏特点，受拉钢筋的最小配筋率 $\rho_{\min}$ 可根据钢筋混凝土梁按 III$_a$ 阶段计算的受弯极限承载力 M_u 等于按 I$_a$ 阶段计算的素混凝土受弯承载力（开裂弯矩 M_{cr}）来获得。但由于混凝土抗拉强度的离散性，以及收缩等因素的影响，最小配筋率 $\rho_{\min}$ 往往根据传统经验得出。《混凝土规范》建议按式（4 - 20）计算最小配筋率：

$$\rho_{\min} = 0.45 \frac{f_t}{f_y} \tag{4-20}$$

$\rho_{\min}$ 只与混凝土抗拉强度及钢材强度有关，受弯构件受拉区的最小配筋率尚不应小于 0.2%。板类受弯构件（不包括悬臂板）的受拉钢筋，当采用强度等级为 400 MPa、500 MPa 的钢筋时，其最小配筋率应允许采用 0.15% 和式（4 - 20）计算值的较大值。混凝土构件中纵向钢筋的最小配筋率详见附录 4 中的附表 4 - 6。校核纵筋最小配筋率时，应将 $\rho_s = A_s/bh$ 和 $\rho_{\min}$ 进行比较，ρ_s 为构件按全截面计算的纵向受拉钢筋的配筋率。

当受弯构件为 T 形或工字形截面时，素混凝土梁截面的开裂弯矩不仅与混凝土的抗拉强度有关，而且与梁截面的全部面积有关，但受压区翼缘悬出部分面积的影响较小，可以忽略不计。对于倒 T 形或工字形截面，则需考虑受拉区翼缘的影响，对计算配筋率和最小配筋率限值进行比较时，ρ_s 的计算按式 $\rho_s = A_s/[bh + (b_f - b)h_f]$，其中，$b$ 为腹板宽度，b_f、h_f 分别为受拉区翼缘的宽度和高度。受弯构件采用不同强度等级混凝土和有屈服点钢筋时的最小配筋率如表 4 - 5 所示。

表 4 - 5　受弯构件的最小配筋率 $\rho_{\min}$ 值

混凝土强度 钢筋级别	C20	C25	C30	C35	C40	C45	C50
HPB300	0.200%	0.212%	0.238%	0.262%	0.285%	0.300%	0.315%
HRB335	0.200%	0.200%	0.215%	0.236%	0.257%	0.270%	0.284%
HRB400、RRB400、 HRBF400	0.200%	0.200%	0.200%	0.200%	0.214%	0.225%	0.236%
HRB500、HRBF500	0.200%	0.200%	0.200%	0.200%	0.200%	0.200%	0.200%

4.5　单筋矩形截面正截面受弯承载力计算

单筋矩形截面是指仅在矩形截面梁的受拉区配置纵筋，与受压区混凝土形成抗弯承载力的截面。

4.5.1　基本计算公式

根据截面承载力计算的基本要求，对于可能产生正截面弯曲破坏的构件，其设计弯矩 M 不应超过抗弯极限承载力 M_u，即 $M \leq M_u$。

如图 4 – 15 所示，当受弯梁处于极限状态时，根据正截面水平方向合力为零及截面力偶与外部弯矩相等的平衡条件，可得到基本方程以及单筋矩形截面抗弯承载力计算的基本公式，即：

$$\sum X = 0, \quad \alpha_1 f_c bx = f_y A_s \tag{4 – 21}$$

$$\sum M = 0, \quad M_u = \alpha_1 f_c bx \left(h_0 - \frac{x}{2} \right) = \alpha_1 f_c b h_0^2 \xi (1 - 0.5\xi) \tag{4 – 22}$$

或

$$M_u = f_y A_s \left(h_0 - \frac{x}{2} \right) = f_y A_s h_0 (1 - 0.5\xi) \tag{4 – 23}$$

式(4 – 21) ~ 式(4 – 23)中：

M_u——极限弯矩；

f_c——混凝土抗压强度设计值，见附录 2 中的附表 2 – 1；

f_y——钢筋的抗拉强度设计值，见附录 2 中的附表 2 – 4；

A_s——受拉钢筋的截面面积；

b——截面宽度；

x——应力图形换算成矩形后的受压区高度；

h_0——截面的有效高度；

α_1——混凝土的简化应力图形系数，取值见表 4 – 2；

ξ——相对受压区高度。

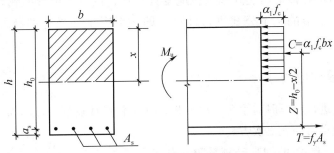

图 4 – 15　矩形截面受弯构件正截面等效应力

4.5.2 基本计算公式的适用条件及意义

基本公式（4-21）、式（4-22）和式（4-23）的建立是以受弯构件的适筋破坏第Ⅲ阶段末的状态为基础的，即受拉区钢筋首先屈服，而后受压区混凝土外缘达到受弯极限压应变 ε_{cu}。为了使所设计的截面保持在适筋梁的范围内，同时满足上述公式的适用情况，基本公式的应用尚应满足以下 3 个条件。

1. $\xi \leqslant \xi_b$ 或 $x \leqslant x_b = \xi_b h_0$ 或 $\rho \leqslant \xi_b \dfrac{\alpha_1 f_c}{f_y} = \rho_{max}$

式中，ξ_b 按表 4-3 采用，满足该条件，则可保证截面不发生超筋破坏。若将 ξ_b 代入式（4-22），即可求得单筋矩形截面所能承担的最大弯矩 $M_{u, max}$。因此，$M_{u, max}$ 就是在截面尺寸及材料强度已定时，单筋矩形截面充分增加配筋后所能发挥的最大抗弯能力，即：

$$M_{u, max} = \alpha_1 f_c b h_0^2 \xi_b (1 - 0.5\xi_b) \qquad (4-24)$$

2. $\rho_s \geqslant \rho_{min}$

ρ_{min} 值详见表 4-5，满足该条件，则可保证截面不发生少筋破坏。

3. 钢筋拉应变小于极限拉应变 $\varepsilon_{su} = 0.01$

混凝土受弯梁的极限承载力除以混凝土受压边缘达到极限压应变作为破坏标志外，尚应以受拉区钢筋达到极限拉应变作为另一破坏标志。假设钢筋达到极限拉应变 $\varepsilon_{su} = 0.01$ 时混凝土受压外边缘同时达到 $\varepsilon_{cu} = 0.003\,3$，则根据平截面假定及截面变形分析可知，此时实际受压区高度约为 $0.25h_0$，等效的受压区高度约为 $0.25h_0\beta_1 \leqslant 0.2h_0$，即 $\xi \leqslant 0.2$ 时，梁的破坏由受拉钢筋的拉应变来控制，而且破坏时混凝土外边缘尚未达到其极限压应变。当 $\xi < 0.2$ 时，真实的受压区高度及混凝土外缘最大应力均应由截面分析得出，但由于受压区高度较小，按假定混凝土外缘达到极限压应变计算所得的 ξ 及式（4-22）计算的抗弯承载力与按受拉钢筋达到极限拉应变计算所得的 ξ 及抗弯承载力相差不大，故在工程中近似按 4.5.1 节的基本公式进行计算，即按混凝土外缘达到极限压应变来计算其抗弯承载力。

4.5.3 计算系数和应用

利用基本公式进行计算时需求解二次方程，在工程设计过程中，为简化计算，可以采用表格系数法来避免求解一元二次方程。

根据式（4-22）和式（4-23）计算系数，有：

$$\alpha_s = \xi(1 - 0.5\xi) = \frac{M}{\alpha_1 f_c b h_0^2} \qquad (4-25)$$

$$\alpha_{s, max} = \xi_b(1 - 0.5\xi_b) \qquad (4-26)$$

$$\gamma_s = 1 - 0.5\xi = \frac{1 + \sqrt{1 - 2\alpha_s}}{2} \qquad (4-27)$$

可得：

$$M = f_y A_s \gamma_s h_0 \qquad (4-28)$$

并满足：

$$\xi = 1 - \sqrt{1 - 2\alpha_s} \leqslant \xi_b \qquad (4-29)$$

根据系数 α_s 与 γ_s 及相对受压区高度 ξ 的相关关系，可以通过表格查得与 α_s 相应的 ξ 和 γ_s，一方面验算 ξ 是否大于 ξ_b（或者 α_s 是否大于 $\alpha_{s,max}$），另一方面也可由式（4-28）计算 M 所需的钢筋截面面积。系数 α_s 称为"截面抵抗矩系数"，在适筋梁范围内，ρ 或 ξ 越大，α_s 值越大，截面抗弯承载力也就越高。从式（4-28）可以看出，$\gamma_s h_0$ 相当于截面的内力臂 Z，因此 γ_s 称为"内力臂系数"。它同样随 ξ 而变化，ξ 值越大，Z 值越小。系数 α_s、γ_s 的值见附录 3 中的附表 3-4。

具体计算时，若因补插由 α_s 查表求 γ_s 及 ξ 不便时，亦可由上述公式直接计算求得。

4.5.4　正截面受弯承载力计算的两类问题

1. 截面设计

当仅知道作用在构件截面中的设计弯矩 M，要求确定构件的截面尺寸及配筋时，此类问题称为截面设计。从基本公式（4-21）、式（4-22）和式（4-23）可知，未知数有 $\alpha_1 f_c$、f_y、b、h_0 和 A_s，因此，必须先选定材料等级（确定相应的强度设计值 $\alpha_1 f_c$ 和 f_y）和截面尺寸，再计算钢筋用量 A_s。截面设计的一般步骤如下：

（1）根据材料强度等级查出其强度设计值 f_c、f_t、f_y 及系数 α_1、ξ_b、ρ_{min} 等；

（2）根据给定或选定的 h 计算 $h_0 = h - a_s$；

（3）按式（4-25）和式（4-29）计算截面抵抗矩系数 α_s 和截面相对受压区高度 ξ 或直接求解换算矩形受压区高度 x；

（4）若 $\xi > \xi_b$ 或 $x > \xi_b h_0$，则不满足适筋梁条件，须加大截面尺寸或提高混凝土强度等级重新计算；若 $\xi \leqslant \xi_b$，则按式（4-27）和式（4-28）计算所需的钢筋截面面积 A_s；

（5）验算是否满足最小配筋率，即 $A_s \geqslant \rho_{min} bh$；

（6）按 A_s 值选用钢筋直径、数量并验算间距，在梁或板截面内布置。

【例 4-1】一根钢筋混凝土简支梁如图 4-16 所示，安全等级为二级，一类环境，计算跨度 $l = 6.6$ m，承受的均布恒荷载标准值为 6.6 kN/m（未包括梁自重），均布活荷载标准值为 10 kN/m，活荷载组合值系数 $\psi_c = 0.7$，试确定梁的截面尺寸和配筋。

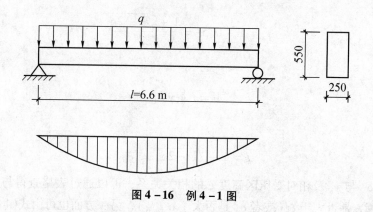

图4-16   例4-1图

【解】（1）选择材料。选用HRB400级钢筋作为受拉纵筋，混凝土采用C25。查附录2中的附表2-1和附表2-4得$f_y = 360\ \text{N/mm}^2$，$f_c = 11.9\ \text{N/mm}^2$，$f_t = 1.27\ \text{N/mm}^2$，由表4-3得$\xi_b = 0.518$。

（2）确定截面尺寸。

$$h = \frac{l}{12} = \frac{6\ 600}{12} = 550(\text{mm})$$

取$h = 550$ mm。

$$b = \frac{h}{2.5} = \frac{550}{2.5} = 220(\text{mm})$$

取$b = 250$ mm。

（3）内力计算。混凝土的标准重度为25 kN/m³，则作用在梁上的总均布荷载基本组合设计值如下：

① 以恒荷载作为控制时：

$$q = 1.35 \times (6.6 + 0.25 \times 0.55 \times 25) + 1.4 \times 0.7 \times 10 = 23.35(\text{kN/m})$$

② 以活荷载作为控制时：

$$q = 1.2 \times (6.6 + 0.25 \times 0.55 \times 25) + 1.4 \times 10 = 26.04(\text{kN/m})$$

取活荷载控制下的荷载基本组合设计值$q = 26.04$ kN/m，则梁跨中最大设计弯矩为：

$$M = \frac{1}{8}ql^2 = \frac{1}{8} \times 26.04 \times 6.6^2 = 141.79(\text{kN} \cdot \text{m})$$

（4）配筋计算。查附录4中的附表4-4可知，一类环境、混凝土强度为C25时，梁的保护层厚度$c = 25$ mm，箍筋直径可按10 mm考虑，钢筋直径d可按20 mm估计，则当梁内只有一排受拉钢筋时有：

$$h_0 = h - a_s = h - 25 - 10 - \frac{20}{2} = h - 45$$

故

$$h_0 = 550 - 45 = 505(\text{mm})$$

由式（4-25）和式（4-29）可得：

$$\alpha_{\mathrm{s}} = \frac{M}{\alpha_1 f_{\mathrm{c}} b h_0^2} = \frac{141.79 \times 10^6}{1.0 \times 11.9 \times 250 \times 505^2} = 0.187$$

$$\xi = 1 - \sqrt{1 - 2\alpha_{\mathrm{s}}} = 1 - \sqrt{1 - 2 \times 0.187} = 0.209 < \xi_{\mathrm{b}} = 0.518$$

满足要求，根据式（4-27）可得：

$$\gamma_{\mathrm{s}} = 1 - 0.5\xi = 1 - 0.5 \times 0.209 = 0.896$$

则

$$A_{\mathrm{s}} = \frac{M}{f_{\mathrm{y}} \gamma_{\mathrm{s}} h_0} = \frac{141.79 \times 10^6}{360 \times 0.896 \times 505} = 871 (\mathrm{mm}^2)$$

所以

$$\rho_{\mathrm{s}} = \frac{A_{\mathrm{s}}}{bh} = \frac{871}{250 \times 550} = 0.633\% > 0.2\% > 0.45 \frac{f_{\mathrm{t}}}{f_{\mathrm{y}}} = 0.45 \times \frac{1.27}{360} = 0.159\%$$

（5）配筋方案及构造。查附录 3 中的附表 3-1，可选用 2 ⊕ 16 + 2 ⊕ 18($A_{\mathrm{s}} = 911\ \mathrm{mm}^2$)。如图 4-17 所示，钢筋间距和保护层厚度等均满足构造要求。

截面的设计并非只有唯一解答，对于给定的 M 值，f_{c}、f_{y}、b、h_0 及相应的 A_{s} 均有多种方案来满足。在多种方案的对比中，有一个适宜的截面尺寸和相应的配筋率范围会使建筑使用空间、混凝土和钢筋的材料用量以及施工费用等的综合经济效果达到最佳。不同的构件，其经济配筋率的范围有所区别，钢筋混凝土板为 0.3% ~ 0.8%，矩形截面梁为 0.6% ~ 1.5%，T 形截面梁为 0.9% ~ 1.8%。当确定最优配筋率 ρ 后，可计算出对应的相对受压区高度 $\xi = \rho \dfrac{f_{\mathrm{y}}}{\alpha_1 f_{\mathrm{c}}}$，再根据式（4-22）及

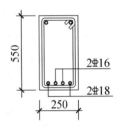

图 4-17　配筋截面

截面高宽比的常用比值($h/b = 2 \sim 3.5$)确定截面最优尺寸，然后进行截面配筋的计算。若按初选截面计算出 $x > \xi_{\mathrm{b}} h_0$，则说明初选截面过小，此时可通过加大截面尺寸或提高混凝土等级来解决，或采用 4.6 节介绍的双筋矩形截面。当以压缩层高、保证净空、增加建筑物层数作为优化控制目标时，则可不必遵循上述最优配筋率及常用截面高宽比的要求。

2. 截面复核

截面复核是指已知截面尺寸 b 与 h、配筋量 A_{s} 和材料等级(相应的 $\alpha_1 f_{\mathrm{c}}$ 和 f_{y})，要求计算截面所能承担的弯矩 M_{u} 或复核截面承受某个设计弯矩 M 是否安全。截面复核的一般步骤如下：

（1）根据已知条件查出强度设计值 f_{c}、f_{t}、f_{y} 及系数 α_1、ξ_{b}、$\rho_{\min}$ 等；

（2）验算是否满足最小配筋率的规定，如果 $A_{\mathrm{s}} < \rho_{\min} bh$，则说明纵向受拉钢筋配置太少，应按截面设计方法重新计算纵向受拉钢筋；

（3）计算截面有效高度 $h_0 = h - a_{\mathrm{s}}$；

（4）由式（4-21）计算等效受压区高度 x 及 $\xi = x/h_0$；

（5）若 $\xi \leqslant \xi_{\mathrm{b}}$，则由式（4-22）或式（4-23）计算截面所能承担的极限弯矩 M_{u}；

（6）若 $\xi > \xi_{\mathrm{b}}$，则说明 A_{s} 达不到屈服，取 $\xi = \xi_{\mathrm{b}}$，按式（4-22）计算截面所能承担的

极限弯矩；

（7）比较弯矩设计值 M 和极限弯矩 M_u，判别其安全性。

【例4-2】一现浇钢筋混凝土楼板（如图4-18所示），厚度 $h=100$ mm，混凝土强度等级为C25，纵向受拉钢筋采用 HPB300 级，并按 $\Phi10@100$ mm 配置，环境类别为一类，楼板做法为30 mm 厚细石混凝土面层，承受的外加标准均布活荷载 $q_k=2.5$ kN/m^2，活荷载组合值系数 $\psi_c=0.7$，试复核是否安全。（注：钢筋混凝土的标准重度取25 kN/m^3，细石混凝土的标准重度取22 kN/m^3。）

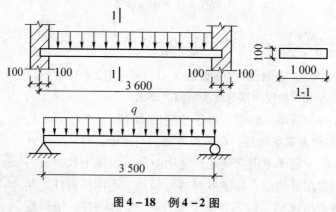

图4-18 例4-2图

【解】（1）确定设计参数。查附录2中的附表2-1和附表2-4得 $f_y=270$ N/mm^2，$f_c=11.9$ N/mm^2，$f_t=1.27$ N/mm^2，$\alpha_1=1.0$，由表4-3得 $\xi_b=0.576$，取1 m 宽板带进行复核，则 $A_s=\pi\times5^2\times1000/100=785$ mm^2，$b=1000$ mm。由于混凝土强度为C25，所以取 $c=20$ mm，故截面有效高度为：

$$h_0=h-(c+d/2)=100-(20+10/2)=75(\text{mm})$$

$$\rho_{\min}=\max(0.45\frac{f_t}{f_y},\ 0.2\%)=0.45\times\frac{1.27}{270}=0.212\%$$

（2）最小配筋率的验算。

$$\rho_s=\frac{A_s}{bh}=\frac{785}{1000\times100}=0.785\%>\rho_{\min}=0.212\%$$

（3）求抗弯承载力 M_u。由式（4-21）可得：

$$x=\frac{f_yA_s}{\alpha_1f_cb}=\frac{270\times785}{1.0\times11.9\times1000}=17.82(\text{mm})\leqslant\xi_bh_0=0.576\times75=43.2(\text{mm})$$

再由式（4-22）得：

$$M_u=\alpha_1f_cbx\left(h_0-\frac{x}{2}\right)=1.0\times11.9\times17.82\times\left(75-\frac{17.82}{2}\right)/1000=14.01(\text{kN}\cdot\text{m})$$

（4）求外荷载产生的弯矩设计值 M。板的计算简图如图 4 – 18 所示，单跨板的计算跨度取轴线间尺寸和净跨加板厚的最小值，则有：

$$l_0 = l_n + 100 = 3\ 400 + 100 = 3\ 500(\text{mm})$$

荷载效应的组合分别按恒荷载起控制作用和活荷载起控制作用考虑，然后取较大者。当取恒荷载和活荷载的荷载分项系数分别为 1.2 和 1.4 时，板上的均布线荷载为：

$$q = (1.2 \times 0.1 \times 25 + 1.2 \times 0.03 \times 22 + 1.4 \times 2.5) \times 1 = 7.292(\text{kN/m})$$

当考虑恒荷载起控制作用时，板上的均布线荷载为：

$$q = (1.35 \times 0.1 \times 25 + 1.35 \times 0.03 \times 22 + 1.4 \times 0.7 \times 2.5) \times 1 = 6.716(\text{kN/m})$$

以活荷载起控制作用，线荷载设计值取 7.292 kN/m，则跨中截面的设计弯矩为：

$$M = \frac{1}{8}ql_0^2 = \frac{1}{8} \times 7.292 \times 3.5^2 = 11.166(\text{kN} \cdot \text{m})$$

（5）判断是否安全。由于截面抗弯承载力大于设计弯矩，即：

$$M_u = 14.01(\text{kN} \cdot \text{m}) > M = 11.166(\text{kN} \cdot \text{m})$$

故截面是安全的。

4.6　双筋矩形截面正截面受弯承载力计算

4.6.1　双筋矩形截面的受力机理

当按单筋截面梁设计时，若给定的弯矩设计值过大，截面设计不能满足适筋梁的适用条件（$x \leqslant \xi_b h_0$），且由于使用要求，截面高度受到限制不能增大，同时混凝土强度等级因条件限制不能再提高，此时可在截面的受压区配置纵向钢筋，以补充混凝土受压能力的不足，形成双筋截面。受压区配置钢筋还可减少梁在荷载长期作用下的徐变变形。

对于在水平荷载作用下的框架梁，在地震或风等往复荷载作用下，同一截面上会产生反向弯矩。为了承受往复弯矩分别作用时截面顶部和底部可能出现的拉力，需在截面的顶部和底部均配置纵向钢筋，也形成双筋截面。此外，受压钢筋的存在可提高截面的延性。因此，抗震设计中要求框架梁截面上部和下部必须配置一定比例的纵向钢筋。

双筋截面可以理解为在单筋截面的基础上通过成对增加拉压区配筋形成力偶来增加截面的受弯承载力。双筋梁在满足 $\xi \leqslant \xi_b$ 的条件下仍然具有适筋梁的塑性破坏特征，即受拉钢筋首先屈服，然后经历一个充分的变形过程，受压区混凝土才被压碎。因此，在进行抗弯承载力计算时，受压区混凝土仍可采用等效矩形应力图形和换算的弯曲抗压强度设计值 $\alpha_1 f_c$。

试验表明，受压钢筋在纵向压力作用下易产生压曲而导致侧向凸出，并将受压区保护层崩裂，使构件提前发生破坏，降低构件的承载力。为防止受压钢筋压曲和侧向凸出，必须在梁内布置封闭箍筋对其进行约束，受压钢筋才能与受压混凝土共同变形和受力，直到混凝土压碎破坏。关于双筋截面箍筋的必要构造要求可参见本书 5.6.2 节的内容。

受压钢筋发挥作用时，其合力点到构件受压边缘的距离 a'_s 为：

$$a'_s = c' + d_v + \frac{d}{2}$$

式中：c'——受压区混凝土保护层厚度；

d——受压钢筋直径；

d_v——箍筋直径。

因此，当混凝土受压边缘的极限压应变取为 ε_{cu} 时，根据构件的受压区高度，可按几何关系求出受压钢筋合力点处混凝土纤维的压应变 ε'_{cs}。因为 $\varepsilon'_s = \varepsilon'_{cs}$，所以受压钢筋能发挥的强度为：

$$\sigma'_s = \varepsilon'_s E_s \tag{4-30}$$

为使受压区钢筋达到屈服强度，受压区混凝土达到极限压应变 0.0033（$\leqslant$C50）时，受压钢筋的压应变应达到 0.002 左右，此时对应的换算受压区高度（矩形应力图形）为：

$$x = 2a'_s$$

此即为受压钢筋充分发挥其作用的最小受压区高度。受压钢筋相应的应力最大可达到 $\sigma'_s = \varepsilon'_s E_s = 0.002 \times 2 \times 10^5 = 400 \text{ N/mm}^2$，由于钢筋的抗拉屈服强度与抗压屈服强度相等，故当钢筋的抗拉强度设计值 f_y 小于或等于 400 N/mm^2 时，取钢筋的抗压强度设计值等于其抗拉设计强度，即：

$$f'_y = f_y \tag{4-31}$$

对于500级钢筋，由于双筋梁配有箍筋和受压钢筋，混凝土的峰值应变和极限应变均有所增大，试验研究表明，当满足 $x \geqslant 2a'_s$ 条件时，500级钢筋也可达到其受压强度设计值 $f'_y = 435 \text{ N/mm}^2$。

4.6.2 基本计算公式

考虑受压钢筋参加工作，可以得出如图4-19所示的双筋矩形截面抗弯承载力计算应力图，并可分解为图4-20所示的单筋截面部分和纯钢筋截面部分，故由平衡条件可写出以下基本公式：

由 $\sum X = 0$ 可得：

$$\alpha_1 f_c b x + f'_y A'_s = f_y A_s \tag{4-32}$$

由 $\sum M = 0$ 可得：

$$M_u = M_1 + M' = \alpha_1 f_c b x \left(h_0 - \frac{x}{2} \right) + f'_y A'_s (h_0 - a'_s) \tag{4-33}$$

式中：f'_y——钢筋的抗压强度设计值；

A'_s——受压钢筋的截面面积；

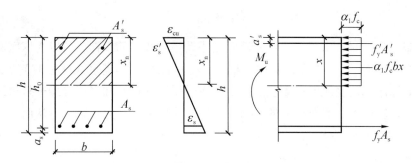

图4-19　双筋矩形截面受力分析图

a'_s——受压钢筋的合力点到截面受压边缘的距离；

M_1——受压区混凝土与部分受拉钢筋 A_{s1} 所提供的相当于单筋矩形截面的受弯承载力，表达式为：

$$M_1 = \alpha_1 f_c bx \left(h_0 - \frac{x}{2} \right) \qquad (4-34)$$

M'——受压钢筋 A'_s 与部分受拉钢筋 A_{s2} 所提供的受弯承载力，表达式为：

$$M' = f'_s A'_s (h_0 - a'_s) \qquad (4-35)$$

其他符号的含义同单筋矩形截面梁的分析。

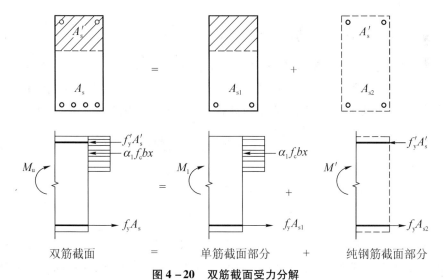

双筋截面　　　　=　　　　单筋截面部分　　　　+　　　　纯钢筋截面部分

图4-20　双筋截面受力分解

以上基本公式的适用条件与单筋矩形截面梁计算公式的适用条件相同，具体如下：

（1）为防止出现超筋破坏，应满足：

$$x \leqslant \xi_b h_0 \qquad (4-36)$$

（2）为保证受压钢筋达到规定的抗压强度设计值，应满足：

$$x \geqslant 2a'_s \tag{4-37}$$

在进行截面设计时，由于一般单筋截面无法满足才按双筋设计，所以受压区高度一般较高，式（4-37）可以满足；在进行截面复核时，有可能存在不满足式（4-37）的要求，此时受压钢筋未能屈服，而受压区混凝土的合力点在受压钢筋重心和受压混凝土外边缘之间。为了安全和简化计算过程，受拉钢筋的合力可直接对受压钢筋合力点取矩，从而得出这种情况下正截面抗弯承载力计算公式：

$$M_u = f_y A_s (h_0 - a'_s) \tag{4-38}$$

应该注意的是，按式（4-38）求得的 A_s 可能比不考虑受压钢筋而按单筋矩形截面计算的 A_s 要大，这时应按单筋矩形截面设计配筋。在截面设计时，通常由于双筋截面中的受拉钢筋面积较大，所以一般不必对其是否满足最小配筋率进行验算；在进行截面复核时，有必要验算其是否满足最小配筋率。

4.6.3 双筋矩形截面正截面受弯承载力的截面设计方法

1. 截面设计

在进行双筋截面设计时，有以下两种情况。

（1）已知设计弯矩 M，材料强度 f_c、f_y、f'_y，截面尺寸 b、h，要求确定所需的受压和受拉钢筋截面面积，即 A'_s 和 A_s。

为判明是否需要配置受压钢筋，应先计算 $\alpha_s = \dfrac{M}{\alpha_1 f_c b h_0}$ 或 ξ：如 $\alpha_s \leqslant \alpha_{s,\,max}$ 或 $\xi \leqslant \xi_b$，说明不需要配置受压钢筋，可按单筋矩形截面计算 A_s；如 $\alpha_s > \alpha_{s,\,max}$，说明需要配置受压钢筋，此时，两个基本方程有 3 个未知数，即 A'_s、A_s 和 x，可以有各种不同的解，因此，这时应以总钢筋截面面积 $(A_s + A'_s)$ 为最小的原则进行计算。设 $f_y = f'_y$，由基本公式可写出：

$$A_s + A'_s = \frac{\alpha_1 f_c}{f_y} b \xi h_0 + 2 \frac{M - \alpha_1 f_c b h_0^2 \xi (1 - 0.5\xi)}{f_y (h_0 - a'_s)} \tag{4-39}$$

将式（4-39）对 ξ 求导，并令 $\mathrm{d}(A_s + A'_s)/\mathrm{d}\xi = 0$，可得：

$$\xi = 0.5(1 + a'_s/h_0) \tag{4-40}$$

同时，式（4-40）须符合 $\xi \leqslant \xi_b$ 的条件，当按式（4-40）计算得出 $\xi > \xi_b$ 时，应取 $\xi = \xi_b$。对于常用的 HRB335、HRB400 级钢筋和一般梁截面的 a'_s/h_0，$0.5(1 + a'_s/h_0) \approx 0.55$，故为简化计算，可直接取 $\xi = \xi_b$，即取 $M_1 = \alpha_{s,\,max} \alpha_1 f_c b h_0^2$，相应的 $A_{s1} = \alpha_1 f_c \xi_b b h_0 / f_y$。

部分受拉钢筋和混凝土充分利用的合力形成力偶 M_1 以后，受压钢筋产生的力偶 $M' = M - M_1$，故由式（4-35）可得：

$$A'_s = \frac{M'}{f'_y (h_0 - a'_s)} \tag{4-41}$$

总的受拉钢筋截面面积为：

$$A_s = A_{s1} + \frac{f'_y}{f_y} A'_s$$

（2）已知设计弯矩 M，材料强度等级 f_c、f_y、f'_y 和受压钢筋截面面积 A'_s，要求确定受拉钢筋截面面积 A_s。这种情况下，为了使总用钢量最小，应首先利用已经给定的受压钢筋截面面积 A'_s。

假定 A'_s 可达到屈服强度，所提供的抗弯承载力为 $M' = f'_y A'_s (h_0 - a'_s)$，设计弯矩值中的其余部分应由混凝土受压区和部分受拉纵筋提供，故 $M_1 = M - M'$。

计算 $\alpha_s = \dfrac{M_1}{\alpha_1 f_c b h_0}$，如 $\alpha_s > \alpha_{s,\,max}$，说明给定的 A'_s 尚不足，需按 A'_s 未知的第（1）种情况计算 A'_s 及 A_s；如 $\alpha_s \leqslant \alpha_{s,\,max}$，可由 α_s 求得 x 及 γ_s，并式（4-42）求出 A_{s1}：

$$A_{s1} = \frac{M_1}{f_y \gamma_s h_0} \qquad\qquad (4-42)$$

注意，这时应验算条件 $x > 2a'_s$。

全部受拉钢筋截面面积为：

$$A_s = A_{s1} + \frac{f'_y}{f_y} A'_s \qquad\qquad (4-43)$$

如受压区高度小于 $2a'_s$，则受压区钢筋未屈服，此时可取 $\gamma_s h_0 = h_0 - a'_s$，并按式（4-38）计算 A_s，即：

$$A_s = \frac{M}{f_y (h_0 - a'_s)} \qquad\qquad (4-44)$$

此时应和按单筋截面设计的结果进行对比并取较小值。

2. 截面复核

已知截面尺寸 b、h，材料强度等级 f_c、f_y、f'_y 和钢筋用量 A'_s 及 A_s，要求复核截面的抗弯承载力。此时应首先利用式 $f'_y A'_s = f_y A_{s2}$ 求出 A_{s2}，并用式（4-35）计算出相应的 M'，由 A_s 减去 A_{s2} 得 A_{s1}，然后按复核单筋截面的同样步骤求得 M_1，再将 M_1 与 M' 相加即可得出截面所能承担的弯矩 M。计算 M_1 时，若算得 $x < 2a'_s$，则应改为按式（4-38）计算截面所能承担的弯矩 M；若出现 $x > \xi_b h_0$ 的情况，说明截面已属超筋，可近似用式 $M_1 = \alpha_1 f_c b h_0^2 \xi_b (1 - 0.5\xi_b)$ 计算受压混凝土部分承担的弯矩。

【例 4-3】已知梁截面尺寸 $b \times h = 200 \text{ mm} \times 550 \text{ mm}$，一类环境，混凝土强度等级选用 C25，钢筋选用 HRB400 级，若梁承受的弯矩设计值 $M = 285 \text{ kN} \cdot \text{m}$，试计算截面配筋。

【解】（1）验算是否需要采用双筋截面。查附录 2 中的附表 2-1 和附表 2-4 得 $f_y = 360 \text{ N/mm}^2$，$f_c = 11.9 \text{ N/mm}^2$，$f_t = 1.27 \text{ N/mm}^2$，$\alpha_1 = 1.0$，$\xi_b = 0.518$，因设计弯矩值较大，所以预计钢筋需排成两排，故取 $h_0 = 550 - 70 = 480 \text{ mm}$，将上述数据代入式（4-24）可

得单筋矩形截面所能承担的最大弯矩为:

$$M_{max} = \alpha_1 f_c b h_0^2 \xi_b (1 - 0.5\xi_b) = 1.0 \times 11.9 \times 200 \times 480^2 \times 0.518 \times (1 - 0.5 \times 0.518)$$
$$= 210.5 \times 10^6 (N \cdot mm) = 210.5 (kN \cdot m) < 285 (kN \cdot m)$$

说明需要采用双筋截面。

(2)确定 A_{s1}。为使钢筋总用量最少,可令 $x = \xi_b h_0$,于是:

$$M_1 = \alpha_1 f_c b h_0^2 \xi_b (1 - 0.5\xi_b) = 210.5 (kN \cdot m)$$

$$A_{s1} = \xi_b b h_0 \frac{\alpha_1 f_c}{f_y} = 0.518 \times 200 \times 480 \times \frac{1.0 \times 11.9}{360} = 1644 (mm^2)$$

(3)确定 A_{s2}。受压钢筋及相应的受拉钢筋所承担的弯矩为:

$$M' = M - M_1 = 285 - 210.5 = 74.5 (kN \cdot m)$$

因此所需受压钢筋的截面面积为:

$$A_s' = \frac{M'}{f_y'(h_0 - a_s')} = \frac{74.5 \times 10^6}{360 \times (480 - 45)} = 475.8 (mm^2)$$

与其对应的受拉钢筋的截面面积为:

$$A_{s2} = A_s' = 475.8 (mm^2)$$

(4)求 A_s。受拉钢筋的总截面面积为:

$$A_s = A_{s1} + A_{s2} = 1644 + 475.8 = 2119.8 (mm^2)$$

所以实际选用受压钢筋 2⻊18($A_s' = 509\ mm^2$),受拉钢筋 6⻊22($A_s = 2280\ mm^2$)。

截面配筋如图4-21所示。

【例4-4】已知数据同例4-3,此外,还已知梁的受压区已配置受压钢筋3⻊20,试求受拉钢筋的截面面积 A_s。

【解】(1)求 M'。假定充分发挥受压钢筋 A_s' 的作用,于是:

$$A_{s2} = A_s' = 942 (mm^2)$$

$$M' = f_y' A_s' (h_0 - a_s') = 360 \times 942 \times (480 - 45) = 147.5 \times 10^6 (N \cdot mm) = 147.5 (kN \cdot m)$$

(2)剩余弯矩 M_1 按单筋矩形截面求 A_{s1}。因为

$$M_1 = M - M' = 285 - 147.5 = 137.5 (kN \cdot m)$$

所以

$$\alpha_s = \frac{137.5 \times 10^6}{1.0 \times 11.9 \times 200 \times 480^2} = 0.251$$

根据 α_s 由附录3中的附表3-4查得 $\gamma_s = 0.852$,$\xi = 0.294$,故有:

$$x = 0.294 \times 480 = 141.1 (mm) > 2a_s' = 90 (mm)$$

$$A_{s1} = \frac{M_1}{f_y \gamma_s h_0} = \frac{137\,500\,000}{360 \times 0.852 \times 480} = 933.9 (mm^2)$$

(3)求受拉钢筋的总截面面积。受拉钢筋的总截面面积为:

$$A_s = A_{s1} + A_{s2} = 933.9 + 942 = 1875.9 (mm^2)$$

所以实际选用 $6 \oplus 20 (A_s = 1\,884 \text{ mm}^2)$。

截面配筋如图 4 - 22 所示。

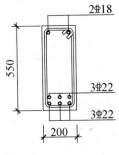

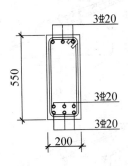

图 4 - 21 例 4 - 3 图   图 4 - 22 例 4 - 4 图

由例 4 - 3 和例 4 - 4 的设计结果可以看出，由于例 4 - 3 充分利用了混凝土的抗压能力，采用界限受压区高度作为其设计受压区高度 $x = x_b = \xi_b h_0$，所以其计算总用钢量（$A_s + A_s' = 2\,119.8 + 475.8 = 2\,595.6 \text{ mm}^2$）比例 4 - 4 中计算总用钢量（$A_s + A_s' = 1\,875.9 + 942 = 2\,817.9 \text{ mm}^2$）稍有节省。

4.7 T 形截面正截面受弯承载力计算

4.7.1 T 形截面的定义及翼缘计算宽度

矩形截面受弯构件由于不考虑受拉区混凝土的抗拉作用，所以，为减轻构件自重，可将受拉区混凝土部分挖除，并将钢筋集中布置，形成如图 4 - 23 所示的 T 形截面。T 形截面可以节约混凝土，减轻构件自重，使材料的利用更为合理。

T 形截面是由翼缘和腹板（梁肋）两部分组成的，通常用 h_f' 和 b_f' 表示受压翼缘的厚度和宽度，而用 h 和 b 表示梁高和腹板厚度（或称肋宽）。工字形截面受拉区翼缘不参加受力，因此也按 T 形截面进行计算。因为 b_f' 增大可使受压区高度 x 减小，内力臂 $Z = \gamma_s h_0$ 增大，所以 T 形截面的受压区翼缘宽度越大，截面的受弯承载力越高。但试验及理论分析表明，与腹板共同工作的翼缘宽度是有限的。沿翼缘宽度上的压应力分布如图 4 - 24 所示，距肋部越远，翼缘参与受力的程度越小。假定距肋部一定范围以内的翼缘全部参加工作，而这个范围以外的其他部分不考虑参与受力，则这个范围称为翼缘计算宽度 b_f'。翼缘计算宽度 b_f' 与翼缘厚度 h_f'、梁的计算跨度 l_0、受力情况（独立梁、肋形楼盖中的 T 形梁）等很多因素有关。翼缘的计算宽度 b_f' 按表 4 - 6 所列情况中的最小值取用。

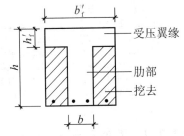

图 4 - 23　T 形截面

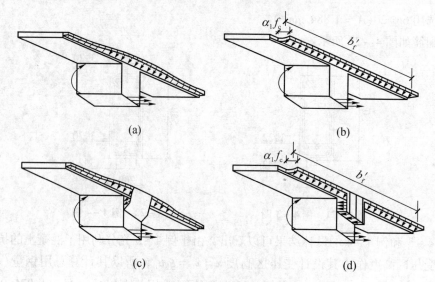

(a)　　　　　　　　　　　　(b)

(c)　　　　　　　　　　　　(d)

图 4 - 24　T 形截面沿翼缘宽度上的压应力分布

表 4 - 6　T 形、工字形及倒 L 形截面受弯构件位于受压区的翼缘计算宽度 b'_f

项　次	考虑情况		T 形截面		倒 L 形截面
			肋形梁(板)	独立梁	肋形梁(板)
1	按跨度 l_0 考虑		$l_0/3$	$l_0/3$	$l_0/6$
2	按梁(肋)净距 S_n 考虑		$b + S_n$	—	$b + S_n/2$
3	按翼缘高度 h'_f 考虑	$h'_f/h_0 \geqslant 0.1$	—	$b + 12h'_f$	—
		$0.1 > h'_f/h_0 \geqslant 0.05$	$b + 12h'_f$	$b + 6h'_f$	$b + 5h'_f$
		$h'_f/h_0 < 0.05$	$b + 12h'_f$	b	$b + 5h'_f$

注: 1. 表中 b 为梁的腹板(梁肋)厚度。
　　2. 如肋形梁在梁跨内设有间距小于纵肋间距的横肋时, 则可不遵守表中项次 3 的规定。
　　3. 对于加腋的 T 形和倒 L 形截面, 当受压区加腋的高度 $h_h \geqslant h'_f$ 且加腋的宽度 $b_h \leqslant 3h_h$ 时, 其翼缘计算宽度可按表中项次 3 的规定分别增加 $2b_h$(T 形截面)和 b_h(倒 L 形截面)。
　　4. 独立梁受压区的翼缘板面如在荷载作用下产生沿纵肋方向的裂缝, 则计算宽度取用肋宽 b。

4.7.2　T 形截面受弯构件的判别及正截面受弯承载力计算

　　T 形截面梁按受压区高度的不同可分为两类: 第一类 T 形截面, 受压区高度在翼缘内 ($x \leqslant h'_f$), 受压区面积为矩形, 如图 4 - 25 所示; 第二类 T 形截面, 受压区进入梁肋部 ($x > h'_f$), 受压区面积为 T 形, 如图 4 - 26 所示。

　　1. 两类 T 形截面的判别

　　当受压区高度 x 等于翼缘厚度 h'_f 时, 为两类 T 形截面的界限情况, 此时, 由平衡条件可知:

$$\alpha_1 f_c b'_f h'_f = f_y A_s$$

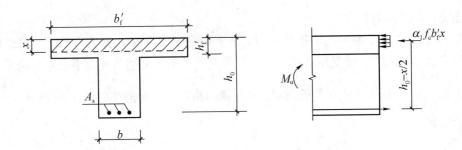

图 4 – 25　第一类 T 形截面

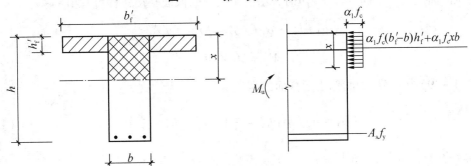

图 4 – 26　第二类 T 形截面

$$M_u = \alpha_1 f_c b'_f h'_f \left(h_0 - \frac{h'_f}{2} \right)$$

如弯矩效应 M 满足

$$M \leqslant \alpha_1 f_c b'_f h'_f \left(h_0 - \frac{h'_f}{2} \right) \qquad (4-45)$$

则表明弯矩作用下混凝土受压外缘达到极限压应变时，形成的受压区高度小于翼缘厚度，即 $x \leqslant h'_f$，属于第一类 T 形截面。反之，若 $M > \alpha_1 f_c b'_f h'_f \left(h_0 - \frac{h'_f}{2} \right)$，说明仅翼缘高度内的混凝土受压与钢筋的总拉力形成抵抗弯矩后，尚不足以与弯矩设计值 M 相平衡，受压区高度将下移，即 $x > h'_f$，属于第二类 T 形截面。

2. 第一类 T 形截面的计算

第一类 T 形截面受压区高度在翼缘内（$x \leqslant h'_f$），截面虽为 T 形，但受压区形状仍为矩形，故可按以 b'_f 为宽度的矩形截面进行抗弯承载力计算，即只需将单筋矩形截面基本公式中的梁宽 b 以 b'_f 代替，便可得出第一类 T 形截面的基本计算公式：

$$\alpha_1 f_c b'_f x = f_y A_s \qquad (4-46)$$

$$M_u = \alpha_1 f_c b'_f x \left(h_0 - \frac{x}{2} \right) \qquad (4-47)$$

基本公式的适用条件是：

（1）$x \leqslant \xi_b h_0$。由于第一类 T 形截面的 x 小于翼缘厚度，而一般 T 形截面的翼缘厚度与截面高度之比都不太大，故受压区高度 x 通常都能满足上述适用条件而不必进行验算。

（2）$\rho_s \geqslant \rho_{\min}$。根据 4.4.4 节的规定，T 形截面验算最小配筋率时的 ρ_s 应按 $\rho_s = \dfrac{A_s}{bh}$ 计算，其中 b 为肋宽。

3. 第二类 T 形截面的计算

受压区高度进入梁肋部（$x > h_f'$）时，由图 4 - 26 的截面平衡条件可写出：

$$\alpha_1 f_c bx + \alpha_1 f_c (b_f' - b) h_f' = f_y A_s \qquad (4-48)$$

$$M_u = M_1 + M_2 \qquad (4-49)$$

式（4-49）中的 M_1 为肋部矩形截面的受弯承载力，表达式为：

$$M_1 = \alpha_1 f_c bx \left(h_0 - \frac{x}{2} \right) = f_y A_{s1} \left(h_0 - \frac{x}{2} \right) \qquad (4-50)$$

相应的受拉钢筋截面面积为：

$$A_{s1} = \frac{\alpha_1 f_c bx}{f_y} \qquad (4-51)$$

M_2 为翼缘伸出部分的受弯承载力（如图 4 - 26 所示），表达式为：

$$M_2 = \alpha_1 f_c (b_f' - b) h_f' \left(h_0 - \frac{h_f'}{2} \right) \qquad (4-52)$$

相应的受拉钢筋截面面积为：

$$A_{s2} = \frac{\alpha_1 f_c (b_f' - b) h_f'}{f_y} \qquad (4-53)$$

受拉钢筋的总截面面积为 $A_s = A_{s1} + A_{s2}$。

上述基本公式应满足下列适用条件：

（1）$x \leqslant \xi_b h_0$ 或 $M_1 \leqslant \alpha_1 f_c bh_0^2 \xi_b (1 - 0.5\xi_b)$。

（2）$\rho_s \geqslant \rho_{\min}$。

由于第二类 T 形截面的配筋率较高，故一般不需验算第二个适用条件。

【例 4-5】某肋形楼盖的次梁，环境类别为一类，跨度为 6.6 m，间距为 3.0 m，截面尺寸如图 4-27 所示，跨中最大正弯矩设计值 $M = 196.8$ kN·m，钢筋为 HRB400 级（$f_y = 360$ N/mm^2），混凝土强度等级为 C25（$f_c = 11.9$ N/mm^2、$f_t = 1.27$ N/mm^2），试计算次梁受拉钢筋截面面积 A_s。

混凝土结构设计原理

形成性考核册

理工教学部 编

考核册为附赠资源，适用于本课程采用纸质形考的学生。若采用**网上形考**或有其他疑问请咨询课程教师。

学校名称：＿＿＿＿＿＿＿＿

学生姓名：＿＿＿＿＿＿＿＿

学生学号：＿＿＿＿＿＿＿＿

班　　级：＿＿＿＿＿＿＿＿

中央广播电视大学出版社

形成性考核是学习测量和评价的重要组成部分。在教学过程中,对学生学习行为和成果进行考核,是教、学测评改革的重要举措。《形成性考核册》是根据课程教学大纲和考核说明的要求,结合学生的学习进度而设计的测评任务与要求的汇集。

通过完成形成性考核任务,学生可以达到以下目的:

1. 加深对所学内容的印象,巩固学习成果。
2. 增强学习中的情感体验,端正学习态度,激发学习积极性。
3. 实现对学习过程的自我监控,及时发现学习中的薄弱环节,并加以改进。
4. 学以致用,提高综合分析问题、解决问题的能力。
5. 获得相应的形成性考核成绩。

通过评阅学生完成的形成性考核任务,教师可以达到以下目的:

1. 对学生的学习态度、行为等进行综合评价。
2. 了解学生学习中存在的问题,及时掌握学生学习情况,有针对性地进行指导。
3. 对教学内容、进度、方法等进行调整,提高教学质量。
4. 帮助学生提高自主学习能力,让学生学会学习。
5. 记录学生的形成性考核成绩。

姓 名:＿＿＿＿

学 号:＿＿＿＿

得 分:＿＿＿＿

教师签名:＿＿＿＿

混凝土结构设计原理作业1

说明:本次作业对应于文字教材1至3章,应按相应教学进度完成。

一、选择题(每小题4分,共32分)

1. 下列关于钢筋混凝土结构的说法错误的是( )。

   A. 钢筋混凝土结构自重大,有利于大跨度结构、高层建筑结构及抗震

   B. 取材较方便、承载力高、耐久性佳、整体性强

   C. 施工需要大量模板、工序复杂、周期较长、受季节气候影响大

   D. 耐火性优、可模性好、节约钢材、抗裂性差

2. 我国混凝土结构设计规范规定:混凝土强度等级依据( )确定。

   A. 圆柱体抗压强度标准   B. 轴心抗压强度标准值

   C. 棱柱体抗压强度标准值   D. 立方体抗压强度标准值

3. 混凝土的弹性系数反映了混凝土的弹塑性性质,定义( )为弹性系数。

   A. 弹性应变与总应变的比值   B. 塑性应变与总应变的比值

   C. 弹性应变与塑性应变的比值   D. 塑性应变与弹应变的比值

4. 混凝土的变形模量等于( )。

   A. 应力与弹性应变的比值   B. 应力应变曲线原点切线的曲率

   C. 应力应变曲线切线的斜率   D. 弹性系数与弹性模量之乘积

5. 我国混凝土结构设计规范规定:对无明显流幅的钢筋,在构件承载力设计时,取极限抗拉强度的( )作为条件屈服点。

   A. 75%   B. 80%   C. 85%   D. 70%

6. 结构的功能要求不包括( )。

   A. 安全性   B. 适用性   C. 耐久性   D. 经济性

7. 结构上的作用可分为直接作用和间接作用两种,下列不属于间接作用的是( )。

   A. 地震   B. 风荷载

   C. 地基不均匀沉降   D. 温度变化

8. ( )是结构按极限状态设计时采用的荷载基本代表值,是现行国家标准《建筑结构荷载规范》(GB 50009-2001)中对各类荷载规定的设计取值。

   A. 荷载标准值   B. 组合值

   C. 频遇值   D. 准永久值

二、判断题(每小题 2 分,共 20 分)

1. 通常所说的混凝土结构是指素混凝土结构,而不是指钢筋混凝土结构。 ( )

2. 混凝土结构是以混凝土为主要材料,并根据需要配置钢筋、预应力筋、型钢等,组成承力构件的结构。 ( )

3. 我国《混凝土规范》规定:钢筋混凝土构件的混凝土强度等级不应低于 C10。 ( )

4. 钢筋的伸长率越小,表明钢筋的塑性和变形能力越好。 ( )

5. 钢筋的疲劳破坏不属于脆性破坏。 ( )

6. 粘结和锚固是钢筋和混凝土形成整体、共同工作的基础。 ( )

7. 只存在结构承载能力的极限状态,结构的正常使用不存在极限状态。 ( )

8. 一般来说,设计使用年限长,设计基准期可能短一些;设计使用年限短,设计基准期可能长一些。 ( )

9. 钢筋和混凝土的强度标准值是钢筋混凝土结构按极限状态设计时采用的材料强度基本代表值。 ( )

10. 荷载设计值等于荷载标准值乘以荷载分项系数,材料强度设计值等于材料强度标准值乘以材料分项系数。 ( )

三、简答题(每小题 8 分,共 48 分)

1. 钢筋和混凝土这两种物理和力学性能不同的材料,之所以能够有效地结合在一起而共同工作,其主要原因是什么?

答:

2. 试分析素混凝土梁与钢筋混凝土梁在承载力和受力性能方面的差异。

答:

3. 钢筋混凝土结构设计中选用钢筋的原则是什么？

答：

4. 什么是结构的极限状态？结构的极限状态分为几类，其含义是什么？

答：

5. 什么是结构上的作用？结构上的作用分为哪两种？荷载属于哪种作用？

答：

6. 什么叫做作用效应？什么叫做结构抗力？

答：

姓　　名：＿＿＿＿＿

学　　号：＿＿＿＿＿

混凝土结构设计原理作业2

得　　分：＿＿＿＿＿

教师签名：＿＿＿＿＿

说明:本次作业对应于文字教材4至5章,应按相应教学进度完成。

一、选择题(每小题2分,共10分)

1. 受弯构件抗裂度计算的依据是适筋梁正截面(　　)的截面受力状态。

   A. 第 I 阶段末　　　　　　　　　B. 第 II 阶段末

   C. 第 III 阶段末

2. 受弯构件正截面极限状态承载力计算的依据是适筋梁正截面(　　)的截面受力状态。

   A. 第 I 阶段末　　　　　　　　　B. 第 II 阶段末

   C. 第 III 阶段末

3. 梁的破坏形式为受拉钢筋的屈服与受压区混凝土破坏同时发生,则这种梁称为(　　)。

   A. 少筋梁　　　　　　　　　　　B. 适筋梁

   C. 平衡配筋梁　　　　　　　　　D. 超筋梁

4. 双筋矩形截面梁正截面承载力计算基本公式的第二个适用条件 $x \geqslant 2a'$ 的物理意义是(　　)。

   A. 防止出现超筋破坏　　　　　　B. 防止出现少筋破坏

   C. 保证受压钢筋屈服　　　　　　D. 保证受拉钢筋屈服

5. 受弯构件斜截面承载力计算公式是以(　　)为依据的。

   A. 斜拉破坏　　　　　　　　　　B. 斜弯破坏

   C. 斜压破坏　　　　　　　　　　D. 剪压破坏

二、判断题(每小题2分,共16分)

1. 混凝土强度等级的选用须注意与钢筋强度的匹配, 当采用 HRB335、HRB400 钢筋时,为了保证必要的粘结力,混凝土强度等级不应低于 C25;当采用新 HRB400 钢筋时,混凝土强度等级不应低于 C30。　　　　　　　　　　　　　　　　　　　　　　　　　　　　(　　)

2. 一般现浇梁板常用的钢筋强度等级为 HPB235、HRB335 钢筋。　　　　　(　　)

3. 混凝土保护层应从受力纵筋的内边缘起算。　　　　　　　　　　　　　(　　)

4. 钢筋混凝土受弯构件正截面承载力计算公式中考虑了受拉区混凝土的抗拉强度。(　　)

5. 钢筋混凝土梁斜截面破坏的三种形式是斜压破坏、剪压破坏和斜拉破坏。　(　　)

6. 钢筋混凝土无腹筋梁发生斜拉破坏时,梁的抗剪强度取决于混凝土的抗拉强度,剪压破坏也基本取决于混凝土的抗拉强度，而发生斜压破坏时，梁的抗剪强度取决于混凝土的抗压强度。　　　　　　　　　　　　　　　　　　　　　　　　　　　　　　　（　　）

7. 剪跨比不是影响集中荷载作用下无腹筋梁受剪承载力的主要因素。　　（　　）

8. 钢筋混凝土梁沿斜截面的破坏形态均属于脆性破坏。　　　　　　　　（　　）

三、简答题(每小题 5 分,共 30 分)

1. 钢筋混凝土受弯构件正截面的有效高度是指什么?

答:

2. 根据配筋率不同,简述钢筋混凝土梁的三种破坏形式及其破坏特点?

答:

3. 在受弯构件正截面承载力计算中,ξ_b 的含义及其在计算中的作用是什么?

答:

4. 什么情况下采用双筋截面梁？

答：

5. 有腹筋梁斜截面剪切破坏形态有哪几种？各在什么情况下产生？

答：

6. 影响有腹筋梁斜截面受剪承载力的主要因素有哪些？

答：

四、计算题(每小题 11 分,共 44 分)

1. 已知钢筋混凝土矩形梁,一类环境,其截面尺寸 $b \times h = 250\ mm \times 600\ mm$,承受弯矩设计值 $M = 216\ kN \cdot m$,采用 C30 混凝土和 HRB335 级钢筋。试配置截面钢筋。

解:

2. 已知矩形截面梁 $b \times h = 250\ mm \times 600\ mm$,处于一类环境,已配纵向受拉钢筋 4 根直径 22 mm 的 HRB400 级钢筋,按下列条件计算此梁所能承受的弯矩设计值。

① 混凝土强度等级为 C25;

② 若由于施工原因,混凝土强度等级仅达到 C20 级。

解:

3. 一钢筋混凝土矩形截面简支梁,处于一类环境,安全等级二级,混凝土强度等级为 C25,梁的截面尺寸为 $b×h$=250 mm×550 mm,纵向钢筋采用 HRB335 级钢筋,箍筋采用 HPB235 级钢筋,均布荷载在梁支座边缘产生的最大剪力设计值为 250 kN。正截面强度计算已配置 4Φ25 的纵筋,求所需的箍筋。

解:

4. 承受均布荷载设计值 q 作用下的矩形截面简支梁,安全等级二级,处于一类环境,截面尺寸 $b \times h = 200 \text{ mm} \times 550 \text{ mm}$,混凝土为 C30 级,箍筋采用 HPB235 级钢筋。梁净跨度 $l_n = 5$ m。梁中已配有双肢 Φ8@200 箍筋,试求:梁在正常使用期间按斜截面承载力要求所能承担的荷载设计值 q。

解:

混凝土结构设计原理作业 3

姓　　名：_____
学　　号：_____
得　　分：_____
教师签名：_____

说明：本次作业对应于文字教材 6 至 9 章，应按相应教学进度完成。

一、选择题（每小题 2 分，共 14 分）

1. 螺旋箍筋柱较普通箍筋柱承载力提高的原因是（　　）。
 A. 螺旋筋使纵筋难以被压屈　　　　　B. 螺旋筋的存在增加了总的配筋率
 C. 螺旋筋约束了混凝土的横向变形　　D. 螺旋筋的弹簧作用

2. 大偏心和小偏心受压破坏的本质区别在于（　　）。
 A. 受拉区的混凝土是否破坏　　　　　B. 受拉区的钢筋是否屈服
 C. 受压区的钢筋是否屈服　　　　　　D. 受压区的混凝土是否破坏

3. 偏心受压构件界限破坏时，（　　）。
 A. 远离轴向力一侧的钢筋屈服比受压区混凝土压碎早发生
 B. 远离轴向力一侧的钢筋屈服比受压区混凝土压碎晚发生
 C. 远离轴向力一侧的钢筋屈服与另一侧钢筋屈服同时发生
 D. 远离轴向力一侧的钢筋屈服与受压区混凝土压碎同时发生

4. 进行构件的裂缝宽度和变形验算的目的是（　　）。
 A. 使构件满足正常使用极限状态要求
 B. 使构件能够在弹性阶段工作
 C. 使构件满足承载能力极限状态要求
 D. 使构件能够带裂缝工作

5. 轴心受拉构件破坏时，拉力（　　）承担。
 A. 由钢筋和混凝土共同　　　　　　　B. 由钢筋和部分混凝土共同
 C. 仅由钢筋　　　　　　　　　　　　D. 仅由混凝土

6. 其它条件相同时，钢筋的保护层厚度与平均裂缝间距、裂缝宽度的关系是（　　）。
 A. 保护层越厚，平均裂缝间距越大，裂缝宽度也越大
 B. 保护层越厚，平均裂缝间距越小，裂缝宽度越大
 C. 保护层厚度对平均裂缝间距没有影响，但保护层越厚，裂缝宽度越大

7. 通过对轴心受拉构件裂缝宽度公式的分析可知，在其它条件不变的情况下，要想减小裂缝宽度，就只有（　　）。
 A. 减小钢筋直径或增大截面配筋率

B. 增大钢筋直径或减小截面配筋率

C. 增大截面尺寸和减小钢筋截面面积

二、判断题 (每小题 2 分,共 24 分)

1. 钢筋混凝土受压构件中的纵向钢筋一般采用 HRB400 级、HRB335 级和 RRB400 级,不宜采用高强度钢筋。 （ ）

2. 在轴心受压短柱中,不论受压钢筋在构件破坏时是否屈服,构件的最终承载力都是由混凝土被压碎来控制的。 （ ）

3. 钢筋混凝土长柱的稳定系数 φ 随着长细比的增大而增大。 （ ）

4. 两种偏心受压破坏的分界条件为:$\xi \leqslant \xi_b$ 为大偏心受压破坏;$\xi > \xi_b$ 为小偏心受压破坏。 （ ）

5. 大偏心受拉构件为全截面受拉,小偏心受拉构件截面上为部分受压部分受拉。 （ ）

6. 钢筋混凝土轴心受拉构件破坏时,混凝土的拉裂与钢筋的受拉屈服同时发生。 （ ）

7. 静定的受扭构件,由荷载产生的扭矩是由构件的静力平衡条件确定的,与受扭构件的扭转刚度无关,此时称为平衡扭转。 （ ）

8. 对于超静定结构体系,构件上产生的扭矩除了静力平衡条件以外,还必须由相邻构件的变形协调条件才能确定,此时称为协调扭转。 （ ）

9. 受扭的素混凝土构件,一旦出现斜裂缝即完全破坏。若配置适量的受扭纵筋和受扭箍筋,则不但其承载力有较显著的提高,且构件破坏时会具有较好的延性。 （ ）

10. 在弯剪扭构件中,弯曲受拉边纵向受拉钢筋的最小配筋量,不应小于按弯曲受拉钢筋最小配筋率计算出的钢筋截面面积,与按受扭纵向受力钢筋最小配筋率计算并分配到弯曲受拉边钢筋截面面积之和。 （ ）

11. 钢筋混凝土构件裂缝的开展是由于混凝土的回缩和钢筋伸长所造成的。 （ ）

12. 荷载长期作用下钢筋混凝土受弯构件挠度增长的主要原因是混凝土的徐变和收缩。 （ ）

三、简答题 (每小题 5 分,共 45 分)

1. 钢筋混凝土柱中箍筋应当采用封闭式,其原因在于?

答:

2. 钢筋混凝土偏心受压破坏通常分为哪两种情况？它们的发生条件和破坏特点是怎样的？

答：

3. 简述矩形截面大偏心受压构件正截面承载力计算公式的适用条件？

答：

4. 实际工程中,哪些受拉构件可以按轴心受拉构件计算,哪些受拉构件可以按偏心受拉构件计算?

答:

5. 轴心受拉构件从加载开始到破坏为止可分为哪三个受力阶段?其承载力计算以哪个阶段为依据?

答:

6. 大、小偏心受拉构件的破坏特征有什么不同？如何划分大、小偏心受拉构件？

答：

7. 钢筋混凝土纯扭构件有哪几种破坏形式？各有何特点？

答：

8. 钢筋混凝土弯剪扭构件的钢筋配置有哪些构造要求？

答：

9. 钢筋混凝土裂缝控制的目的是什么？

答：

四、计算题(第 1 小题 10 分,第 2 小题 7 分,共 17 分)

1. 已知某柱两端为不动铰支座,柱的计算长度为 5.0 m,截面尺寸为 400 mm×400 mm,采用 C20 混凝土、HRB335 钢筋,柱顶截面承受轴心压力设计值 N=1 692 kN,试确定该柱所需的纵向钢筋截面面积。

解:

2. 已知某钢筋混凝土屋架下弦,截面尺寸 $b \times h = 200\text{ mm} \times 150\text{ mm}$,承受的轴心拉力设计值 $N = 234\text{ kN}$,混凝土强度等级 C30,钢筋为 HRB335。求截面配筋。

解:

姓　　名：_____
学　　号：_____
得　　分：_____
教师签名：_____

混凝土结构设计原理作业 4

说明：本次作业对应于文字教材 10 至 11 章，应按相应教学进度完成。

一、选择题(每小题 4 分,共 20 分)

1. 混凝土极限拉应变约为(　　)。
    A. $(1.00\sim1.80)\times10^{-3}$　　　　　B. $(0.20\sim0.40)\times10^{-3}$
    C. $(0.10\sim0.15)\times10^{-3}$　　　　　D. $(1.00\sim1.50)\times10^{-3}$

2. 钢筋 HPB235、HRB335、HRB400 和 RRB400 屈服时,其应变约为(　　)。
    A. $(1.50\sim1.80)\times10^{-3}$　　　　　B. $(0.20\sim0.40)\times10^{-3}$
    C. $(0.10\sim0.15)\times10^{-3}$　　　　　D. $(1.00\sim1.80)\times10^{-3}$

3. 条件相同的钢筋混凝土轴拉构件和预应力混凝土轴拉构件相比较,(　　)。
    A. 后者的刚度低于前者　　　　　B. 后者的抗裂度比前者好
    C. 前者与后者的抗裂度相同　　　D. 前者与后者的刚度相同

4. 下列各项预应力损失类型中,不属于后张法预应力损失的是(　　)。
    A. 锚固回缩损失　　　　　　　　B. 摩擦损失
    C. 温差损失　　　　　　　　　　D. 应力松弛损失

5. 公路桥涵现浇梁、板的混凝土强度等级不应低于(　　),当用 HRB400、KL400 级钢筋配筋时,不应低于(　　)。
    A. C20　　　　　B. C25　　　　　C. C30　　　　　D. C15

二、判断题(每小题 2 分,共 24 分)

1. 普通钢筋混凝土结构中采用高强度钢筋是不能充分发挥其作用的,而采用高强混凝土可以很好发挥其作用。　　　　　　　　　　　　　　　　　　　　　(　　)

2. 无粘结预应力混凝土结构通常与先张预应力工艺相结合。　　　　　　　(　　)

3. 后张法预应力混凝土构件,预应力是靠钢筋与混凝土之间的粘结力来传递的。(　　)

4. 对先张法预应力构件,预应力是依靠钢筋端部的锚具来传递的。　　　　(　　)

5. 我国混凝土结构设计规范规定,预应力混凝土构件的混凝土强度等级不应低于 C30。对采用钢绞线、钢丝、热处理钢筋作预应力钢筋的构件,特别是大跨度结构,混凝土强度等级不宜低于 C40。　　　　　　　　　　　　　　　　　　　　　　　　　(　　)

6. 张拉控制应力是指预应力钢筋在进行张拉时所控制达到的最大应力值。　(　　)

7. 为保证钢筋与混凝土的粘结强度，防止放松预应力钢筋时出现纵向劈裂裂缝，必须有一定的混凝土保护层厚度。（　　）

8. 我国《公路桥规》采用以概率论为基础的极限状态设计法，按分项系数的设计表达式进行设计，对桥梁结构采用的设计基准期为 50 年。（　　）

9. 与《房建规范》不同，《公路桥规》在抗剪承载力计算中，其混凝土和箍筋的抗剪能力 V_{cs} 没有采用两项相加的方法，而是采用破坏斜截面内箍筋与混凝土的共同承载力。（　　）

10. 《公路桥规》规定受压构件纵向钢筋面积不应小于构件截面面积的 0.5%。（　　）

11. 我国《公路桥规》关于裂缝宽度的计算与《混凝土结构设计规范》是相同的。（　　）

12. 我国《公路桥规》中指出裂缝宽度主要与受拉钢筋应力、钢筋直径、受拉钢筋配筋率、钢筋表面形状、混凝土标号和保护层厚度有关，而挠度的计算则根据给定的构件刚度用结构力学的方法计算。（　　）

三、简答题(每小题 8 分,共 48 分)

1. 与普通混凝土相比,预应力混凝土具有哪些优势和劣势?
答:

2. 简述有粘结预应力与无粘结预应力的区别?
答:

3. 列举三种建筑工程中常用的预应力锚具。
答：

4. 预应力混凝土结构及构件所用的混凝土,需满足哪些要求？
答：

5. 引起预应力损失的因素有哪些？如何减少各项预应力损失？

答：

6. 公路桥涵按承载力极限状态和正常使用极限状态进行结构设计,在设计中应考虑哪三种设计状况？分别需做哪种设计？

答：

四、计算题(共 8 分)

已知一矩形截面简支梁,截面尺寸 $b \times h = 200\ mm \times 550\ mm$,混凝土强度等级为 C25,纵向钢筋采用HRB335 级,安全等级为二级,梁跨中截面承受的最大弯矩设计值为 $M = 160\ kN \cdot m$。

① 若上述设计条件不能改变,试进行配筋计算。

② 若由于施工质量原因,实测混凝土强度仅达到 C20,试问按①问所得钢筋面积的梁是否安全?

混凝土结构设计原理

学习资源包

扫描教材封底二维码获取全媒体数字教材等更多助学、助考资源。

学习包定价：47.00元

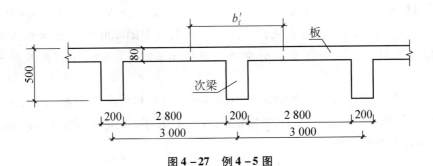

图 4 – 27　例 4 – 5 图

【解】（1）确定翼缘计算宽度 b'_f。根据表 4 – 6 可得：

按梁跨度 l 考虑，有：

$$b'_f = \frac{l}{3} = \frac{6\ 600}{3} = 2\ 200 (\text{mm})$$

按梁净距考虑，有：

$$b'_f = b + S_n = 200 + 2\ 800 = 3\ 000 (\text{mm})$$

按翼缘厚度 h'_f 考虑，有：

$$h_0 = 500 - 45 = 455 (\text{mm}), \quad h'_f / h_0 = 80 / 455 = 0.176 > 0.1$$

故翼缘宽度取前两项计算结果中的较小值，即 $b'_f = 2\ 200$ mm。

（2）判别 T 形截面的类型。因为

$$\alpha_1 f_c b'_f h'_f \left(h_0 - \frac{h'_f}{2} \right) = 1.0 \times 11.9 \times 2\ 200 \times 80 \times \left(455 - \frac{80}{2} \right)$$

$$= 8.69 \times 10^8 (\text{N} \cdot \text{mm})$$

$$= 869 (\text{kN} \cdot \text{m}) > 196.8 (\text{kN} \cdot \text{m})$$

故属于第一类 T 形截面。

（3）求受拉钢筋截面面积 A_s。因为

$$\alpha_s = \frac{M}{\alpha_1 f_c b'_f h_0^2} = \frac{196\ 800\ 000}{1.0 \times 11.9 \times 2\ 200 \times 455^2} = 0.036\ 3$$

由附录 3 中的附表 3 – 4 可查得 $\gamma_s = 0.982$，于是有：

$$A_s = \frac{M}{f_y \gamma_s h_0} = \frac{196\ 800\ 000}{360 \times 0.982 \times 455} = 1\ 223.5 (\text{mm}^2)$$

故实际选用 3 $\underline{\Phi}$ 25 $(A_s = 1\ 472\ \text{mm}^2)$。

（4）验算适用条件。第一类 T 形截面的相对受压区高度很小，因此不需验算第一项适用条件。在最小配筋率验算中，应按梁肋的有效面积确定，即：

$$\rho_s = \frac{A_s}{bh} = \frac{1\ 472}{200 \times 500} = 1.47\% > \rho_{\min} = 0.20\% > 0.45 \frac{f_t}{f_y} = 0.159\%$$

故满足要求。

【例4-6】某T形截面简支梁,处于一类环境,截面尺寸$b \times h = 200$ mm $\times 500$ mm,$b_f' = 600$ mm,$h_f' = 90$ mm,混凝土采用C25,钢筋采用HRB400级,在梁的下部配有两排共6 Φ 22受拉纵筋,截面所承担的弯矩设计值$M = 216.6$ kN·m,试校核该梁是否安全。

【解】(1)确定计算参数。查附录2中的附表2-1和附录2中的附表2-4得$f_y = 360$ N/mm², $f_c = 11.9$ N/mm², $f_t = 1.27$ N/mm², $\alpha_1 = 1.0$, $c = 25$ mm, $a_s = 70$ mm, $\xi_b = 0.518$。

(2)判断截面类型。因为

$$f_y A_s = 360 \times 2\,280 = 820.8 (kN) > \alpha_1 f_c b_f' h_f' = 1.0 \times 11.9 \times 600 \times 90 = 642.6 (kN)$$

故属于第二类T形截面。

(3)求受压区高度x。因为

$$x = \frac{f_y A_s - \alpha_1 f_c (b_f' - b) h_f'}{\alpha_1 f_c b}$$

$$= \frac{820\,800 - 1.0 \times 11.9 \times (600 - 200) \times 90}{1.0 \times 11.9 \times 200}$$

$$= 164.9 (mm) < \xi_b h_0 = 0.518 \times 430 = 222.74 (mm)$$

故满足要求。

(4)求M_u。因为

$$M_u = \alpha_1 f_c b x \left(h_0 - \frac{x}{2}\right) + \alpha_1 f_c (b_f' - b) h_f' \left(h_0 - \frac{h_f'}{2}\right)$$

$$= 1.0 \times 11.9 \times 200 \times 164.9 \times \left(430 - \frac{164.9}{2}\right) + 1.0 \times 11.9 \times (600 - 200) \times$$

$$90 \times \left(430 - \frac{90}{2}\right) = 301.3 (kN \cdot m) > 216.6 (kN \cdot m)$$

故该截面是安全的。

小　结

1. 配筋适当的梁在加载到破坏的整个受力过程,按其特点及应力状态等可分为3个阶段。第Ⅰ阶段为混凝土开裂前的未裂阶段,在弯矩增加到M_{cr}时,梁处于将裂未裂的极限状态,为第Ⅰ阶段末,以Ⅰa表示,可作为受弯构件抗裂度的计算依据。第Ⅱ阶段为带裂缝工作阶段,一般混凝土受弯构件的正常使用即处于这个阶段,并作为计算构件裂缝宽度和挠度的状态;当受拉钢筋屈服的瞬间,为第Ⅱ阶段末,以Ⅱa表示。第三阶段为破坏阶段,即钢筋屈服后截面中和轴上升、受压区混凝土外缘达到极限压应变压碎的阶段,此阶段末称为Ⅲa,为受弯承载力极限状态,正截面受弯承载力的确定即以此状态为计算模型。

2. 纵向受拉钢筋的配筋率对混凝土受弯构件正截面弯曲破坏的特征影响很大。根据配筋率的变化,混凝土受弯构件正截面弯曲破坏可分为适筋破坏、超筋破坏和少筋破坏。通过

3 种破坏特征的破坏过程分析以及材料利用率和破坏预兆性的对比，理解适筋梁作为设计目标的必要性以及控制其适筋破坏的限制条件。

3. 受弯构件正截面受弯承载力计算采用 4 个基本假定，并以破坏过程的 III_a 状态为截面受力模型建立正截面上力和弯矩的平衡方程。在承载力复核时，理解此极限状态是截面失效的控制状态；在设计问题中，理解此极限状态是材料利用最有效、配筋量最小的最优状态。

4. 应熟练掌握单筋矩形截面的基本公式及其应用。对于双筋截面，可视为在单筋截面梁抗弯的基础上同时考虑受压钢筋和受拉钢筋形成的抗弯作用；对于 T 形截面，则是考虑受压区翼缘混凝土的有利作用，并根据受压区高度和受压翼缘高度的相对大小，将 T 形截面分为两类截面，分别建立平衡方程。理解不考虑受拉区混凝土作用的假定对倒 T 形截面承载力分析的影响。

5. 理解界限相对受压区高度 ξ_b、最大配筋率 ρ_{max}、截面抵抗矩系数最大值 $\alpha_{s,\,max}$ 在表达界限破坏状态时的一致性；理解最小配筋率 ρ_{min} 控制出现少筋破坏的物理意义。对于双筋截面，受压区高度 $x \geqslant 2a_s'$ 是保证受压钢筋强度充分利用的先决条件。

6. 注意受弯构件的截面及纵向钢筋的构造问题。在设计中应保证钢筋的混凝土保护层厚度、钢筋之间的净距、双筋截面箍筋的构造要求等，以满足钢筋与混凝土协同工作的必要条件。

思考题

1. 受弯构件中适筋梁从加载到破坏经历哪几个阶段？各阶段正截面上应力—应变分布、中和轴位置、梁跨中最大挠度的变化规律是怎样的？各阶段的主要特征是什么？每个阶段分别是哪种极限状态的计算依据？

2. 钢筋混凝土梁正截面应力—应变状态与匀质弹性材料梁（如钢梁）的主要区别是什么？

3. 什么叫配筋率？配筋率对梁的正截面承载力有何影响？

4. 试说明超筋梁、适筋梁和少筋梁 3 种梁破坏特征的区别。

5. 等效矩形应力图是根据什么条件确定的？特征值 α_1、β_1 的物理意义是什么？

6. 梁、板中混凝土保护层的作用是什么？其最小值是多少？对梁内受力主筋的直径、净距有何要求？

7. 什么叫截面界限相对受压区高度 ξ_b？它在承载力计算中的作用是什么？

8. 钢筋混凝土梁正截面应力—应变发展至第 III_a 阶段时，受压区的最大压应力在何处？最大压应变在何处？为什么把梁的第 III 受力阶段称为破坏阶段？它的含义是什么？

9. 在什么情况下可采用双筋梁？其计算应力图形如何确定？在双筋截面中，受压钢筋起什么作用？为什么双筋截面一定要用封闭箍筋？

10. 为什么在双筋矩形截面承载力计算中必须满足 $\xi \leqslant \xi_b$ 与 $x \geqslant 2a_s'$ 的条件？

11. 两类 T 形截面梁如何鉴别？在第二类 T 形截面梁的计算中，混凝土压应力应如何取？

12. 现浇楼盖中连续梁的跨中截面和支座截面各按何种截面形式进行受弯承载力的验算?

习 题

1. 已知钢筋混凝土矩形梁,处于一类环境,截面尺寸 $b \times h = 250 \ mm \times 600 \ mm$,承受的弯矩设计值 $M = 216 \ kN \cdot m$,采用 C30 混凝土和 HRB400 级钢筋,试配置截面钢筋。

2. 已知矩形截面梁 $b \times h = 250 \ mm \times 600 \ mm$,纵向已配置 4 根直径为 22 mm 的 HRB400 级钢筋,处于二 a 类环境,按下列条件计算此梁所能承受的弯矩设计值。

(1)混凝土强度等级为 C30;

(2)若由于施工原因,混凝土强度等级仅达到 C25。

3. 已知钢筋混凝土矩形梁,处于二 a 类环境,承受的弯矩设计值 $M = 180 \ kN \cdot m$,采用 C40 混凝土和 HRB400 级钢筋,假定最优配筋率按 1.5% 考虑,试按正截面承载力要求确定截面尺寸及纵向钢筋截面面积。

4. 已知某单跨简支板,处于一类环境,计算跨度 $l_0 = 3.3 \ m$,承受的均布荷载基本组合设计值 $g + q = 8 \ kN/m^2$(包括自重),采用 C30 混凝土和 HPB300 级钢筋,试确定现浇板的厚度 h 以及所需受拉钢筋截面面积 A_s。

5. 某教学楼内廊现浇简支在砖墙上的钢筋混凝土平板,板厚 80 mm,混凝土强度等级为 C20,采用 HPB300 级钢筋,计算跨度 $l_0 = 3.0 \ m$,板上作用的均布活荷载标准值为 2.5 kN/m^2,水磨石地面及细石混凝土垫层共厚 30 mm(重度为 22 kN/m^3),试确定此板的配筋方案。

6. 已知钢筋混凝土矩形梁,处于一类环境,截面尺寸 $b \times h = 250 \ mm \times 600 \ mm$,采用 C25 混凝土,配有 HRB400 级钢筋 3 Φ 22,试验算此梁在承受弯矩设计值 $M = 190 \ kN \cdot m$ 时是否安全。

7. 已知矩形截面梁,处于二 a 类环境,截面尺寸 $b \times h = 200 \ mm \times 500 \ mm$,采用 C30 混凝土和 HRB400 级钢筋,在受压区配有 3 Φ 18 的钢筋,在受拉区配有 3 Φ 22 的钢筋,试验算此梁在承受弯矩设计值 $M = 150 \ kN \cdot m$ 时是否安全。

8. 已知 T 形截面梁,处于一类环境,截面尺寸 $b \times h = 250 \ mm \times 600 \ mm$,$b'_f = 600 \ mm$,$h'_f = 100 \ mm$,承受的弯矩设计值 $M = 400 \ kN \cdot m$,采用 C30 混凝土和 HRB400 级钢筋,试求该截面所需的纵向受拉钢筋截面面积。若选用混凝土强度等级为 C50,其他条件不变,试求纵向受拉钢筋截面面积,并将两种情况进行对比。

9. 已知 T 形截面梁,处于二 a 类环境,截面尺寸 $b \times h = 250 \ mm \times 800 \ mm$,$b'_f = 600 \ mm$,$h'_f = 100 \ mm$,承受的弯矩设计值 $M = 450 \ kN \cdot m$,采用 C30 混凝土和 HRB400 级钢筋,配有 8 Φ 20 的受拉钢筋,试验算该梁是否安全。

10. 已知 T 形截面吊车梁,处于二 a 类环境,截面尺寸 $b \times h = 250 \ mm \times 550 \ mm$,$b'_f = 600 \ mm$,$h'_f = 90 \ mm$,承受的弯矩设计值 $M = 480 \ kN \cdot m$,采用 C30 混凝土和 HRB400 级钢筋,试配置截面钢筋。

11. 已知 T 形截面梁，处于一类环境，截面尺寸 $b \times h = 250 \text{ mm} \times 550 \text{ mm}$，$b'_f = 500 \text{ mm}$，$h'_f = 100 \text{ mm}$，采用 C35 混凝土和 HRB400 级钢筋，试计算如果受拉钢筋为 4 ⌀ 25，则截面所能承受的弯矩设计值。

第 5 章　受弯构件斜截面承载力计算

1. 熟悉无腹筋梁斜裂缝出现前后的应力状态。

2. 掌握剪跨比的概念、无腹筋梁斜截面受剪的 3 种破坏形态以及腹筋对斜截面受剪破坏形态的影响。

3. 熟练掌握矩形、T 形和工字形等截面受弯构件斜截面受剪承载力的计算方法及限制条件。

4. 掌握受弯构件钢筋的布置，梁内纵筋的弯起、锚固及截断等构造要求。

5.1　概　述

受弯构件除承受正截面的弯矩作用外，一般情况下均伴随有剪力存在。对于图 5 - 1 所示的加载梁，除在主要承受弯矩的区段产生垂直裂缝外，在剪力显著的区段，受弯构件亦产生斜裂缝。受弯构件正截面和斜截面承载能力验算是保证受弯构件承载能力的两个主要方面，其产生机理可由梁受剪截面上的应力分析来获得。

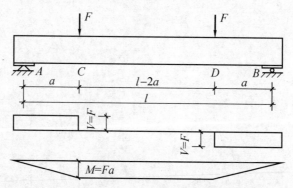

图 5 - 1　对称集中加载的钢筋混凝土简支梁

根据图 5 - 1 所示的简支梁弯矩图和剪力图可知，在荷载不大、混凝土尚未开裂之前，梁基本处于弹性工作状态。此时，梁截面上任意一点的正应力 σ、剪应力 τ、主拉应力 σ_{tp}、主压应力 σ_{cp} 及主应力的作用方向与梁纵轴的夹角 α，都与所选点在梁截面上的位置有关。

根据应力分析结果，图 5-2 给出梁内主应力的轨迹线，实线为主拉应力 σ_{tp}，虚线为主压应力 σ_{cp}，轨迹线上任一点的切线都是该点的主应力方向。从截面 1-1 的中性轴、受压区及受拉区分别取出微元体，它们所处的应力状态各不相同，具体如图5-3所示。

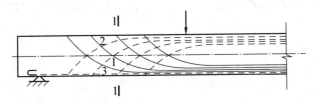

图 5-2　梁内主应力的轨迹线

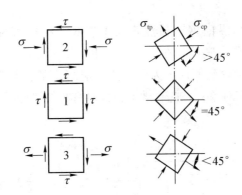

图 5-3　梁内应力状态

微元体 1、2、3 分别位于梁截面的中性轴、受压区和受拉区，主拉应力 σ_{tp} 和主压应力 σ_{cp} 的作用方向与梁纵轴的夹角分别为 $\alpha=45°$、$\alpha>45°$、$\alpha<45°$，均不同于梁纯弯区段的主拉应力 σ_{tp} 方向 $\alpha=0°$。由于混凝土的抗拉强度很低，所以，当主拉应力 σ_{tp} 超过混凝土的抗拉强度时，就会在垂直主拉应力 σ_{tp} 的方向产生裂缝，并且该裂缝的开展方向不再是垂直于梁轴线的裂缝，而是与梁轴线呈斜向交角，故称为斜裂缝。

梁的斜裂缝有弯剪型斜裂缝和腹剪型斜裂缝两种。当弯矩相对于剪力较大时，剪弯区先在梁底部出现裂缝，然后裂缝向集中荷载作用点斜向延伸发展，形成下宽上细的弯剪型斜裂缝，如图 5-4(a)所示。弯剪型斜裂缝多见于一般的钢筋混凝土梁。腹剪型斜裂缝则出现在梁腹较薄的构件中。例如，T 形和工字形薄腹梁，由于梁腹部剪应力形成的主拉应力过大，致使中性轴附近率先出现45°的斜裂缝，并且随着荷载的增加，裂缝不断向梁顶和梁底延伸。腹剪型斜裂缝的特点是中部宽、两头细，呈梭形，如图5-4(b)所示。

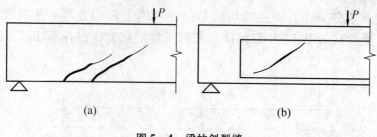

图 5 - 4　梁的斜裂缝

(a)弯剪型斜裂缝；(b)腹剪型斜裂缝

5.2　无腹筋梁斜截面受剪的破坏形态

在受弯构件中，一般由纵向钢筋和箍筋或弯起钢筋构成如图 5 - 5 所示的钢筋骨架，其中，箍筋和弯起钢筋统称为腹筋。在实际工程中，梁一般均配置箍筋，对于单向受剪的梁，有时根据需要还会配置弯起钢筋。为研究梁内混凝土部分斜截面的抗剪机理和影响因素，先以无腹筋梁作为研究对象，在此基础上，再对有腹筋梁的受力及破坏作进一步分析和研究。

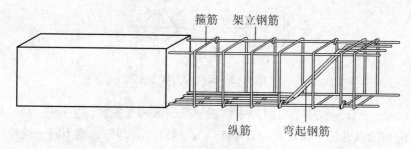

图 5 - 5　钢筋骨架

5.2.1　斜截面开裂后梁中的应力状态

在剪力及弯矩的作用下，斜裂缝出现前，梁中剪力基本由全截面混凝土承担。无腹筋梁出现斜裂缝后，梁截面上的应力状态发生很大变化。对于图 5 - 6(a)所示的带裂缝的无腹筋简支梁，取主斜裂缝 $AA'B$ 左侧部分为隔离体，则作用在该隔离体上的内力和外力如图 5 - 6(b)所示。其中和剪力相关的力平衡表达式为：

$$V_A = V_c + V_a + V_d \qquad (5-1)$$

式中：V_A——荷载在 A 点对应斜截面上产生的剪力；

　　　V_c——未开裂的混凝土所承担的剪力；

　　　V_a——斜裂缝两侧混凝土发生相对错动时产生的骨料咬合力的竖向分力；

V_d——纵向钢筋的销栓力。

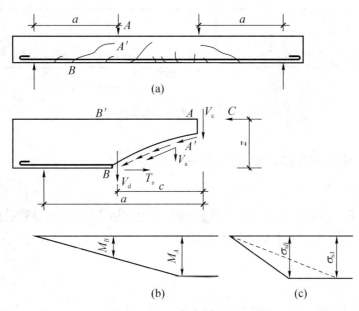

图 5 - 6　斜裂缝形成后的受力状态
（a）集中荷载下带斜裂缝简支梁；（b）梁斜截面剪力分析；（c）斜裂缝形成后的纵筋应力

随着斜裂缝的开展增大，合成剪力的上述 3 个力分量的绝对大小和所占的相对比例均发生变化。其中，骨料咬合力的竖向分力 V_a 逐渐减弱以致消失，在销栓力 V_d 的作用下，由于混凝土保护层厚度不大，难以阻止纵向钢筋在剪力下产生的剪切变形，故纵向钢筋联系斜裂缝两侧混凝土的销栓作用很不稳定，而裂缝的向上开展使得提供 V_c 的未开裂区截面不断减小，单位面积上的剪应力急剧增大。由于抗剪试验很难在数值上对三者进行准确测量，故抗剪极限承载能力的确定主要以试验的综合结果为基础，并考虑主要影响因素，然后确定其抗剪承载力计算公式。

根据试验结果和截面平衡关系，无腹筋梁斜裂缝出现前后，梁截面的应力状态将发生显著变化：

（1）在斜裂缝出现前，剪力由全截面承受，斜裂缝出现后，未开裂部分的混凝土剪应力明显增大，在抗弯所形成的压力共同作用下，形成剪压区，受力状态复杂。

（2）在斜裂缝出现前，截面 BB' 处纵筋的拉应力 σ_{sB} 由该截面处的弯矩 M_B 决定，在斜裂缝形成后，原来的梁受力状态变为类似桁架的受力状态，截面 BB' 处的纵筋拉应力则由截面 AA' 处的弯矩 M_A 决定，故 $\sigma_{sB} \approx \sigma_{sA}$，钢筋的拉力将发生"漂移"，如图 5 - 6（c）所示。

（3）纵向钢筋拉应力的增大导致钢筋与混凝土间的黏结应力增大，因此，有可能出现沿纵向钢筋的黏结裂缝或撕裂裂缝，如图 5 - 7 所示。

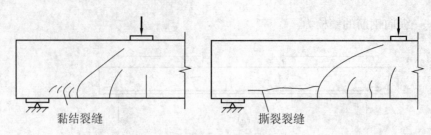

图 5 - 7　黏结裂缝和撕裂裂缝

5.2.2　剪跨比及无腹筋梁斜截面受剪破坏形态

1. 剪跨比

根据试验结果，在影响无腹筋梁斜截面承载能力的诸多因素中，剪跨比是一个主要因素。剪跨比用 λ 表示，当梁内主要为集中荷载作用时，其剪跨比的表达式为：

$$\lambda = \frac{a}{h_0}$$

式中：a——集中荷载作用点至邻近支座的距离，称为剪跨，如图 5 - 6(a)所示；

　　　　h_0——截面的有效高度。

此剪跨比仅为集中荷载作用下的情况，称为计算剪跨比。对于其他荷载作用下的情况，应用广义剪跨比的概念，即用截面的弯矩值与截面的剪力值和有效高度的乘积之比表示：

$$\lambda = \frac{M}{Vh_0}$$

式中：M、V——计算截面的弯矩和剪力(计算截面取弯矩和剪力均较大处)；

　　　　h_0——截面的有效高度。

2. 受剪破坏形态

受弯构件除正截面的 3 种破坏形态外，还可能发生纵筋锚固不足、支座处局部承压能力不足引起的破坏。而在竖向剪力的作用下，受弯构件还有可能发生斜截面破坏。斜截面破坏主要有斜拉、剪压及斜压 3 种破坏形态。

(1)斜拉破坏。如图 5 - 8(a)所示，当剪跨比或跨高比较大时($\lambda > 3$ 或 $l/h > 9$)，弯剪段梁底部先出现垂直裂缝，然后在剪弯区出现弯剪斜裂缝并迅速斜向延伸形成主裂缝，且很快伸展到梁顶，将梁劈成两部分而破坏。其实质是斜截面正拉应力 σ 占主导地位，使截面形成很大的主拉应力 σ_{tp}，因主拉应力超过混凝土的抗拉强度而破坏。这种破坏与正截面少筋梁破坏类似，破坏荷载与开裂荷载很接近，破坏时变形不明显，呈现出显著的脆性特征。

(2)剪压破坏。当剪跨比为 $1 \leqslant \lambda \leqslant 3$ 或跨高比为 $3 \leqslant l/h \leqslant 9$ 时，将发生剪压破坏，如图 5 - 8(b)所示。剪压破坏的特征是：弯剪斜裂缝出现后，荷载仍可有较大增长。当荷载增大时，弯剪型斜裂缝中将出现一条长而宽的主要斜裂缝，称为临界斜裂缝。当荷载继续增大时，临界斜裂缝上端的剩余截面逐渐缩小，剪压区混凝土被压碎而破坏。这种破坏仍为脆性破坏。

(3)斜压破坏。当剪跨比或跨高比较小时($\lambda < 1$ 或 $l/h < 3$)，将发生斜压破坏，如图 5 - 8(c)所示，首先在荷载作用点与支座间梁的腹部出现若干条平行的斜裂缝，即腹剪型斜裂缝，随着荷载的增加，梁腹被这些斜裂缝分割为若干斜向"短柱"，最后因为柱体混凝土被压碎而破坏。这种破坏也属于脆性破坏，但承载力较高。

如图 5 - 8(d)所示，受弯构件的斜截面破坏均表现出明显的脆性特征，其中以斜拉破坏最为显著，斜压破坏承载力最高。斜截面承载力计算公式主要建立在剪压破坏模式的构件试验基础上。

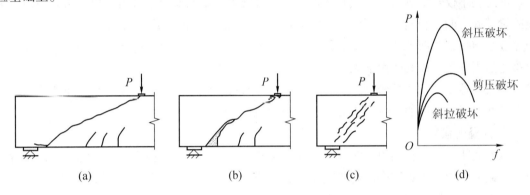

图 5 - 8　梁剪切破坏的 3 种主要形态及曲线

(a)斜拉破坏；(b)剪压破坏；(c)斜压破坏；(d) 斜截面破坏的 $P - f$ 曲线

3. 简支梁斜截面受剪机理

在无腹筋梁中，临界斜裂缝出现后，梁被斜裂缝分割为叠合拱式机构（如图 5 - 9 所示）。内侧拱通过纵筋的销栓作用和混凝土骨料的咬合作用把力传给相邻外侧拱，最终传给主拱Ⅰ，再传给支座。由于纵筋的销栓作用和混凝土骨料的咬合作用比较小，所以由内侧拱（Ⅱ、Ⅲ）所传递的力有限，主要依靠主拱Ⅰ传递主压应力。因此，无腹筋梁的传力体系可比拟为一拉杆拱结构，斜裂缝顶部的残余截面为拱顶，纵筋为下部水平拉杆，主拱Ⅰ为拱身。当拱顶混凝土强度不足时，将发生斜拉或剪压破坏；当拱身的抗压强度不足时，将发生斜压破坏。

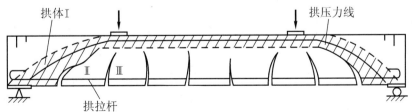

图 5 - 9　无腹筋梁的拱体受力机制

5.3 无腹筋梁斜截面受剪承载力的影响因素及计算公式

5.3.1 影响无腹筋梁受剪承载力的因素

试验研究结果表明,影响受弯构件斜截面受剪承载力的因素很多,对于无腹筋梁,主要有下列几方面。

1. 剪跨比 λ

剪跨比反映斜截面上正应力与剪应力的相对大小关系,即决定单元体主应力的大小和方向。剪跨比不仅会影响斜截面的破坏形态,而且会影响梁的受剪承载力。集中荷载作用下无腹筋梁试验表明:相同条件下的梁,随着剪跨比 λ 的加大,破坏形态按斜压、剪压和斜拉的顺序逐步演变,受剪承载力逐步降低,当 $\lambda>3$ 后,强度值趋于稳定,剪跨比的影响不明显。剪跨比是影响集中荷载作用下无腹筋梁受剪承载力的主要因素。

均布荷载作用下的受弯梁,随着跨高比(l/h)的增大,梁的受剪承载力将降低,当跨高比大于 6 以后,对梁的受剪承载力的影响趋于稳定。

2. 混凝土强度

试验表明,梁的斜截面受剪承载力随着混凝土强度的提高而提高,并且混凝土强度对梁受剪承载力的影响大致按线性规律变化(图 5 – 10 中的 f_{cu} 为边长 200 mm 的立方体强度值)。但是,由于破坏模式的不同,梁斜截面承载力与混凝土强度指标的关系也呈现出选择性。当梁发生斜拉破坏时,梁的抗剪承载力主要取决于混凝土的抗拉强度;剪压破坏时,抗剪承载力也基本取决于混凝土的抗拉强度;而发生斜压破坏时,梁的抗剪承载力主要取决于混凝土的抗压强度。

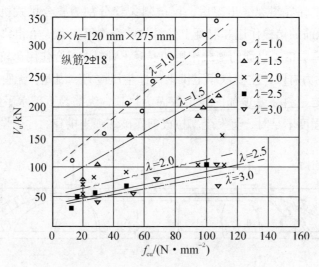

图 5 – 10 受剪承载力与混凝土强度的关系

3. 纵向钢筋

试验表明，纵筋的配筋率越高，纵筋的销栓作用越明显，可延缓弯曲裂缝和斜裂缝向受压区发展，提高骨料的咬合作用，并且增大了剪压区高度，使混凝土的抗剪能力有所提高。因此，当配筋率 ρ 较大时，梁的斜截面受剪承载力将有所提高，如图 5 – 11 所示。

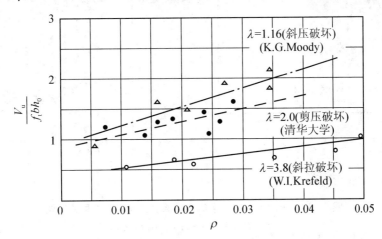

图 5 – 11 受剪承载力与纵筋配筋率的关系

影响斜截面受剪承载力的其他因素还有骨料粒径和形状以及梁的截面尺寸和形状。对于大尺寸的构件，破坏时的平均剪应力比尺寸小的构件要低。有试验表明，在其他参数（混凝土强度、纵筋配筋率、剪跨比）保持不变时，梁高扩大 4 倍，受剪承载力可下降25% ～ 30%。当梁的截面形状为 T 形梁时，其翼缘大小对受剪承载力有影响。适当增加翼缘宽度，可提高受剪承载力，但翼缘过大，增大作用趋于平缓。另外，当荷载不是作用在梁顶部，而是作用在梁侧靠近梁底范围时，会影响拉杆拱机制的形成，抗剪承载力也会降低。

5.3.2 无腹筋梁受剪承载力的计算公式

根据试验结果可知[如图 5 – 12(a)所示]，在均布荷载作用下，无腹筋梁以及不配置箍筋和弯起钢筋的一般板类受弯构件，其斜截面受剪承载力应按式(5 – 2)和式(5 – 3)计算：

$$V \leqslant V_c = 0.7\beta_h f_t bh_0 \tag{5 – 2}$$

$$\beta_h = \left(\frac{800}{h_0}\right)^{\frac{1}{4}} \tag{5 – 3}$$

式(5 – 2) ~ 式(5 – 3)中：

V——构件斜截面上的最大剪力设计值；

β_h——截面高度影响系数，当 $h_0 < 800$ mm 时，取 $h_0 = 800$ mm，当 $h_0 > 2\,000$ mm 时，取 $h_0 = 2\,000$ mm；

f_t——混凝土轴心抗拉强度设计值。

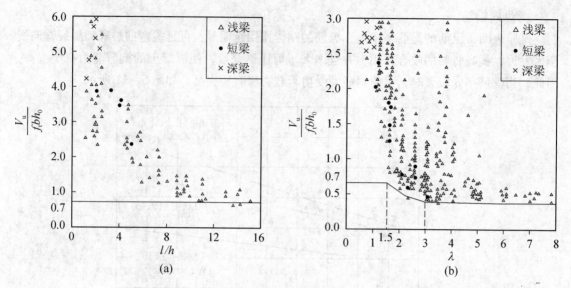

图 5 - 12 无腹筋梁受剪承载力计算公式与试验结果的比较

(a)均布荷载作用下；(b)集中荷载作用下

同时，根据试验结果可知[如图 5 - 12(b)所示]，集中荷载作用下的无腹筋独立梁，破坏时的极限荷载较均布荷载作用时要低，在考虑剪跨比的显著影响后，对于集中荷载在支座截面上所产生的剪力值占总剪力值 75% 以上的情况，规定受剪承载力按式(5 - 4)计算：

$$V \leqslant V_c = \frac{1.75}{\lambda + 1} \beta_h f_t b h_0 \qquad (5 - 4)$$

式中：λ——计算截面的剪跨比，当 $\lambda < 1.5$ 时，取 $\lambda = 1.5$，当 $\lambda > 3$ 时，取 $\lambda = 3$。

观察无腹筋梁的斜截面破坏过程可知，斜裂缝一旦出现，就发展迅速，而且梁破坏历程短，无明显征兆，属脆性破坏，故无腹筋梁一般应按构造要求配置腹筋。

5.4 有腹筋梁的受剪性能

在配有箍筋或弯起钢筋的梁中，在斜裂缝出现之前，腹筋的作用不明显，对斜裂缝出现的影响不大，梁的加载特征与无腹筋梁相似。但在斜裂缝出现以后，开裂区混凝土逐步退出工作，而与斜裂缝相交的箍筋、弯起钢筋的应力显著增大，箍筋直接承担大部分剪力，并能改善梁的抗剪能力，如图 5 - 13 所示。腹筋的作用具体表现如下：

(1)腹筋可以承担部分剪力。

(2)腹筋能限制斜裂缝向梁顶的延伸和开展，增大剪压区的面积，提高剪压区混凝土的抗剪能力。

(3)腹筋可以延缓斜裂缝的开展宽度，从而有效地提高斜裂缝交界面上的骨料咬合作用和摩阻作用。

（4）箍筋还可以延缓沿纵筋劈裂裂缝的开展，防止混凝土保护层突然撕裂，提高纵筋与未裂混凝土的销栓作用。

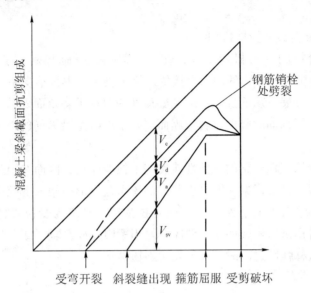

图 5 - 13 混凝土梁斜截面抗剪承载力组成及发展过程

V_c——未开裂混凝土所承担的剪力；V_d——纵向钢筋的销栓力；V_a——斜裂缝两侧骨料咬合力的竖向分力；V_{sv}——箍筋所承担的剪力

5.4.1 有腹筋梁的受剪破坏形态

1. 有腹筋梁斜截面受剪破坏形态

有腹筋梁的斜截面破坏也可分为斜拉破坏、剪压破坏和斜压破坏 3 种形态，但其破坏的形成与无腹筋梁的斜截面破坏不完全相同。由于腹筋的存在，虽然不能防止或延缓斜裂缝的出现，但能限制斜裂缝的开展和延伸，而且，腹筋的数量对梁斜截面的破坏形态和受剪承载力也有很大影响。

（1）斜拉破坏。当剪跨比 $\lambda > 3$ 时，斜裂缝一旦出现，原来由混凝土承受的拉力就转由箍筋承受，如果箍筋的配置数量过少，则箍筋很快就会达到屈服强度，不能抑制斜裂缝的发展，变形迅速增加，从而产生斜拉破坏。这种破坏属于脆性破坏。

（2）斜压破坏。如果梁内箍筋的配置数量过多，即使剪跨比较大，箍筋应力也会一直处于较低水平，混凝土开裂后斜裂缝间的混凝土因主压应力过大而发生压坏，箍筋强度得不到充分利用，此时梁的受剪承载力主要取决于构件的截面尺寸和混凝土强度。这种破坏也属于脆性破坏。

（3）剪压破坏。如果箍筋的配置数量适当，且 $1 < \lambda \leqslant 3$，则在斜裂缝出现以后，箍筋应

力会明显增长，在其屈服前，箍筋可有效地限制斜裂缝的展开和延伸，荷载还可能有较大增长。当箍筋屈服后，由于箍筋应力基本不变而应变迅速增加，所以斜裂缝会迅速展开和延伸，最后斜裂缝上端剪压区的混凝土在剪压复合应力的作用下达到极限强度，发生剪压破坏。

2. 有腹筋简支梁斜截面受剪机理

与无腹筋梁叠合拱的受剪机理不同，在有腹筋梁中，临界斜裂缝形成后，腹筋依靠"悬吊"作用把内拱（Ⅱ、Ⅲ）的内力直接传递给主拱Ⅰ，再传给支座（如图 5 - 14 所示）；腹筋限制了斜裂缝的开展，从而加大了斜裂缝顶部的混凝土剩余面，并提高了混凝土骨料的咬合力；腹筋还阻止了纵筋的竖向位移，因而消除了混凝土沿纵筋的撕裂破坏，也增强了纵筋的销栓作用。

由此可见，腹筋的存在使梁的受剪性能发生了根本变化，因而有腹筋梁的传力体系有别于无腹筋梁，可比拟为拱形桁架。混凝土基本拱体Ⅰ是拱形桁架的上弦压杆，斜裂缝之间的混凝土（Ⅱ、Ⅲ）为受压腹杆，纵筋为下弦受拉弦杆，箍筋为受拉腹杆。当配有弯起钢筋时，弯起钢筋可以看作拱形桁架的受拉斜腹杆。当梁腹筋配置较弱或适当时，将发生斜拉或剪压破坏；当受拉腹杆强度过高时，可能发生斜压破坏。

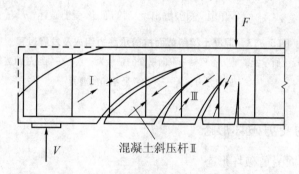

图 5 - 14　有腹筋梁的拱体受力机制

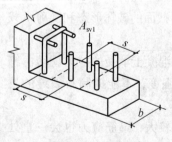

图 5 - 15　配箍率

3. 有腹筋梁斜截面受剪承载力的影响因素

配有腹筋的混凝土梁，其斜截面受剪承载力的影响因素除剪跨比 λ、混凝土强度和纵向钢筋的配置外，箍筋或弯起钢筋的配置数量对梁的受剪承载力也有较大影响，而截面尺寸的影响变弱。试验研究表明，当箍筋配置在合理范围内时，有腹筋梁的斜截面受剪承载力将随着箍筋配置量的增大和箍筋强度的提高而有较大幅度的提高。

配箍率 ρ_{sv} 表示配箍量的多少，即梁在箍筋间距范围内箍筋截面面积与相应混凝土水平投影面积的比值（如图 5 - 15 所示）：

$$\rho_{sv} = \frac{nA_{sv1}}{bs} \tag{5-5}$$

式中：ρ_{sv}——配箍率；

n——同一截面内箍筋的肢数；

A_{sv1}——单肢箍筋的截面面积；

b——梁截面的宽度；

s——沿梁轴线方向箍筋的间距。

5.4.2　斜截面承载力的计算公式和适用范围

钢筋混凝土梁沿斜截面的破坏形态均属于脆性破坏，一般应予以避免，故其斜截面承载力计算公式的确定比正截面受弯破坏稍有保守。由于斜拉破坏脆性性质明显，承载力低，而斜压破坏又不能充分发挥箍筋强度，从而造成浪费，故这两种破坏形态在设计时均不允许出现。而对于剪压破坏，虽属脆性破坏，但有一定的延性特征，可通过计算来防止破坏。本节所介绍的计算公式均是在剪压破坏形态下试验得出的。

对于仅配箍筋的简支梁（如图 5-16 所示），在出现斜裂缝 BA' 后，取裂缝 BA' 到支座间的隔离体作为研究对象。假定斜截面的受剪承载力由两部分组成，即：

$$V_{cs}=V_c+V_{sv} \tag{5-6}$$

式中：V_{cs}——构件斜截面上混凝土和箍筋受剪承载力设计值；

V_c——混凝土的受剪承载力；

V_{sv}——箍筋的受剪承载力。

式（5-6）忽略了纵向钢筋对受剪承载力的影响，且 V_c 未考虑增加腹筋对混凝土抗剪能力的影响，而仍采用无腹筋梁的试验结果，并将箍筋使混凝土抗剪承载力的提高部分包含在 V_{sv} 中。

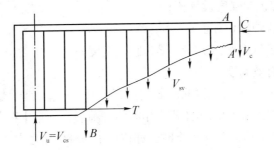

图 5-16　仅配箍筋梁的斜截面承载力计算

1. 斜截面受剪承载力计算公式

（1）对于矩形、T 形和工字形截面的一般受弯构件，假设其发生剪压破坏时与斜裂缝相交的腹筋达到屈服，同时混凝土在剪压复合力作用下达到极限强度，则根据试验结果（如图 5-17 所示），其斜截面的受剪承载力应由式（5-7）得到：

$$V\leqslant V_{cs}=0.7f_tbh_0+\frac{f_{yv}A_{sv}}{s}h_0 \tag{5-7}$$

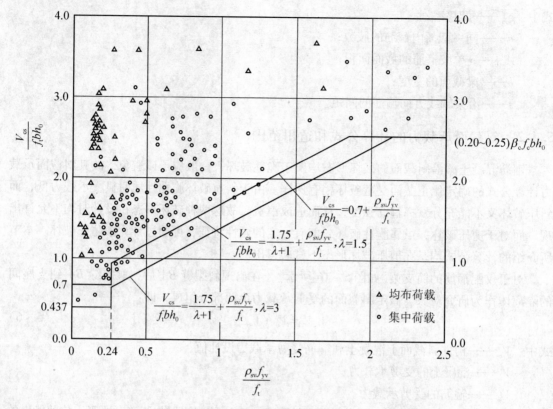

图5-17 配箍筋梁受剪承载力计算公式与试验结果的比较

式中：f_t——混凝土轴心抗拉强度设计值；

f_{yv}——箍筋的抗拉强度设计值；

b——梁截面的宽度(T形、工字形梁为腹板宽度)；

h_0——梁截面的有效高度；

A_{sv}——在箍筋间距范围内，箍筋的截面面积，$A_{sv}=nA_{sv1}$。

（2）对于集中荷载作用下的独立梁(若作用有多种荷载，则集中荷载在支座截面或节点边缘所产生的剪力值占总剪力值的75%以上时，亦按集中荷载作用考虑。独立梁为不与楼板整浇的预制梁，也可以是现浇但无板的梁)，应考虑剪跨比λ对受剪承载力的影响，所以受剪承载力应由式(5-8)得到：

$$V \leqslant V_{cs} = \frac{1.75}{\lambda+1}f_t b h_0 + \frac{f_{yv}A_{sv}}{s}h_0 \tag{5-8}$$

式中：λ——计算截面的剪跨比，$\lambda=a/h_0$，其中a为集中荷载作用点至支座截面的距离，当$\lambda<1.5$时，取$\lambda=1.5$，当$\lambda>3$时，取$\lambda=3$；

其他符号的含义同式(5-7)。

2. 斜截面受剪承载力计算公式的适用条件

（1）截面尺寸限制条件。从式（5-7）、式（5-8）可以看出，对于确定截面尺寸的梁，提高其配箍率，可以有效地提高斜截面的受剪承载力。但根据试验结果可知，当箍筋的数量超过一定值后，箍筋的应力尚未达到屈服强度而剪压区混凝土先发生斜压破坏，梁的受剪承载力几乎不再增加，此时，梁的受剪承载力主要取决于混凝土的抗压强度 f_c 和梁的截面尺寸。为了防止这种情况发生，对梁的截面尺寸应有如下规定：

对于一般梁，即当 $h_w/b \leqslant 4$ 时，应满足：

$$V \leqslant 0.25\beta_c f_c b h_0 \tag{5-9}$$

对于薄腹梁，即当 $h_w/b \geqslant 6$ 时，应满足：

$$V \leqslant 0.2\beta_c f_c b h_0 \tag{5-10}$$

当 $4 < h_w/b < 6$ 时，应满足：

$$V \leqslant 0.025\left(14 - \frac{h_w}{b}\right)\beta_c f_c b h_0 \tag{5-11}$$

式中：f_c——混凝土轴心抗压强度设计值；

　　　β_c——混凝土强度影响系数，当混凝土强度等级不超过 C50 时，取 $\beta_c = 1.0$，当混凝土强度等级为 C80 时，取 $\beta_c = 0.8$，其间按线性内插法取用；

　　　V——计算截面上的最大剪力设计值；

　　　b——矩形截面的宽度（T 形或工字形截面为腹板宽度）；

　　　h_w——截面的腹板高度，按图 5-18 所示选取，矩形截面 $h_w = h_0$，T 形截面 $h_w = h_0 - h_f'$，工字形截面 $h_w = h - h_f' - h_f$（h_f 为截面下部翼缘的高度）。

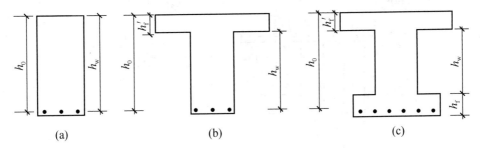

图 5-18　梁的腹板高度 h_w

（a）矩形截面；（b）T 形截面；（c）工字形截面

（2）最小配箍率及箍筋的构造要求。对于脆性特征明显的斜拉破坏，在工程设计中是不允许出现的，可通过规定箍筋的最小配箍率和箍筋的构造措施来防止产生此类破坏。箍筋的最小直径和最大间距等构造要求参见本书 5.6 节的内容。

箍筋的最小配箍率应按式（5-12）取用：

$$\rho_{\text{sv, min}} = 0.24 \frac{f_t}{f_{yv}} \tag{5-12}$$

式中：$\rho_{\text{sv, min}}$——箍筋的最小配箍率。

当一般受弯构件 $V \leqslant 0.7 f_t b h_0$ 或集中荷载作用下独立梁 $V \leqslant \dfrac{1.75}{\lambda + 1} f_t b h_0$ 时，剪力设计值尚不足以引起梁斜截面混凝土开裂，此时，箍筋的配箍率可不遵循 $\rho_{sv} \geqslant \rho_{\text{sv, min}}$，而按表 5-4 中 $V \leqslant 0.7 f_t b h_0$ 对应的构造要求进行配筋。

5.4.3 弯起钢筋

当梁所承受的剪力较大时，可配置弯起钢筋和箍筋来共同承受剪力。如图 5-19 所示，弯起钢筋所承受的剪力值等于弯起钢筋的拉力在平行于梁竖向剪力方向的分力值。梁斜截面达到受剪承载力极限状态时，弯起钢筋中的应力与它穿越斜裂缝的部位有关，当靠近剪压区时，有可能未达到屈服状态。考虑到这种影响，《混凝土规范》对弯起钢筋的强度乘以 0.8 的折减系数。设同一弯起截面的弯起钢筋的截面面积为 A_{sb}，则弯起钢筋的抗剪承载力可按式 (5-13) 确定：

$$V_{sb} = 0.8 f_y A_{sb} \sin\alpha_s \tag{5-13}$$

式中：V_{sb}——与斜裂缝相交的弯起钢筋的受剪承载力设计值；

f_y——弯起钢筋的抗拉强度设计值，考虑到弯起钢筋与裂缝斜交时部分弯起钢筋已靠近受压区，可能达不到屈服强度，故其应考虑 0.8 的折减；

A_{sb}——同一弯起平面内弯起钢筋的截面面积；

α_s——弯起钢筋与构件纵向轴线的夹角，一般为 45°，当梁截面超过 700 mm 时，通常为 60°。

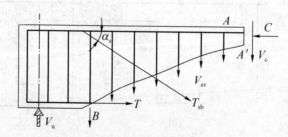

图 5-19　配置箍筋和弯起钢筋的梁斜截面受剪承载力计算模型

（1）矩形、T 形和工字形截面的一般受弯构件同时配置箍筋和弯起钢筋的承载力应按式 (5-14) 进行计算：

$$V \leqslant V_{cs} + V_{sb} = 0.7 f_t b h_0 + \frac{f_{yv} A_{sv}}{s} h_0 + 0.8 f_y A_{sb} \sin\alpha_s \tag{5-14}$$

（2）对于集中荷载作用下的矩形截面独立梁（包括作用有多种荷载，且其中集中荷载在支座截面或节点边缘所产生的剪力值占总剪力值的 75% 以上的情况），同时配置箍筋和弯起钢筋的承载力应按式(5 − 15)进行计算：

$$V \leqslant V_{cs} + V_{sb} = \frac{1.75}{\lambda + 1} f_t b h_0 + \frac{f_{yv} A_{sv}}{s} h_0 + 0.8 f_y A_{sb} \sin\alpha_s \qquad (5 - 15)$$

公式中各符号的含义及适用条件均同仅配置箍筋梁的斜截面承载力计算。

5.4.4　受弯构件斜截面受剪承载力的截面设计方法

1. 斜截面受剪承载力的计算位置

有腹筋梁斜截面受剪破坏一般发生在剪力设计值较大或受剪承载力较薄弱处，因此，在进行斜截面承载力设计时，计算截面的选择一般应满足下列规定：

(1)支座边缘处截面，如图 5 − 20 中的 1 − 1 截面。

(2)受拉区弯起钢筋起点处截面，如图 5 − 20 中的 2 − 2 截面和 3 − 3 截面。

(3)箍筋截面面积或间距改变处截面，如图 5 − 20 中的 4 − 4 截面。

(4)腹板宽度改变处截面。

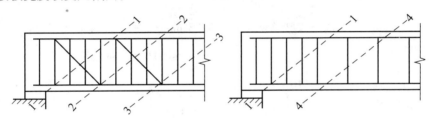

图 5 − 20　受剪承载力计算的控制截面

2. 截面设计

当已知材料强度、构件的截面尺寸、截面上的剪力设计值大小，需要按计算和构造要求配置截面上的箍筋和弯起钢筋时，此类问题属于构件斜截面承载力的设计问题。一般的计算步骤如下：

(1) 根据控制截面的剪力设计值验算已有截面尺寸和材料强度是否满足避免斜压破坏的条件，即满足式 (5 − 9) ～式 (5 − 11) 的规定。若不满足，则应该调整截面尺寸或考虑提高混凝土的强度等级。

(2) 利用式 (5 − 7)、式 (5 − 8) 或式 (5 − 14) 或式 (5 − 15) 计算所需的 $\frac{A_{sv}}{s}$ 或 A_{sb}。

(3) 选用合适的箍筋直径和间距或弯起钢筋数量及位置，并满足构造要求。

(4) 利用式 (5 − 12) 验算箍筋的配筋率是否满足最小配箍率要求。

【例 5 − 1】一钢筋混凝土矩形截面简支梁，处于一类环境，安全等级为二级，混凝土强度等级为 C25，纵向钢筋采用 HRB400 级钢筋，箍筋采用 HPB300 级钢筋，梁的截面尺寸 $b \times h = 250\ \text{mm} \times 500\ \text{mm}$，均布荷载在梁支座边缘产生的最大剪力设计值为 220 kN，正截面

强度计算已配置 $4\,\underline{\Phi}\,22$ 的纵筋，求所需的箍筋。

【解】（1）确定计算参数。查附录 2 中的附表 2－1 和附表 2－4 可得 $f_{t}=1.27\ \text{N/mm}^2$，$f_{yv}=270\ \text{N/mm}^2$，$f_y=360\ \text{N/mm}^2$，$f_c=11.9\ \text{N/mm}^2$。

查附录 4 中的附表 4－4 可知，最外侧筋保护层厚 25 mm，则主筋保护层厚约为 35 mm，纵筋间净距 $s=25$ mm，假设纵筋排一排，则 $2c+4d+3s=2\times35+4\times22+3\times25=233$ mm $<b=250$ mm，满足要求。近似取 $a_s=45$ mm，则 $h_0=h-a_s=500-45=455$ mm，故 $h_w=h_0=455$ mm，$\beta_c=1.0$。

（2）验算截面尺寸。因为 $h_w/b=455/250=1.82<4$，属于一般梁，故 $0.25\beta_c f_c b h_0=0.25\times1.0\times11.9\times250\times455=338.4$（kN）$>220$（kN），故截面尺寸满足要求。

（3）求箍筋数量并验算最小配箍率。因为

$$V_c=0.7f_t b h_0=0.7\times1.27\times250\times455=101.1(\text{kN})<220(\text{kN})$$

所以由式（5－7）可得：

$$\frac{A_{sv}}{s}\geq\frac{V-V_c}{f_{yv}h_0}=\frac{220\,000-101\,100}{270\times455}=0.968(\text{mm}^2/\text{mm})$$

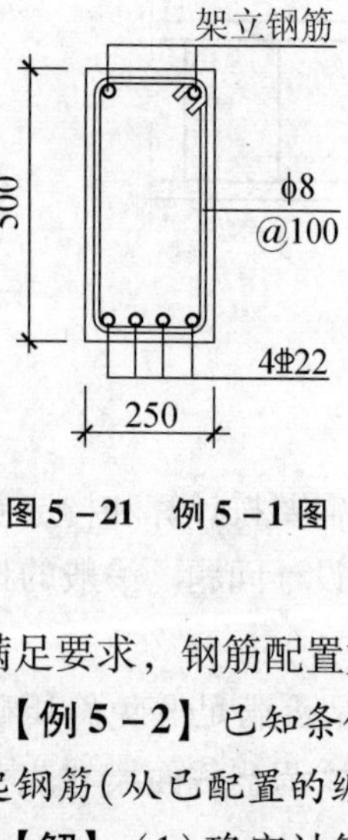

选用双肢箍 $\Phi8(A_{sv1}=50.3\ \text{mm},\ n=2)$ 代入上式可得：

$$s\leq103.9(\text{mm})$$

取 $s=100$ mm，可得：

$$\rho_{sv}=\frac{A_{sv}}{bs}=\frac{50.3\times2}{250\times100}$$

$$=0.402\%>\rho_{sv,min}=0.24\frac{f_t}{f_{yv}}$$

$$=0.24\times\frac{1.27}{270}=0.113\%$$

图 5－21　例 5－1 图

故满足要求，钢筋配置如图 5－21 所示。

【例 5－2】已知条件同例 5－1，但已在梁内配置双肢箍筋 $\Phi8@200$，试计算需要多少根弯起钢筋（从已配置的纵向受力钢筋中选择，弯起角度 $\alpha_s=45°$）。

【解】（1）确定计算参数。计算参数的确定与例 5－1 相同，底部纵筋为 $4\,\underline{\Phi}\,22$，一排布置。

（2）验算截面尺寸。验算同例 5－1，满足要求。

（3）求弯起钢筋的截面面积 A_{sb}。由式（5－7）可得：

$$V_{cs}=0.7f_t b h_0+\frac{f_{yv}A_{sv}}{s}h_0$$

$$=0.7\times1.27\times250\times455+\frac{270\times2\times50.3}{200}\times455$$

$$= 162.917(\text{kN}) < 220(\text{kN})$$

故需要配置弯起钢筋。

由式(5 – 14)可得：

$$A_{sb} \geq \frac{V - V_{cs}}{0.8 f_y \sin \alpha_s} = \frac{220\,000 - 162\,917}{0.8 \times 360 \times \sin 45°} = 280(\text{mm}^2)$$

故应选择下排纵筋的中间一根$\Phi 22$纵筋弯起，且$A_{sb} = 380 \text{ mm}^2$，满足要求。工程实际中一般按对称弯起配置。

【例 5 – 3】　如图 5 – 22 所示的预制钢筋混凝土简支独立梁，处于一类环境，截面尺寸$b \times h = 250 \text{ mm} \times 600 \text{ mm}$，混凝土等级采用 C25，纵筋采用 HRB400 级钢筋 4$\Phi 22$，箍筋采用 HPB300 级钢筋，荷载设计值如图 5 – 22 所示，$P = 90 \text{ kN}$，$q = 10.0 \text{ kN/m}$(含自重)，试计算抗剪腹筋。

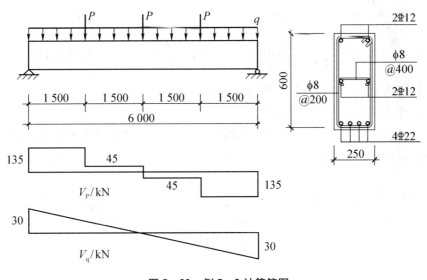

图 5 – 22　例 5 – 3 计算简图

【解】　(1)确定计算参数。查附录 2 中的附表 2 – 1 和附录 2 中的附表 2 – 4 可知，$f_c = 11.9 \text{ N/mm}^2$，$f_t = 1.27 \text{ N/mm}^2$，$f_{yv} = 270 \text{ N/mm}^2$，$f_y = 360 \text{ N/mm}^2$；查附录 4 中的附表 4 – 4 可知，$c = 25 \text{ mm}$，$a_s$ 可取 45 mm，则 $h_0 = h - a_s = 555 \text{ mm}$，$h_w = h_0 = 555 \text{ mm}$，$\beta_c = 1.0$。

(2)验算截面尺寸。因为 $h_w/b = 555/250 = 2.22 < 4.0$，属于一般梁，故由式(5 – 9)可得：

$$0.25\beta_c f_c b h_0 = 0.25 \times 1.0 \times 11.9 \times 250 \times 555 = 412.8(\text{kN}) > V = 135 + 30 = 165(\text{kN})$$

满足要求。

(3)判别是否需要配置腹筋。因为集中荷载在支座截面产生的剪力与总剪力之比为

$\dfrac{135}{165} = 81.82\% > 75\%$ ，所以要考虑λ的影响。因为$\lambda = \dfrac{a}{h_0} = \dfrac{1\,500}{555} = 2.7 < 3$，故由式(5-4)可得：

$$\dfrac{1.75}{\lambda + 1}\beta_{\mathrm{h}}f_{\mathrm{t}}bh_0 = \dfrac{1.75}{2.7 + 1} \times 1.0 \times 1.27 \times 250 \times 555 = 83.34(\mathrm{kN}) < 165(\mathrm{kN})$$

需按计算配置腹筋。

(4)计算腹筋。这里采用两种方案进行计算。

方案一：仅配箍筋。

选择双肢箍筋$\Phi 8(A_{\mathrm{sv}} = 2 \times 50.3)$，则由式(5-8)可得：

$$s \leqslant \dfrac{f_{\mathrm{yv}}A_{\mathrm{sv}}h_0}{V - \dfrac{1.75}{\lambda + 1}f_{\mathrm{t}}bh_0} = \dfrac{270 \times 2 \times 50.3 \times 555}{165\,000 - 83\,340} = 184.6(\mathrm{mm})$$

实取$s = 150$ mm，验算配箍率为：

$$\rho_{\mathrm{sv}} = \dfrac{A_{\mathrm{sv}}}{bs} = \dfrac{2 \times 50.3}{250 \times 150} = 0.268\% > \rho_{\mathrm{sv,\,min}} = 0.24\dfrac{f_{\mathrm{t}}}{f_{\mathrm{yv}}} = 0.24 \times \dfrac{1.27}{270} = 0.113\%$$

满足要求，且所选箍筋直径和间距均符合构造规定。

方案二：既配箍筋，又配弯起钢筋。

根据设计经验和构造规定，本例选用$\Phi 8@200$的箍筋，弯起钢筋利用梁底 HRB400 级纵筋弯起，弯起角$\alpha_{\mathrm{s}} = 45°$，则由式(5-15)可得：

$$A_{\mathrm{sb}} \geqslant \dfrac{V - \dfrac{1.75}{\lambda + 1}f_{\mathrm{t}}bh_0 - f_{\mathrm{yv}}\dfrac{A_{\mathrm{sv}}}{s}h_0}{0.8f_{\mathrm{y}}\sin\alpha_{\mathrm{s}}} = \dfrac{165\,000 - 83\,340 - 270 \times \dfrac{2 \times 50.3}{200} \times 555}{0.8 \times 360 \times 0.707}$$
$$= 30.9(\mathrm{mm}^2)$$

弯起 $1\,\Phi 22$，$A_{\mathrm{sb}} = 380\ \mathrm{mm}^2 > 30.9\ \mathrm{mm}^2$，满足要求。

(5)验算弯起钢筋弯起点处斜截面的抗剪承载力。取弯起钢筋($1\,\Phi 22$)的弯终点到支座边缘的距离$s_1 = 50$ mm，由$\alpha_{\mathrm{s}} = 45°$可求出弯起钢筋的弯起点到支座边缘的距离为 50 + 555 - 40 = 565 mm，故弯起点的剪力设计值$V = 165 - 10 \times 0.565 = 159.35$ kN $\approx V_{\mathrm{cs}} = V_{\mathrm{c}} + V_{\mathrm{s}} = 83.34 + 75.37 = 158.71$ kN，基本满足要求。

3. 截面复核

当已知材料强度、构件的截面尺寸、配箍数量以及弯起钢筋的截面面积时，想知道斜截面所能承受的剪力设计值这一类问题，属于构件斜截面承载力的复核问题。这类问题的计算步骤如下：

(1)根据已知条件检验已配腹筋是否满足构造要求，如果不满足，则应该调整或只考虑混凝土的抗剪承载力 V_c 。

（2）利用式（5-5）和式（5-12）验算已配箍筋是否满足最小配箍率的要求，如不满足，则只考虑混凝土的抗剪承载力 V_c 。

（3）当前面两个条件都满足时，则可把已知条件直接代入式（5-7）、式（5-8）或式（5-14）、式（5-15）复核斜截面承载力。

（4）利用式（5-9）、式（5-10）或者式（5-11）验算截面尺寸是否满足要求，如不满足，则按式（5-9）、式（5-10）或者式（5-11）的计算结果确定斜截面抗剪承载力。

【例5-4】 已知一钢筋混凝土矩形截面简支梁，安全等级为二级，处于一类环境，两端搁在240 mm厚的砖墙上，梁的净跨为4.0 m，矩形截面尺寸 $b \times h = 200 \text{ mm} \times 400 \text{ mm}$，混凝土强度等级为C25，箍筋采用HPB300级钢筋，弯起钢筋用HRB400级钢筋，在支座边缘截面配有双肢箍筋Φ8@150，并有弯起钢筋2Φ14，弯起角 $\alpha_s = 45°$，荷载 p 为均布荷载设计值（包括自重），求该梁可承受的均布荷载设计值 p 。

【解】（1）确定计算参数。查附录2中的附表2-1和附表2-4及附录3中的附表3-1可知，$f_c = 11.9 \text{ N/mm}^2$，$f_t = 1.27 \text{ N/mm}^2$，$f_{yv} = 270 \text{ N/mm}^2$，$f_y = 360 \text{ N/mm}^2$，$A_{sv1} = 50.3 \text{ mm}^2$，$A_{sb} = 308 \text{ mm}^2$；查附录4中的附表4-4可知，$c = 25 \text{ mm}$，$a_s = 25 + 8 + 14/2 = 40 \text{ mm}$，则 $h_0 = h - a_s = 360 \text{ mm}$。

（2）验算配箍率。由式（5-5）、式（5-12）可得：

$$\rho_{sv, min} = 0.24 \frac{f_t}{f_{yv}} = 0.24 \times \frac{1.27}{270} = 0.113\%$$

$$\rho_{sv} = \frac{A_{sv}}{bs} = \frac{2 \times 50.3}{200 \times 150} = 0.335\% > \rho_{sv, min}$$

故满足要求。

（3）计算斜截面承载力设计值 V_u 。由于构造要求都满足，故可直接用式（5-14）计算斜截面承载力，即：

$$V_u = V_{cs} + V_{sb} = 0.7 f_t b h_0 + f_{yv} \frac{A_{sv}}{s} h_0 + 0.8 f_y A_{sb} \sin\alpha_s$$

$$= 0.7 \times 1.27 \times 200 \times 360 + 270 \times \frac{50.3 \times 2}{150} \times 360 + 0.8 \times 360 \times 308 \times 0.707$$

$$= 191.91 (\text{kN})$$

（4）计算均布荷载设计值 p 。因为是简支梁，故根据力学公式可得：

$$p = \frac{2V_u}{l_n} = \frac{2 \times 191.91}{4.0} = 95.95 (\text{kN/m})$$

（5）验算截面限制条件。因为 $\frac{h_w}{b} = \frac{360}{200} = 1.80 < 4$，属于一般梁，故利用式（5-9）可得：

$$0.25\beta_c f_c bh_0 = 0.25 \times 1.0 \times 11.9 \times 200 \times 360 = 214.2 (\text{kN}) > V_u = 191.91 (\text{kN})$$

满足要求，故该梁可以承受的均布荷载设计值为 95.95 kN/m。

5.5 梁斜截面受弯承载力

在梁的斜截面上除剪力形成的截面主拉应力及斜裂缝开展引起的破坏外，如果梁纵筋有截断或弯起，则还存在斜裂缝开展后引起梁斜截面的受弯承载力问题。如前所述，由于斜裂缝的开展，裂缝扩展处的纵筋应力有增大现象，当梁内纵筋无截断一直伸入支座内时，不存在斜截面的受弯承载力问题。但在一些实际工程中，纵筋会弯起作为抗剪用腹筋，或进行必要的截断，以达到经济目的，此时，钢筋的弯起或截断需考虑斜裂缝开展后裂缝截面处的受弯承载力问题。

5.5.1 抵抗弯矩图及绘制方法

1. 抵抗弯矩图

抵抗弯矩图是梁各个截面配置的纵向受力钢筋所确定的各正截面抗弯承载力沿梁轴线分布的图形，它反映了沿梁长正截面的抗力。一般以与梁轴线垂直的竖向坐标（如图 5-23 中的 aa'）表示正截面受弯承载力设计值 M_u，也称为抵抗弯矩。

对于一单筋矩形截面梁，若已知其纵向受力钢筋总截面面积为 A_s，则可通过式（4-21）与式（4-23）计算得到正截面受弯承载力 M_u。而每根钢筋所抵抗的弯矩 M_{ui} 可近似地按该根钢筋的截面面积 A_{si} 与钢筋总截面面积 A_s 的比值乘以总抵抗弯矩求得，即：

$$M_{ui} = \frac{A_{si}}{A_s} M_u \tag{5-16}$$

对于图 5-23 所示的均布荷载作用下的钢筋混凝土简支梁，应按跨中最大弯矩计算所需

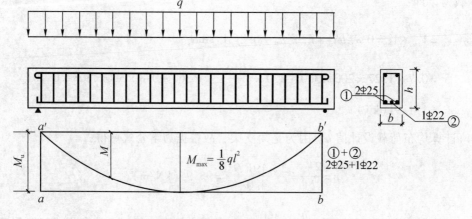

图 5-23 纵筋伸入支座时的抵抗弯矩图

纵筋 $2\,\phi\,25 + 1\,\phi\,22$。由于纵筋全部锚入支座，故该梁任一截面处的 M_u 值均相等，则其抵抗弯矩图为一矩形，它所包围的曲线就是梁所受荷载引起的弯矩图，即 $M_u > M$，因此该梁的任一正截面都是安全的；但同时，由于梁靠近支座的弯矩较小，所以，为节约钢材，可以根据荷载弯矩图的变化将一部分纵向受拉钢筋在正截面受弯不需要的地方截断或弯起作为受剪钢筋。

如图 5 – 24 所示的纵筋弯起简支梁，假设梁截面高度的中心线为中性轴，将梁正截面每根纵筋的抵抗弯矩近似按式(5 – 16)计算后画出(如图 5 – 24 中的各线所示)，如果其中一根纵筋在 C 或 E 截面处弯起，则由于在弯起过程中弯起钢筋对受压区合力点的力臂是逐渐减小的，因而其抗弯承载力也逐渐减小；当弯起钢筋穿过梁的中性轴 D 或 F 处基本上进入受压区后，其正截面抗弯作用将完全消失。从 C、E 两点作垂直投影线与 M_u 图的轮廓线相交于 c、e，再从 D、F 点作垂直投影线与不考虑弯起筋的 M_u 图相交于 d、f，则连线 $adcefb$ 即为弯起钢筋弯起后的抵抗弯矩图。

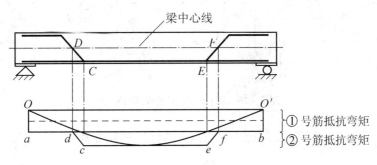

图 5 – 24　部分纵筋弯起时的抵抗弯矩图

2. 抵抗弯矩图的作用

(1)反映材料利用的程度。材料抵抗弯矩图越接近荷载弯矩效应图，表示材料的利用程度越高。

(2)确定纵向钢筋的弯起数量和位置。纵向钢筋弯起的目的，一是用于斜截面抗剪，二是抵抗支座负弯矩。只有材料抵抗弯矩图包住荷载弯矩图，才能确定弯起钢筋的数量和位置。

(3)确定纵向钢筋的截断位置。根据抵抗弯矩图上的理论断点，考虑锚固长度后，即可确定纵筋的截断位置。

5.5.2　保证斜截面受弯承载力的构造措施

1. 纵筋弯起保证斜截面受弯承载力的构造措施

纵筋弯起时，按抵抗弯矩图进行弯起，可保证构件正截面受弯承载力的要求，但是构件斜截面受弯承载力有可能不满足要求。如图 5 – 25 所示的带弯起钢筋的简支梁，支座截面有斜裂缝开展、形成并通过弯起钢筋，斜裂缝左侧的隔离体，在不考虑箍筋作用时，斜截面受弯承载力为：

$$M_{\mathrm{b,u}}=f_{\mathrm{y}}(A_{\mathrm{s}}-A_{\mathrm{sb}})Z+f_{\mathrm{y}}A_{\mathrm{sb}}Z_{\mathrm{b}}=f_{\mathrm{y}}A_{\mathrm{s}}Z+f_{\mathrm{y}}A_{\mathrm{sb}}(Z_{\mathrm{b}}-Z)$$

式中：$M_{\mathrm{b,u}}$——斜截面受弯承载力；

Z——未弯起纵筋距混凝土受压区合力点的距离；

Z_{b}——弯起钢筋距混凝土受压区合力点的距离。

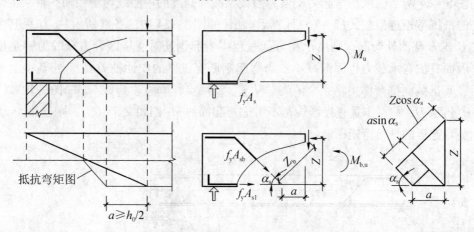

图 5–25　纵向受拉钢筋弯起点位置

当纵筋没有向上弯起时，支座边缘处正截面的受弯承载力为：

$$M_{\mathrm{u}}=f_{\mathrm{y}}A_{\mathrm{s}}Z \tag{5-17}$$

要保证斜截面的受弯承载力不低于正截面的承载力，就要求 $M_{\mathrm{b,u}}\geqslant M_{\mathrm{u}}$，即：

$$Z_{\mathrm{b}}\geqslant Z \tag{5-18}$$

而且由几何关系可知：

$$Z_{\mathrm{b}}=Z\cos\alpha_{\mathrm{s}}+a\sin\alpha_{\mathrm{s}} \tag{5-19}$$

式中：a——钢筋弯起点至充分利用点处的水平距离；

α_{s}——弯起钢筋的弯起角度。

一般情况下，α_{s} 为 $45°\sim60°$，$Z=(0.77\sim0.91)h_0$，由式(5–18)或式(5–19)可知，$a\geqslant Z(1-\cos\alpha_{\mathrm{s}})/\sin\alpha_{\mathrm{s}}$，故有：$a\geqslant(0.372\sim0.525)h_0$。为了方便，$a$ 统一取值为：

$$a\geqslant0.5h_0 \tag{5-20}$$

即在确定弯起钢筋的弯起点时，必须选在离它的充分利用点至少 $0.5h_0$ 的距离以外，这样就能保证不需要验算斜截面受弯承载力。

2. 纵向钢筋截断时保证截面受弯承载力的构造措施

出于经济的考虑，纵向受拉钢筋也可按抵抗弯矩图在不需要的位置处进行分批次截断。

按效应弯矩设计的受拉纵筋要发挥其承载力，必须从其"充分利用截面"处延伸一定的长度 l_{d1}，依靠 l_{d1} 与混凝土的黏结锚固作用保证钢筋在"充分利用截面"处发挥其作用。此延伸长度 l_{d1} 与一般的锚固长度 l_a 有关，但梁受拉区混凝土和钢筋的黏结强度要弱于钢筋与混凝土在支座或节点内的黏结强度，故要求 $l_{d1} > l_a$。出于同样的原因，在理论上不需要某根纵筋，弯矩可全由其他钢筋承担处，纵筋也不应立即截断，而需延伸一定的距离 l_{d2}。对于出现斜裂缝的梁（$V_{支座} > 0.7 f_t b h_0$ 时），由于斜裂缝的存在，使得理论上弯矩值较小的截面因受力状态的改变而使纵筋的拉力变大（见本书 5.2.1 节），所以从"充分利用截面"处需更长的锚固长度，以使纵筋有效工作。

对于梁底部承受正弯矩的纵向受拉钢筋，由于弯矩变化较平缓，在考虑锚固要求后一般距离支座也不远，故不考虑其在跨中截断。但是对于连续梁和框架梁等构件，由于在其支座处承受负弯矩的纵向受拉钢筋的弯矩变化显著，为了节约钢筋和施工方便，可在不需要处将部分钢筋截断（如图 5 – 26 所示），纵筋的截断位置需满足表 5 – 1 的构造要求。

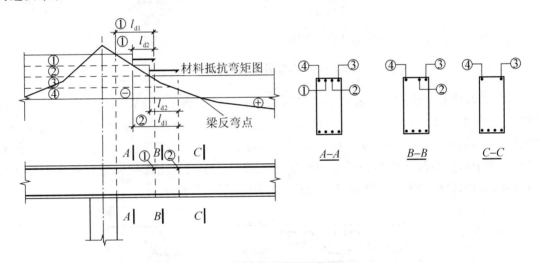

图 5 – 26　纵筋截断位置图

表 5 – 1　连续梁、框架梁支座截面负弯矩钢筋的延伸长度

截面条件	充分利用点伸出 l_{d1}	理论断点伸出 l_{d2}
$V \leqslant 0.7 f_t b h_0$	$1.2 l_a$	$20d$
$V > 0.7 f_t b h_0$	$1.2 l_a + h_0$	$20d$ 且 $\geqslant h_0$
$V > 0.7 f_t b h_0$ 且截断点仍位于负弯矩受拉区内	$1.2 l_a + 1.7 h_0$	$20d$ 且 $\geqslant 1.3 h_0$

注：V 为梁支座截面处剪力，l_a 为受拉钢筋的锚固长度，详见 5.6 节。

5.6 梁、板内钢筋的其他构造要求

5.6.1 纵向钢筋的弯起、锚固、搭接、截断的构造要求

1. 纵筋的弯起

(1)梁中弯起钢筋的弯起角度一般取 45°，但当梁截面高度大于 700 mm 时，宜采用 60°。梁纵筋中的角筋不应弯起或弯下。

(2)在弯起钢筋的弯终点处，应留有平行于梁轴线方向的锚固长度，且锚固长度在受拉区不应小于 20d (d 为弯起钢筋的直径)，在受压区不应小于 10d，如为光圆钢筋，还应在末端设置弯钩，如图 5 - 27 所示。

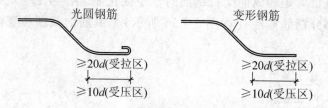

图 5 - 27 弯起钢筋的锚固示意图

(3)弯起钢筋的形式。弯起钢筋一般都是利用纵向钢筋在按正截面受弯和斜截面受弯计算已不需要时才弯起来的，但当剪力仅靠箍筋难以满足时，弯起钢筋也可单独设置，但此时应将其布置成鸭筋形式，而不能采用浮筋，否则会由于浮筋滑动而使斜裂缝开展过大；对于有集中荷载作用在梁截面高度的下部时，应设置附加横向钢筋来承担局部集中荷载，附加横向钢筋可采用箍筋和吊筋，如图 5 - 28 所示。

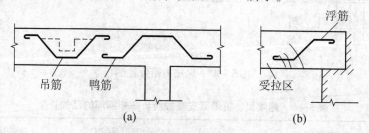

图 5 - 28 鸭筋、吊筋和浮筋

(a)鸭筋、吊筋；(b)浮筋

(4)弯起钢筋的间距。邻近支座的弯起钢筋，其弯终点距离支座边缘的水平距离不应大于箍筋的最大间距 s_{max}（如表 5 - 4 所示），而且相邻弯起钢筋弯起点与弯终点之间的距离不得大于表 5 - 4 中 $V > 0.7f_t b h_0$ 一栏规定的箍筋最大间距，如图 5 - 29 所示。弯起钢筋间距过大，将出现不与弯起钢筋相交的斜裂缝，使弯起钢筋发挥不了应有的功能。

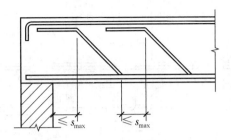

图 5 - 29　弯起钢筋的最大间距

2. 纵筋的锚固

纵向钢筋伸入支座后,应得到充分的锚固(如图 5 - 30 所示),以避免钢筋产生过大的滑动,甚至会从混凝土中拔出而造成锚固破坏。

(1)简支梁或连续梁简支端支座处的锚固长度 l_{as}。对于简支梁支座,由于下部混凝土有支座的反力约束,故可适当降低锚固要求:当 $V \leqslant 0.7 f_t b h_0$ 时,$l_{as} \geqslant 5d$;当 $V > 0.7 f_t b h_0$ 时,带肋钢筋 $l_{as} \geqslant 12d$,光圆钢筋 $l_{as} \geqslant 15d$。

对于板,一般剪力较小,通常都能满足 $V < 0.7 f_t b h_0$ 的条件,所以板的简支支座和连续板下部纵向受力钢筋伸入支座的锚固长度 l_{as} 不应小于 $5d$。当板内温度和收缩应力较大时,伸入支座的锚固长度宜适当增加。

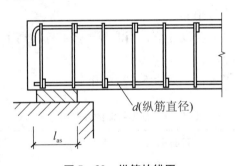

图 5 - 30　纵筋的锚固

(2)中间支座的钢筋锚固要求。框架梁或连续梁、板在中间支座处,一般上部纵向钢筋都受拉,而且应贯穿中间支座节点或中间支座范围;下部钢筋都受压,且其伸入支座的锚固长度应分下面几种情况考虑。

① 当计算中不利用钢筋的抗拉强度时,不论支座边缘处剪力设计值的大小,其下部纵向钢筋伸入支座的锚固长度 l_{as} 都应满足简支支座 $V > 0.7 f_t b h_0$ 时的规定。

② 当计算中充分利用钢筋的抗拉强度时,下部纵向钢筋应锚固于支座节点内。若柱截面尺寸足够,则可采用直线锚固方式,如图 5 - 31(a)所示;若柱截面尺寸不够或两侧梁不等宽时,可将下部纵筋向上弯折,如图 5 - 31(b)所示。

③ 当计算中充分利用钢筋的受压强度时,下部纵向钢筋伸入支座的直线锚固长度不应小于 $0.7 l_a$,也可以伸过节点或支座范围,并在梁中弯矩较小处设置搭接接头,搭接长度的起始点至节

点或支座边缘的距离不应小于 $1.5h_0$，如图 5-31(c)所示。

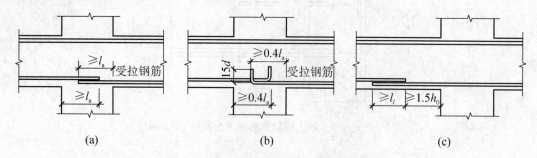

图 5-31　梁中间支座下部纵向钢筋的锚固

（a）下部纵向钢筋在节点中直线锚固；（b）下部纵向钢筋在节点中弯折锚固；

（c）下部纵向钢筋在节点或支座范围外的搭接

上述提及的 l_a 为纵向受拉钢筋的锚固长度，可由式(5-21)得到：

$$l_a = \zeta_a l_{ab} = \zeta_a \alpha \frac{f_y}{f_t} d \qquad (5-21)$$

式中：l_{ab}——受拉钢筋的基本锚固长度；

ζ_a——锚固长度修正系数；

f_y——钢筋抗拉强度设计值；

f_t——混凝土轴心抗拉强度设计值，当混凝土强度等级高于 C60 时，按 C60 取值；

d——钢筋的公称直径；

α——锚固钢筋的外形系数，按表 5-2 选用。

表 5-2　锚固钢筋的外形系数 α

钢筋类型	光圆钢筋	带肋钢筋	螺旋肋钢丝	三股钢绞线	七股钢绞线
外形系数 α	0.16	0.14	0.13	0.16	0.17

注：光圆钢筋末端应做180°弯钩，弯后平直段长度不应小于3d。作受压钢筋时可不做弯钩。

构件中钢筋的实际锚固长度应根据钢筋的受力情况、保护层厚度和钢筋形式等，采用基本锚固长度 l_{ab} 乘以锚固长度修正系数 ζ_a。纵向受拉普通钢筋的锚固长度修正系数按下列规定取用：

① 当带肋钢筋的公称直径大于 25 mm 时，锚固作用降低，修正系数取 1.1。

② 环氧树脂涂层带肋钢筋，其涂层对锚固不利，修正系数取 1.25。

③ 当锚固钢筋在混凝土施工过程中易受扰动时(如滑模施工)，修正系数取 1.1。

④ 当钢筋的锚固区混凝土保护层大于钢筋直径的 3 倍时，握裹作用加强，锚固长度可适当减短，修正系数为 0.8；当保护层厚度为钢筋直径的 5 倍时，修正系数为 0.7，中间按线性内插取值。

⑤ 除构造需要的锚固长度外，当受力钢筋的实际配筋面积大于其设计计算面积时，修正系数可取设计计算面积与实际配筋面积的比值。对于抗震设防要求和直接承受动力荷载的结构构件，不考虑此项修正。

当以上 5 种情况多于一项时，可按连乘计算，但 ζ_a 不应小于 0.6，且 l_a 不应小于 200 mm；对于预应力钢筋，ζ_a 可取 1.0。

当纵向受拉普通钢筋末端采用图 5 – 32 所示的弯钩或机械锚固措施时，包括弯钩或锚固端头在内的锚固长度（投影长度）可取为基本锚固长度 l_{ab} 的 60%。

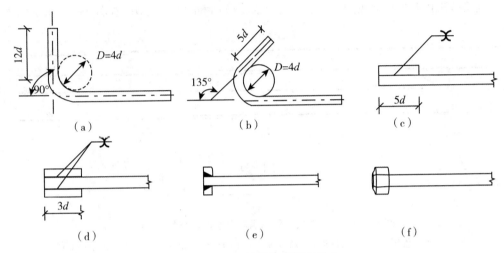

图 5 – 32　钢筋的机械锚固形式

(a) 90°弯钩；(b) 135°弯钩；(c) 一侧贴焊锚筋；

(d) 两侧贴焊锚筋；(e) 穿孔塞焊锚板；(f) 螺栓锚头

混凝土中的纵向受压钢筋，当计算中充分利用其抗压强度时，锚固长度不应小于相应受拉锚固长度的 0.7 倍。受压钢筋不应采用末端弯钩和一侧贴焊锚筋的锚固措施。

3. 纵筋的搭接

梁中钢筋长度不够时，可采用互相搭接、焊接或机械连接的方法，宜优先采用焊接或机械连接。当采用搭接接头时，其搭接长度 l_l 规定如下。

（1）受拉钢筋。受拉钢筋的搭接长度应根据位于同一连接范围内的搭接钢筋面积百分率按式（5 – 22）计算，且不得小于 300 mm，即：

$$l_l = \zeta_l l_a \tag{5 – 22}$$

式中：l_a——纵向受拉钢筋的锚固长度；

ζ_l——受拉钢筋搭接长度修正系数，按表 5 – 3 取用。

表 5-3　受拉钢筋搭接长度修正系数 ζ_l

同一连接区段内搭接钢筋面积百分率	≤25%	50%	100%
搭接长度修正系数 ζ_l	1.2	1.4	1.6

当受拉钢筋直径大于 28 mm 时，不宜采用搭接接头。

钢筋绑扎搭接接头连接区段的长度为搭接长度的 1.3 倍，凡搭接接头中点位于该连接区段长度内的搭接接头均属于同一连接区段。同一连接区段内纵向钢筋搭接接头面积百分率，是指在同一连接范围内有搭接接头的受力钢筋与全部受拉钢筋的面积之比，如图5-33 所示。

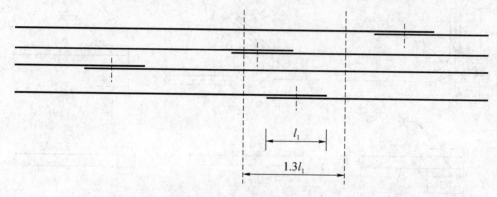

图 5-33　同一连接区段内纵向受拉钢筋绑扎搭接接头

注：图中所示同一连接区段内的搭接接头钢筋为两根，当钢筋直径相同时，钢筋搭接接头面积百分率为 50%。

位于同一连接区段内的受拉钢筋搭接接头面积百分率为：对于梁类、板类及墙类构件，不宜大于 25%；对于柱类构件，不宜大于 50%。当工程中确有必要增大受拉钢筋搭接接头面积百分率时，对于梁类构件，不应大于 50%，对于板类、墙类及柱类构件，可根据实际情况放宽。

(2)受压钢筋。受压钢筋的搭接长度取纵向受拉钢筋搭接长度的 0.7 倍，且在任何情况下都不应小于 200 mm。

4. 纵筋的截断

简支梁的下部纵向受拉钢筋通常不在跨中截断。在悬臂梁中，应有不少于两根上部钢筋伸至悬臂梁外端，并向下弯折不少于 12d，其余钢筋不应在梁的上部截断，而应向下弯折并在梁的下部锚固。

为节约钢筋，在框架梁或连续梁的中间支座附近，可以将纵向受拉钢筋截断，但其截断位置必须满足 5.5 节中有关延伸长度的构造要求。

5.6.2　箍筋的构造要求

箍筋宜采用 HRB400、HRBF400、HPB300、HRB500 和 HRBF500 级钢筋，也可采用 HRB335 级钢筋。

1. 箍筋的形式和肢数

梁内箍筋除承受剪力以外，还起到固定纵筋位置、与纵筋形成骨架的作用，并和纵筋共同形成对混凝土的约束，增强受压混凝土的延性等。

箍筋的形式有封闭式和开口式两种，如图 5-34(d)、(e)所示。一般梁多采用封闭式箍筋，尤其是当梁中配有按计算需要的纵向受压钢筋时；而对于现浇 T 形梁，当其不承受扭矩和动荷载时，在跨中截面上部受压区的区段内，可采用开口式。

箍筋有单肢箍、双肢箍和四肢箍等形式，如图 5-34(a)、(b)、(c)所示。一般当梁宽小于或等于 400 mm 时，可采用双肢箍筋；当梁宽大于 400 mm 且一层内的纵向受压钢筋多于 3 根时，或者当梁宽小于或等于 400 mm 但一层内的纵向受压钢筋多于 4 根时，应设置复合箍筋；当梁宽小于 100 mm 时，可采用单肢箍筋。

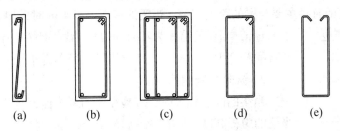

图 5-34　箍筋的形式及肢数

(a)单肢箍；(b)双肢箍；(c)四肢箍；(d)封闭箍；(e)开口箍

2. 箍筋的直径和间距

箍筋应具有一定的刚性，且应便于制作和安装，因此，其直径不应过小，也不应过大。当梁截面高度小于或等于 800 mm 时，箍筋直径不宜小于 6 mm；当梁截面高度大于 800 mm 时，箍筋直径不宜小于 8 mm；当梁中配有计算需要的纵向受压钢筋时，箍筋直径尚不应小于 $d/4$（d 为受压钢筋的最大直径）。

箍筋的间距除应满足计算要求外，为使斜裂缝形成截面上有箍筋通过并控制斜裂缝的宽度，还应符合表 5-4 的规定。当梁中配有按计算需要的纵向受压钢筋时，箍筋的间距尚不应大于 $15d$（d 为纵向受压钢筋的最小直径），同时不应大于 400 mm。当一层内的纵向受压钢筋多于 5 根且直径大于 18 mm 时，箍筋间距不应大于 $10d$。同时，框架梁箍筋的设置应满足抗震性能的相关要求。

表 5-4　梁中箍筋的最大间距　　　　　　　　　　　　　　　　　　　mm

梁高 h	$V > 0.7f_t bh_0$	$V \leqslant 0.7f_t bh_0$
$150 < h \leqslant 300$	150	200
$300 < h \leqslant 500$	200	300
$500 < h \leqslant 800$	250	350
$h > 800$	300	400

3. 箍筋的布置

对于按计算不需要箍筋抗剪的梁，当截面高度大于 300 mm 时，仍应沿梁全长设置构造箍筋；当截面高度为 150~300 mm 时，可仅在构件端部各 1/4 跨度范围内设置箍筋，但当在构件中部 1/2 跨度范围内有集中荷载作用时，则应沿梁全长设置箍筋；当截面高度小于 150 mm 时，可不设置箍筋。

5.6.3 架立钢筋及纵向构造钢筋

1. 架立钢筋的构造要求

梁内架立钢筋主要用来固定箍筋，与纵筋、箍筋形成骨架，以抵抗温度和混凝土收缩变形引起的应力。

梁内架立钢筋的直径主要与梁的跨度有关：当梁的跨度小于 4 m 时，架立钢筋直径不应小于 8 mm；当梁的跨度为 4~6 m 时，架立钢筋直径不应小于 10 mm；当梁的跨度大于 6 m 时，架立钢筋直径不宜小于 12 mm。

2. 纵向构造钢筋

当梁的高度较大时，容易在梁的两个侧面产生收缩裂缝，因此，当梁的腹板高度（或板下梁高）$h_w \geqslant 450$ mm 时，应在梁的两个侧面沿高度配置纵向构造钢筋，简称为腰筋，如图 5-35 所示。每侧纵向构造钢筋（不包括梁上、下部受力钢筋及架立钢筋）的截面面积不应小于腹板截面面积 bh_w 的 0.1%，且其间距不宜大于 200 mm。两侧腰筋之间用直径不小于 6 mm 的钢筋按间距不大于 600 mm 进行拉结。

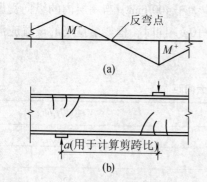

图 5-35 架立钢筋、腰筋及拉结筋

5.7 连续梁受剪性能及其承载力计算

由于框架梁或连续梁在剪跨段内作用有正、负两个方向的弯矩[如图 5-36(a)所示]，故其斜截面的受力状态、斜裂缝的分布及破坏特点都明显与简支梁不同。

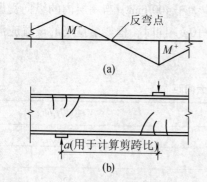

图 5-36 集中荷载作用下连续梁的裂缝
(a)内力图；(b)斜向开裂

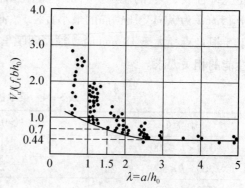

图 5-37 集中荷载作用下连续梁斜截面受剪试验结果

如图 5 - 36(b)所示的连续梁，取其广义剪跨比 $\lambda_g = \dfrac{M^+}{Vh_0}$ 来分析其对斜截面抗剪承载力的影响，其试验结果如图 5 - 37 所示。从试验结果可知，以广义剪跨比 λ_g 代入式(5 - 8)、式(5 - 15)计算所得的斜截面抗剪承载力比试验所得的抗剪极限承载力略高。广义剪跨比 λ_g 和计算剪跨比 $\lambda = a/h_0$ 之间存在以下关系：

$$\lambda_g = \frac{M^+}{Vh_0} \xrightarrow{V = \frac{|M^+| + |M^-|}{a}} \lambda_g = \frac{M^+}{(|M^+| + |M^-|)}\frac{a}{h_0}$$

$$= \frac{M^+}{|M^+| + |M^-|}\lambda \Rightarrow \lambda_g < \lambda$$

因此，若用计算剪跨比代替广义剪跨比代入上述公式计算，则按式(5 - 8)、式(5 - 15)计算所得的承载力数值会减小。根据对比结果可知，采用计算剪跨比计算所得的斜截面抗剪承载力处于图 5 - 37 试验结果的下包线位置，表明按计算剪跨比进行斜截面承载力计算可以满足构件的安全性要求，因此，对于集中荷载作用下的连续梁，其抗剪承载力仍是将计算剪跨比 $\lambda = a/h_0$ 代入式(5 - 8)、式(5 - 15)进行计算。

根据大量试验可知，均布荷载作用下连续梁的抗剪承载力不低于相同条件下简支梁的抗剪承载力，因此，对于均布荷载作用下的连续梁，其抗剪承载力仍按式(5 - 7)、式(5 - 14)计算。此外，连续梁的截面尺寸限制条件和配筋构造要求均与简支梁相同。

【例 5 - 5】一钢筋混凝土现浇楼盖中的两跨连续梁，其跨度、截面尺寸以及所受荷载设计值（包括自重）如图 5 - 38 所示，板厚 100 mm，混凝土强度等级为 C30，纵向受力钢筋采用 HRB400 级，箍筋采用 HPB300 级，使用环境类别为一类。求：①进行正截面及斜截面承载力计算，并确定所需的纵向受力钢筋、弯起钢筋和箍筋数量；②绘制抵抗弯矩图和分离钢筋图，并绘出各根弯起钢筋的弯起位置。

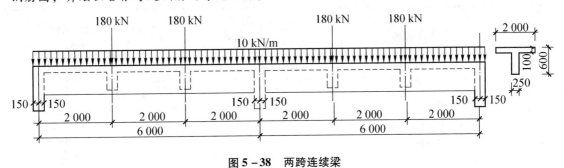

图 5 - 38　两跨连续梁

【解】（1）梁内力计算。按结构力学的弹性分析方法得到两跨连续梁如图 5 - 39 所示的内力图。

（2）验算截面尺寸。查附表 2 - 1、附表 2 - 4 可知，

$$f_c = 14.3 \text{ N/mm}^2, \ \beta_c = 1.0, \ f_t = 1.43 \text{ N/mm}^2, \ f_{yv} = 270 \text{ N/mm}^2, \ f_y = 360 \text{ N/mm}^2$$

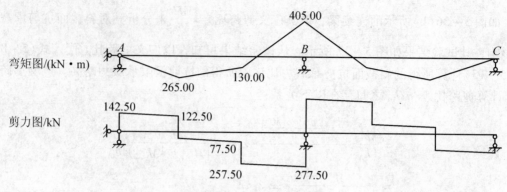

图 5 - 39　两跨连续梁内力图

考虑弯矩大小和截面尺寸，跨中下部纵筋按一排布置，支座上部负筋按两排布置，跨中按 T 形截面计算正截面受弯承载力，则 $b = 250$ mm，$b'_f = l_0/3 = 2\,000$ mm，$h'_f = 100$ mm，$h_w = h_0 - 100$，$h_{0中} = 600 - 40 = 560$ mm，$h_{0支座} = 600 - 70 = 530$ mm。因 $h_w/b = 460/250 = 1.84 < 4$，则对于 A 支座截面：

$$0.25\beta_c f_c bh_0 = 0.25 \times 1.0 \times 14.3 \times 250 \times 560 = 500.5 (\text{kN})$$

对于 B 支座截面：

$$0.25\beta_c f_c bh_0 = 0.25 \times 1.0 \times 14.3 \times 250 \times 530 = 473.7 (\text{kN})$$

截面尺寸均满足避免发生斜压破坏的限制条件。

-（3）正截面受弯承载力计算。混凝土强度等级为 C30，与 HRB400 级钢筋相应的 $\xi_b = 0.518$，最小配筋率为 0.20%。受弯构件承载力计算过程见表 5 - 5。

表 5 - 5　例 5 - 5 受弯承载力计算

计算过程　　　　　计算截面	跨中截面（T 形） $b = 250$ mm，$h_0 = 560$ mm， $b'_f = 2\,000$ mm，$h'_f = 100$ mm	支座边缘处截面（矩形） $b = 250$ mm， $h_0 = 530$ mm
$M/(\text{kN} \cdot \text{m})$	265.0	$-405.00 + 277.5 \times 0.15$ $= -364$
受压区高度 x/mm	16.80	252.3
ξ	0.030	0.476
$A_s = \dfrac{M}{f_y(h_0 - x/2)}/\text{mm}^2$	1 334.7	2 503.7
选配钢筋	2 ϕ 22 + 2 ϕ 20	8 ϕ 20

计算过程 ＼ 计算截面	跨中截面（T 形） $b = 250$ mm, $h_0 = 560$ mm, $b'_f = 2\,000$ mm, $h'_f = 100$ mm	支座边缘处截面（矩形） $b = 250$ mm, $h_0 = 530$ mm
实际面积 A_s/mm^2	1 388	2 513
纵筋全截面配筋率 $\dfrac{A_s}{bh}$	0.925%	1.68%

（4）斜截面受剪承载力计算。由于连续梁处于现浇楼盖体系，属于非独立梁，所以梁斜截面不需按计算配置箍筋的最大剪力设计值为：

$$0.7f_t bh_{0A} = 0.7 \times 1.43 \times 250 \times 560 = 140.14(\text{kN})$$
$$0.7f_t bh_{0B} = 0.7 \times 1.43 \times 250 \times 530 = 132.63(\text{kN})$$

最小配箍率为 $0.24f_t/f_{yv} = 0.24 \times 1.43/270 = 0.127\%$。具体计算过程见表 5-6。

表 5-6　例 5-5 受剪承载力计算

计算过程 ＼ 计算截面	边支座边缘（$h_0 = 560$ mm）		中间支座边缘（$h_0 = 530$ mm）	
V/kN	$142.5 - 10 \times 0.15 = 141.0$		$277.5 - 10 \times 0.15 = 276$	
$0.7f_t bh_0/\text{kN}$	140.14		132.63	
$\dfrac{A_{sv}}{s}/$（mm^2/mm）	0.005 7		1.002	
选箍筋（$n=2$）　$\dfrac{A_{sv}}{s}$（实配）	$\phi 8@250$	0.40	$\phi 8@100$ （支座边 600 mm）	1.006
			$\phi 8@150$	0.670
配箍率 $\dfrac{A_{sv}}{bs}$	0.160%		0.402% /0.268%	
V_{cs}/kN	200.9		276.47/228.60	
$A_{sb} = \dfrac{V - V_{cs}}{0.8f_y \sin\alpha_s}/\text{mm}^2$	—		200.86（距支座中心 800 mm 处设置， $V = 269.5\text{kN}$）	
选配弯起钢筋 A_s/mm^2	—		1 Φ 20（314）	

为满足支座斜截面承载力，第一根弯起筋终点距离主梁支座边缘 650 mm，在第一根弯起筋弯起点再验算斜截面承载力，需要相隔 150 mm 处再次弯起一根下部纵筋，并在次梁所传集中荷载处设置附加箍筋后，才能满足整个梁长的斜截面承载力要求。

（5）集中荷载处附加横向钢筋计算。梁中集中荷载由次梁传来，且荷载作用位置为梁的下部，应局部设置附加横向钢筋来承担，此处优先设置附加箍筋。附加箍筋应布置在长度为 $2h_1 + 3b$ 的范围内（如图 5-40 所示）；采用附加吊筋时的弯起段应伸至梁的上边缘，末端水平段的长度满足 5.6 节的规定。

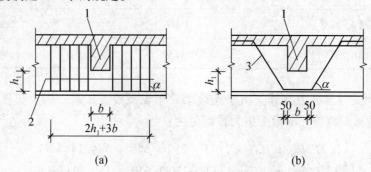

图 5-40　梁截面高度范围内有集中荷载作用时附加横向钢筋的布置

（a）附加箍筋；（b）附加吊筋

1—传递集中荷载的位置；2—附加箍筋；3—附加吊筋

所需附加箍筋的截面面积：

$$A_{sv} = \frac{F}{f_{yv}\sin\alpha} = \frac{180 \times 10^3}{270 \times \sin 90°} = 666.7(\text{mm}^2)$$

采用双肢箍 $\phi 8$ 时，每侧需要四道，集中力两端总附加箍筋截面面积为：

$$A_{sv} = 2 \times 4 \times 50.3 \times 2 = 804.8(\text{mm}^2)$$

（6）钢筋布置。纵向钢筋的布置可通过绘制抵抗弯矩图来进行设计，将构件纵剖面图、横剖面图及设计弯矩图均按比例绘出，如图 5-41 所示。利用梁底部 $\underline{\Phi} 20$ mm 钢筋弯起后伸入另一跨作为支座负筋。上部支座负筋的截断位置距离理论截断点不小于 $20d$，且不小于 h_0。支座负筋 $\underline{\Phi} 20$ 的计算锚固长度为：

$$l_a = l_{ab} = \alpha \frac{f_y}{f_t}d = 0.14 \times \frac{360}{1.43} \times 20 = 705(\text{mm})$$

由于 B 支座截面处剪力值大于 $0.7f_t bh_0$，则从充分利用点算起的延伸长度为：

$$1.2l_a + h_0 = 1.2 \times 705 + 530 = 1376(\text{mm})$$

按上述计算长度截断的位置位于正弯矩区内，延伸长度可不再加长。弯起钢筋的弯起和弯下需要同时满足正截面受弯承载力（抵抗弯矩图包络住荷载弯矩图）和斜截面受弯承载力（弯起钢筋起始点距离充分利用点距离大于 $0.5h_0$）的要求。同时，在梁上部的两端设置 2 $\underline{\Phi} 16$ 架立钢筋，截面面积大于梁跨中下部纵筋计算所需截面面积的 1/4，以满足虽按简支计算但实际存在的梁端负弯矩。架立钢筋端部锚入主梁内的长度为基本锚固长度，有弯折段时，弯折段长度不小于 $15d$；梁每侧设置 2 $\underline{\Phi} 12$ 腰筋，用 $\phi 8$ 钢筋拉结。次梁位置处的附加箍筋在每个次梁处均设置。

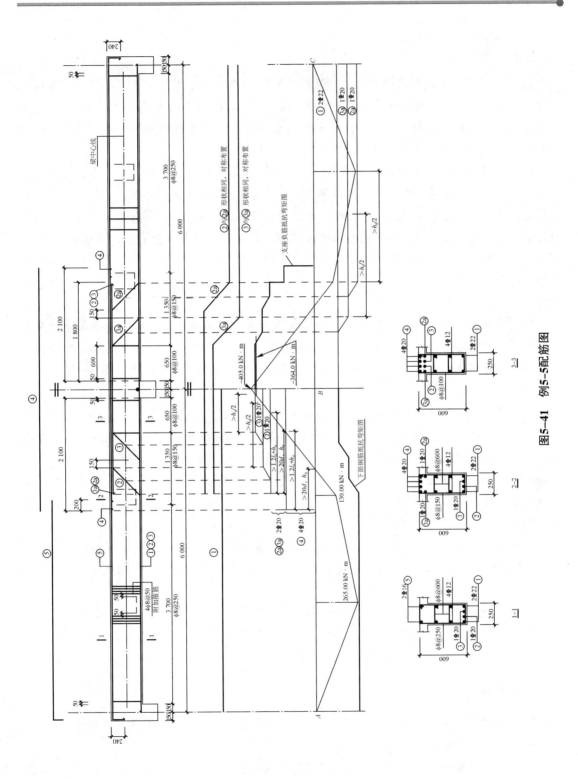

图5-41　例5-5配筋图

小　结

1. 理解梁弯剪区斜裂缝的出现,是荷载作用下梁内主拉应力产生的拉应变超过混凝土的极限拉应变造成的;斜裂缝的开展方向大致沿着主压应力迹线(垂直于主拉应力);随着荷载作用下截面剪应力和弯曲正应力的相对大小变化,会产生两类斜裂缝,即弯剪斜裂缝(出现于一般梁中)和腹剪斜裂缝(出现于薄腹梁中)。

2. 受弯构件斜截面剪切破坏的主要形态有斜压、剪压和斜拉 3 种。当剪力相比弯矩较大时,主压应力起主导作用,易发生斜压破坏,其特点是混凝土被斜向压坏,箍筋应力达不到屈服强度。当弯剪区弯矩相比剪力较大时,主拉应力起主导作用,易发生斜拉破坏,破坏时,箍筋应力在混凝土开裂后急剧增加并被拉断,梁被斜向拉裂成两部分,破坏过程快速、突然。剪压破坏时,箍筋在混凝土开裂后首先达到屈服,然后剪压区混凝土被压坏,破坏时钢筋和混凝土的强度均有较充分的利用,斜截面受剪承载力计算公式即以此破坏为基础建立。

3. 在影响受弯构件斜截面受剪承载力的诸多因素中,剪跨比的大小对无腹筋梁的斜截面破坏形态有重要的影响,混凝土强度、箍筋配箍率、箍筋强度也作为主要因素和剪跨比一起反映在有腹筋梁的斜截面受剪承载力计算公式中,而其他如纵筋销栓力、骨料咬合力等次要因素则没有反映。

4. 掌握避免斜压破坏和斜拉破坏的限制条件,将截面尺寸限值及最小配箍率概念与两类破坏的延性特征和材料使用效率结合理解。斜截面受剪的 3 类破坏形态均表现出较强的脆性特征,但剪压破坏对材料的利用效率比斜压破坏和斜拉破坏对材料的利用率高。

5. 受弯构件斜截面承载力有两类问题:一类是斜截面受剪承载力,可通过计算配置箍筋或配置箍筋和弯起钢筋来解决;另一类是斜截面受弯承载力,主要是在纵向钢筋弯起或截断后需要考虑,一般可通过相应的构造措施来保证,无须计算。

6. 由于钢筋混凝土构件受剪问题的复杂性,现有的斜截面受剪承载力计算公式均是通过对试验资料进行分析和总结得到的经验公式,是试验结果的下包线,未明确反映构件的破坏机理。

7. 为保证纵筋弯起或截断后产生的斜截面受弯承载力及其锚固、搭接等的要求,考虑斜裂缝对钢筋锚固及截断、搭接等的影响,受弯构件的钢筋配置必须满足相应的构造要求。

思 考 题

1. 钢筋混凝土梁在荷载作用下产生斜裂缝的机理是什么?无腹筋梁斜裂缝出现前后,梁中应力状态有何变化?

2. 有腹筋梁斜截面的剪切破坏形态有哪几种?各在什么情况下产生?

3. 影响有腹筋梁斜截面受剪承载力的主要因素有哪些?

4. 斜截面受剪承载力计算时为何要对梁的截面尺寸加以限制？为何规定最小配箍率？

5. 什么是纵向受拉钢筋的基本锚固长度？其值如何确定？

6. 梁配置的箍筋除承受剪力外，还有哪些作用？

7. 在工程设计中，计算斜截面受剪承载力时，其计算截面的位置有何规定？

8. 斜截面承载力的两类计算公式各适用于何种情况？两类计算公式的表达式有何不同？

9. 限制箍筋及弯起钢筋的最大间距 s_{max} 的目的是什么？满足该规定是否一定能满足最小配箍率的要求？

10. 什么是抵抗弯矩图？其与荷载产生的效应弯矩图应满足什么关系？

11. 抵抗弯矩图中钢筋的"理论切断点"和"充分利用点"的意义各是什么？

12. 梁为什么会发生斜截面受弯破坏？纵向钢筋截断或弯起时，如何保证斜截面的受弯承载力？

习　题

1. 某矩形截面简支梁，安全等级为二级，处于二 a 类环境，承受的均布荷载设计值 $q = 70$ kN/m（包括自重），梁净跨度 $l_n = 5.8$ m，计算跨度 $l_0 = 6.0$ m，截面尺寸 $b \times h = 300$ mm $\times 550$ mm，混凝土强度等级为 C30，纵向钢筋采用 HRB400 级钢筋，箍筋采用 HPB300 级钢筋，正截面受弯承载力计算已配 6ϕ22 的纵向受拉钢筋，按两排布置，分别按下列两种情况计算腹筋：①由混凝土和箍筋抗剪；②由混凝土、箍筋和弯起钢筋共同抗剪。

2. 在均布荷载设计值 q 作用下的矩形截面简支梁，安全等级为二级，处于一类环境，截面尺寸 $b \times h = 200$ mm $\times 550$ mm，混凝土强度等级为 C30，箍筋采用 HPB300 级钢筋，梁净跨度 $l_n = 5.0$ m，梁中已配有双肢 ϕ8@200 箍筋，试求该梁在正常使用期间按斜截面承载力要求所能承担的荷载设计值 q。

3. 其矩形截面简支梁，安全等级为二级，处于一类环境，净跨 $l_n = 5.5$ m，截面尺寸 $b \times h = 250$ mm $\times 550$ mm，承受的荷载设计值 $q = 55$ kN/m（包括自重），混凝土强度等级为 C25，配有 4ϕ22 的 HRB400 级纵向受拉钢筋，箍筋采用 HPB300 级钢筋，试按下列两种方式配置腹筋：①只配置箍筋；②按构造要求配置 ϕ6@200，计算弯起钢筋的数量。

4. 一钢筋混凝土矩形截面外伸梁，支承于主梁上，梁跨度、截面尺寸如图 5 - 42 所示，作用有均布荷载设计值 90 kN/m（包括梁自重）。$h_0 = 530$mm，混凝土强度等级为 C35，纵向钢筋采用 HRB400 级，箍筋采用 HRB400 级。根据正截面受弯承载力计算，跨中应配 3ϕ20 + 3ϕ20，支座配置 3ϕ20 + 2ϕ20，求箍筋和弯起钢筋的数量。

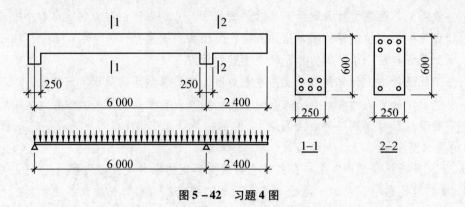

图 5 − 42　习题 4 图

第6章 受压构件的截面承载力

┌─ 学习目标 ─┐

1. 掌握轴心受压构件的受力全过程、破坏形态、正截面受压承载力的计算方法及主要构造；了解螺旋箍筋柱的原理与应用。

2. 熟练掌握偏心受压构件正截面两种破坏形态的特征及其正截面应力计算简图。

3. 掌握偏心受压构件正截面受压承载力计算公式及其原理。

4. 掌握 $N_u - M_u$ 相关曲线的概念及其应用。

5. 熟练掌握矩形截面偏心受压构件正截面非对称配筋与对称配筋受压承载力的计算方法及纵向钢筋与箍筋的构造要求。

6. 了解斜截面受剪承载力的计算方法。

钢筋混凝土柱是典型的受压构件，无论是排架柱还是框架柱（如图6-1所示），在荷载的作用下，其截面上一般都作用有轴力、弯矩和剪力。

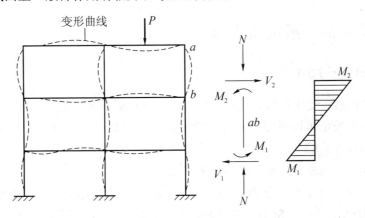

图6-1 钢筋混凝土结构框架柱内力

受压构件可分为两种：轴心受压构件与偏心受压构件，如图6-2所示。

在实际工程中，真正的轴心受压构件是不存在的，因为在施工中很难保证轴向压力正好作用在柱截面的形心上，而且构件本身可能存在尺寸偏差，即使压力作用在截面的几何中心上，由于混凝土材料的不均匀性和钢筋位置的偏差，也很难保证几何中心和物理中心相重合。尽管如此，我国现行《混凝土规范》仍保留了轴心受压构件正截面承载力计算公式，对于框架的中柱、桁架的压杆，当弯矩很小时可略去不计，近似简化为轴心受压构件来计算。

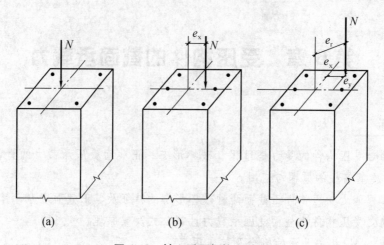

图 6-2 轴心受压与偏心受压

（a）轴心受压；（b）单向偏心受压；（c）双向偏心受压

弯矩和轴力共同作用于构件上，可看作具有偏心距 $e_0 = M/N$ 的轴向压力的作用。当轴向力作用线与构件截面的重心轴不重合时，称为偏心受压构件。当轴向力作用线与截面的重心轴平行且沿某一主轴偏离重心时，称为单向偏心受压构件。当轴向力作用线与截面的重心轴平行且偏离两个主轴时，称为双向偏心受压构件。

6.1 受压构件的一般构造要求

6.1.1 截面形式及尺寸

为便于制作模板，受压构件的截面一般都采用方形或矩形，有时也采用圆形或多边形。偏心受压构件一般采用矩形截面，但为了节约混凝土和减轻柱的自重，特别是在装配式柱中，较大尺寸的柱常采用工字形截面，拱结构的肋常做成 T 形截面，采用离心法制造的柱、桩、电杆以及烟囱、水塔支筒等常用环形截面。

方形柱的截面尺寸不宜小于 $300 \text{ mm} \times 300 \text{ mm}$。为了避免矩形截面轴心受压构件长细比过大，承载力降低过多，常取 $l_0/b \leqslant 30$、$l_0/h \leqslant 25$ 和 $l_0/d \leqslant 25$，此处 l_0 为柱的计算长度，b 为矩形截面短边边长，h 为矩形截面长边边长，d 为圆形柱的直径。此外，为了施工支模方便，柱截面尺寸宜使用整数，800 mm 及以下的，宜取 50 mm 的倍数，800 mm 以上的，可取 100 mm 的倍数。

对于工字形截面，翼缘厚度不宜小于 120 mm，因为翼缘太薄，会使构件过早出现裂缝，同时靠近柱底处的混凝土容易在车间生产过程中碰坏，从而影响柱的承载力和使用年限。腹板厚度不宜小于 100 mm。

6.1.2　材料的强度要求

混凝土强度等级对受压构件的承载能力影响较大。为了减小构件的截面尺寸，节省钢材，宜采用较高强度等级的混凝土，一般采用 C30 ~ C50。

试验表明，混凝土内配有纵向钢筋，可使混凝土的变形能力有一定的提高，随着纵筋配筋率的增大，混凝土的峰值应力变化不大，但峰值应变明显增大，超过素混凝土最大轴心压应变 0.002，可达到 0.002 5，甚至更大。这是由于钢筋和混凝土之间存在较好的黏结，同时箍筋对混凝土也起到一定的约束作用，这些作用均使轴心受压构件的最大应变增加，使钢筋的强度充分发挥，由此纵向钢筋一般采用 HRB400、HRB500 和 HRBF500 级。箍筋宜采用 HRB400、HRBF400、HPB300、HRB500 和 HRBF500 级钢筋，也可采用 HRB335 级钢筋。

6.1.3　纵筋的构造要求

纵向受压柱主要承受压力的作用，配在柱中的钢筋如果太细，则容易失稳，从箍筋之间外凸（如图 6 - 3 所示），因此一般要求纵向钢筋直径不宜过小。《混凝土规范》要求纵向钢筋直径不宜小于 12 mm。因为在不可预见的外力作用下会产生一定的弯矩，所以，为了不致使轴心受压柱脆断，并且为了提高轴心受压柱的延性，要求纵向受压钢筋的配筋率不宜过低，轴心受压构件、偏心受压构件全部纵筋的配筋率当纵筋强度等级为 500 MPa 时不应小于 0.5%，当纵筋强度等级为 400 MPa 时不应小于 0.55%，当纵筋强度等级为 300 MPa 和 335 MPa 时不应小于 0.6%；同时，一侧钢筋的配筋率不应小于 0.2%，全部纵向钢筋的配筋率不宜大于 5%。

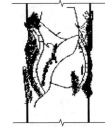

图 6 - 3　轴压构件破坏

圆柱中的纵向钢筋宜沿周边均匀布置，不宜少于 8 根，且不应少于 6 根。

偏心受压构件的纵向受力钢筋应放置在偏心方向截面的两边。当截面高度 $h \geqslant 600$ mm 时，在侧面应设置直径不小于 10 mm 的纵向构造钢筋，并相应地设置附加箍筋或拉结筋，如图 6 - 4 所示。

由附录 4 中的附表 4 - 4 可知，柱内纵筋混凝土保护层厚度应考虑环境类别、设计使用年限、混凝土强度等级及所采用的箍筋直径，并不小于自身直径。纵筋净距不应小于 50 mm。在水平位置上浇筑的预制柱，其纵筋最小净距可减小，但不应小于 30 mm 和 $1.5d$（d 为钢筋的最大直径）。纵向受力钢筋彼此间的中距不宜大于 300 mm。

纵筋的连接接头宜设置在受力较小处，同一根钢筋宜少设接头。钢筋的接头可采用机械连接接头，也可采用焊接接头和搭接接头。对于直径大于 28 mm 的受拉钢筋和直径大于 32 mm 的受压钢筋，不宜采用绑扎的搭接接头。

6.1.4　箍筋的构造要求

钢筋混凝土柱中的箍筋应符合以下规定：

（1）应当采用封闭式箍筋，以保证钢筋骨架的整体刚度，并保证构件在破坏阶段，箍筋对混凝土和纵向钢筋的侧向约束作用。对于圆柱中的箍筋，搭接长度不应小于第5章中规定的锚固长度，且末端应做成135°的弯钩，弯钩末端的平直段长度不应小于5倍箍筋直径。

（2）箍筋采用热轧钢筋时，直径不应小于$d/4$（d为纵筋直径），且不应小于6 mm。

（3）箍筋间距不应大于400 mm，且不应大于构件截面的短边尺寸，同时不应大于$15d$（d为纵筋直径）。

（4）当柱中全部纵向钢筋的配筋率都超过3%时，箍筋直径不应小于8 mm，间距不应大于纵向钢筋最小直径的10倍，且不应大于200 mm。箍筋末端应做成135°的弯钩，且弯钩末端的平直段长度不应小于10倍箍筋直径。

（5）当柱截面短边尺寸大于400 mm且各边纵向钢筋多于3根时，或当柱截面短边尺寸不大于400 mm但各边纵向钢筋多于4根时，应设置复合箍筋，如图6-4所示。其中，菱形箍筋应用较少，井字箍筋使用较多。

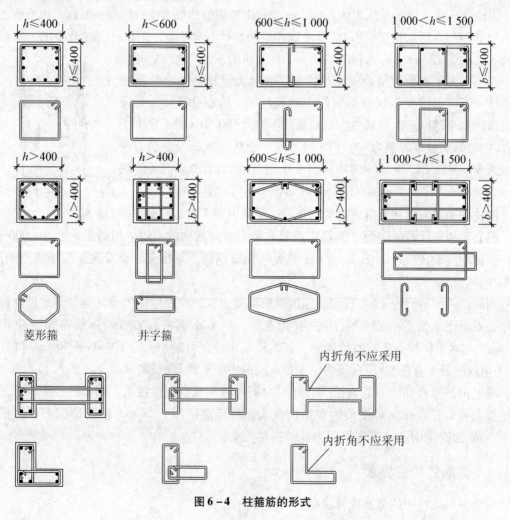

图6-4　柱箍筋的形式

6.2　轴心受压构件的正截面承载力计算

轴心受压构件根据配筋方式的不同，可分为两种基本形式：①配有纵向钢筋和普通箍筋的柱，简称为普通箍筋柱，如图 6-5(a)所示；②配有纵向钢筋和间接钢筋的柱，简称为螺旋式箍筋柱(或焊接环式箍筋柱)，如图 6-5(b)、(c)所示。

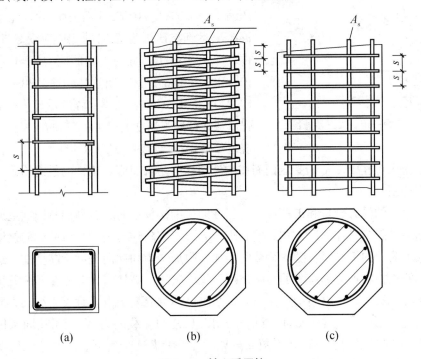

图 6-5　轴心受压柱

(a)普通箍筋柱；(b)螺旋式箍筋柱；(c)焊接环式箍筋柱

为了减小构件的截面尺寸，防止柱子突然断裂破坏，增强柱截面的延性和减小混凝土的变形，柱截面一般应配有纵筋和箍筋。这样，当纵筋和箍筋形成骨架后，不但可以防止纵筋受压失稳外凸，而且，当采用密排箍筋时，还可以约束核芯混凝土，提高混凝土的延性、强度和抗压变形能力。

6.2.1　普通箍筋柱的设计计算

轴心受压构件按长细比不同可分为短柱和长柱。配有纵筋和箍筋的短柱，在轴心荷载作用下，整个截面的应变分布基本上是均匀的。当荷载较小时，混凝土和钢筋都处于弹性阶段，柱子的压缩变形与荷载的增加成正比。当荷载较大时，由于混凝土塑性变形的发展，压缩变形增加的速度快于荷载增长的速度，且纵筋配筋率越小，这个现象越明显。同时，在相同的荷载增量下，钢筋的压应力比混凝土的压应力增加得快，如图 6-6 所示。

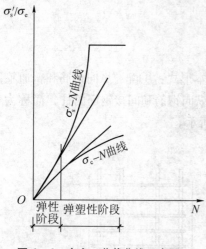

图 6-6 应力—荷载曲线示意图

试验表明，素混凝土棱柱体构件达到最大压应力时的压应变为 0.001 5 ~ 0.002 0，而钢筋混凝土短柱达到极限压应变 0.002 5 ~ 0.003 5 时破坏，其主要原因是纵向钢筋起调整混凝土应力的作用，使混凝土的塑性性能得到较好的发挥。

短柱的试验表明，虽然钢筋混凝土可以达到极限压缩应变 0.002 5 ~ 0.003 5 而破坏，但在设计时仍应以混凝土达到抗压强度 f_c 时的相应应变 ε_0 作为控制条件，即 $\varepsilon_0 = 0.002$。此时，钢筋应力 $\sigma'_s = 0.002 \times 2.0 \times 10^5 = 400 \text{ N/mm}^2$，这表明热轧钢筋 HPB300、HRB335、HRB400 及 RRB400 都可达到强度设计值。而对于屈服强度或条件屈服强度大于 400 N/mm² 的钢筋，《混凝土规范》规定在计算时，f'_y 可取 400 N/mm²。

在轴心受压短柱中，不论受压钢筋在构件破坏时是否屈服，构件的最终承载力均由混凝土被压碎来控制。

上述是短柱的受力分析和破坏形态。当柱的长细比较大时，各种偶然因素造成的初始偏心距影响则不可忽略。加载后，初始偏心距会导致产生附加弯矩和相应的侧向挠度，而侧向挠度又增大了荷载的偏心距；随着荷载的增加，附加弯矩和侧向挠度不断增加。这样相互影响的结构，使长柱在轴力和弯矩的共同作用下发生破坏。破坏时，首先在凹侧处出现纵向裂缝，随后混凝土被压碎，纵向钢筋压屈向外凸出；凸侧混凝土出现垂直于纵轴方向的横向裂缝，侧向挠度急剧增大，柱子破坏。试验表明，长柱的承载能力 N_{ul} 低于相同条件下短柱的承载能力 N_{us}。目前采用引入稳定系数 $\varphi = N_{ul}/N_{us}$ 来考虑这个因素，φ 值随着长细比的增大而减小。根据试验结果及数理统计可得到以下经验公式：

当 $l_0/b = 8 ~ 34$ 时，有：

$$\varphi = 1.177 - 0.021 l_0/b \qquad (6-1)$$

当 $l_0/b = 35 ~ 50$ 时，有：

$$\varphi = 0.87 - 0.012 l_0/b \qquad (6-2)$$

《混凝土规范》采用的 φ 值见附录3 中的附表 3-3。

构件的计算长度与构件两端的支承情况有关：当两端铰支时，取 $l_0 = l$（l 为构件的实际长度）；当两端固定时，取 $l_0 = 0.5l$；当一端固定一端铰支时，取 $l_0 = 0.7l$；当一端固定一端自由时，取 $l_0 = 2l$。在实际结构中，构件的端部连接不像以上所述的几种情况那样理想、明确，故在确定时会遇到不属于以上所述的理想情况，为此，《混凝土规范》中规定了受压柱的计算长度。

对于一般的多层房屋的框架柱，梁柱为刚接的框架的各层柱段，其计算长度可取为：

现浇楼盖：底层柱段　$l_0 = 1.0H$

其余各层柱段　$l_0 = 1.25H$

装配式楼盖：底层柱段　$l_0 = 1.25H$

　　　　　　其余各层柱段　$l_0 = 1.5H$

在轴向力设计值 N 的作用下，轴心受压构件的承载力可按式（6-3）计算（如图 6-7 所示）：

$$N \leqslant 0.9\varphi(f_c A + f_y' A_s') \tag{6-3}$$

式中：N——轴向力设计值；

　　　φ——稳定系数，按附录 3 中的附表 3-3 取用；

　　　f_y'——钢筋抗压强度设计值；

　　　f_c——混凝土轴心抗压强度设计值；

　　　A_s'——纵向受压钢筋截面面积；

　　　A——混凝土截面面积，当纵向钢筋的配筋率大于 3% 时，A 改用 $A_c = A - A_s'$；

　　　0.9——为了保持与偏心受压构件正截面承载力计算具有相近的可靠度而引入的系数。

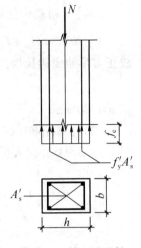

图 6-7　轴心受压柱计算图

【例 6-1】 某钢筋混凝土柱，承受的轴心压力设计值 $N = 2\,600$ kN，若柱的计算长度为 5.0 m，选用 C30 混凝土（$f_c = 14.3$ N/mm²）和 HRB400 级热轧钢筋（$f_y' = 360$ N/mm²），截面尺寸 $b \times h = 400$ mm × 400 mm，试求该柱所需的钢筋截面面积。

【解】（1）确定稳定系数 φ。由 $l_0/b = 5\,000/400 = 12.5$ 查附录 3 中的附表 3-3，并经插值得 $\varphi = 0.94$，所以由公式 $N = 0.9\varphi(f_c A + f_y' A_s')$ 可得：

$$A_s' = \frac{\left(\dfrac{N}{0.9\varphi} - f_c A\right)}{f_y'} = \frac{\left(\dfrac{2\,600\,000}{0.9 \times 0.94} - 14.3 \times 400 \times 400\right)}{360} = 2\,181\,(\text{mm}^2)$$

故选用钢筋 4 ϕ 20 + 4 ϕ 18（$A_s' = 2\,273$ mm²）。

（2）验算配筋率。因为

$$\rho' = \frac{A_s'}{A} = \frac{2\,273}{400 \times 400} = 1.4\% > 0.55\%$$ 且 $< 3\%$，单向配筋率

大于 0.2%，故满足构造要求。

截面配筋图如图 6-8 所示。

【例 6-2】 某多层混合结构钢筋混凝土现浇内框架，底层中柱按轴心受压构件设计，设计轴力 $N = 2\,600$ kN，基础顶面到楼板面的高度 $H = 5.2$ m，采用 C30 级混凝土（$f_c = 14.3$ N/mm²）和 HRB500 级钢筋（$f_y' = 400$ N/mm²），求柱截面尺寸及纵向钢筋，并配置箍筋。

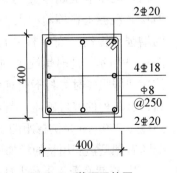

图 6-8　截面配筋图

【解】（1）初步估算截面尺寸。取 $\rho' = 0.01$，$\varphi = 1.0$，可得：

$$A = N/0.9\varphi(f_c + f'_y\rho') = 2\,600 \times 10^3/[0.9 \times 1.0 \times (14.3 + 400 \times 0.01)] = 157\,826.8(\text{mm}^2)$$

故正方形截面边长为：

$$b = \sqrt{A} = \sqrt{157\,826.8} = 397.3(\text{mm})$$

取 $b = 400$ mm。

（2）计算配筋。因为底层柱 $l_0 = 1.0H = 5.2$ m，$l_0/b = 13$，查附录 3 中的附表 3 - 3，可得：$\varphi = 0.935$，代入公式可得：

$$A'_s = \frac{[N/(0.9 \times \varphi) - f_cA]}{f'_y} = \frac{\dfrac{2\,600 \times 1\,000}{0.9 \times 0.935} - 14.3 \times 400 \times 400}{400} = 2\,004.3(\text{mm}^2)$$

故选用 8Φ18，每侧 3 根，$A'_s = 2\,036$ mm^2，$\rho' = \dfrac{A'_s}{A} = \dfrac{2\,036}{400 \times 400} = 1.27\% > 0.50\%$，总配筋率小于 3%，且单侧配筋率大于 0.2%。

双肢箍筋 $\phi 8@250$ mm，间距小于 $15d = 270$ mm，满足要求。

6.2.2 螺旋箍筋柱的设计计算

1. 受力分析及破坏特征

混凝土的纵向受压破坏可以认为是由于横向变形而发生拉坏的现象。如果能约束其横向变形，就能间接提高其纵向抗压强度。对配置螺旋式或焊接环式箍筋的柱，箍筋所包围的核芯混凝土相当于受到一个套箍作用，有效地限制了核芯混凝土的横向变形，使核芯混凝土在三向压应力作用下工作，从而提高了轴心受压构件的正截面承载力。

试验研究表明，在配有螺旋式（或焊接环式）箍筋的轴心受压构件中，当混凝土所受的压应力较低时，箍筋受力并不明显。当压应力达到无约束混凝土极限强度的 0.7 倍左右以后，混凝土中沿受力方向的微裂缝开始迅速发展，从而使混凝土的横向变形明显增大并对箍筋形成径向压力，这时箍筋才开始反过来对混凝土施加被动的径向均匀约束压力。当构件的压应变超过无约束混凝土的极限应变后，箍筋以外的表层混凝土将逐步剥落。但核芯混凝土在箍筋约束下可以进一步承担更大的压应力，其抗压强度随着箍筋约束力的增强而提高，而且核芯混凝土的极限压应变也将随着箍筋约束力的增强而加大，如图 6 - 9 所示。此时螺旋式（或焊接环式）箍筋中产生了拉应力，当箍筋的拉应力逐渐加大到抗拉屈服强度时，将不能有效地约束混凝土的横向变形，混凝土的抗压强度也就不能再提高，这时构件宣告破坏。图 6 - 10 中绘出不同螺距的 6.5 mm 直径的螺旋箍筋约束的混凝土圆柱体 200 mm 量测标距的平均应变，从图 6 - 10 中可以看出，圆柱体的抗压强度及极限应变随着螺旋箍筋用量的增加而增加。

2. 正截面受压承载力计算

当有径向压应力 σ_2 从周围作用在混凝土上时，核芯混凝土的抗压强度由 f_c 提高到 f_{c1}，

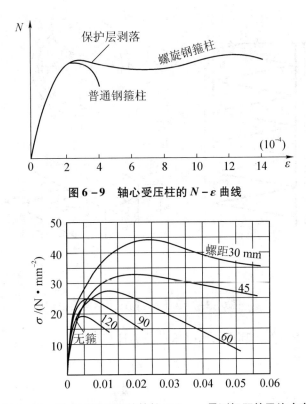

图 6 - 9　轴心受压柱的 $N - \varepsilon$ 曲线

图 6 - 10　轴心受压螺旋箍筋柱 200 mm 量测标距的平均应变

则其抗压强度可采用混凝土圆柱体侧向均匀压应力的三轴受压试验所得的近似公式计算，即：

$$f_{c1} \approx f_c + 4\sigma_2 \tag{6-4}$$

如图 6 - 11 所示，由隔离体平衡可得：

$$\sigma_2 s d_{cor} = 2f_y A_{ss1} \tag{6-5}$$

即：

$$\sigma_2 = \frac{2f_y A_{ss1}}{s d_{cor}} \tag{6-6}$$

式中：A_{ss1}——螺旋式或焊接环式单根间接钢筋截面面积；

　　　s——沿构件轴线方向间接钢筋的间距；

　　　d_{cor}——构件的核芯直径；

　　　f_y——间接钢筋抗拉强度设计值。

将式(6 - 6)代入式(6 - 4)可得：

$$f_{c1} = f_c + \frac{8f_y A_{ss1}}{s d_{cor}} \tag{6-7}$$

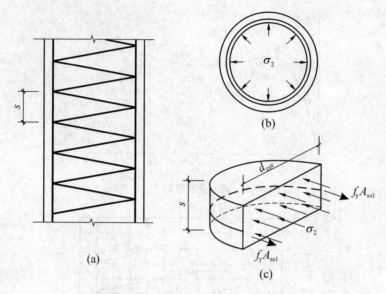

图 6-11　混凝土径向压力示意图

根据轴心受力平衡条件,其正截面受压承载力计算如下:

$$N \leqslant f_{c1}A_{cor} + f_y'A_s' \qquad (6-8)$$

式(6-8)变换后可得:

$$N \leqslant f_cA_{cor} + f_y'A_s' + 2f_yA_{ss0} \qquad (6-9)$$

式中:A_{cor}——构件核芯截面面积,$A_{cor} = \dfrac{\pi d_{cor}^2}{4}$;

　　　　A_{ss0}——螺旋式(或焊接环式)间接钢筋的换算截面面积,$A_{ss0} = \dfrac{\pi d_{cor}A_{ss1}}{s}$。

但考虑到当混凝土强度等级大于 C50 时,间接钢筋对混凝土的约束作用将会降低,故采用折减系数 α 来考虑约束作用的降低。当混凝土强度等级为 C80 时,取 $\alpha = 0.85$;当混凝土强度等级不超过 C50 时,取 $\alpha = 1.0$;其间按线性内插法取用。考虑可靠度的调整系数 0.9 后,配有螺旋式箍筋或焊接环式间接钢筋的轴压构件正截面承载力计算公式变为:

$$N \leqslant 0.9(f_cA_{cor} + f_y'A_s' + 2\alpha f_yA_{ss0}) \qquad (6-10)$$

为了保证在使用荷载的作用下,箍筋外层混凝土不致过早剥落,按式(6-10)算得的构件受压承载力设计值不应大于按式(6-3)算得的构件受压承载力设计值的 1.5 倍。

当遇到下列任意一种情况时,应不考虑间接钢筋的影响,而按式(6-3)进行计算:

(1) 当 $l_0/d > 12$ 时。

(2) 当按式(6-10)算得的受压承载力小于按式(6-3)算得的受压承载力时。

（3）当间接钢筋的换算截面积 A_{ss0} 小于纵向钢筋全部截面面积的 25% 时。

3. 构造要求

计算中考虑间接钢筋的作用时，其螺距（或环形箍筋间距）s 不应大于 80 mm 及 $d_{cor}/5$，同时亦不宜小于 40 mm。螺旋式箍筋柱截面常做成圆形或正多边形，纵向钢筋可选 6~8 根沿截面周边均匀布置。

【例 6-3】某大楼底层门厅现浇钢筋混凝土柱，已求得轴向力设计值 $N = 3\,500$ kN，计算高度 $l_0 = 4.2$ m，根据建筑设计要求，柱为圆形截面，直径 $d = 400$ mm，采用 C30 混凝土（$f_c = 14.3$ N/mm^2），已按普通箍筋设计，发现配筋率过高，且混凝土等级不宜再提高，试按螺旋式箍筋柱进行设计，纵向受力钢筋与螺旋式箍筋均采用 HRB400 级钢筋（$f_y' = f_y = 360$ N/mm^2）。

【解】（1）判别螺旋式箍筋柱是否适用。因为 $l_0/d = 4\,200/400 = 10.5 < 12$，故适用。

（2）选用 A_s'。因为

$$A = \frac{\pi d^2}{4} = \frac{\pi \times 400^2}{4} = 125\,664\,(\text{mm}^2)$$

取 $\rho' = 0.025$，则：

$$A_s' = \rho' A = 0.025 \times 125\,664 = 3\,142\,(\text{mm}^2)$$

所以选用 10 Φ 20（$A_s' = 3\,142$ mm^2）。

（3）求所需的间接钢筋换算面积 A_{ss0}，并验算其用量是否过少。

$$d_{cor} = 400 - 60 = 340\,(\text{mm})$$

$$A_{cor} = \frac{\pi d_{cor}^2}{4} = \frac{\pi \times 340^2}{4} = 90\,792\,(\text{mm}^2)$$

$$A_{ss0} = \frac{\dfrac{N}{0.9} - (f_c A_{cor} + f_y' A_s')}{2\alpha f_y}$$

$$= \frac{\dfrac{3\,500\,000}{0.9} - (14.3 \times 90\,792 + 360 \times 3\,142)}{2 \times 1 \times 360} = 2\,027\,(\text{mm}^2)$$

因为 $0.25 A_s' = 0.25 \times 3\,142 = 786$ mm$^2 < A_{ss0}$，所以满足要求。

（4）确定螺旋式箍筋的直径和间距。选用直径 $d = 10$ mm，则单肢截面积 $A_{ss1} = 78.5$ mm^2，故可得：

$$s = \frac{\pi d_{cor} A_{ss1}}{A_{ss0}} = \frac{\pi \times 340 \times 78.5}{2\,027} = 41.3\,(\text{mm})$$

取 $s = 40$ mm，可满足 40 mm $\leq s \leq$ 80 mm 以及 $s \leq 0.2 d_{cor}$ 的要求，并可得：

$$A_{ss0} = \frac{\pi d_{cor} A_{ss1}}{s} = \frac{\pi \times 340 \times 78.5}{40} = 2\,096.2\,(\text{mm}^2)$$

$$N = 0.9(f_c A_{cor} + f'_y A'_s + 2\alpha f_y A_{ss0})$$
$$= 0.9 \times (14.3 \times 90\ 792 + 360 \times 3\ 142 + 2 \times 1 \times 360 \times 2\ 096.2)$$
$$= 3\ 544.8(kN) > 3\ 500(kN)$$

故满足要求。

(5)复核混凝土圆柱受压承载力设计值。由 l_0/d 查附录 3 中的附表 3-3 得 $\varphi = 0.95$，所以可得承载力为：

$$N = 1.5 \times 0.9\varphi(f_c A + f'_y A'_s)$$
$$= 1.5 \times 0.9 \times 0.95 \times (14.3 \times 125\ 664 + 360 \times 3\ 142)$$
$$= 3\ 755(kN) > N = 3\ 544.8(kN)$$

故满足要求。

6.3 偏心受压构件的正截面受压破坏形态

大量试验表明：构件截面应变分布符合平截面假定，偏压构件的最终破坏是由于混凝土压碎而造成的，其影响因素主要与偏心距的大小和所配钢筋数量有关。通常，钢筋混凝土偏心受压构件破坏可分为两种情况：大偏心受压破坏与小偏心受压破坏。

6.3.1 大偏心受压破坏

当偏心距较大且受拉钢筋配置得不太多时，发生的破坏属于大偏心受压破坏。这种破坏的特点是：受拉区的钢筋能达到屈服，受压区的混凝土也能达到极限压应变。

大偏心受压破坏的钢筋混凝土柱，当荷载增加到一定值时，首先会在受拉区产生横向裂缝，裂缝截面处的混凝土将退出工作。轴向压力的偏心距 e_0 越大，横向裂缝出现得越早，而且裂缝的开展与延伸越快。随着荷载的继续增加，受拉区钢筋的应力及应变增速加快，裂缝随之不断地增多和延伸，受压区高度逐渐减小；临近破坏荷载时，横向水平裂缝急剧开展，并形成一条主要破坏裂缝，受拉钢筋首先达到屈服强度；随着受拉钢筋屈服后的塑性伸长，中和轴迅速向受压区边缘移动，受压区面积不断缩小，受压区应变快速增加；最后受压区边缘混凝土达到极限压应变而被压碎，从而导致构件破坏。大偏心受压破坏时的截面应力如图 6-12(a)所示，大偏心受压破坏形态如图 6-13(a)所示。此时，受压区的钢筋一般也都达到其屈服强度。

这种破坏的特征与适筋双筋截面梁类似，有明显的预兆，为延性破坏。由于破坏始于受拉钢筋的屈服，然后受压区混凝土被压碎，所以有时也称为受拉破坏。

6.3.2 小偏心受压破坏

当偏心距较小或很小，或者虽然相对偏心距较大，但配置了很多的受拉钢筋时，发生的

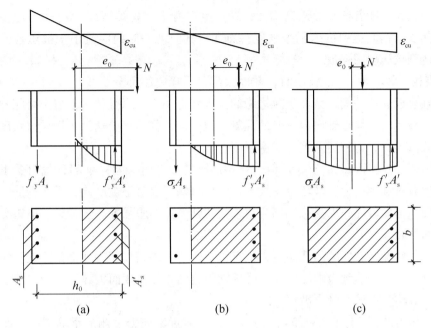

图 6 – 12　大偏心受压破坏和小偏心受压破坏时的截面应力

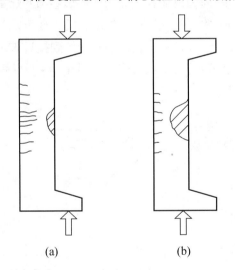

图 6 – 13　偏心受压柱的破坏形态

（a）大偏心受压破坏；（b）小偏心受压破坏

破坏属于小偏心受压破坏。这种破坏的特点是：靠近纵向力一端的钢筋能达到受压屈服，混凝土被压碎，而远离纵向力一端的钢筋无论是受拉还是受压，一般情况下都达不到受拉屈服，小偏心受压破坏形态如图 6 – 13（b）所示。在荷载的作用下，截面会大部分受压或全部受压，此时可能发生以下几种破坏情况：

（1）当相对偏心距 e_0/h_0 很小时，构件全截面受压，如图 6 – 12（c）所示。靠近轴向力一侧的压应力较大，随着荷载的逐渐增大，这一侧混凝土首先被压碎（发生纵向裂缝），构件破坏，该侧受压钢筋达到抗压屈服强度；而远离轴向力一侧的混凝土未被压碎，钢筋虽受压，但未达到抗压屈服强度。

（2）当相对偏心距 e_0/h_0 较小时，截面大部分受压，小部分受拉，如图 6-12（b）所示。由于中和轴靠近受拉一侧，截面受拉边缘的拉应变很小，所以受拉区混凝土可能开裂，也可能不开裂。破坏时，靠近轴向力一侧的混凝土被压碎，受压钢筋达到抗压屈服强度，而受拉钢筋不论数量多少，都未达到抗拉屈服强度。

（3）当相对偏心距 e_0/h_0 较大，但受拉钢筋配置太多时，同样是部分截面受压，部分截面受拉。随着荷载的增大，破坏也是发生在受压一侧，混凝土被压碎，受压钢筋应力达到抗压屈服强度，构件破坏，而受拉钢筋应力未能达到抗拉屈服强度。这种破坏形态类似于受弯构件的超筋梁破坏。

上述 3 种情况，破坏时的截面应力状态虽有所不同，但破坏特征都是靠近轴向力一侧的受压区混凝土应变先达到极限压应变，受压钢筋达到屈服强度而破坏，由于它属于偏心距较小的情况，故称为小偏心受压破坏。

当轴向压力的偏心距极小（如 $e_0/h_0 < 0.15$），靠近轴向力一侧的钢筋较多，而远离轴向力一侧的钢筋相对较少时，轴向力可能在截面的几何形心和实际重心之间，离轴向压力较远一侧的混凝土的压应力反而大些，故该侧边缘混凝土的应变可能先达到其极限值，混凝土被压碎而破坏，称为反向破坏。试验还表明，从加载开始到接近破坏为止，测得的偏心受压构件的截面平均应变值都能较好地符合平截面假定。图 6-14 反映两个偏心受压构件截面平均应变沿截面高度变化的情况。

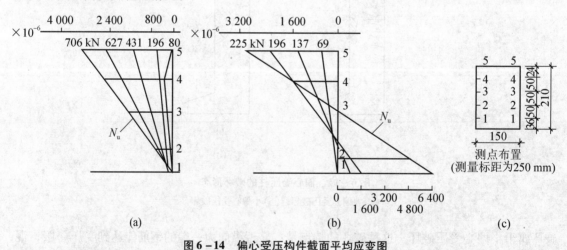

图 6-14　偏心受压构件截面平均应变图
（a）小偏心；（b）大偏心；（c）截面

6.3.3　界限破坏

在大偏心受压破坏和小偏心受压破坏之间存在一种"界限破坏"状态，即当受拉区的受拉钢筋达到屈服时，受压区边缘混凝土的压应变刚好达到极限压应变值 ε_{cu}。这种特殊状态可作为区分大、小偏压的界限。两者的本质区别在于受拉区的钢筋是否受拉屈服。

由于大偏心受压与受弯构件的适筋梁破坏特征类同，因此也可用相对受压区高度比值的大小来进行判别：

(1) 当 $\xi \leqslant \xi_b$ 时，截面属于大偏压；

(2) 当 $\xi > \xi_b$ 时，截面属于小偏压；

(3) 当 $\xi = \xi_b$ 时，截面处于界限状态。

6.4　偏心受压中长柱的二阶弯矩

6.4.1　偏心受压中长柱的纵向弯曲影响

钢筋混凝土柱在承受偏心受压荷载后，会产生纵向弯曲。对于长细比较小的柱，即所谓的短柱，由于纵向弯曲小，故在设计时一般忽略不计。但长细比较大的柱则不同，在荷载的作用下，会产生比较大的侧向挠曲变形，设计时必须予以考虑。图 6 - 15 所示是一根长柱的 N-f 曲线，从曲线中可以看出，随着荷载的增大，侧向挠度增加相对较快，曲线斜率逐渐变小。但该柱的长细比不太大，同时偏心距也很小，所以侧向弯曲的数值较小，最后破坏仍为混凝土被压碎的"受压破坏"状态。若构件的长细比和荷载偏心距再大一些，则破坏有可能由"受压破坏"状态转为"受拉破坏"状态。

由于工程中实际存在的荷载作用位置的不确定性、混凝土质量的不均匀性及施工偏差等因素，都可能产生附加偏心距。《混凝土规范》规定，在偏心受压构件正截面承载力计算中，应考虑轴向压力在偏心方向的附加偏心距 e_a，其值应不小于 20 mm 和偏心方向截面最大尺寸的 1/30 两者中的较大值。正截面计算时所取的偏心距 e_i 由 e_0 和 e_a 相加而成，即：

$$e_0 = \frac{M}{N}$$

$$e_a = \frac{h}{30} \geqslant 20 \text{ mm}$$

$$e_i = e_0 + e_a$$

式中：e_i——初始偏心距；

e_0——由截面作用的设计弯矩 M 和轴力 N 计算所得的轴力对截面重心的偏心距；

e_a——附加偏心距。

《混凝土规范》规定的附加偏心距也考虑了对偏心受压构件正截面计算结果的修正作用，以补偿基本假定和实际情况不完全符合带来的计算误差。

试验表明，在纵向弯曲的影响下，偏心受压长柱的破坏特征有两种类型。当柱的长细比很大时，构件的破坏不是由于构件的材料破坏引起的，而是由于构件纵向弯曲失去平衡引起的，这种破坏称为失稳破坏。当柱的长细比在一定范围内时，虽然在承受偏心受压荷载后，由于纵向弯曲的影响，荷载的实际偏心距增大，使柱的承载力比同样截面的短柱小，但其破坏特征仍与短柱的破坏特征相同，属于材料破坏的类型，如图 6-16 所示。

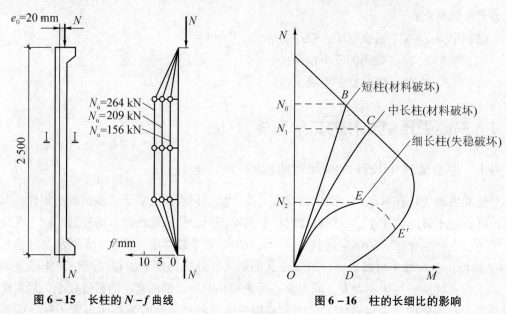

图 6-15　长柱的 $N-f$ 曲线　　　　图 6-16　柱的长细比的影响

钢筋混凝土柱按长细比可分为短柱、中长柱和细长柱。当 $l_0/h \leqslant 8$（矩形、T 形和工字形截面）时，或当 $l_0/d \leqslant 8$（圆形、环形截面）时，属于短柱；当 l_0/h（或 l_0/d）= 8 ~ 30 时，属于长柱；当 l_0/h（或 l_0/d）> 30 时，属于细长柱。一般来讲，长柱和细长柱必须考虑纵向弯曲对构件承载力的影响。

1. 短柱

在偏心受压短柱中，虽然偏心荷载的作用将产生一定的侧向附加挠度，但其 f 值很小，一般可以忽略不计。短柱的破坏特征是：当荷载达到极限承载力时，构件的截面由于材料的抗压强度（小偏心）或抗拉强度（大偏心）达到其极限强度而破坏。因此，在如图 6-16 所示的 $N-M$ 相关图中，从加载到破坏的受力路径可以看出，由于其长细比很小，即纵向弯曲的影响很小，可以忽略不计，其偏心距 e_0 可以认为是不变的，故荷载变化相互关系线 OB 为直线，当直线与截面极限承载力线相交于 B 点时，发生材料破坏。

2. 中长柱

中长柱受偏心荷载作用产生的侧向挠度 f 大，与初始偏心距相比已不能忽略，因此必须考虑二阶弯矩的影响，特别是在偏心距较小的构件中，其二阶弯矩在总弯矩中占有相当大的比例。由于 f 随着荷载的增加而不断增大，因此，实际荷载偏心距随着荷载的增大而呈非线性增加，构件的承载力比相同截面的短柱有所减小，但就其破坏特征来说，是与短柱相同的，即构件控制截面最终仍然是由于截面中材料达到其强度极限而破坏，所以仍属于材料破坏。因此，在如图 6-16 所示的 $N-M$ 相关图中，从加荷到破坏的受力路径可以看出，由于其长细比较大,纵向弯曲的影响比较显著,构件的承载能力随着二阶弯矩的增加而有所降低,故荷载变化相互关系线 OC 为曲线,当曲线与截面极限承载力线相交于 C 点时,发生材料破坏。

3. 细长柱

对于长细比很大($l_0/h > 30$)的柱,当偏心压力达到最大值时,如图 6-16 中的 E 点所示,侧向挠度 f 突然剧增,此时钢筋和混凝土的应变均未达到材料破坏时的极限值,即柱达到最大承载力是发生在其控制截面材料强度还未达到其破坏强度,但由于纵向弯曲失去平衡而引起构件破坏。因此,在如图 6-16 所示的 $N-M$ 相关图中,从加荷到破坏的受力路径可以看出,由于其长细比很大,在接近临界荷载时,虽然其钢筋未屈服,混凝土应力也未达到其受压极限强度,同时曲线 OE 与截面极限承载力线没有相交,但构件将由于微小纵向力的增加而引起不可收敛弯矩的增加,从而导致构件破坏。在构件失稳后,若使作用在构件上的压力逐渐减小,以保持构件的继续变形,则随着 f 增大到一定值及相应的荷载,截面也可达到材料破坏(点 E'),但这时的承载力已明显低于失稳时的破坏荷载。由于失稳破坏与材料破坏具有本质的区别,所以在设计中一般尽量不采用细长柱。

在图 6-16 中,短柱(OB)、中长柱(OC)、细长柱(OE)3 个受压构件的荷载初始偏心距是相同的,但其破坏类型不同,短柱、长柱为材料破坏,细长柱为失稳破坏。随着长细比的增大,其承载力 N 值也是不同的,其值分别为 N_0、N_1、N_2,且 $N_0 > N_1 > N_2$。

6.4.2 偏心受压构件二阶效应

实际工程中最常遇到的是短柱与中长柱,由于其最终破坏是材料破坏,因此在计算中需考虑由于构件的侧向挠度而引起的二阶弯矩的影响。目前世界各国的设计规范大多采用对一阶弯矩乘以一个能反映构件长细比的扩大系数来考虑二阶弯矩的影响。

《混凝土规范》规定:弯矩作用平面内截面对称的偏心受压构件,当同一主轴方向的杆端弯矩比 M_1/M_2 不大于 0.9 且设计轴压比不大于 0.9 时,若构件的长细比满足式(6-11)的要求,则可不考虑该方向构件自身挠曲产生的附加弯矩的影响;当 M_1/M_2 大于 0.9 或设计轴压比大于 0.9,或构件长细比不满足式(6-11)的要求时,附加弯矩的影响不可忽略,需按截面的两个主轴方向分别考虑构件自身挠曲产生的附加弯矩的影响。

$$\frac{l_0}{i} \leqslant 34 - 12\left(\frac{M_1}{M_2}\right) \tag{6-11}$$

式中:M_1、M_2——偏心受压构件两端截面按结构分析确定的对同一主轴的弯矩设计值,绝对值较大端为 M_2,绝对值较小端为 M_1,当构件按单曲率弯曲时,M_1/M_2 为正,否则为负;

l_0——构件的计算长度,可近似取偏心受压构件相应的主轴方向两个支撑点之间的距离;

i——偏心方向的截面回转半径。

实际工程中多遇到的是长柱，即不满足式(6 – 11)的条件，在确定偏心受压构件的内力设计值时，需考虑构件的侧向挠度引起的附加弯矩的影响，工程设计中通常采用增大系数法。《混凝土规范》中，将柱中的附加弯矩计算用弯矩增大系数和偏心距调节系数来表示，即偏心受压柱的设计弯矩(考虑附加弯矩的影响后)为原柱端最大弯矩 M_2 乘以弯矩增大系数 η_{ns} 和偏心距调节系数 C_m 而得。

(1)弯矩增大系数 η_{ns}。弯矩增大系数是考虑偏心距引起的侧向挠度的影响。如图 6 – 17（a）所示，考虑侧向挠度 f 后，柱中截面实际承担的弯矩可表示为：

$$M = N(e_i + f) = N \frac{e_i + f}{e_i} e_i = N \eta_{ns} e_i \tag{6 – 12}$$

式中，$\eta_{ns} = \dfrac{e_i + f}{e_i} = 1 + \dfrac{f}{e_i}$，称为弯矩增大系数。

如图 6 – 17（a）所示的两端铰支柱，在柱端作用有集中偏心荷载 N 时，其挠度曲线的形状基本符合正弦曲线，因此可把这种偏心压杆的挠度曲线公式写成：

$$y = f \sin \frac{\pi}{l_0} x \tag{6 – 13}$$

由式（6 – 13）可知：当 $x = 0$ 时，$y = 0$；当 $x = l_0/2$ 时，$y = f \sin \dfrac{\pi}{2} = f$。

因

$$\phi = -\frac{\mathrm{d}^2 y}{\mathrm{d} x^2} = f \frac{\pi^2}{l_0^2} \sin \frac{\pi x}{l_0}$$

又因破坏时，最大曲率在柱的中点（$x = l_0/2$），所以可求得破坏时柱中点的最大侧向挠度值为：

$$f = \phi \frac{l_0^2}{\pi^2} = \phi \frac{l_0^2}{10} \tag{6 – 14}$$

式中：l_0——两端铰支的偏心受压构件的计算长度；

ϕ——破坏时柱中点曲率。

将 f 的表达式代入 η_{ns} 的表达式中，有：

$$\eta_{ns} = 1 + \frac{\phi l_0^2}{10 e_i} \tag{6 – 15}$$

根据平截面假定，可得：

$$\phi = \frac{\varepsilon_c + \varepsilon_s}{h_0} \tag{6 – 16}$$

大、小偏心受压构件在界限破坏时，受拉钢筋的应变 ε_s 达到屈服应变值，即 $\varepsilon_s = \varepsilon_y$，受压边缘混凝土的压应变也刚好达到极限应变值 $\varepsilon_{cu} = 0.003\ 3$。

界限破坏时，曲率 ϕ_b 的表达式为：

$$\phi_b = \frac{\varepsilon_{cu} + \varepsilon_s}{h_0} = \frac{0.003\ 3 + \dfrac{f_y}{E_s}}{h_0} \tag{6-17}$$

《混凝土规范》中对极限曲率（控制截面的曲率）采用经验公式的近似计算方法，即以界限状态下界限截面曲率为基础，然后对非界限情况曲率加以修正，即：

$$\phi = \phi_b \zeta_c = \frac{\varepsilon_{cu} + \dfrac{f_y}{E_s}}{h_0} \zeta_c \tag{6-18}$$

式中：ζ_c——偏心受压构件截面曲率修正系数。

试验表明，在大偏心受压破坏时，实测曲率 ϕ 与 ϕ_b 相差不大；在小偏心受压破坏时，曲率 ϕ 随偏心距的减小而降低。《混凝土规范》规定，对于大偏心受压构件，取 $\zeta_c = 1$；对于小偏心受压构件，用 N 的大小来反映偏心距的影响。

在界限破坏时，对于常用的 HRB335、HRB400、HRB500 级钢筋和 C50 及以下等级的混凝土，界限受压区高度为 $x_b = \xi_b h_0 = (0.482 \sim 0.550)h_0$，若取 $h_0 \approx 0.9h$，则 $x_b = (0.434 \sim 0.495)h$，近似取 $x_b = 0.5h$，可得界限破坏时轴力 $N_b = f_c b x_b = 0.5 f_c b h = 0.5 f_c A$（对称配筋截面时，截面纵筋的拉力与压力基本平衡，其中 A 为构件截面面积），由此可得 ζ_c 的表达式：

$$\zeta_c = \frac{N_b}{N} = \frac{0.5 f_c A}{N} \tag{6-19}$$

当 $N < N_b$ 截面发生破坏时，为大偏心受压破坏，取 $\zeta_c = 1$；当 $N > N_b$ 截面发生破坏时，为小偏心受压破坏，$\zeta_c < 1$。

在长期荷载作用下，混凝土的徐变将使构件的截面曲率和侧向挠度增大，考虑徐变的影响，取 $\varepsilon_{cu} = 1.25 \times 0.003\ 3 = 0.004\ 125$，$f_y/E_s = 0.002\ 25$，$h/h_0 = 1.1$，即钢筋强度采用 400 MPa 和 500 MPa 的平均值 $f_y = 450$ MPa，以 $M_2/N + e_a$ 代替 e_i 代入式（6-20）：

$$\eta_{ns} = 1 + \frac{\phi l_0^2}{10 e_i} = 1 + \frac{\varepsilon_{cu} + f_y/E_s}{h_0} \zeta_c \frac{l_0^2}{10 e_i} \tag{6-20}$$

可得《混凝土规范》中弯矩增大系数 η_{ns} 的计算公式：

$$\eta_{ns} = 1 + \frac{1}{1\ 300(M_2/N + e_a)/h_0} \left(\frac{l_0}{h}\right)^2 \zeta_c \tag{6-21}$$

式中：ζ_c——截面曲率修正系数，当计算值大于 1.0 时，取 1.0；

　　　M_2——偏心受压构件两端截面按结构分析确定的弯矩设计值中绝对值较大的弯矩设计值；

　　　N——与弯矩设计值对应的轴向压力设计值。

（2）偏心距调节系数 C_m。上述弯矩增大系数的计算是基于两端作用有同方向偏心且偏心距大小相等的竖向力时，在柱中部引起的弯矩增大效应［如图 6 - 17（a）所示］。对于弯矩作用平面内截面对称的偏心受压构件，当柱两端轴向力的偏心方向相反，或即使同方向偏心（M_1/M_2 为正），但两者大小悬殊，即比值 M_1/M_2 小于 0.9 时，柱中段受附加弯矩影响后的最大弯矩将可能不在柱的中间部位［如图 6 - 17（b）、（c）、（d）所示］。此时，按两端弯矩中绝对值较大的弯矩 M_2 来计算弯矩增大系数，往往引起二阶弯矩的过度考虑，使配筋设计产生浪费。在这种情况下，采用偏心距调节系数 C_m 对二阶弯矩的过度考虑进行修正。《混凝土规范》规定偏心距调节系数采用式(6 - 22)进行计算：

$$C_m = 0.7 + 0.3\frac{M_1}{M_2} \geqslant 0.7 \tag{6-22}$$

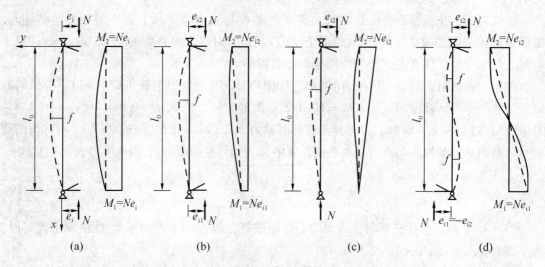

图 6 - 17 柱上、下端不同弯矩对侧向挠曲变形的影响

（a）$M_1/M_2 = 1$；（b）$M_1/M_2 < 1$；（c）$M_1/M_2 = 0$；（d）$M_1/M_2 = -1$

除排架结构柱以外的偏心受压构件，在其偏心方向上考虑杆件自身挠曲影响（附加弯矩或二阶弯矩）的控制截面弯矩设计值可按式(6 - 23)计算：

$$M = C_m \eta_{ns} M_2 \tag{6-23}$$

其中，当 $C_m \eta_{ns}$ 小于 1.0 时，控制截面为柱子两端部弯矩较大处，故取 $C_m \eta_{ns}$ 为 1.0；对于剪力墙及核心筒墙肢类构件，可取 $C_m \eta_{ns}$ 等于 1.0。

以上偏心受压柱因自身挠曲引起的二阶效应计算针对一般的框架结构或框架—剪力墙结构中的框架柱。当为排架结构中的排架柱时，偏心压力作用下的二阶弯矩计算须按照《混凝土规范》附录 B 中的规定进行。

6.5　矩形截面偏心受压构件正截面承载力的基本计算公式

6.5.1　矩形截面大偏心受压构件正截面承载力计算公式

（1）从大、小偏心受压破坏的特征可以看出，两者之间的根本区别在于破坏时受拉钢筋能否达到受拉屈服。这与受弯构件的适筋与超筋破坏两种情况完全一致。因此，两种偏心受压破坏形态的界限与受弯构件适筋与超筋破坏的界限也必然相同，即在破坏时纵向钢筋应力达到屈服强度，同时受压区混凝土也达到极限压应变值。

试验分析表明，大偏心受压构件若受拉钢筋设置合适，则与双筋截面的适筋梁类似，破坏时裂缝截面处的应力分布如图 6 - 18(a)所示，即其受拉及受压纵向钢筋可分别达到受拉屈服强度和受压屈服强度，受压区混凝土应力为抛物线形分布。

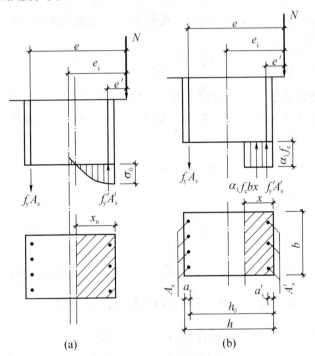

图 6 - 18　大偏心受压构件的截面计算

(a)应力分布图；(b)计算图式

如图 6 - 18(b)所示，由构件纵轴方向的内、外力之和为零可得：

$$N \leqslant N_u = \alpha_1 f_c bx + f'_y A'_s - f_y A_s \tag{6-24}$$

由截面上内、外力对受拉钢筋合力点的力矩之和为零可得：

$$Ne \leqslant \alpha_1 f_c bx \left(h_0 - \frac{x}{2} \right) + f'_y A'_s (h_0 - a'_s) \tag{6-25}$$

$$e = e_i + \frac{h}{2} - a_s \tag{6-26}$$

式(6-24) ~ 式(6-26)中:

N——轴向力设计值;

α_1——系数, 当混凝土强度等级不超过 C50 时, α_1 取 1.0, 当混凝土强度等级为 C80 时, α_1 取 0.94, 其间按线性内插法确定;

e——轴向力作用点到受拉钢筋 A_s 合力点的距离;

e_i——初始偏心距;

x——受压区的计算高度。

(2)适用条件。为了保证构件破坏时, 受拉钢筋的应力先达到屈服强度, 要求满足:

$$x \leqslant \xi_b h_0 \tag{6-27}$$

为了保证构件破坏时, 受压钢筋的应力能达到抗压屈服强度设计值, 与双筋受弯构件相同, 要求满足:

$$x \geqslant 2a_s' \tag{6-28}$$

当 $x < 2a_s'$ 时, 受压钢筋应力可能达不到 f_y', 与双筋截面梁构件类似, 可取 $x = 2a_s'$, 近似认为受压区混凝土承担压力的作用位置与受压钢筋承担压力 $f_y'A_s'$ 的作用位置重合。根据平衡条件可得:

$$Ne' \leqslant f_y A_s (h_0 - a_s') \tag{6-29}$$

故有:

$$A_s = \frac{Ne'}{f_y(h_0 - a_s')}$$

式中: e'——轴向压力作用点至纵向受压钢筋合力点之间的距离, $e' = e_i - h/2 + a_s'$。

6.5.2 矩形截面小偏心受压构件正截面承载力计算公式

小偏心受压构件在破坏时, 靠近轴向力一侧的混凝土被压碎, 受压钢筋达到屈服, 而远离轴向力一侧的钢筋可能受拉, 也可能受压, 但都达不到抗拉屈服强度, 其截面应力图形如图 6-19 所示。计算时, 受压区的混凝土压应力图形仍用等效矩形应力图来代替。而另一侧的钢筋应力 σ_s 小于其抗拉强度设计值。σ_s 可根据平截面假定, 由变形协调条件确定。

1. 远离纵向偏心力一侧的钢筋应力

在小偏心受压构件中, 远离纵向偏心力一侧的纵向钢筋 A_s 的应力不论是受拉还是受压, 在大部分情况下均不会达到屈服强度, 而只能达到 σ_s, 如图 6-20 所示。确定 σ_s 有以下两种方法。

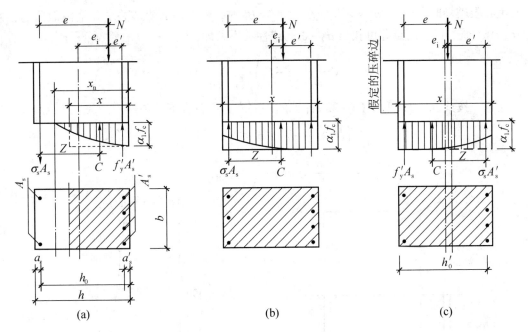

图 6 - 19　小偏心受压构件的截面计算

(1)用平截面假定确定钢筋应力 σ_s。根据平截面假定，由图 6 - 20 可得：

$$\frac{\varepsilon_s}{h_0 - x_n} = \frac{\varepsilon_{cu}}{x_n} \tag{6-30}$$

根据将受压区混凝土的应力分布图形用等效矩形应力图形替代的原则可得：

$$x = \beta_1 x_n, \quad \sigma_s = E_s \varepsilon_s \tag{6-31}$$

将式(6-31)代入式(6-30)可得：

$$\sigma_s = E_s \varepsilon_{cu} \left(\frac{\beta_1 h_0}{x} - 1 \right) = E_s \varepsilon_{cu} \left(\frac{\beta_1}{\xi} - 1 \right) \tag{6-32}$$

式中：E_s——钢筋的弹性模量；

　　　ε_{cu}——非均匀受压时混凝土的极限压应变，取 0.003 3；

　　　h_0——截面的有效高度；

　　　ξ——相对受压区高度。

(2)用经验公式确定钢筋应力 σ_s。式(6-32)表明 σ_s 与 ξ 之间呈双曲线型的函数关系，如图 6 - 21 中的双曲线所示。应用小偏心受压构件计算公式时，需要解 ξ 的三次方程，手算求解不方便。

计算分析及试验资料表明，小偏心受压情况下实测的受拉边或受压较小边的钢筋应力 σ_s 与 ξ 之间接近直线关系。为了计算方便，《混凝土规范》取 σ_s 与 ξ 之间为线性关系。由

于发生界限破坏时 $\xi = \xi_b$，$\sigma_s = \varepsilon_s E_s = f_y$；而 $\xi = \beta_1$ 时，根据截面变形关系和平截面假定，此时 $\sigma_s = 0$。通过以上两点即可找出 $\sigma_s - \xi$ 的线性关系，即：

$$\sigma_s = \frac{f_y}{\xi_b - \beta_1}\left(\frac{x}{h_0} - \beta_1\right) = \frac{f_y}{\xi_b - \beta_1}(\xi - \beta_1) \tag{6-33}$$

注意，按式(6-32)和式(6-33)计算的钢筋应力应符合下列条件：

$$-f_y' \leqslant \sigma_s \leqslant f_y \tag{6-34}$$

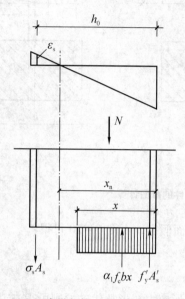

图 6-20　远离纵向偏心力一侧的钢筋应力 σ_s

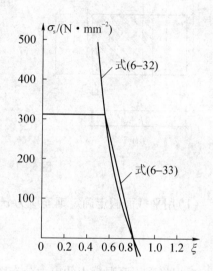

图 6-21　$\sigma_s - \xi$ 关系曲线

2. 基本计算公式

当全截面受压时，在一般情况下，靠近轴向力一侧的混凝土将先被压碎，其实际应力图形和计算应力图形分别如图6-19(a)和图6-19(b)所示。这时，受压区混凝土应力图形也可简化为矩形分布，其应力达到等效混凝土抗压强度设计值 $\alpha_1 f_c$。靠近轴向力一侧的受压钢筋应力达到其抗压强度设计值，而离轴向力较远一侧的钢筋应力可能未达到其抗压强度设计值，也可能达到其抗压强度设计值。根据力的平衡条件和力矩平衡条件可得到小偏心受压构件正截面承载力的计算公式：

$$N \leqslant N_u = \alpha_1 f_c bx + f_y' A_s' - \sigma_s A_s \tag{6-35}$$

$$Ne \leqslant N_u e = \alpha_1 f_c bx\left(h_0 - \frac{x}{2}\right) + f_y' A_s'(h_0 - a_s') \tag{6-36}$$

$$Ne' \leqslant N_u e' = \alpha_1 f_c bx\left(\frac{x}{2} - a_s'\right) - \sigma_s A_s(h_0 - a_s') \tag{6-37}$$

$$e' = \frac{h}{2} - a_s' - (e_0 + e_a) \tag{6-38}$$

式(6-35)~式(6-38)中：

x——受压区计算高度，当 $x > h$ 时，计算时取 $x = h$；

σ_s——A_s 一侧的钢筋应力值，可由式(6-33)和式(6-35)联立求得；

e'——轴向力作用点至受压侧钢筋 A_s' 合力点之间的距离。

6.5.3　相对界限偏心距

在进行偏心受压柱的截面设计或截面复核时，需要首先判别截面是属于大偏心受压还是小偏心受压，以便采用相应的公式进行计算。对于不对称配筋截面的设计问题，由于 A_s' 及 A_s 为未知，无法计算出相对受压区高度 ξ，因此也就不能利用 ξ 与 ξ_b 的相对大小来判别偏压柱截面的破坏模式。

设计问题一般先给出轴向力设计值 N 和弯矩设计值 M，因而相对偏心距 e_i/h_0 可以求得，即可通过判断初始偏心距的相对大小来预设柱大、小偏心的破坏状态。当截面处于大、小偏心受压破坏之间的界限状态时，混凝土相对受压区高度为 ξ_b，受拉钢筋恰好达到其屈服强度，即 $\sigma_s = f_y$，则可得界限破坏时的轴力 N_b 及轴力对截面中心轴的力矩 M_b 如下：

$$N_b = \alpha_1 f_c b \xi_b h_0 + f_y' A_s' - f_y A_s \tag{6-39}$$

$$M_b = \alpha_1 f_c b \xi_b h_0 \left(\frac{h}{2} - \frac{\xi_b h_0}{2} \right) + f_y' A_s' \left(\frac{h}{2} - a_s' \right) + f_y A_s \left(\frac{h}{2} - a_s \right) \tag{6-40}$$

定义 $e_{ib}/h_0 = M_b/(N_b h_0)$ 为"相对界限偏心距"，则由式（6-39）和式（6-40）可得：

$$\frac{e_{ib}}{h_0} = \frac{M_b}{N_b h_0} = \frac{0.5\alpha_1 f_c b \xi_b h_0 (h - \xi_b h_0) + 0.5 f_y' A_s' (h - 2a_s') + 0.5 f_y A_s (h - 2a_s)}{\alpha_1 f_c b \xi_b h_0 + f_y' A_s' - f_y A_s}$$

$$\tag{6-41}$$

根据式（6-41）可知，当截面尺寸和材料强度均确定时，相对界限偏心距 e_{ib}/h_0 取决于截面配筋 A_s' 及 A_s。数学分析可证明，对于普通混凝土，当 A_s' 及 A_s 取《混凝土规范》允许的最小配筋面积 $\rho_{min} bh$ 时，e_{ib}/h_0 将得到其最小值 $e_{ib,min}/h_0$。将 $A_s' = A_s = \rho_{min} bh = 0.002bh$ 代入式（6-41），并近似取 $h = 1.05h_0$，$a_s' = a_s = 0.05h_0$，可得到 $e_{ib,min}/h_0$ 随材料参数变化的计算结果，列于表6-1。

由表6-1可见，对于不同的材料强度选取方案，$e_{ib,min}/h_0$ 值一般均大于0.3。对于常用的柱截面，其计算配筋大多高于最小配筋率，则其发生界限破坏时对应的相对偏心距将大于最小相对界限偏心距。也就是说，当轴向力的初始偏心距 $e_i \leq 0.3h_0$ 时，截面仅能设计为小偏心受压；而当 $e_i > 0.3h_0$ 时，截面可先按界限破坏进行初算，再根据后续计算得到的 A_s' 或 A_s 值大小，最终确定截面设计成哪种破坏模式较为适宜。

表 6－1　最小相对界限偏心距 $e_{ib,min}/h_0$

混凝土 钢筋	C20	C25	C30	C35	C40	C45	C50	C60	C70	C80
HRB335	0.363	0.342	0.326	0.315	0.307	0.302	0.297	0.301	0.307	0.314
HRB400	0.411	0.383	0.363	0.349	0.339	0.332	0.326	0.329	0.334	0.340
HRB500	—	0.435	0.409	0.392	0.378	0.369	0.362	0.362	0.365	0.370

注：HRB500 级钢筋的受压强度设计值取 $f_y' = 435$ MPa。

6.6　偏心受压构件的 $N_u - M_u$ 相关曲线及菱形区概念的应用

对于矩形截面偏心受压构件的设计问题，由于截面配筋未知，则在先期初步判断其可能发生的破坏形式后，再考虑后续的配筋面积计算结果，最终决定其适宜的截面设计破坏模式。偏心受压柱的 $N_u - M_u$ 相关曲线可用于在设计过程中进行逻辑判断并指导设计。

6.6.1　$N_u - M_u$ 相关曲线

对于给定截面、配筋及材料强度的偏心受压构件，当到达承载能力极限状态时，截面承受的内力设计值 N_u 和 M_u 并非独立，而是相关的，轴力和弯矩对于构件的作用效应存在叠加和制约的关系。对于大偏心受压构件，其破坏始于受拉侧钢筋的受拉屈服，则施加轴向压力可延缓其屈服，即轴向压力对大偏压构件起有利作用；而对于小偏心受压构件，其破坏始于受压侧混凝土，则轴向压力对其承载力起不利作用。$N_u - M_u$ 相关曲线可通过短柱的试验或截面的数值分析获得，也可近似通过 6.5 节的计算公式得到。

1. 大偏心受压构件的 $N_u - M_u$ 相关曲线

（1）$2a_s' \leqslant x \leqslant \xi_b h_0$。

对于对称配筋的偏心受压构件，设 $f_y = f_y'$，$A_s = A_s'$，由式（6－24）可得：

$$x = \frac{N_u}{\alpha_1 f_c b} \qquad (6-42)$$

将 $e = e_i + h/2 - a_s$ 及式（6－42）代入式（6－25），整理得：

$$N_u\left(e_i + \frac{h}{2} - a_s\right) = \alpha_1 f_c b h_0^2 \frac{N_u}{\alpha_1 f_c b h_0}\left(1 - \frac{N_u}{2\alpha_1 f_c b h_0}\right) + f_y' A_s'(h_0 - a_s')$$

采用无量纲表示为：

$$\frac{N_u e_i}{\alpha_1 f_c b h_0^2} + \frac{N_u}{\alpha_1 f_c b h_0}\frac{0.5h - a_s}{h_0} = \frac{N_u}{\alpha_1 f_c b h_0}\left(1 - \frac{N_u}{2\alpha_1 f_c b h_0}\right) + \frac{A_s'}{b h_0}\left(\frac{h_0 - a_s'}{h_0}\right)\frac{f_y'}{\alpha_1 f_c}$$

整理得:

$$\frac{N_u e_i}{\alpha_1 f_c b h_0^2} = -0.5 \left(\frac{N_u}{\alpha_1 f_c b h_0}\right)^2 + 0.5 \frac{h}{h_0} \frac{N_u}{\alpha_1 f_c b h_0} + \rho'\left(1 - \frac{a_s'}{h_0}\right)\frac{f_y'}{\alpha_1 f_c}$$

令 $\bar{M}_u = \dfrac{M_u}{\alpha_1 f_c b h_0^2} = \dfrac{N_u e_i}{\alpha_1 f_c b h_0^2}$, $\bar{N}_u = \dfrac{N_u}{\alpha_1 f_c b h_0}$, 得:

$$\bar{M}_u = -0.5 \bar{N}_u^2 + 0.5 \frac{h}{h_0} \bar{N}_u + \rho'\left(1 - \frac{a_s'}{h_0}\right)\frac{f_y'}{\alpha_1 f_c} \qquad (6-43)$$

以 $\bar{M}_u = \dfrac{N_u e_i}{\alpha_1 f_c b h_0^2}$ 为横坐标, $\bar{N}_u = \dfrac{N_u}{\alpha_1 f_c b h_0}$ 为纵坐标, 对于不同的混凝土等级、钢筋级别及 $\dfrac{a_s'}{h_0}$, 可以绘制出对称配筋大偏心受压构件的 $N_u - M_u$ 相关曲线, 即图 6 - 22 (a) 中两条水平虚线之间的曲线。

(2) $x \leqslant 2a_s'$。

当 $x \leqslant 2a_s'$ 时, 基本公式为式 (6 - 29), 即:

$$N_u\left(e_i - \frac{h}{2} + a_s'\right) = f_y A_s(h_0 - a_s')$$

同样采用无量纲表示为:

$$\frac{N_u e_i}{\alpha_1 f_c b h_0^2} = 0.5 \frac{h_0' - a_s'}{h_0} \frac{N_u}{\alpha_1 f_c b h_0} + \rho\left(\frac{h_0 - a_s'}{h_0}\right)\frac{f_y}{\alpha_1 f_c}$$

同理可得:

$$\bar{M}_u = 0.5 \frac{h_0' - a_s'}{h_0} \bar{N}_u + \rho\left(\frac{h_0 - a_s'}{h_0}\right)\frac{f_y}{\alpha_1 f_c} \qquad (6-44)$$

图 6 - 22 (a) 中横坐标到第一条水平虚线之间的曲线, 即为 $x \leqslant 2a_s'$ 时的 $N_u - M_u$ 相关曲线。

2. 小偏心受压构件的 $N_u - M_u$ 相关曲线

小偏心受压的对称配筋构件, 当 $x > \xi_b h_0$ 时, 将 $f_y A_s = f_y' A_s'$, $x = \xi h_0$, $e = e_i + h/2 - a_s$ 代入式 (6 - 36), 得:

$$N_u\left(e_i + \frac{h}{2} - a_s\right) = \alpha_1 f_c b h_0^2 \xi(1 - 0.5\xi) + f_y' A_s'(h_0 - a_s')$$

$$\frac{N_u e_i}{\alpha_1 f_c b h_0^2} = -0.5 \frac{h_0' - a_s'}{h_0} \frac{N_u}{\alpha_1 f_c b h_0} + \xi(1 - 0.5\xi) + \frac{A_s'}{b h_0}\left(\frac{h_0 - a_s'}{h_0}\right)\frac{f_y'}{\alpha_1 f_c}$$

$$\bar{M}_u = -0.5 \frac{h_0' - a_s}{h_0} \bar{N}_u + \xi(1 - 0.5\xi) + \rho'\left(1 - \frac{a_s'}{h_0}\right)\frac{f_y'}{\alpha_1 f_c} \qquad (6-45)$$

式（6-45）中的 ξ 可由式（6-33）代入式（6-35）确定，经整理并无量纲化后得：

$$\overline{N}_u = \xi + \rho'\frac{f_y'}{\alpha_1 f_c}\frac{\xi_b - \xi}{\xi_b - \beta_1}$$

解得：

$$\xi = \cfrac{\overline{N}_u + \rho'\dfrac{f_y'}{\alpha_1 f_c}\dfrac{\xi_b}{\beta_1 - \xi_b}}{1 + \rho'\dfrac{f_y'}{\alpha_1 f_c}\dfrac{1}{\beta_1 - \xi_b}} \tag{6-46}$$

图 6-22（a）中，线段 BE 以上的部分即是对称配筋小偏心受压构件的 $N_u - M_u$ 相关曲线。

在偏心受压柱的配筋限制中，除最小配筋率外，还有最大配筋率的要求，以防止发生黏结破坏、瞬时卸载回弹破坏等，偏心受压柱的配筋方案须同时遵守最大和最小配筋率的要求。《混凝土规范》中虽未明确单侧受拉或受压钢筋的最大配筋率，但可从总配筋率控制值 5% 得出单向偏心受压构件单侧最大配筋率的大致数值，可暂定为 2.5%。图 6-22（a）中的最内侧曲线即为单侧最小配筋率 $\rho_{\min} = \rho'_{\min} = 0.002$ 对应的关系曲线，最外侧曲线为最大配筋率 $\rho_{\max} = \rho'_{\max} = 0.025$ 对应的关系曲线，直线 OB 的斜率为对应混凝土强度和钢筋等级的最小相对界限偏心距 $e_{ib,\min}/h_0$。当对称配筋的截面发生界限破坏时，$\overline{N}_u = \dfrac{N_u}{\alpha_1 f_c b h_0} = \dfrac{\alpha_1 f_c b \xi_b h_0}{\alpha_1 f_c b h_0} = \xi_b$，故对称配筋截面不同配筋率时的界限破坏点连线为一水平直线，如图 6-22（a）中的 BE 线段。

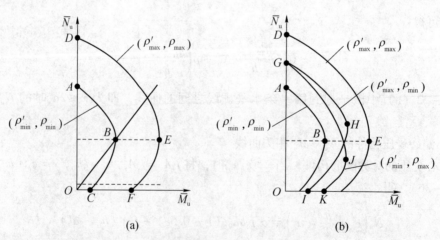

图 6-22 矩形截面柱的 $\overline{N}_u - \overline{M}_u$ 关系曲线

（a）对称配筋时最大与最小配筋率对应曲线；（b）单侧限值配筋率时的对应曲线

6.6.2　$N_u - M_u$ 相关曲线中的菱形区概念

对于非对称配筋的偏心受压构件，参照和对称配筋构件相同的分析方法，可以获得不同配筋方案下的 $N_u - M_u$ 关系曲线。图 6-22（b）中的曲线 GHI 和曲线 GJK 即为（ρ'_{max}，ρ_{min}）和（ρ'_{min}，ρ_{max}）对应的关系曲线。当不考虑所配纵筋对截面塑性重心（塑性重心即截面上所有材料达到其各自极限强度时的总合力的位置）的影响时，对于两种方案轴心受压的受力情况，根据式（6-3），由于 $\rho_{min} + \rho'_{max} = \rho_{max} + \rho'_{min}$，故 $N_{u1} = N_{u2}$，即 $\bar{M}_{u1} = \bar{M}_{u2} = 0$ 时，有 $\bar{N}_{u1} = \bar{N}_{u2}$，为图 6-22（b）中的 G 点。对于两种方案的界限破坏情况，根据式（6-40），有：

$$M_{ub} = N_{ub}e_i = \alpha_1 f_c bx_b\left(\frac{h}{2} - \frac{x_b}{2}\right) + f'_y A'_s\left(\frac{h}{2} - a'_s\right) + f_y A_s\left(\frac{h}{2} - a_s\right) \tag{6-47}$$

对于一般的柱截面，$f_y = f'_y$，$a_s = a'_s$，由于曲线 GHI 和曲线 GJK 代表的 $A_{s,min} + A'_{s,max} = A_{s,max} + A'_{s,min}$，故 $M_{ub1} = M_{ub2}$，即 $\bar{M}_{ub1} = \bar{M}_{ub2}$，界限破坏点 H 和点 J 在一条竖直线上。对于纯弯状况，由于受拉侧钢筋配筋率起主要作用，故 K 点在 I 点的右侧。

以（ρ'_{min}，ρ_{min}）对应的界限破坏点 B 为基础，先保持受拉侧 ρ_{min} 不变，增加受压侧的配筋面积，根据式（6-39）和式（6-40），所形成截面的界限破坏点（$\bar{N}_{ub}$，$\bar{M}_{ub}$）将会呈正向增长。其中：

$$\Delta N_{ub} = f'_y \Delta A'_s$$
$$\Delta M_{ub} = f'_y \Delta A'_s (h/2 - a'_s)$$

则有：

$$\Delta M_{ub}/\Delta N_{ub} = h/2 - a'_s$$
$$\Delta \bar{M}_{ub}/\Delta \bar{N}_{ub} = (h/2 - a'_s)/h_0 \tag{6-48}$$

对于给定截面的柱，式（6-48）等号右侧为固定值，即保持 ρ_{min} 不变，另一侧不断增加 ρ'，截面界限破坏点的连线以直线行进并发展至（ρ'_{max}，ρ_{min}）对应的 H 点，线段斜率为 $\Delta \bar{M}_{ub}/\Delta \bar{N}_{ub} = (h/2 - a'_s)/h_0$。同理，可以获得另外 3 条线段 HE、BJ、JE 的连线及其相应的物理解释。如图 6-23（a）中的 BJ，即保持 $A'_{s,min}$ 不变，受拉侧不断加大 A_s，所形成截面界限破坏对应（$\bar{N}_{ub}$，$\bar{M}_{ub}$）的连线，斜率为 $\Delta \bar{M}_{ub}/\Delta \bar{N}_{ub} = -(h/2 - a'_s)/h_0$；BH、HE、BJ、JE 4 条线段两两平行，组成一个菱形区域。图 6-23 包含以下几方面的物理意义：

（1）OB 线斜率为偏心受压柱对应混凝土强度和钢筋等级的相对最小界限偏心距 $e_{ib,min}/h_0$。

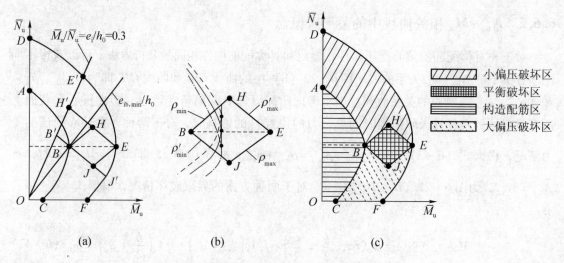

图 6 - 23 $N_u - M_u$ 相关曲线中的菱形区

（a）$N_u - M_u$ 曲线内菱形区形成原理；（b）总面积相同的配筋方案曲线特征；

（c）非对称配筋 $N_u - M_u$ 曲线内的四类破坏区域划分

（2）落在 *OABCO* 所围区域内的（$\bar{N}$，$\bar{M}$），在柱最小配筋率的 $\bar{N}_u - \bar{M}_u$ 图形内侧，按《混凝土规范》进行最小配筋率配置即可满足要求。

（3）菱形区 *BHEJB* 所围区域代表在《混凝土规范》允许的合理配筋率范围内，截面可以发生界限破坏的外荷载效应组合的（$\bar{N}$，$\bar{M}$）分布区域，满足 $\xi = \xi_b$。

（4）*ABHEDA* 所围区域代表在《混凝土规范》允许的合理配筋率范围内，只可能发生小偏心受压破坏，$\xi > \xi_b$。

（5）*CBJEFC* 所围区域代表在《混凝土规范》允许的合理配筋率范围内，只可能发生大偏心受压破坏，$\xi < \xi_b$。

（6）菱形区内的竖向线段代表 $\rho' + \rho$ 保持不变的截面界限破坏点连线，即总配筋面积相同；水平线段代表 $\rho' - \rho$ 保持不变的截面界限破坏点连线。

（7）菱形区内与边界 *BH* 或 *BJ* 平行的线段代表保持某一侧（受拉或受压侧）钢筋面积不变，另一侧（受压或受拉侧）钢筋面积变化时，截面界限破坏点的连线。

（8）当外荷载效应（$\bar{N}$，$\bar{M}$）处于菱形区内时，取 $\xi = \xi_b$，可以获得总配筋量最小的方案。当（$\bar{N}$，$\bar{M}$）处于小偏压区范围 *ABHEDA* 内时，虽然经过该区域某点的 $\bar{N}_u - \bar{M}_u$ 曲线有多条，但当保持 $\rho' + \rho$ 不变时，$\rho = \rho_{min}$（*BH* 线段）相应的（ρ'，ρ_{min}）配筋方案绘出的 $\bar{N}_u - \bar{M}_u$ 曲线处于其他曲线的上包络位置 [如图 6 - 23（b）所示]，所以其承载有效性最高，钢材用量最少；保持 $\rho' + \rho$ 不变，对于 $\rho' = \rho'_{max}$（*HE* 线段）相应的（ρ'_{max}，ρ）在此小偏压破坏范围内亦具有同样的特征。

当($\bar{N}$, $\bar{M}$)处于大偏压区范围 *CBJEFC* 内时，虽然经过该区域某点的 $\bar{N}_u$ – $\bar{M}_u$ 曲线有多条，但当保持 ρ'+ρ 不变时，ρ'=ρ'_{min}（*BJ* 线段）相应的（ρ'_{min}, ρ）配筋方案绘出的 $\bar{N}_u$ – $\bar{M}_u$ 曲线处于其他曲线的外包络位置，所以其承载有效性最高，钢材用量最少；保持 ρ'+ρ 不变，对于 ρ =ρ_{max}（*JE* 线段）相应的（ρ', ρ_{max}）在此大偏压破坏范围内亦具有同样的特征。

因此，当不考虑所配纵筋对截面塑性重心的影响时，菱形区的四条边线成为非界限破坏时其他情况的最优配筋选择。

（9）对于给定配筋的截面，$\bar{N}_u$ – $\bar{M}_u$ 曲线即为确定。当所给的外荷载内力（$\bar{N}$, $\bar{M}$）在曲线内侧时，说明此截面为安全，反之为不安全。

（10）如截面尺寸和材料强度保持不变，则 $\bar{N}_u$ – $\bar{M}_u$ 曲线随配筋率的增加而向外侧增大。

（11）对于对称配筋截面，界限破坏时的轴力 $\bar{N}_{ub}$ 与配筋率无关。

（12）菱形区在《混凝土规范》规定的配筋率范围内对应给出，在无配筋率限值要求即小于最小配筋率或大于最大配筋率时，该菱形区向内或向外扩展，上述所及的其他物理意义同样存在。

6.6.3　偏心受压构件设计原则及菱形区判别大小偏心的功能

对于给定的截面和外荷载效应组合(N, M)，在（$\bar{N}_u$, $\bar{M}_u$）包络图内有多条可能通过对应点的相关曲线。鉴于延性破坏要求和最少材料用量的考虑，对于非对称配筋的矩形截面偏心受压构件，当偏心距大小允许时，应优先以材料最省及延性需求按界限破坏设计，其次按延性需求进行大偏心受压设计，当无法满足大偏心受压规定的条件时，以材料最省来满足小偏心受压的设计。

采用最小界限偏心距的第一判据进行初始判别，若 $e_i < 0.3h_0$，则仅能按小偏心受压构件设计；若 $e_i \geqslant 0.3h_0$，则先假定（N, M）满足界限破坏的条件，即 $\xi = \xi_b$，并由此计算出 ρ' 和 ρ，根据两侧配筋率在菱形区内甚至菱形区外对应的线段位置，可以得出：

（1）若初算 ρ' 满足 $\rho'_{min} \leqslant \rho' \leqslant \rho'_{max}$，且 $\rho_{min} \leqslant \rho \leqslant \rho_{max}$，对应线段交点在菱形区内，则（$N$, M）亦落在此区域内，可按界限破坏进行设计，配筋方案即为计算值 ρ'、ρ。

（2）若初算 ρ' 满足 $\rho'_{min} \leqslant \rho' \leqslant \rho'_{max}$，但 $\rho \leqslant \rho_{min}$，对应线段交点落在 *BB'H'H* 区域内，则（N, M）亦在此区域内，可能为小偏心受压破坏或构造配筋，此时以 $\rho = \rho_{min}$ 为初值，按小偏心受压计算出受压所需的钢筋配筋率 ρ'。当计算得到的 $\rho' \leqslant \rho'_{min}$ 时，为构造配筋，取 ρ'_{min}。

（3）若初算 ρ' 满足 $\rho'_{min} \leqslant \rho' \leqslant \rho'_{max}$，但 $\rho > \rho_{max}$，则（N, M）落在 *JJ'E* 区域内，为大偏心受压破坏或者截面不满足要求，可能超筋，此时以 $\rho = \rho_{max}$ 为初值，按大偏心受压计算 ρ'。

① 若 $\rho' \leqslant \rho'_{max}$，则选用计算结果 ρ'；

② 若 $\rho' > \rho'_{max}$，则须增大截面，或改善材料。

（4）若初算 $\rho' \leqslant \rho'_{\min}$ 甚至为负值，则其物理意义是（N, M）落在 $OB'J'F$ 区域内，为大偏心受压破坏，$\xi < \xi_b$，以 $\rho' = \rho'_{\min}$ 为初值，按大偏心受压计算 ρ。

① 若 $\rho \leqslant \rho_{\min}$，则按最小配筋率要求配筋；

② 若 $\rho_{\min} \leqslant \rho \leqslant \rho_{\max}$，则选用计算结果 ρ；

③ 若 $\rho > \rho_{\max}$，则以 $\rho = \rho_{\max}$ 为初始来计算 ρ'；当重新计算的 $\rho' > \rho'_{\max}$，则须增大截面，或改善材料。

根据以上计算所得的 ρ'、ρ 验算 x 是否大于 $2a'_s$，若不满足，则由式（6 – 29）直接计算 A_s。

（5）若初算 $\rho' > \rho'_{\max}$，则其物理意义是（N, M）落在 $EE'H'$ 区域内，为小偏心受压破坏，以 $\rho' = \rho'_{\max}$ 为初值来计算 ρ。

① 若 $\rho \leqslant \rho_{\min}$，则取 $\rho = \rho_{\min}$，重新按小偏心受压计算 ρ'；

② 若 $\rho_{\min} \leqslant \rho \leqslant \rho_{\max}$，则选用计算结果 ρ；

③ 若 $\rho > \rho_{\max}$，则重新选择截面或提高材料强度。

以上逻辑判断均具有确定性，按此计算的结果不必再根据所得配筋验算 ξ。对于界限破坏或大偏心受压破坏，即使受拉侧纵筋实配方案超出计算所需面积的增加值大于受压侧纵筋实配方案超出计算所需面积的增加值而可能使验算时的 $\xi > \xi_b$，但此时因荷载效应组已经处于实配方案（$\bar{N}_u$, $\bar{M}_u$）关系曲线的内侧，故不会发生破坏。

6.7 矩形截面不对称配筋偏心受压构件的计算方法

6.7.1 截面设计

1. 大偏心受压构件的截面计算

在截面尺寸（$b \times h$）、材料强度（f_c、f_y、f'_y）、构件长细比（l_0/h）以及轴力 N 和弯矩 M 设计值均已知的情况下，当 $e_i > e_{ib,\min} = 0.30h_0$ 时，一般可先按大偏心受压情况计算纵向钢筋的 A_s 和 A'_s，此时设计基本计算公式为：

$$N \leqslant N_u = \alpha_1 f_c bx + f'_y A'_s - f_y A_s \qquad (6 - 49a)$$

$$Ne \leqslant N_u e = \alpha_1 f_c bx \left(h_0 - \frac{x}{2} \right) + f'_y A'_s (h_0 - a'_s) \qquad (6 - 49b)$$

式中，$e = e_i + 0.5h - a_s$。

（1）当 A_s 和 A'_s 均为未知时，基本方程中有 3 个未知数，无唯一解答，根据 6.6.3 节的描述，可以先取 $x = \xi_b h_0$，代入式（6 – 49b）得：

$$A'_s = \frac{Ne - \alpha_1 f_c bh_0^2 \xi_b (1 - 0.5\xi_b)}{f'_y (h_0 - a'_s)} \qquad (6 - 50)$$

根据式（6－50）求得的 $A'_{s1}/(bh)$ 结果，按 6.6.3 节内容进行后续的判断及计算，并需满足最小配筋率和最大配筋率的要求。

当判断可按界限破坏进行设计时，可得：

$$A_s = \frac{\alpha_1 f_c bh_0 \xi_b + f'_y A'_s - N}{f_y} \tag{6－51}$$

（2）当 A'_s 为已知时，基本方程的未知数为两个，即 A_s 与 x，方程有唯一解，这时应先由式（6－49b）求解 x。

① 若 $x < 2a'_s$，则可偏于安全取 $x = 2a'_s$，对 A'_s 合力中心取矩后，按式（6－29）确定 A_s。

② 若计算的 $x \leqslant \xi_b h_0$，且 $x \geqslant 2a'_s$，则可用式（6－52）求解 A_s：

$$A_s = \frac{\alpha_1 f_c bx + f'_y A'_s - N}{f_y} \tag{6－52}$$

③ 若 $x > \xi_b h_0$，则应按 A'_s 未知的情况重新计算 A'_s，并按 6.6.3 节的步骤进行设计；若 A'_s 不允许再变化时，则按小偏心受压构件进行设计。

以上求得的 A_s 若小于 $\rho_{min} bh$，则均取 $A_s = \rho_{min} bh$。也可按 A'_s 为已知的双筋梁的计算方法进行计算，计算中应将 Ne 用 M 代换。

2. 小偏心受压构件的截面

当确定截面仅能按小偏心受压进行设计时（$e_i \leqslant 0.3h_0$），由式（6－35）、式（6－36）或式（6－37）可知，共有 3 个未知数 x、A_s、A'_s，两个独立方程，故需补充一个条件才能求解。根据 6.6.2 节可知，当不考虑所配钢筋对截面塑性重心的影响时，一般可先按最小配筋率 ρ_{min} 确定 A_s，即 $A_s = \rho_{min} bh$，然后求得 ξ（或 x）及 σ_s，若 $\sigma_s < 0$，则应取 $A_s = \rho_{min} bh$，然后用式（6－37）及式（6－33）重新求得 ξ。根据解得的 ξ 可分为以下 3 种情况：

（1）若 $\xi_b < \xi < (2\beta_1 - \xi_b)$，则按式（6－35）求得的 A'_s 即为所求受压钢筋截面面积，计算完毕。

（2）若 $(2\beta_1 - \xi_b) \leqslant \xi < h/h_0$，此时 σ_s 达到 $-f'_y$，计算时，取 $\sigma_s = -f'_y$，$\xi = 2\beta_1 - \xi_b$，通过式（6－35）、式（6－36）可求得 A_s 及 A'_s。

（3）若 $\xi \geqslant h/h_0$，则为全截面受压，此时应取 $x = h$，$\sigma_s = -f'_y$，并代入式（6－35）、式（6－36）计算 A_s、A'_s。

对于（2）和（3）两种情况，当计算得到的 A'_s 较大，即大于受拉侧钢筋初设值 $A_{s,min}$ 很多时，会造成实际配筋截面塑性重心的转移，使实际的截面重心移向受压钢筋较多一侧［如图 6－19（c）所示］，造成原来距离竖向力较远一侧的钢筋和混凝土外缘承受更多的压力，可能发生反向破坏，故此时取 $A_s = \rho_{min} bh$ 将不再合适，需按式（6－53）再进行补充验算 A_s。

$$Ne' \leqslant N_u e' = f_c bh\left(h - \frac{h}{2}\right) - f'_y A_s(h'_0 - a_s) \tag{6－53}$$

$$e' = \frac{h}{2} - a'_s - (e_0 - e_a) \qquad (6-54)$$

对于图 6-19（c）所示的计算偏心距 e_0 很小的情况，可能存在 $e_0 < e_a$，当 e_a 与 e_0 为相反方向，且 $N > f_c bh$ 时，也可能发生反向破坏，此时也应按式（6-53）进行复核。

上述计算所得的 A_s、A'_s 值均应满足单侧最小配筋率的要求。

在利用式（6-35）、式（6-36）计算 ξ 和 A'_s 时，将两式中的 A'_s 消去后可得 ξ 的二次方程，即：

$$\xi^2 - 2B\xi - C = 0 \qquad (6-55)$$

$$\xi = B + \sqrt{B^2 + C} \qquad (6-56)$$

$$B = \frac{a'_s}{h_0} + \frac{A_s f_y}{(\xi_b - \beta_1)\alpha_1 f_c bh_0}\left(1 - \frac{a'_s}{h_0}\right) \qquad (6-57)$$

$$C = \frac{2Ne'}{\alpha_1 f_c bh_0^2} - \frac{2\beta_1 A_s f_y}{(\xi_b - \beta_1)\alpha_1 f_c bh_0}\left(1 - \frac{a'_s}{h_0}\right) \qquad (6-58)$$

为避免求解二次方程带来的烦琐，也可采用迭代计算进行求解。根据式（6-49b），有：

$$Ne \leqslant N_u e = \alpha_1 f_c b\xi h_0^2\left(1 - \frac{\xi}{2}\right) + f'_y A'_s(h_0 - a'_s)$$

可得：

$$A'_{si} = \frac{Ne - \xi_i(1 - \xi_i/2)\alpha_1 f_c bh_0^2}{f'_y(h_0 - a'_s)} \qquad (6-59)$$

小偏心受压构件的 ξ 在 ξ_b 和 h/h_0 之间，因此可取 $\xi_1 = (\xi_b + h/h_0)/2$ 作为第一次近似值计算 A'_{s1}。根据所得 A'_{s1} 求得 ξ 的近似值 ξ_2：

$$N \leqslant N_u = \alpha_1 f_c b\xi_2 h_0 + f'_y A'_{s1} - \frac{\xi_2 - \beta_1}{\xi_b - \beta_1}f_y A_{s,min}$$

即：

$$\xi_2 = \frac{N - f'_y A'_{s1} - \dfrac{\beta_1}{\xi_b - \beta_1}f_y A_{s,min}}{\alpha_1 f_c bh_0 - \dfrac{1}{\xi_b - \beta_1}f_y A_{s,min}}$$

再代入式（6-59），求得 A'_{s2}，重复进行直到前后两次相差不超过 5%，即认为满足精度要求。

6.7.2 截面复核

复核已有截面的承载能力也是经常遇到的问题。此时一般已知截面尺寸、材料强度及截面配筋，要求计算截面所能承受的轴向力 N 及弯矩 M。截面复核有 3 种情形（如图 6 - 24 所示）：第一种情形为已知轴向力设计值 N，求截面能承受的弯矩设计值 M 或偏心距 e_0；第二种情形为已知轴向力作用位置，即已知偏心距 e_0，求截面能承受的轴力设计值 N；第三种情形为已知弯矩设计值 M，验算截面能承受的轴向力设计值 N，第三类复核问题一般为小偏心受压构件。当截面复核问题涉及偏压构件的整体承载力时，需结合构件的计算长度 l_0、轴压比及杆件两端的弯矩比值，考虑 6.4.2 节所述的二阶效应。

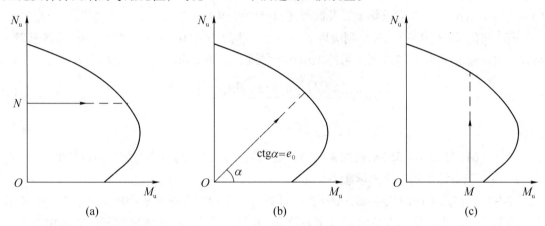

图 6 - 24　偏压构件截面复核问题加载路径
（a）已知 N，求 M；（b）已知 e_0，求 N；（c）已知 M，求 N

1. 弯矩作用平面的承载力复核

（1）给定轴向力设计值 N，求弯矩作用平面的弯矩设计值 M。由于给定的截面尺寸、配筋率和材料强度均已知，故未知数有 x、e_0 和 M 共 3 个。

先将已知配筋量和 $x = \xi_b h_0$ 代入式（6 - 24）求得界限轴向力 N_b。

如果给定的轴向力设计值 $N \leqslant N_b$，则为大偏心受压，可按式（6 - 24）重新求解 x；如果求得的 $x \geqslant 2a_s'$，则将 x 代入式（6 - 25）求解 e_0；如果求得的 $x < 2a_s'$，则取 $x = 2a_s'$，利用式（6 - 29）求解 e_0，弯矩设计值 $M = Ne_0$。

如果给定的轴向力设计值 $N > N_b$，则为小偏心受压，按式（6 - 33）和式（6 - 35）求解 x，再将 x 代入式（6 - 36）求解 e_0 及 M。

（2）给定轴向力作用的偏心距 e_0，求轴向力设计值 N。此时的未知数为 x 和 N 两个，若 $e_i < 0.3h_0$，则直接按小偏心受压计算；若 $e_i > 0.3h_0$，因截面配筋已知，故可先按大偏心受压情况对轴向力 N 的作用点取矩求解受压区高度 x。根据力矩平衡条件得：

$$\alpha_1 f_c b x \left(e - h_0 + \frac{x}{2} \right) - (f_y A_s e + f_y' A_s' e') = 0 \tag{6 - 60}$$

式中，$e = \dfrac{h}{2} + e_i - a_s$，$e' = \dfrac{h}{2} - e_i - a_s'$。

由式(6-60)可求得 x，但应注意，计算时，尺寸 h、e_i、a_s、a_s' 及强度 f_c、f_y、f_y' 均以正值代入。当 e' 的计算值小于 0 时，以负值代入。

若求出的 $x \leqslant \xi_b h_0$，则为大偏心受压，若同时有 $x \geqslant 2a_s'$，即可将 x 代入式(6-24)求截面能承受的轴向力 N。

若求出的 $x < 2a_s'$，则应按式(6-29)求截面能承受的轴向力 N_u。

若求出的 $\xi_b h_0 < x \leqslant (2\beta_1 - \xi_b)h_0$，则为小偏心受压，可将已知数据代入式(6-33)、式(6-35)和式(6-36)联立求解 x 以及截面能承受的轴向力 N。

若求出的 $x > (2\beta_1 - \xi_b)h_0$，则应取 $\sigma_s = -f_y'$，然后按式(6-35)、式(6-36)重新求解 x 及 N，同时应考虑 A_s 一侧混凝土可能先压坏的情况，故按式(6-61)求解轴向力 N：

$$N = \frac{\alpha_1 f_c bh(h_0' - 0.5h) + f_y' A_s(h_0' - a_s)}{e'} \qquad (6-61)$$

式中，$h_0' = h - a_s'$，$e' = h/2 - a_s' - (e_0 - e_a)$。

式(6-61)与式(6-35)求得的轴向力 N 比较后，取较小的值作为轴向力设计值。

2. 垂直于弯矩作用平面的承载力计算

除在弯矩作用平面内依照偏心受压进行计算外，当构件在垂直于弯矩作用平面内的长细比 l_0/b 较大时，尚应根据 l_0/b 确定稳定系数 φ，按轴心受压情况验算垂直于弯矩作用平面的受压承载力，并与上面求得的 N 比较后，取较小的值。

【例 6-4】 矩形截面偏心受压柱的截面尺寸 $b \times h = 300\,\text{mm} \times 400\,\text{mm}$，柱的计算长度 $l_0 = 2.8\,\text{m}$，$a_s = a_s' = 40\,\text{mm}$，混凝土强度等级为 C30($f_c = 14.3\,\text{N/mm}^2$，$\alpha_1 = 1.0$)，配筋采用 HRB400 级钢筋($f_y = f_y' = 360\,\text{N/mm}^2$)，承受的轴向压力设计值 $N = 340\,\text{kN}$，柱端较大弯矩设计值 $M_2 = 200\,\text{kN} \cdot \text{m}$，试计算所需的钢筋截面面积 A_s 和 A_s'(按两端弯矩相等即 $M_1/M_2 = 1$ 的框架柱考虑)。

【解】 (1)求框架柱设计弯矩 M。由于 $M_1/M_2 = 1$，因此需要考虑附加弯矩的影响。根据式(6-19)~式(6-23)有：

$$\zeta_c = \frac{0.5 f_c A}{N} = \frac{0.5 \times 14.3 \times 300 \times 400}{340\,000} = 2.5 > 1，取 1$$

$$C_m = 0.7 + 0.3\frac{M_1}{M_2} = 1$$

$$\eta_{ns} = 1 + \frac{1}{1\,300(M_2/N + e_a)/h_0}\left(\frac{l_0}{h}\right)^2 \zeta_c$$

$$= 1 + \frac{1}{1\,300 \times [200 \times 10^6/(340 \times 10^3) + 20]/360} \times \left(\frac{2\,800}{400}\right)^2$$

$$= 1.022$$

$$M = C_m \eta_{ns} M_2 = 1 \times 1.022 \times 200 = 204.4(\text{kN} \cdot \text{m})$$

（2）计算 e_i。

$$e_0 = \frac{M}{N} = \frac{204.4 \times 10^6}{340 \times 10^3} = 601(\text{mm})$$

$$\frac{h}{30} = \frac{400}{30} = 13.3(\text{mm}) < 20(\text{mm})$$

取 $\qquad\qquad\qquad\qquad e_a = 20(\text{mm})$

则 $\qquad\qquad e_i = e_0 + e_a = 601 + 20 = 621(\text{mm}) > 0.30h_0 = 0.30 \times 360 = 108(\text{mm})$

故可先按界限破坏进行计算。

（3）计算 A_s'。

$$e = \frac{h}{2} + e_i - a_s = \frac{400}{2} + 621 - 40 = 781(\text{mm})$$

$$
\begin{aligned}
A_s' &= \frac{Ne - \xi_b(1 - 0.5\xi_b)\alpha_1 f_c b h_0^2}{f_y'(h_0 - a_s')} \\
&= \frac{340 \times 10^3 \times 781 - 0.518 \times (1 - 0.5 \times 0.518) \times 1.0 \times 14.3 \times 300 \times 360^2}{360 \times (360 - 40)} \\
&= 453(\text{mm}^2) > \rho_{\min}' bh = 0.002 \times 300 \times 400 = 240(\text{mm}^2)
\end{aligned}
$$

（4）计算 A_s。

$$
A_s = \frac{\xi_b \alpha_1 f_c b h_0 + f_y' A_s' - N}{f_y} = \frac{0.518 \times 1.0 \times 14.3 \times 300 \times 360 + 360 \times 453 - 340 \times 10^3}{360}
$$

$$= 1730(\text{mm}^2) > \rho_{\min} bh = 0.002 \times 300 \times 400 = 240(\text{mm}^2)$$

故截面可按设计发生界限破坏。

（5）选择钢筋。受拉钢筋选用 2 Φ 25 + 2 Φ 22，$A_s = 1742$ mm^2，受压钢筋选用 2 Φ 18，$A_s' = 508$ mm^2。

【例 6 – 5】 由于构造要求，在例 6 – 4 中的截面上已配置受压钢筋 $A_s' = 941$ mm^2（3 Φ 20），试计算所需的受拉钢筋截面面积 A_s。

【解】 e_i 等的计算与例 6 – 4 相同，A_s 按下述步骤计算。

（1）计算受压区高度 x。由于 $e_i > 0.30h_0$ 较多，故先按大偏心受压计算，假定受压区钢筋达到受压屈服，根据式（6 – 25），参照双筋梁的设计方法，总设计弯矩可以分解为 M_{u1} 和 M_{u2}：

$$M_{u1} = f_y' A_s'(h_0 - a_s') = 360 \times 941 \times (360 - 40) = 108.4 \times 10^6(\text{N} \cdot \text{mm})$$

$$M_{u2} = Ne - M_{u1} = 340 \times 10^3 \times 781 - 108.4 \times 10^6 = 157.1 \times 10^6(\text{N} \cdot \text{mm})$$

$$\alpha_s = \frac{M_{u2}}{\alpha_1 f_c b h_0^2} = \frac{157.1 \times 10^6}{1.0 \times 14.3 \times 300 \times 360^2} = 0.283$$

$$\xi = 1 - \sqrt{1 - 2\alpha_s} = 1 - \sqrt{1 - 2 \times 0.283} = 0.341 < \xi_b = 0.518$$

则 $x = \xi h_0 = 0.341 \times 360 = 122.8(\text{mm}) > 2a'_s = 80(\text{mm})$，表明截面为大偏心受压且受压钢筋可达到屈服强度 f'_y。

（2）计算 A_s。由式（6 - 24）可得：

$$A_s = \frac{\alpha_1 f_c b x + f'_y A'_s - N}{f_y} = \frac{1.0 \times 14.3 \times 300 \times 122.8 + 360 \times 941 - 340 \times 10^3}{360}$$

$$= 1\,460(\text{mm}^2) > \rho_{\min} b h = 0.002 \times 300 \times 400 = 240(\text{mm}^2)$$

选用 4 $\underline{\Phi}$ 22，$A_s = 1\,520\ \text{mm}^2$。

【例 6 - 6】 在例 6 - 4 中的截面上已配置受压钢筋 $A'_s = 1\,520\ \text{mm}^2$（4 $\underline{\Phi}$ 22），计算所需受拉钢筋截面面积 A_s。

【解】 e_i 等的计算与例 6 - 4 相同，A_s 按下述步骤计算。

因为
$$M_{u1} = f'_y A'_s (h_0 - a'_s) = 360 \times 1\,520 \times (360 - 40) = 175.1 \times 10^6(\text{N} \cdot \text{mm})$$

$$M_{u2} = Ne - M_{u1} = 340 \times 10^3 \times 781 - 175.1 \times 10^6 = 90.4 \times 10^6(\text{N} \cdot \text{mm})$$

$$\alpha_s = \frac{M_{u2}}{\alpha_1 f_c b h_0^2} = \frac{90.4 \times 10^6}{1.0 \times 14.3 \times 300 \times 360^2} = 0.163$$

$$\xi = 1 - \sqrt{1 - 2\alpha_s} = 1 - \sqrt{1 - 2 \times 0.163} = 0.179$$

$$x = \xi h_0 = 0.179 \times 360 = 64.4(\text{mm}) < 2a'_s = 80(\text{mm})$$

表明截面为大偏心受压，但受压钢筋未达到屈服强度 f'_y。由式（6 - 29）可得：

$$e' = e_i - \frac{h}{2} + a'_s = 621 - \frac{400}{2} + 40 = 461(\text{mm})$$

$$A_s = \frac{Ne'}{f_y(h_0 - a'_s)} = \frac{340 \times 10^3 \times 461}{360 \times (360 - 40)}$$

$$= 1\,361(\text{mm}^2) > \rho_{\min} b h = 0.002 \times 300 \times 400 = 240\ (\text{mm}^2)$$

可选用 2 $\underline{\Phi}$ 20 + 2 $\underline{\Phi}$ 22，$A'_s = 1\,388\ \text{mm}^2$。

【例 6 - 7】 矩形截面偏心受压柱的截面尺寸 $b \times h = 450\ \text{mm} \times 500\ \text{mm}$，柱的计算长度 $l_0 = 4\ \text{m}$，$a_s = a'_s = 40\ \text{mm}$，混凝土强度等级为 C35（$f_c = 16.7\ \text{N/mm}^2$，$\alpha_1 = 1.0$），用 HRB400（$f_y = f'_y = 360\ \text{N/mm}^2$）级钢筋配筋，承受的轴向压力设计值 $N = 2\,200\ \text{kN}$，弯矩设计值 $M_1 = M_2 = 200\ \text{kN} \cdot \text{m}$，试计算所需的钢筋截面面积 A_s 和 A'_s。

【解】（1）计算框架柱设计弯矩值 M。由于 $M_1/M_2 = 1$，因此需要考虑附加弯矩的影响。根据式（6 - 19）~式（6 - 23）有：

$$\zeta_c = \frac{0.5 f_c A}{N} = \frac{0.5 \times 16.7 \times 450 \times 500}{2\,200\,000} = 0.85$$

$$C_m = 0.7 + 0.3 \frac{M_1}{M_2} = 1$$

$$\eta_{ns} = 1 + \frac{1}{1\ 300(M_2/N + e_a)/h_0} \left(\frac{l_0}{h}\right)^2 \zeta_c$$

$$= 1 + \frac{1}{1\ 300 \times [200 \times 10^6/(2\ 200 \times 10^3) + 20]/460} \times \left(\frac{4\ 000}{500}\right)^2 \times 0.85$$

$$= 1.174$$

$$M = C_m \eta_{ns} M_2 = 1 \times 1.174 \times 200 = 234.8(kN \cdot m)$$

(2)计算 e_i 并判别大、小偏心。因为

$$h_0 = 500 - 40 = 460(mm)$$

$$e_0 = \frac{M}{N} = \frac{234.8 \times 10^6}{2\ 200 \times 10^3} = 106.7(mm) > 0.15h_0 = 69(mm)$$

$$\frac{h}{30} = \frac{500}{30} = 16.7(mm) < 20(mm)$$

取 $e_a = 20$ mm，有：

$$e_i = e_0 + e_a = 106.7 + 20 = 126.7(mm) < 0.30h_0 = 138(mm)$$

在《混凝土规范》规定的合理配筋范围内，只能设计为小偏心受压破坏。

(3)确定 A_s。取 $A_s = \rho_{min}bh = 0.002 \times 450 \times 500 = 450$ mm²，选用 3$\underline{\Phi}$14，$A_s = 461$ mm²。

(4)计算 A_s'。通过式(6-56)、式(6-57)、式(6-58)计算，有：

$$e' = \frac{h}{2} - e_i - a_s' = \frac{500}{2} - 126.7 - 40 = 83.3(mm)$$

$$B = \frac{a_s'}{h_0} + \frac{A_s f_y}{(\xi_b - \beta_1)\alpha_1 f_c b h_0}\left(1 - \frac{a_s'}{h_0}\right)$$

$$= \frac{40}{460} + \frac{461 \times 360}{(0.518 - 0.8) \times 1.0 \times 16.7 \times 450 \times 460} \times \left(1 - \frac{40}{460}\right)$$

$$= -0.068\ 5$$

$$C = \frac{2Ne'}{\alpha_1 f_c b h_0^2} - \frac{2\beta_1 A_s f_y}{(\xi_b - \beta_1)\alpha_1 f_c b h_0}\left(1 - \frac{a_s'}{h_0}\right)$$

$$= \frac{2 \times 2\ 200 \times 10^3 \times 83.3}{1.0 \times 16.7 \times 450 \times 460^2} - \frac{1.6 \times 461 \times 360}{(0.518 - 0.8) \times 1.0 \times 16.7 \times 450 \times 460} \times \left(1 - \frac{40}{460}\right)$$

$$= 0.479\ 2$$

$$\xi = B + \sqrt{B^2 + C} = -0.068\ 5 + \sqrt{(-0.068\ 5)^2 + 0.479\ 2} = 0.627$$

$$\sigma_{s} = \frac{\xi - 0.8}{\xi_{b} - 0.8} f_{y} = \frac{0.627 - 0.8}{0.518 - 0.8} \times 360 = 220.9 (\text{N/mm}^2)$$

$$A'_{s} = \frac{N - \alpha_{1} f_{c} b h_{0} \xi + \sigma_{s} A_{s}}{f'_{y}}$$

$$= \frac{2\,200 \times 10^{3} - 1.0 \times 16.7 \times 450 \times 460 \times 0.627 + 220.9 \times 461}{360}$$

$$= 373.2 (\text{mm}^2) < A'_{s} = \rho'_{\min} bh = 0.002 \times 450 \times 500 = 450 (\text{mm}^2)$$

按照最小配筋率配筋，应采用 HRB400 级钢筋，全部纵向钢筋的最小配筋率为 0.55% ，即 $A_{s} + A'_{s} \geqslant 0.005\,5bh = 1\,237.5\ \text{mm}^2$ ，受拉钢筋已配 3Φ14($A_{s} = 461\ \text{mm}^2$) ，则：

$$A'_{s} \geqslant 1\,237.5 - 461 = 776.5 (\text{mm}^2)$$

选 4Φ16($A'_{s} = 804\ \text{mm}^2$) ，则全部纵筋的配筋率为：

$$\rho = \frac{461 + 804}{450 \times 500} = 0.56\% > 0.55\%$$

符合要求。

(5)验算垂直于弯矩作用平面的承载力。由 $\dfrac{l_{0}}{b} = \dfrac{4\,000}{450} = 8.9$ 查得 $\varphi = 0.99$ ，故有：

$$0.9\varphi[f_{c}A + f'_{y}(A_{s} + A'_{s})] = 0.9 \times 0.99 \times [16.7 \times 450 \times 500 + 360 \times (461 + 804)]$$

$$= 3\,753.7 (\text{kN}) > N = 2\,200 (\text{kN})$$

满足要求。

实际工程中由于柱承受双向偏压荷载较多，对于小偏心受压构件，柱的 4 个侧边均需满足 0.2% 的最小配筋率，总体截面也将达到 0.55% 的最小配筋率要求。

【例 6 - 8】钢筋混凝土偏心受压柱，截面尺寸 $b \times h = 400\ \text{mm} \times 600\ \text{mm}$ ，计算长度 $l_{0} = 4\ \text{m}$ ，环境类别为一类($a_{s} = a'_{s} = 40\ \text{mm}$) ，混凝土强度等级为 C35 ($f_{c} = 16.7\ \text{N/mm}^2$) ，纵筋为 HRB400 级($f_{y} = f'_{y} = 360\ \text{N/mm}^2$) ，受压侧配置 4$\Phi$20 ，受拉侧配置 4$\Phi$22 ，承受的竖向压力 $N = 1\,150\ \text{kN}$ ，求柱上、下端部截面在 h 方向能承担的一阶弯矩设计值 M_{2} (按柱两端弯矩相等考虑)。

【解】(1)确定材料强度及物理与几何参数。

$h_{0} = h - a_{s} = 600 - 40 = 560\ \text{mm}$ ；HRB400 级钢筋，C35 混凝土，$\alpha_{1} = 1.0$ ，$\beta_{1} = 0.8$ ，$\xi_{b} = 0.518$ ；$A'_{s} = 1\,256\ \text{mm}^2$ ，$A_{s} = 1\,520\ \text{mm}^2$ 。

(2)判别大、小偏心受压。

$$x = \frac{N - f'_{y} A'_{s} + f_{y} A_{s}}{\alpha_{1} f_{c} b} = \frac{1\,150 \times 10^{3} - 360 \times 1\,256 + 360 \times 1\,520}{1.0 \times 16.7 \times 400} = 186.4 (\text{mm})$$

且 $2a'_{s} = 80\ \text{mm} < x < \xi_{b} h_{0} = 0.518 \times 560 = 290.1\text{mm}$ ，属于大偏心受压。

（3）求 e_0。

$$e = \frac{\alpha_1 f_c bx(h_0 - 0.5x) + f_y' A_s'(h_0 - a_s')}{N}$$

$$= \frac{1 \times 16.7 \times 400 \times 186.4 \times (560 - 0.5 \times 186.4) + 360 \times 1\,256 \times (560 - 40)}{1\,150\,000}$$

$$= 709.8\,(\text{mm})$$

取

$$e_a = \max\left(\frac{600}{30}, 20\text{mm}\right) = 20\,(\text{mm})$$

$$e_i = e + a_s - \frac{h}{2} = 709.8 + 40 - 300 = 449.8\,(\text{mm})$$

$$e_0 = e_i - e_a = 429.8\,(\text{mm})$$

（4）求 M_2。

$$M_u = Ne_0 = 1\,150 \times 0.429\,8 = 494.3\,(\text{kN} \cdot \text{m})$$

$$\zeta_c = \frac{0.5f_c A}{N} = \frac{0.5 \times 16.7 \times 400 \times 600}{1\,150\,000} = 1.74 > 1, \text{取}\ \zeta_c = 1$$

$$C_m = 0.7 + 0.3\frac{M_1}{M_2} = 1$$

$$\frac{M_u}{C_m M_2} = \eta_{ns} = 1 + \frac{1}{1\,300(M_2/N + e_a)/h_0}\left(\frac{l_0}{h}\right)^2 \zeta_c$$

$$\frac{494.3 \times 10^6}{1.0M_2} = 1 + \frac{1}{1\,300(M_2/1\,150\,000 + 20)/560} \times \left(\frac{4\,000}{600}\right)^2 \times 1.0$$

整理得：$M_2^2 - 449.3M_2 - 11\,369.1 = 0$，解得：$M_2 = 473.31\,(\text{kN} \cdot \text{m})$

【例 6 – 9】已知非对称配筋矩形截面偏心受压柱，计算长度 $l_0 = 4$ m，$b \times h = 400$ mm ×
500 mm，环境类别为一类（$a_s = a_s' = 40$ mm），混凝土强度等级为 C25（$f_c = 11.9$ N/mm²），
纵筋为 HRB335 级（$f_y = f_y' = 300$ N/mm²），受拉侧配置 A_s 为 4 Φ 20，受压侧配置 A_s' 为 2 Φ 20。
设竖向力在柱上、下端处截面长边方向产生的偏心距 $e_0^{[1]} = 300$ mm，求构件能承受的设计轴
力 N_u（柱两端竖向力偏心方向及偏心距按相同考虑）。

【解】（1）确定材料强度及物理与几何参数。

$h_0 = h - a_s = 500 - 40 = 460$ mm；HRB335 级钢筋，C25 混凝土，$\alpha_1 = 1.0$，$\beta_1 = 0.8$，
$\xi_b = 0.550$；$A_s' = 628$ mm²，$A_s = 1\,256$ mm²。

（2）判别大、小偏心受压。

取

$$e_a = \max\left(\frac{500}{30}, 20\text{mm}\right) = 20\,(\text{mm})$$

则未考虑二阶效应的初始偏心距 $e_i^{[1]}$ 为：

$$e_i^{[1]} = e_0^{[1]} + e_a = 300 + 20 = 320\,(\text{mm}) > 0.3h_0 = 138\,(\text{mm})，先按大偏心受压考虑。$$

（3）求 N_u 的估算值 $N_u^{[1]}$。对 N 的作用点建立力矩平衡方程可得：

$$f_y A_s e - f_y' A_s' e' = \alpha_1 f_c b x \left(e_i^{[1]} - \frac{h}{2} + \frac{x}{2} \right)$$

$$e = e_i^{[1]} + \frac{h}{2} - a_s = 320 + 250 - 40 = 530 (\text{mm})$$

$$e' = e_i^{[1]} - \frac{h}{2} + a_s' = 320 - 250 + 40 = 110 (\text{mm})$$

得方程： $x^2 + 140x - 75\,201.7 = 0$，解得：$x = 213$ mm

则： $2a_s' = 80$ mm $< x < \xi_b h_0 = 0.550 \times 460 = 253$ mm，按大偏心受压考虑正确。

$$N_u^{[1]} = \alpha_1 f_c b x + f_y' A_s' - f_y A_s = 1.0 \times 11.9 \times 400 \times 213 +$$
$$300 \times 628 - 300 \times 1\,256 = 825.48 (\text{kN})$$

（4）二阶效应的考虑。由于 $\frac{M_1}{M_2} = 1 > 0.9$，故需考虑二阶弯矩的影响。

$$C_m = 0.7 + 0.3 \frac{M_1}{M_2} = 1; \quad e_0^{[1]} = 300 \text{ mm}, \text{ 即 } M_2/N = 300 \text{ mm}$$

$$\zeta_c = \frac{0.5 f_c A}{N_u^{[1]}} = \frac{0.5 \times 11.9 \times 400 \times 500}{825\,480} = 1.44 > 1, \text{ 取 } \zeta_c = 1, \text{ 且 } N \text{ 值减小后仍取 } 1.$$

$$\eta_{ns} = 1 + \frac{1}{1\,300(M_2/N + e_a)/h_0} \left(\frac{l_0}{h} \right)^2 \zeta_c = 1 + \frac{1}{1\,300 \times (300 + 20)/460} \times \left(\frac{4\,000}{500} \right)^2 \times 1.0 = 1.071$$

当对 M_2 考虑二阶效应后，$e_0 = \dfrac{C_m \eta_{ns} M_2}{N} = \eta_{ns} e_0^{[1]} = 1.071 \times 300 = 321 (\text{mm})$

可得考虑二阶效应的初始偏心距：

$$e_i = e_0 + e_a = 321 + 20 = 341 (\text{mm}) > 0.3 h_0 = 138 (\text{mm})$$

（5）求 N_u。

由 $$f_y A_s e - f_y' A_s' e' = \alpha_1 f_c b x \left(\frac{x}{2} + e_i - \frac{h}{2} \right)$$

$$e = e_i + \frac{h}{2} - a_s = 341 + 250 - 40 = 551 (\text{mm})$$

$$e' = e_i - \frac{h}{2} + a_s' = 341 - 250 + 40 = 131 (\text{mm})$$

$$300 \times 1\,256 \times 551 - 300 \times 628 \times 131 = 1.0 \times 11.9 \times 400 x \left(\frac{x}{2} + 341 - \frac{500}{2} \right)$$

解得： $$x = 200.8 (\text{mm})$$

则：
$$2a'_s = 80(\text{mm}) < x < \xi_b h_0 = 0.550 \times 460 = 253(\text{mm})$$

$$N_u = \alpha_1 f_c bx + f'_y A'_s - f_y A_s = 1.0 \times 11.9 \times 400 \times 200.8 +$$
$$300 \times 628 - 300 \times 1\,256 = 767.41(\text{kN})$$

6.8　矩形截面对称配筋偏心受压构件的计算方法

不论大、小偏心受压构件，两侧的钢筋截面面积 A_s 及 A'_s 都是由各自的计算公式得出的，且其数量一般不相等，这种配筋方式称为不对称配筋。不对称配筋比较经济，但施工不够方便。

在实际工程中，常在受压构件的两侧配置相等的钢筋，称为对称配筋，即截面两侧采用规格相同、面积相等的钢筋。对称配筋虽然要多用一些钢筋，但构造简单，施工方便，不易发生差错。特别是偏心受压构件在不同的荷载组合下，同一截面有时会承受不同方向的弯矩。例如，框、排架柱在风荷载、地震作用等方向不定的水平荷载作用下，截面上弯矩的方向会随荷载方向的变化而改变，当弯矩数值相差不大时，可采用对称配筋；有时虽然两个方向的弯矩数值相差较大，但按对称配筋设计求得的纵筋总量与按不对称配筋设计得出的纵筋总量增加不多时，也宜采用对称配筋。

6.8.1　大、小偏心受压构件的判别

对称截面的配筋是指在柱截面两侧配置同等级相同截面面积的钢筋，即 $A_s = A'_s$，$a_s = a'_s$，由于附加了对称配筋的条件，因此，在进行截面设计时，大、小偏心受压的基本公式中只有两个未知量，故可以联立求解，不再需要附加条件。在大偏心受压情况下，由于 $f_y A_s$ 与 $f'_y A'_s$ 大小相等、方向相反，刚好相互抵消，所以 ξ 值可直接求得，即：

$$\xi = \frac{N}{\alpha_1 f_c b h_0} \tag{6-62}$$

因此，在判别大、小偏心受压时，可不考虑偏心距的大小，而是根据式(6-62)计算的相对受压区高度 ξ 的大小来进行判别：

(1)当 $\xi \leqslant \xi_b$ 时，为大偏心受压。

(2)当 $\xi > \xi_b$ 时，为小偏心受压。

在界限状态下，由于 $\xi = \xi_b$，所以利用式(6-24)可以得到界限破坏状态时的轴向力：

$$N_b = \alpha_1 f_c b h_0 \xi_b \tag{6-63}$$

对称配筋时，大、小偏心受压也可以用如下方法判别：

(1)当 $N \leqslant N_b$ 时，为大偏心受压。

(2)当 $N > N_b$ 时，为小偏心受压。

在实际计算中，判别大、小偏心受压时，可根据实际情况选用其中的一种方法。

对称配筋的偏压柱，当 $f'_y < f_y$ 时，无法直接利用式（6-62）进行相对受压区高度的初算判定。根据式（6-24）及式（6-25），可得出大偏心受压柱此时在竖向力 N 作用下的相对受压区高度：

$$\xi = 1 + \frac{f'_y}{f_y - f'_y}\left(1 - \frac{a'_s}{h_0}\right) - \sqrt{\left[1 + \frac{f'_y}{f_y - f'_y}\left(1 - \frac{a'_s}{h_0}\right)\right]^2 - \frac{2N}{\alpha_1 f_c b h_0}\left[\frac{f'_y}{f_y - f'_y}\left(1 - \frac{a'_s}{h_0}\right) + \frac{e}{h_0}\right]}$$

$$(6-64)$$

首先根据 ξ 值判断偏心类型及适用条件，然后将 ξ 值代入式（6-24）或式（6-25）计算 A'_s，取 $A_s = A'_s$。

另外，通过分析式（6-24）和式（6-25）可知，当考虑 $f'_y < f_y$ 时按式（6-64）计算的 ξ 大于按式（6-62）计算的 ξ，从而使按式（6-25）计算的 A'_s 偏小。对于小偏心受压构件，式（6-35）及式（6-36）也会得出相同结论。因此，为简化计算，可近似按 $f'_y = f_y$ 进行 ξ 的计算。

6.8.2　截面设计

1. 大偏心受压构件

大偏心受压时，先用式(6-62)计算 ξ，如果 $x = \xi h_0 \geqslant 2a'_s$，则将 x 代入式(6-25)可得：

$$A_s = A'_s = \frac{Ne - \alpha_1 f_c b h_0^2 \xi(1 - 0.5\xi)}{f'_y(h_0 - a'_s)}$$

$$(6-65)$$

式中，$e = e_i + h/2 - a_s$。

如果计算所得的 $x = \xi h_0 < 2a'_s$，则应取 $x = 2a'_s$，根据式(6-29)计算，即：

$$A_s = A'_s = \frac{Ne'}{f'_y(h_0 - a'_s)}$$

$$(6-66)$$

式中，$e' = e_i - h/2 + a'_s$。

2. 小偏心受压构件

小偏心受压时，由于 $-f'_y \leqslant \sigma_s \leqslant f_y$，故 ξ 值需由基本公式(6-35)和式(6-36)联立求解。将 σ_s 按式(6-33)代入式(6-35)，由于 $f_y A_s = f'_y A'_s$，所以可以得到：

$$N = \alpha_1 f_c b h_0 \xi + f'_y A'_s - f_y \frac{\xi - \beta_1}{\xi_b - \beta_1} A_s$$

$$(6-67)$$

解得：

$$f'_y A'_s = f_y A_s = (N - \alpha_1 f_c b h_0 \xi)\frac{\xi_b - \beta_1}{\xi_b - \xi}$$

$$(6-68)$$

将式(6-68)代入式(6-36)可得：

$$Ne\frac{\xi_b - \xi}{\xi_b - \beta_1} = \alpha_1 f_c bh_0^2 \xi(1 - 0.5\xi)\frac{\xi_b - \xi}{\xi_b - \beta_1} + (N - \alpha_1 f_c bh_0 \xi)(h_0 - a_s') \tag{6-69}$$

这是一个 ξ 的三次方程，计算很烦琐，设计时可用迭代方法计算，也可用近似法求解相对受压区的高度，对 ξ 值的计算进行如下简化，令：

$$\bar{y} = \xi(1 - 0.5\xi)\frac{\xi - \xi_b}{\beta_1 - \xi_b} \tag{6-70}$$

将式(6-70)代入式(6-69)可得：

$$\frac{Ne}{\alpha_1 f_c bh_0^2}\left(\frac{\xi_b - \xi}{\xi_b - \beta_1}\right) - \left(\frac{N}{\alpha_1 f_c bh_0^2} - \xi/h_0\right)(h_0 - a_s') = \bar{y} \tag{6-71}$$

对于给定的钢筋级别和混凝土强度等级，ξ_b、β_1 为已知，则由式(6-70)可画出 $\bar{y}$ 与 ξ 的关系曲线，在小偏心受压 $[\xi_b \leqslant \xi \leqslant (2\beta_1 - \xi_b)]$ 的区段内，$\bar{y}$ 与 ξ 的关系曲线逼近直线关系，对于 HRB335、HRB400(或 RRB400)级钢筋，$\bar{y}$ 与 ξ 的线性方程可近似取为：

$$\bar{y} = 0.43\frac{\xi - \xi_b}{\beta_1 - \xi_b} \tag{6-72}$$

将式(6-72)代入式(6-71)，经整理后可得到求解 ξ 的近似公式：

$$\xi = \frac{N - \xi_b \alpha_1 f_c bh_0}{\dfrac{Ne - 0.43\alpha_1 f_c bh_0^2}{(\beta_1 - \xi_b)(h_0 - a_s')} + \alpha_1 f_c bh_0} + \xi_b \tag{6-73}$$

将式(6-73)代入式(6-36)即可求得钢筋截面面积：

$$A_s = A_s' = \frac{Ne - \alpha_1 f_c bh_0^2 \xi(1 - 0.5\xi)}{f_y'(h_0 - a_s')} \tag{6-74}$$

在计算对称配筋小偏心受压构件时，除上述将求解 ξ 的三次方程作降阶处理的近似方法外，还可以采用迭代法求解 ξ 和 A_s'。将式 (6-68) 改写为如下形式：

$$\xi_{i+1} = \frac{N}{\alpha_1 f_c bh_0} - \frac{f_y' A_s'}{\alpha_1 f_c bh_0} \cdot \frac{\xi_b - \xi_i}{\xi_b - \beta_1} \tag{6-75}$$

式 (6-74) 改写为：

$$A_{si}' = \frac{Ne - \alpha_1 f_c bh_0^2 \xi_i(1 - \xi_i/2)}{f_y'(h_0 - a_s')} \tag{6-76}$$

对于小偏心受压构件，ξ 的范围在 ξ_b 和 h/h_0 之间，因此可取 $\xi_1 = (\xi_b + h/h_0)/2$ 作为第一次近似值代入式 (6-76)，得到 A_s' 的第一次近似值 A_{s1}'。然后，将 A_{s1}' 代入式 (6-75) 得到 ξ_2，再将其代入式 (6-76) 得到 A_{s2}'。重复进行直到前后两次相差不超过 5%，即认为满足精度要求。

3. 截面复核

对称配筋截面复核的计算与非对称配筋情况基本相同，但取 $A_s = A'_s$，在这里不再重述，并且由于 $A_s = A'_s$，因此不必再进行反向破坏验算。

【例 6 – 10】已知条件同例 6 – 4，但要求设计成对称配筋。

【解】（1）截面附加弯矩的计算及初始偏心距的计算均同例 6 – 4。

（2）计算 A_s、A'_s。

$$x = \frac{N}{\alpha_1 f_c b} = \frac{340 \times 10^3}{1.0 \times 14.3 \times 300} = 79.3 (\text{mm})$$

$$x < \xi_b h_0 = 0.518 \times 360 = 186.48 (\text{mm})$$

且

$$x < 2a'_s = 2 \times 40 = 80 (\text{mm})$$

$$e' = e_i - \frac{h}{2} + a'_s = 621 - \frac{400}{2} + 40 = 461 (\text{mm})$$

则：

$$A_s = A'_s = \frac{Ne'}{f_y (h_0 - a'_s)}$$

$$= \frac{340 \times 10^3 \times 461}{360 \times (360 - 40)} = 1\ 360 (\text{mm}^2)$$

故 A_s 和 A'_s 各自选用 4 Φ 22，$A_s = A'_s = 1\ 520\ \text{mm}^2$。

与例 6 – 4 相比，对称配筋截面的总用钢量要多些。

【例 6 – 11】已知条件同例 6 – 7，但采用对称配筋。

【解】（1）截面附加弯矩的计算及初始偏心距的计算同例 6 – 7。

（2）计算 $A_s = A'_s$。因为

$$e = e_i + \frac{h}{2} - a'_s = 126.7 + \frac{500}{2} - 40 = 336.7 (\text{mm})$$

故由式（6 – 73）可得：

$$\xi = \frac{N - \xi_b \alpha_1 f_c b h_0}{\dfrac{Ne - 0.43 \alpha_1 f_c b h_0^2}{(\beta_1 - \xi_b)(h_0 - a'_s)} + \alpha_1 f_c b h_0} + \xi_b$$

$$= \frac{2\ 200 \times 10^3 - 0.518 \times 16.7 \times 450 \times 460}{\dfrac{2\ 200 \times 10^3 \times 336.7 - 0.43 \times 16.7 \times 450 \times 460^2}{(0.8 - 0.518) \times (460 - 40)} + 16.7 \times 450 \times 460} + 0.518$$

$$= 0.622$$

代入式（6 – 74）中，可得：

$$A_s = A'_s = \frac{Ne - \alpha_1 f_c b h_0^2 \xi (1 - 0.5\xi)}{f'_y (h_0 - a'_s)}$$

$$= \frac{2\ 200 \times 10^3 \times 336.7 - 16.7 \times 450 \times 460^2 \times 0.622 \times (1 - 0.5 \times 0.622)}{360 \times (460 - 40)}$$

$$= 392(\text{mm}^2) < 0.002bh = 450(\text{mm}^2)$$

（3）选择钢筋验算配筋率。每边选 $2 \Phi 22 (A_s = A'_s = 760 \text{ mm}^2)$，则全部的纵向钢筋配筋率为：

$$\rho = \frac{760 \times 2}{450 \times 500} = 0.68\% > 0.55\%$$

每边的配筋率为 $0.34\% > 0.2\%$，故满足要求。

6.9　偏心受压构件斜截面受剪承载力计算

6.9.1　轴向压力对构件斜截面受剪承载力的影响

框架结构在竖向荷载和水平荷载的共同作用下，柱截面上不仅有轴向压力和弯矩，而且有剪力，因此，在计算柱的斜截面受剪承载力时应考虑轴向压力的作用。

试验研究表明，偏心受压构件的受剪承载力随着轴压比 $N/(f_c bh)$ 的增大而增大，当轴压比为 $0.4 \sim 0.5$ 时，受剪承载力达到最大值，若轴压比值更大，则受剪承载力会随着轴压比的增大而降低，如图 6-25 所示。对于不同剪跨比的构件，轴向压力对受剪承载力的影响规律基本相同。

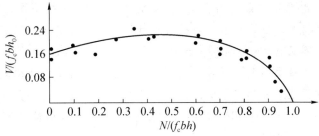

图 6-25　轴向压力对受剪承载力的影响

轴向压力对构件受剪承载力起有利作用，是因为轴向压力能阻滞斜裂缝的出现和开展，增加混凝土剪压区的高度，从而提高构件的受剪承载力。但由上述可知，轴向压力对受剪承载力的有利作用是有限的，故应对轴向压力受剪承载力的提高范围予以限制。在轴压比的限值内，斜截面水平投影长度与相同参数的梁（无轴向压力）基本相同，故轴向压力对箍筋所承担的剪力没有明显影响。

6.9.2　偏心受压构件的受剪承载力

通过试验资料分析和可靠度计算，对于承受轴向压力和横向力作用的矩形、T 形和工字形截面偏心受压构件，其斜截面受剪承载力应按下列公式计算：

$$V_u = \frac{1.75}{\lambda + 1.0} f_t b h_0 + f_{yv} \frac{A_{sv}}{s} h_0 + 0.07N \tag{6-77}$$

式中：λ——偏心受压构件计算截面的剪跨比，对于各类结构的框架柱，取 $\lambda = M/Vh_0$（M 为计算截面上与剪力设计值 V 相应的弯矩设计值），当框架结构中柱的反弯点在层高范围内时，可取 $\lambda = H_n/2h_0$（H_n 为柱的净高），当 $\lambda < 1$ 时，取 $\lambda = 1$，当 $\lambda > 3$ 时，取 $\lambda = 3$；对于其他偏心受压构件，当承受均布荷载时，取 $\lambda = 1.5$，当承受集中荷载时（包括作用有多种荷载，且集中荷载对支座截面或节点边缘所产生的剪力值占总剪力的 75% 以上的情况），取 $\lambda = a/h_0$（a 为集中荷载至支座或节点边缘的距离），当 $\lambda < 1.5$ 时，取 $\lambda = 1.5$，当 $\lambda > 3$ 时，取 $\lambda = 3$；

N——与剪力设计值 V 相对应的轴向压力设计值，当 $N > 0.3f_c A$ 时，取 $N = 0.3f_c A$（A 为构件的截面面积）。

若受剪承载力符合式（6-78）的要求，则可不进行斜截面受剪承载力计算，而仅需根据构造要求配置箍筋：

$$V \leqslant \frac{1.75}{\lambda + 1.0} f_t b h_0 + 0.07N \tag{6-78}$$

偏心受压构件的受剪截面尺寸尚应符合《混凝土规范》的有关规定。

小结

1. 单向偏心受压构件随着配筋特征值（相对受压区高度）ξ 的不同，有受拉破坏和受压破坏两种不同的破坏特征。这两种破坏特征与受弯构件的适筋破坏和超筋破坏基本相同。两种偏心受压破坏的分界条件为：$\xi \leqslant \xi_b$ 为大偏心受压破坏；$\xi > \xi_b$ 为小偏心受压破坏。由于两种偏心受压构件的正截面承载力计算方法不同，故在计算时首先必须进行判别。在进行截面设计时，由于往往无法首先确定 ξ 值，也就不可能直接利用上述分界条件进行判别，所以此时可用 e_i 进行判别，即 $e_i > 0.30h_0$ 时可以先按照大偏心受压构件计算，然后进一步进行判别，否则为小偏心受压构件。

2. 考虑工程实际中存在的荷载作用位置的不定性、混凝土质量的不均匀性及施工的偏差等因素，偏心方向的附加偏心距 e_a 应取 20 mm 和偏心方向截面尺寸的 1/30 两者中的较大值。桥梁工程中不考虑此项的影响。

3. 实际工程中多遇到的是长柱，在确定偏心受压构件的内力设计值时，需考虑构件侧向挠度引起的附加弯矩的影响，工程设计中通常采用增大系数法。具体方法是：将柱端的附加弯矩计算用弯矩增大系数和偏心距调节系数来表示，即偏心受压柱的设计弯矩（考虑附加矩的影响后）为原柱端最大弯矩 M_2 乘以弯矩增大系数 η_{ns} 和偏心距调节系数 C_m 而得。

4. 建立偏心受压构件正截面承载力计算公式的基本假定与受弯构件完全相同。大偏心受压构件的计算方法与受弯构件双筋截面的计算方法大同小异。小偏心受压构件由于受拉边或受压较小边钢筋 A_s 的应力 σ_s 为非确定值（$f_y' \leqslant \sigma_s \leqslant f_y$），从而使计算较为复杂。

5. 单向偏心受压构件有非对称配筋和对称配筋两种配筋形式，后者在工程中比较常用。

6. 偏心受压构件 $N_u - M_u$ 相关曲线中的菱形区概念，将《混凝土规范》允许的合理配筋方案与截面承载特征进行了对应和直观描述，截面的设计和复核问题均可在理解菱形区概念的基础上进行更好的掌握。

思 考 题

1. 在轴心受压柱中配置纵向钢筋的作用是什么？为什么要控制纵向钢筋的最小配筋率？

2. 轴心受压构件为什么不宜采用高强钢筋？

3. 轴心受压柱中箍筋布置的原则是什么？有哪些要求？

4. 大、小偏心受压破坏有何本质区别？其判别的界限条件是什么？

5. 附加偏心距 e_a 的物理意义是什么？

6. 简述不对称配筋矩形截面大、小偏心受压的设计步骤。

习 题

1. 已知某柱两端为不动铰支座，柱高 $H = 5.6$ m，截面尺寸为 400 mm × 400 mm，采用 C20 混凝土和 HRB500 级钢筋，柱顶截面承受的轴心压力设计值 $N = 1\,692$ kN，试确定纵向钢筋截面面积 A_s 及 A'_s。

2. 某多层房屋现浇混凝土框架的底层中柱，截面尺寸 $b \times h = 400$ mm × 400 mm，对称配置 4Φ22 的 HRB400 级纵向钢筋，混凝土强度等级为 C30，计算长度 $l_0 = 6$ m，试确定该柱能承担的轴向压力 N。

3. 已知矩形截面偏心受压构件，承受的轴向力设计值 $N = 800$ kN，弯矩设计值 $M_1 = M_2 = 400$ kN·m，计算长度 $l_0 = 6$ m，截面尺寸 $b \times h = 400$ mm × 600 mm，混凝土强度等级为 C30，纵筋为 HRB400 级钢筋，箍筋为 HPB300 级钢筋，计算柱的钢筋并绘制截面配筋图。

4. 某钢筋混凝土柱，截面尺寸 $b \times h = 400$ mm × 600 mm，计算长度 $l_0 = 4.5$ m，采用 C30 混凝土，其中 A_s 为 4Φ20，A'_s 为 4Φ22，A'_s 和 A_s 都采用 HRB500 级钢筋，试求：当柱两端弯矩 $M_1 = M_2$、$e_0 = 120$ mm 时，该柱能承受的最大轴向压力设计值和弯矩设计值（取 $a_s = a'_s = 40$ mm）。

5. 某钢筋混凝土柱，截面尺寸 $b \times h = 400$ mm × 500 mm，计算长度 $l_0 = 5$ m，控制截面的轴向力设计值 $N = 416$ kN，弯矩设计值 $M_1 = 208$ kN·m，$M_2 = 245$ kN·m，采用 C30 混凝土、HRB400 级纵向钢筋和 HPB300 级箍筋，对称配筋，试确定纵向钢筋截面面积并绘制配筋图。

第7章 受拉构件承载力计算

学习目标

1. 了解轴心受拉构件的特点；了解轴心受拉构件正截面承载力的计算方法。
2. 了解大、小偏心受拉构件的判别方法及破坏特征。
3. 了解大、小偏心受拉构件的计算方法。

承受纵向拉力的结构构件称为受拉构件。受拉构件也可分为轴心受拉和偏心受拉两种类型。在钢筋混凝土结构中，真正的轴心受拉构件是罕见的。近似按轴心受拉构件计算的有承受节点荷载的屋架或托架受拉弦杆和腹杆，刚架、拱的拉杆，承受内压力的环形管壁及圆形储液池的壁筒等；可按偏心受拉计算的构件有矩形水池的池壁、工业厂房双肢柱的受拉肢杆、受地震作用的框架边柱和承受节间荷载的屋架下弦拉杆等。

7.1 轴心受拉构件正截面承载力计算

轴心受拉构件的受力过程与适筋梁相似，从加载开始到破坏也可分为3个受力阶段：第Ⅰ阶段为从加载到混凝土受拉开裂前，第Ⅱ阶段为混凝土开裂至钢筋即将屈服，第Ⅲ阶段为受拉钢筋开始屈服到全部受拉钢筋达到屈服。在第Ⅲ阶段，混凝土裂缝开展很大，可认为构件达到破坏状态，即达到极限荷载。

轴心受拉构件破坏时，混凝土早已被拉裂，全部拉力都由钢筋承受，直到钢筋受拉屈服，故轴心受拉构件正截面受拉承载力计算公式如下：

$$N \leqslant f_y A_s \tag{7-1}$$

式中：N——轴向拉力设计值；

f_y——钢筋的抗拉强度设计值，按附录2中的附表2-4取用；

A_s——受拉钢筋的全部截面面积。

【例7-1】已知某钢筋混凝土屋架下弦，截面尺寸 $b \times h = 200 \text{ mm} \times 150 \text{ mm}$，其所受的轴心拉力设计值为240 kN，混凝土强度等级为C30，钢筋采用HRB335级，试求由正截面抗拉承载力确定的纵筋截面面积 A_s 及配筋方案。

【解】因为HRB335级钢筋 $f_y = 300 \text{ N/mm}^2$，故代入式（7-1）可得：

$$A_s = N/f_y = 240\,000 \div 300 = 800 \text{ (mm}^2)$$

选用 4 Φ 16，$A_s = 804 \text{ mm}^2$。

7.2　偏心受拉构件正截面承载力计算

偏心受拉构件正截面承载力计算，按纵向拉力 N 的作用位置不同，可以分为大偏心受拉与小偏心受拉两种情况：当纵向拉力 N 作用在钢筋 A_s 合力点和 A_s' 合力点范围之外时，为大偏心受拉；当纵向拉力 N 作用在钢筋 A_s 合力点和 A_s' 合力点范围之间时，为小偏心受拉。

构件的大、小偏心受拉可以按下列公式进行判别：当 $e_0 = \dfrac{M}{N} > \dfrac{h}{2} - a_s$ 时，为大偏心受拉构件；当 $e_0 = \dfrac{M}{N} \leqslant \dfrac{h}{2} - a_s$ 时，为小偏心受拉构件。

1. 大偏心受拉构件正截面承载力计算

大偏心受拉构件破坏时，混凝土虽开裂，但还有受压区，否则拉力 N 将得不到平衡。其破坏特征与 A_s 的数量有关，当 A_s 数量适当时，受拉钢筋首先屈服，然后受压钢筋的应力达到屈服强度，混凝土受压边缘达到极限应变而破坏，受压区混凝土强度达到 $\alpha_1 f_c$。

图 7－1 所示为矩形截面大偏心受拉构件计算图形。基本公式如下：

$$N = f_y A_s - f_y' A_s' - \alpha_1 f_c bx \tag{7-2}$$

$$Ne = \alpha_1 f_c bx \left(h_0 - \frac{x}{2} \right) + f_y' A_s' \left(h_0 - a_s' \right) \tag{7-3}$$

式中：

$$e = e_0 - \frac{h}{2} + a_s \tag{7-4}$$

基本公式的适用条件是：$x \leqslant \xi_b h_0$，$x \geqslant 2a_s'$。

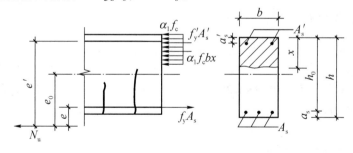

图 7－1　矩形截面大偏心受拉构件计算图形

设计时为了使钢筋总用量$(A_s + A_s')$最少，同偏心受压构件一样，应取 $x = x_b$，然后代入式(7－2)及式(7－3)可得：

$$A_s' = \frac{Ne - \alpha_1 f_c bx_b (h_0 - x_b/2)}{f_y' (h_0 - a_s')} \tag{7-5}$$

$$A_s = \frac{\alpha_1 f_c bx_b + N}{f_y} + \frac{f_y'}{f_y}A_s' \qquad (7-6)$$

式中：x_b——界限破坏时受压区的高度，$x_b = \xi_b h_0$，ξ_b 的计算见第 4 章式（4-18）。

对称配筋时，由于 $A_s = A_s'$，$f_y = f_y'$，所以代入式（7-2）后求出的 x 必然为负值，属于 $x < 2a_s'$ 的情况，可以按偏心受压的类似情况进行处理，故取 $x = 2a_s'$，则对 A_s' 的合力点取矩可得：

$$N_u e' = f_y A_s (h_0 - a_s') \qquad (7-7)$$

$$e' = e_0 + \frac{h}{2} - a_s' \qquad (7-8)$$

利用式（7-7）计算出 A_s，然后取 $A_s' = 0$ 计算出 A_s，最后按两种计算的较小值进行配筋。

其他情况的设计题和复核题的计算与大偏心受压构件相似，所不同的是轴向力 N 为拉力。

【例 7-2】已知某矩形水池如图 7-2 所示，壁厚为 300 mm，池壁在跨中水平方向每 1 m 宽度上的最大弯矩设计值 $M = 120$ kN·m，相应的每 1 m 宽度上的轴向拉力设计值 $N = 240$ kN，该水池的混凝土强度等级为 C25，钢筋用 HRB400 级，求水池在该处需要的 A_s 及 A_s' 值。

图 7-2　矩形水池池壁弯矩 M
和拉力 N 的示意图

【解】因为　$b \times h = 1\,000$ mm $\times 300$ mm

$$a_s = a_s' = 35 \text{ mm}$$

$$e_0 = \frac{M}{N} = \frac{120 \times 1\,000}{240} = 500 (\text{mm})$$

故为大偏心受拉，所以有：

$$e = e_0 - \frac{h}{2} + a_s = 500 - 150 + 35 = 385 (\text{mm})$$

先假定 $x = x_b = 0.518 h_0 = 0.518 \times 265 = 137$ mm 来计算 A_s' 值，因为这样能使 $A_s + A_s'$ 的用量最少，具体计算为：

$$\begin{aligned}
A_s' &= \frac{Ne - \alpha_1 f_c bx_b \left(h_0 - \frac{x_b}{2}\right)}{f_y'(h_0 - a_s')} \\
&= \frac{240\,000 \times 385 - 1.0 \times 11.9 \times 1\,000 \times 137 \times (265 - 137/2)}{360 \times (265 - 35)} < 0
\end{aligned}$$

故取 $A_s' = \rho_{min}' bh = 0.002 \times 1\,000 \times 300 = 600$ mm^2。选用 HRB400 级钢筋，且直径为 12 mm，间距为 150 mm，则 $A_s' = 754$ mm^2。

该题由求算 A_s' 及 A_s 的问题转化为已知 A_s' 求 A_s 的问题，此时 x 不再是界限值 x_b 了，需重新计算 x 值，计算方法和偏心受压构件计算类同，可由式（7 - 3）计算 x 值。由式（7 - 3）可得：

$$\alpha_1 f_c b x^2 / 2 - \alpha_1 f_c b h_0 x + Ne - f_y' A_s' (h_0 - a_s') = 0$$

代入数据得：

$$1.0 \times 11.9 \times 1\,000 \times x^2 / 2 - 1.0 \times 11.9 \times 1\,000 \times 265 x + 240\,000 \times 385 - 360 \times 754 \times (265 - 35) = 0$$

即：

$$5\,950 x^2 - 3\,153\,500\,x + 29\,968\,800 = 0$$

解得：

$$x = \frac{3\,153\,500 - \sqrt{3\,153\,500^2 - 4 \times 5\,950 \times 29\,968\,800}}{2 \times 5\,950} = 9.68(\text{mm})$$

因为 $x = 9.68 < 2a_s'$，故取 $x = 2a_s'$，并对 A_s' 合力点取矩，可求得：

$$A_s = \frac{Ne'}{f_y(h_0 - a_s')} = \frac{240\,000 \times (500 + 150 - 35)}{360 \times (265 - 35)} = 1\,782.6(\text{mm}^2)$$

另外，取 $A_s' = 0$，由式（7 - 3）重求 x 值，可得：

$$\alpha_1 f_c b x^2 / 2 - \alpha_1 f_c b h_0 x + Ne = 0$$

代入数据得：

$$1.0 \times 11.9 \times 1\,000 \times x^2 / 2 - 1.0 \times 11.9 \times 1\,000 \times 265 x + 240\,000 \times 385 = 0$$

即：

$$5\,950 x^2 - 3\,153\,500 x + 92\,400\,000 = 0$$

解得：

$$x = \frac{3\,153\,500 - \sqrt{3\,153\,500^2 - 4 \times 5\,950 \times 92\,400\,000}}{2 \times 5\,950} = 31.13(\text{mm})$$

然后由式（7 - 2）重求 A_s 值，可得：

$$A_s = \frac{N + f_y' A_s' + \alpha_1 f_c b x}{f_y} = \frac{240\,000 + 1.0 \times 11.9 \times 1\,000 \times 31.13}{360} = 1\,695.7(\text{mm}^2)$$

应从上面计算中取小者配筋（在 $A_s = 1\,782.6\ \text{mm}^2$ 和 $1\,695.7\ \text{mm}^2$ 中取小者配筋），今取 $A_s = 1\,695.7\ \text{mm}^2$ 进行配筋，选用 HRB400 级钢筋，且直径为 16 mm，间距为 110 mm，$A_s = 1\,827\ \text{mm}^2$。

2. 小偏心受拉构件正截面承载力计算

小偏心受拉构件破坏时，一般情况下，全截面均为拉应力，其中 A_s 一侧的拉应力较大。随着荷载的增加，A_s 一侧的混凝土首先开裂，而且裂缝很快就贯通整个截面，所以混凝土将退出工作，拉力完全由钢筋承担。构件破坏时，A_s 及 A_s' 都达到屈服强度，截面受拉计算图形如图 7 - 3 所示。在这种情况下，不需考虑混凝土的受拉工作，因此，设计时可假定构件破坏时钢筋 A_s 及 A_s' 的应力都达到屈服强度，然后根据内、外力分别对钢筋 A_s 及 A_s' 合力点取矩的平衡条件可得：

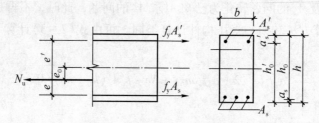

图 7 - 3   小偏心受拉计算图形

$$Ne = f_y A_s' (h_0 - a_s') \tag{7-9}$$

$$Ne' = f_y A_s (h_0' - a_s) \tag{7-10}$$

式中：

$$e = \frac{h}{2} - e_0 - a_s \tag{7-11}$$

$$e' = e_0 + \frac{h}{2} - a_s' \tag{7-12}$$

对称配筋时可取：

$$A_s' = A_s = \frac{Ne'}{f_y(h_0 - a_s')} \tag{7-13}$$

式中：

$$e' = e_0 + \frac{h}{2} - a_s' \tag{7-14}$$

小   结

受拉构件是钢筋混凝土结构中的基本受力形式之一。本章在基本计算原理的基础上，对轴心受拉构件正截面受拉承载力设计计算方法、偏心受拉构件正截面受拉承载力设计计算方法进行了介绍。

1. 受拉构件分为轴心受拉及偏心受拉两种，学习时可以与第 6 章受压构件的截面承载力有关内容进行比较。

2. 轴心受拉构件的受力过程可以分为 3 个阶段，正截面受拉承载力计算以第 Ⅲ 阶段为基础，拉力全部由纵向钢筋承受，承载力计算公式比较简单。

3. 偏心受拉构件根据其轴向力所在位置(偏心距 e_0 的大小)可分为小偏心受拉和大偏心受拉构件两类。小偏心受拉构件为全截面受拉，拉力全部由钢筋承受，计算公式较简单。大偏心受拉构件截面上为部分受压、部分受拉，计算中的应力图形、计算公式及计算步骤均与大偏心受压构件相似，只有纵向力 N 的方向相反。

4. 轴心受拉或偏心受拉的普通钢筋混凝土构件，除进行承载能力极限状态验算外，一般均需验算其是否满足正常使用极限状态。出于裂缝宽度的限制要求，普通钢筋混凝土构件的纵筋强度不宜过高。

思考题

1. 实际工程中哪些受拉构件可以按轴心受拉构件计算？哪些受拉构件可以按偏心受拉构件计算？

2. 轴心受拉构件从加载开始到破坏可分为哪 3 个受力阶段？其承载力计算以哪个阶段为依据？

3. 大、小偏心受拉构件的破坏特征有什么不同？如何划分大、小偏心受拉构件？

4. 大偏心受拉构件设计计算时为什么要取 $x = x_b$？

5. 比较双筋梁、不对称配筋的大偏心受压构件及大偏心受拉构件正截面承载力计算的异同。

习题

1. 已知某钢筋混凝土屋架下弦，截面尺寸 $b \times h = 200 \text{ mm} \times 150 \text{ mm}$，承受的轴心拉力设计值 $N = 234 \text{ kN}$，混凝土强度等级为 C30，钢筋为 HRB400 级，求截面配筋。

2. 钢筋混凝土偏心受拉构件，截面尺寸 $b \times h = 250 \text{ mm} \times 400 \text{ mm}$，$a_s = a'_s = 40 \text{ mm}$，承受的轴向拉力设计值 $N = 26 \text{ kN}$，弯矩设计值 $M = 45 \text{ kN} \cdot \text{m}$，混凝土强度等级为 C25，钢筋采用 HRB400 级，求钢筋截面面积 A'_s 和 A_s。

第8章 受扭构件承载力计算

8.1 概　述

在工程结构中，结构或构件处于受扭的情况很多，但处于纯扭矩作用的情况很少，大多数都是处于弯矩、剪力和扭矩共同作用下的复合受扭情况，比如吊车梁、框架边梁和雨篷梁等，如图8-1所示。

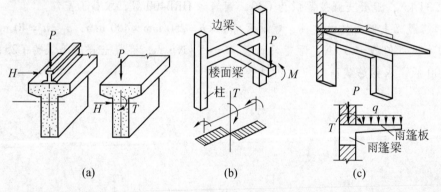

图8-1　受扭构件实例
(a)吊车梁；(b)框架边梁；(c)雨篷梁

对于静定的受扭构件，由荷载产生的扭矩是由构件的静力平衡条件确定的，与受扭构件的扭转刚度无关，此时称为平衡扭转。如图8-1(a)所示的吊车梁，在竖向轮压和吊车横向刹车力的共同作用下，对吊车梁截面产生扭矩 T 的情形即为平衡扭转问题。对于超静定结构体系，构件上产生的扭矩除静力平衡条件以外，还必须由相邻构件的变形协调条件确定，此时称为协调扭转。如图8-1(b)所示的框架楼面梁体系，框架梁和楼面梁的刚度比对框架梁的扭转影响显著，当框架梁刚度较大时，对楼面梁的约束大，则楼面梁的支座弯矩就大，此支座弯矩作用在框架梁上即是其承受的扭矩。该扭矩由楼面梁支承点处的转角与该处框架边梁扭转角的变形协调条件决定，即为协调扭转。

8.2　纯扭构件的试验研究

8.2.1　破坏形态

对于承受扭矩 T 作用的矩形截面构件，在加载初始阶段，截面的剪应力分布基本符合弹性分析，最大剪应力发生在截面长边的中部，最大主拉应力亦发生在同一位置，为 $\sigma_1 = \tau_{\max}$，与纵轴成 $45°$ 角，如图 8 - 2 所示。此时扭矩—扭转角的关系曲线为直线。对于钢筋混凝土构件，裂缝出现前，纵筋和箍筋的应力都很小。随着扭矩的增大，当截面长边中部混凝土的主拉应力达到其抗拉强度后，混凝土将开裂形成 $45°$ 方向的斜裂缝，而与裂缝相交的箍筋和纵筋的拉应力突然增大，构件扭转角迅速增加，在扭矩—扭转角曲线上出现转折。扭矩继续增大，截面短边也会出现 $45°$ 方向的斜裂缝，斜裂缝在构件表面形成螺旋状的平行裂缝组，并逐渐加宽。随着裂缝的开展和深入，表层混凝土将退出工作，箍筋和纵筋承担更大的扭矩，钢筋应力增长加快，构件扭转角也迅速增大，构件截面的扭转刚度降低较多。当与斜裂缝相交的一些箍筋和纵筋达到屈服强度后，扭矩不再增大，扭转变形充分发展，直至构件破坏，如图 8 - 3 所示。钢筋混凝土纯扭构件的最终破坏形态为三面螺旋形受拉裂缝和一面（截面长边）斜压破坏面。试验研究表明，钢筋混凝土构件截面的极限扭矩比相应的素混凝土构件增大很多，但开裂扭矩增大不多。

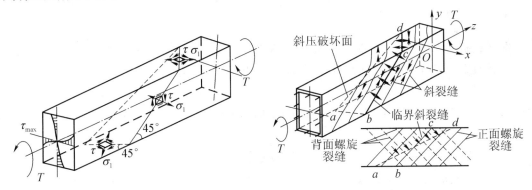

图 8 - 2　未开裂的混凝土构件受扭　　　　图 8 - 3　开裂混凝土构件的受力状态

8.2.2　纵筋和箍筋配置的影响

受扭构件的破坏形态与受扭纵筋和受扭箍筋配筋率的大小有关，大致可分为适筋破坏、部分超筋破坏、完全超筋破坏和少筋破坏 4 类。

对于正常配筋条件下的钢筋混凝土构件，在扭矩的作用下，纵筋和箍筋先达到屈服强度，然后混凝土被压碎而破坏。这种破坏与受弯构件适筋梁类似，属于延性破坏。此类受扭构件称为适筋受扭构件。

若纵筋和箍筋不匹配，两者的配筋率相差较大，例如，纵筋的配筋率比箍筋的配筋率小很多，破坏时仅纵筋屈服，而箍筋不屈服，反之，则箍筋屈服，纵筋不屈服，此类构件称为部分超筋受扭构件。部分超筋受扭构件破坏时，亦具有一定的延性，但较适筋受扭构件破坏时的截面延性小。

若纵筋和箍筋的配筋率都过高，致使纵筋和箍筋都没有达到屈服强度，而混凝土先行压坏，这种破坏与受弯构件超筋梁类似，属于脆性破坏类型。此类受扭构件称为超筋受扭构件。

若纵筋和箍筋配置均过少，则裂缝一旦出现，构件就会立即发生破坏。此时，纵筋和箍筋不仅达到屈服强度，而且可能进入强化阶段，其破坏特性类似于受弯构件中的少筋梁，称为少筋受扭构件。这种破坏以及上述超筋受扭构件的破坏，均属于脆性破坏，在设计中应予以避免。

8.3 纯扭构件承载力的计算

纯扭构件在裂缝出现前，构件内纵筋和箍筋的应力都很小，因此，当扭矩不足以使构件开裂时，按构造要求配置受扭钢筋即可。当扭矩较大致使构件形成裂缝后，此时需按计算配置受扭纵筋及箍筋，以满足构件的承载力要求。扭曲截面承载力计算中，构件开裂扭矩的大小决定受扭构件的钢筋配置是否仅按构造或尚需计算确定。

8.3.1 开裂扭矩

根据试验结果可知，由于钢筋混凝土纯扭构件在裂缝出现前钢筋的应力很小，钢筋的存在对开裂扭矩的影响也不大，所以构件截面开裂扭矩的确定可以忽略钢筋的作用。

对于图 8-2 所示的矩形截面受扭构件，扭矩会使截面上产生扭剪应力 τ，由于扭剪应力的作用，在与构件轴线成 45°和 135°角的方向相应地产生主拉应力 σ_{tp} 和主压应力 σ_{cp}，并有 $|\sigma_{tp}| = |\sigma_{cp}| = |\tau|$。

对于匀质弹性材料，在弹性阶段，构件截面上的扭剪应力分布如图 8-4(a) 所示。最大扭剪应力 τ_{max} 及最大主应力均发生在长边中点。当最大主拉应力值达到材料的抗拉强度值时，将首先在截面长边中点处垂直于主拉应力方向开裂，此时对应的扭矩称为开裂扭矩，用 T_{cr} 表示。由弹性理论可知：

$$T_{cr} = \alpha b^2 h f_t \tag{8-1}$$

式中：b——矩形截面的宽度，在受扭构件中，应取矩形截面的短边尺寸；

h——矩形截面的高度，在受扭构件中，应取矩形截面的长边尺寸；

α——与 h/b 有关的系数，当比值 $h/b = 1 \sim 10$ 时，$\alpha = 0.208 \sim 0.313$。

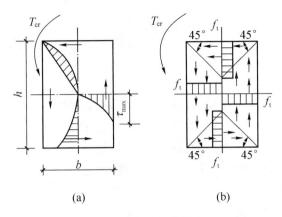

图 8 - 4　扭剪应力分布

（a）弹性理论；（b）塑性理论

对理想弹塑性材料而言，截面上某点的应力达到抗拉强度时并未立即破坏，该点能保持极限应力不变而继续变形，整个截面仍能继续承受荷载，截面上各点的应力也逐渐全部达到材料的抗拉强度，直到截面边缘的拉应变达到材料的极限拉应变，截面才会开裂。此时，截面承受的扭矩称为理想弹塑性材料的开裂扭矩 T_{cr}，如图 8 - 4（b）所示。根据塑性理论，可以得出：

$$T_{cr} = \tau_{max} b^2 (3h - b)/6 = f_t b^2 (3h - b)/6 \tag{8-2}$$

混凝土既非完全弹性材料，又非理想塑性材料，而是介于两者之间的弹塑性材料。试验表明，当按式（8 - 1）计算开裂扭矩时，计算值较试验值低，而按式（8 - 2）计算时，计算值较试验值高。为方便起见，根据试验结果可将理想弹塑性材料开裂扭矩的计算结果乘以 0.7 的降低系数，作为混凝土材料开裂扭矩的计算公式，即：

$$T_{cr} = 0.7 W_t f_t \tag{8-3}$$

式中：W_t——受扭构件的截面受扭塑性抵抗矩，对于矩形截面，$W_t = b^2 (3h - b)/6$。

8.3.2　纯扭构件的承载力

试验表明，受扭的素混凝土构件一旦出现斜裂缝即完全破坏，但若配置适量的受扭纵筋和受扭箍筋，则不但其承载力会有较显著的提高，而且构件破坏时会具有较好的延性。

通过对钢筋混凝土矩形截面纯扭构件的试验研究和统计分析，在满足可靠度要求的前提下，提出如下半经验半理论的纯扭构件承载力计算公式。

1. $h_w/b \leqslant 6$ 的矩形截面钢筋混凝土纯扭构件受扭承载力 T_u 的计算

$h_w/b \leqslant 6$ 的矩形截面钢筋混凝土纯扭构件受扭承载力的计算公式为：

$$T_u = 0.35 f_t W_t + 1.2 \sqrt{\zeta} \frac{f_{yv} A_{st1} A_{cor}}{s} \tag{8-4}$$

$$\zeta = \frac{f_y A_{st,l} s}{f_{yv} A_{st1} u_{cor}} \qquad (8-5)$$

式(8-4)~式(8-5)中：

ζ——受扭纵向钢筋与箍筋的配筋强度比；

$A_{st,l}$——受扭计算中取对称布置的全部纵向钢筋截面面积；

A_{st1}——受扭计算中沿截面周边所配置箍筋的单肢截面面积；

f_{yv}、f_y——受扭箍筋和受扭纵筋的抗拉强度设计值；

A_{cor}——截面核芯部分的面积，$A_{cor} = b_{cor} h_{cor}$，此处 b_{cor}、h_{cor} 分别为箍筋内表面范围内截面核芯部分的短边和长边尺寸；

u_{cor}——截面核芯部分的周长，$u_{cor} = 2(b_{cor} + h_{cor})$；

s——受扭箍筋的间距。

式(8-4)由两项组成：第一项为开裂混凝土承担的扭矩；第二项为钢筋承担的扭矩，它是建立在适筋破坏形式的基础上的。

系数 ζ 为受扭纵向钢筋与箍筋的配筋强度比，主要是考虑纵筋与箍筋不同配筋和不同强度比对受扭承载力的影响，以避免某一种钢筋配置过多而形成部分超筋破坏。试验表明，若 ζ 在 $0.5 \sim 2.0$ 内变化，则构件破坏时，其受扭纵筋和箍筋应力均可达到屈服强度。为稳妥起见，取 ζ 的限制条件为 $0.6 \leqslant \zeta \leqslant 1.7$，当 $\zeta > 1.7$ 时，按 $\zeta = 1.7$ 计算。

对于在轴向压力和扭矩共同作用下的矩形截面钢筋混凝土构件，其受扭承载力应按式(8-6)计算：

$$T_u = 0.35 f_t W_t + 1.2\sqrt{\zeta}\, \frac{f_{yv} A_{st1} A_{cor}}{s} + 0.07\frac{N}{A} W_t \qquad (8-6)$$

式中：N——与扭矩设计值 T 对应的轴向压力设计值，当 $N > 0.3 f_c A$ 时，取 $N = 0.3 f_c A$；

A——构件截面面积。

2. $h_w/t_w \leqslant 6$ 的箱形截面钢筋混凝土纯扭构件受扭承载力的计算

试验和理论研究表明，一定壁厚箱形截面的受扭承载力与相同尺寸的实心截面构件是相同的。对于箱形截面纯扭构件，受扭承载力应采用式(8-7)：

$$T_u = 0.35 \alpha_h f_t W_t + 1.2\sqrt{\zeta}\, f_{yv} \frac{A_{st1} A_{cor}}{s} \qquad (8-7)$$

式中：α_h——箱形截面壁厚影响系数，$\alpha_h = 2.5 t_w/b_h$，当 $\alpha_h > 1.0$ 时，取 $\alpha_h = 1.0$。

ζ 值应按式(8-5)计算，且应符合 $0.6 \leqslant \zeta \leqslant 1.7$ 的要求。

箱形截面受扭塑性抵抗矩为：

$$W_t = \frac{b_h^2}{6}(3h_h - b_h) - \frac{(b_h - 2t_w)^2}{6}\left[3h_w - (b_h - 2t_w)\right] \qquad (8-8)$$

式中：b_h、h_h——箱形截面的宽度和高度；

h_{w}——箱形截面的腹板净高；

t_{w}——箱形截面的壁厚，其值不应小于 $b_{h}/7$（b_{h} 为箱形截面的宽度）。

3. T 形和工字形截面纯扭构件受扭承载力的计算

对于 T 形和工字形截面纯扭构件，可将其截面划分为几个矩形截面进行配筋计算。矩形截面划分的原则是首先满足腹板（腹板宽度须大于翼缘厚度）截面的完整性，然后划分受压翼缘和受拉翼缘的面积，如图 8-5 所示。划分的各矩形截面所承担的扭矩值，按各矩形截面的受扭塑性抵抗矩与截面总的受扭塑性抵抗矩的比值进行分配的原则确定，并分别按式（8-4）计算受扭钢筋。每个矩形截面的扭矩设计值可按下列规定计算：

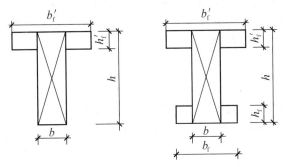

图 8-5　T 形和工字形截面的矩形划分方法

腹板
$$T_{w}=\frac{W_{tw}}{W_{t}}T \tag{8-9}$$

受压翼缘
$$T'_{f}=\frac{W'_{tf}}{W_{t}}T \tag{8-10}$$

受拉翼缘
$$T_{f}=\frac{W_{tf}}{W_{t}}T \tag{8-11}$$

式（8-9）~式（8-11）中：

T——整个截面所承受的扭矩设计值；

T_{w}——腹板截面所承受的扭矩设计值；

T'_{f}、T_{f}——受压翼缘、受拉翼缘截面所承受的扭矩设计值；

W_{tw}、W'_{tf}、W_{tf}——腹板、受压翼缘、受拉翼缘受扭塑性抵抗矩。

T 形和工字形截面的腹板、受压翼缘和受拉翼缘部分的矩形截面受扭塑性抵抗矩 W_{tw}、W'_{tf} 和 W_{tf} 可分别按式（8-12）~式（8-14）计算：

$$W_{tw}=\frac{b^{2}}{6}(3h-b) \tag{8-12}$$

$$W'_{tf}=\frac{h'^{2}_{f}}{2}(b'_{f}-b) \tag{8-13}$$

$$W_{tf}=\frac{h^{2}_{f}}{2}(b_{f}-b) \tag{8-14}$$

截面总的受扭塑性抵抗矩为：

$$W_t = W_{tw} + W'_{tf} + W_{tf}$$

$$(8-15)$$

计算受扭塑性抵抗矩时，取用的翼缘宽度尚应符合 $b'_f \leqslant b + 6h'_f$ 及 $b_f \leqslant b + 6h_f$ 的规定。

8.4 弯剪扭构件承载力的计算

对于工程中大多处于弯矩、剪力、扭矩共同作用的受扭构件，其受扭承载力的大小与受弯和受剪承载力是相互影响的，即构件的受扭承载力随同时作用的弯矩、剪力的大小而发生变化，同样，构件的受弯和受剪承载力也随同时作用的扭矩的大小而发生变化。对于复杂受力构件，其各类承载力之间存在显著的相关性，必须加以考虑。

8.4.1 破坏形式

处于弯矩、剪力和扭矩共同作用下的钢筋混凝土结构，构件的破坏特征及其承载力与构件截面所受内力及构件的内在因素有关。对于截面内力，主要应考虑其弯矩和扭矩的相对大小或剪力和扭矩的相对大小；构件的内在因素则是指构件的截面尺寸、配筋及材料强度。试验表明，弯剪扭构件有以下几种破坏类型。

1. 弯型破坏

在配筋适当的条件下，若弯矩相比扭矩较大时，裂缝首先在弯曲受拉底面出现，然后发展到两个侧面。3 个面上的螺旋形裂缝形成一个扭曲破坏面，而第 4 面即弯曲受压顶面无裂缝。构件破坏时与螺旋形裂缝相交的纵筋及箍筋均受拉并达到屈服强度，构件顶部受压，形成如图 8-6(a)所示的弯型破坏。

2. 扭型破坏

若扭矩相对于弯矩和剪力都较大，当构件顶部纵筋少于底部纵筋时，可形成如图 8-6(b)所示的受压区在构件底部的扭型破坏。这种现象出现的原因是：虽然弯矩作用会使顶部纵筋受压，但由于弯矩较小，从而其压应力亦较小。又由于顶部纵筋少于底部纵筋，故扭矩产生的拉应力有可能抵消弯矩产生的压应力，并使顶部纵筋先达到屈服强度，最后促使构件底部压碎破坏，承载力由顶部纵筋所控制。由于弯矩对顶部产生压应力，抵消了一部分扭矩产生的拉应力，因此弯矩的存在使受扭承载力有一定的提高。但对于顶部和底部纵筋对称布置的情况，则总是底部纵筋先达到受拉屈服，将不可能出现扭型破坏。

3. 剪扭型破坏

若剪力和扭矩起控制作用，则裂缝将首先出现在侧面（在某一侧面上，剪力和扭矩产生的主应力方向是相同的），然后向底面和顶面扩展，在这 3 个面上的螺旋形裂缝构成扭曲破坏面，破坏时与螺旋形裂缝相交的纵筋和箍筋受拉并达到屈服强度，而受压区靠近另一个侧面（在这个侧面上，剪力和扭矩产生的主应力方向是相反的），形成如图 8-6 (c) 所示的剪扭型破坏。

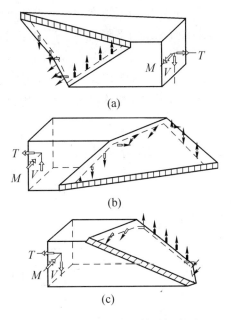

图 8 - 6　弯剪扭构件的破坏类型

(a)弯型破坏；(b)扭型破坏；(c)剪扭型破坏

如第 5 章所述，受弯矩和剪力作用的构件斜截面会发生剪压破坏。对于弯剪扭共同作用下的构件，除前述的 3 种破坏形态外，当剪力作用十分显著而扭矩较小时，还会发生与剪压破坏十分相近的剪切破坏形态。

8.4.2　弯剪扭构件的承载力

构件在扭矩作用下处于三维应力状态，平截面假定已不适用。对于非线性混凝土材料和开裂后的钢筋混凝土构件，在弯剪扭共同作用时，准确计算的理论难度更大。为了便于工程设计使用，《混凝土规范》以变角度空间桁架模型为基础，结合大量试验结果，给出弯扭及剪扭构件扭曲截面的实用配筋计算方法。

1. 剪力和扭矩共同作用下构件承载力的计算

试验结果表明，构件同时受到剪力和扭矩作用时，剪力的存在会降低构件的抗扭承载力；同样，由于扭矩的存在，也会引起构件抗剪承载力的降低，表现出剪力和扭矩的相关性。为简单起见，对截面中的箍筋可按受扭承载力和受剪承载力分别计算其用量，然后进行叠加；对于混凝土部分，《混凝土规范》采用折减系数 β_t 来考虑剪扭共同作用的影响。

图 8-7 (a) 给出无腹筋构件在不同扭矩与剪力比值下的承载力试验结果。图 8-7 (a) 中无量纲坐标系的纵坐标为 V_c/V_{c0}，横坐标为 T_c/T_{c0}。这里的 V_{c0} 和 T_{c0} 分别为无腹筋构件在单纯受剪力或扭矩作用时的抗剪和抗扭承载力，V_c 和 T_c 则为同时受剪力和扭矩作用时的抗剪和抗扭承载力。从图 8-7 (a) 中可见，无腹筋构件的抗剪和抗扭承载力相关关系大

致按 1/4 圆弧规律变化，即随着同时作用的扭矩增大，构件的抗剪承载力逐渐降低，当扭矩达到构件的抗纯扭承载力时，其抗剪承载力下降为零；反之亦然。

对于有腹筋的剪扭构件，其混凝土部分所提供的抗扭承载力 T_c 和抗剪承载力 V_c 之间，可认为也存在如图 8－7（b）所示的 1/4 圆弧相关关系。这时，坐标系中的 V_{c0} 和 T_{c0} 可分别取为抗剪承载力公式中的混凝土作用项和纯扭构件抗扭承载力公式中的混凝土作用项，即：

$$V_{c0} = 0.7 f_t b h_0$$
$$T_{c0} = 0.35 f_t W_t$$

$$(8-16)$$

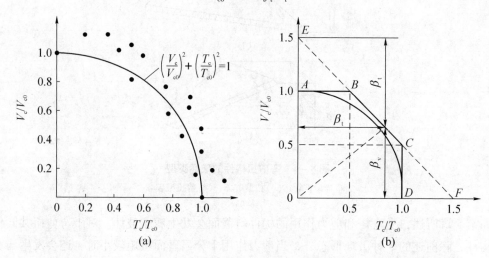

图 8－7 混凝土剪扭承载力的相关关系

（a）剪扭复合受力的相关关系；（b）三折线的剪扭相关关系

为了简化计算，《混凝土规范》建议用图 8－7（b）中的三段折线关系近似代替 1/4 圆弧关系。即：

（1）当 $T_c/T_{c0} \leq 0.5$ 时，取 $V_c/V_{c0} = 1.0$；当 $T_c \leq 0.5 T_{c0} = 0.175 f_t W_t$ 时，取 $V_c = V_{c0} = 0.7 f_t b h_0$。即此时可忽略扭矩的影响，仅按受弯构件的斜截面受剪承载力公式进行计算。

（2）当 $V_c/V_{c0} \leq 0.5$ 时，取 $T_c/T_{c0} = 1.0$；当 $V_c \leq 0.5 V_{c0} = 0.35 f_t b h_0$ 或 $V_c \leq 0.875 f_t b h_0 / (\lambda + 1)$ 时，取 $T_c = T_{c0} = 0.35 f_t W_t$。即此时可忽略剪力的影响，仅按纯扭构件的受扭承载力公式进行计算。

（3）当 $0.5 \leq T_c/T_{c0} \leq 1.0$ 或 $0.5 \leq V_c/V_{c0} \leq 1.0$ 时，要考虑剪扭相关性，但以线性相关代替圆弧相关。

根据图 8－7（b），无量纲参数 β_t、β_v 分别代表剪扭相关作用时，抗扭承载力和抗剪承载力的降低系数，即 $\beta_t = T_c/T_{c0}$，$\beta_v = V_c/V_{c0}$，且有：

$$\beta_t = 1.5 - \beta_v = \frac{1.5}{1 + \dfrac{V_c}{V_{c0}} \Big/ \dfrac{T_c}{T_{c0}}}$$

$$(8-17)$$

将式（8-16）代入式（8-17），并用实际作用的剪力设计值与扭矩设计值之比 V/T 代替公式中的 V_c/T_c，则有：

$$\beta_t = \frac{1.5}{1 + 0.5\dfrac{V}{T} \cdot \dfrac{W_t}{bh_0}} \tag{8-18}$$

对于集中荷载作用下独立的钢筋混凝土剪扭构件（包括作用有多种荷载，且集中荷载对支座截面或节点边缘所产生的剪力值占总剪力值的 75% 以上的情况），β_t 应按式（8-19）计算：

$$\beta_t = \frac{1.5}{1 + 0.2(\lambda + 1)\dfrac{V}{T} \cdot \dfrac{W_t}{bh_0}} \tag{8-19}$$

考虑相关作用的截面受剪和受扭承载力按以下公式进行计算。

（1）一般的矩形截面构件。剪扭构件的受剪承载力为：

$$V_u = 0.7(1.5 - \beta_t)f_t bh_0 + f_{yv}\frac{A_{sv}}{s}h_0 \tag{8-20}$$

剪扭构件的受扭承载力为：

$$T_u = 0.35\beta_t f_t W_t + 1.2\sqrt{\zeta}f_{yv}\frac{A_{st1}}{s}A_{cor} \tag{8-21}$$

集中荷载作用下的独立剪扭构件，式（8-20）应改为：

$$V_u = \frac{1.75}{\lambda + 1}(1.5 - \beta_t)f_t bh_0 + f_{yv}\frac{A_{sv}}{s}h_0 \tag{8-22}$$

按式（8-18）及式（8-19）计算得出的剪扭构件抗扭承载力降低系数 β_t 值，若小于 0.5，则不考虑扭矩对混凝土受剪承载力的影响，式（8-20）中的 β_t 取 0.5；若 β_t 大于 1.0，则不考虑剪力对混凝土受扭承载力的影响，式（8-21）中的 β_t 取 1.0。式（8-19）中的 λ 为计算截面的剪跨比，按第 5 章所述采用。

（2）箱形截面的钢筋混凝土一般剪扭构件。此类剪扭构件的受剪承载力表达式形式上同式（8-20），但式中的 β_t 按式（8-23）计算：

$$\beta_t = \frac{1.5}{1 + 0.5\dfrac{V}{T} \cdot \dfrac{\alpha_h W_t}{bh_0}} \tag{8-23}$$

剪扭构件的受扭承载力为：

$$T_u = 0.35\alpha_h \beta_t f_t W_t + 1.2\sqrt{\zeta}f_{yv}\frac{A_{st1}}{s}A_{cor} \tag{8-24}$$

此处，α_h 值和 ζ 值应按箱形截面钢筋混凝土纯扭构件受扭承载力计算规定的要求取值。

对于集中荷载作用下独立的箱形截面剪扭构件（包括作用有多种荷载，且集中荷载对支座截面或节点边缘所产生的剪力值占总剪力值的75%以上的情况），其受剪承载力的表达式形式上同式（8 – 22），但式中的 β_t 按式（8 – 25）计算：

$$\beta_t = \frac{1.5}{1 + 0.2(\lambda + 1)\dfrac{V}{T} \cdot \dfrac{\alpha_h W_t}{bh_0}} \qquad (8-25)$$

（3）T形和工字形截面剪扭构件的受剪扭承载力。

① 剪扭构件的受剪承载力，按式（8 – 20）与式（8 – 18）或按式（8 – 22）与式（8 – 19）进行计算，但计算时应将 T 及 W_t 分别以 T_w 及 W_{tw} 代替，即假设剪力全部由腹板承担。

② 剪扭构件的受扭承载力，可按纯扭构件的计算方法，将截面划分为几个矩形截面进行计算。腹板可按式（8 – 21）、式（8 – 18）或式（8 – 19）进行计算，但计算时应将 T 及 W_t 分别以 T_w 及 W_{tw} 代替；受压翼缘及受拉翼缘可按矩形截面纯扭构件的规定进行计算，但计算时应将 T 及 W_t 分别以 T'_f 及 W'_{tf} 和 T_f 及 W_{tf} 代替。

对于弯扭（M、T）构件截面的配筋计算，《混凝土规范》采用按纯弯矩（M）和纯扭矩（T）计算所需的纵筋和箍筋，然后将相应的钢筋截面面积叠加的计算方法。因此，弯扭构件的纵筋用量为受弯（弯矩为 M）所需的纵筋和受扭（扭矩为 T）所需的纵筋截面面积之和，而箍筋用量由受扭（扭矩为 T）箍筋决定。

2. 弯矩、剪力和扭矩共同作用下构件承载力的计算

矩形、T形、工字形和箱形截面钢筋混凝土弯剪扭构件配筋计算的一般原则是：纵向钢筋应按受弯构件的正截面受弯承载力和剪扭构件的受扭承载力分别按所需的钢筋截面面积和相应的位置进行配置，箍筋应按剪扭构件的受剪承载力和受扭承载力分别按所需的箍筋截面面积和相应的位置进行配置，如图 8 – 8 和图 8 – 9 所示。

《混凝土规范》规定，在弯矩、剪力和扭矩共同作用下但剪力或扭矩较小的矩形、T形、工字形和箱形钢筋截面混凝土弯剪扭构件，当符合下列条件时，可按下列规定进行承载力计算：

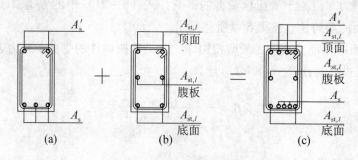

图 8 – 8 弯、扭纵筋的叠加

（a）受弯纵筋；（b）受扭纵筋；（c）纵筋叠加

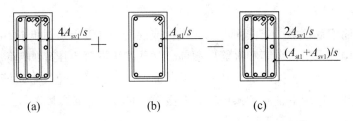

图 8-9 剪、扭箍筋的叠加

（a）受剪箍筋；（b）受扭箍筋；（c）箍筋叠加

（1）当 $V \leqslant 0.35 f_t b h_0$ 或集中荷载作用下的独立构件 $V \leqslant 0.875 f_t b h_0 / (\lambda + 1)$ 时，可忽略剪力的作用，仅按受弯构件的正截面受弯承载力和纯扭构件扭曲截面受扭承载力分别进行计算。

（2）当 $T \leqslant 0.175 f_t W_t$ 或箱形截面构件 $T \leqslant 0.175 \alpha_h f_t W_t$ 时，可忽略扭矩的作用，仅按受弯构件的正截面受弯承载力和斜截面受剪承载力分别进行计算。

3. 轴力、弯矩、剪力和扭矩共同作用下构件承载力的计算

在轴向压力、弯矩、剪力和扭矩共同作用下的钢筋混凝土矩形截面框架柱受剪及受扭承载力应按式（8-26）和式（8-27）计算：

受剪承载力

$$V_u = (1.5 - \beta_t)\left(\frac{1.75}{\lambda + 1} f_t b h_0 + 0.07N\right) + f_{yv}\frac{A_{sv}}{s}h_0 \tag{8-26}$$

受扭承载力

$$T_u = \beta_t\left(0.35 f_t W_t + 0.07\frac{N}{A}W_t\right) + 1.2\sqrt{\zeta} f_{yv}\frac{A_{st1}}{s}A_{cor} \tag{8-27}$$

此处，β_t 近似按式（8-19）计算，剪跨比 λ 按第 5 章中的相关规定取用。

在轴向压力、弯矩、剪力和扭矩共同作用下的钢筋混凝土矩形截面框架柱，纵向钢筋应按偏心受压构件的正截面受弯承载力和剪扭构件的受扭承载力分别计算，并按所需的钢筋截面面积在相应的位置进行配置，箍筋应按剪扭构件的受剪承载力和受扭承载力分别计算并按所需的箍筋截面面积，按各自的功能进行相应位置的面积分配后，进行各位置面积叠加，再确定最后的箍筋配筋方案。

在轴向压力、弯矩、剪力和扭矩共同作用下的钢筋混凝土矩形截面框架柱，当 $T \leqslant \left(0.175 f_t + 0.035\frac{N}{A}\right)W_t$ 时，可仅按偏心受压构件的正截面承载力和框架柱斜截面受剪承载力分别进行计算。

8.5 受扭构件的构造要求

8.5.1 计算公式的适用条件

与受弯构件和受剪构件类似，为了保证纯扭或弯剪扭构件破坏时有一定的延性，不致出现少筋或超筋的脆性破坏，各受扭承载力的计算公式同样有上限和下限条件。

1. 上限条件

当纵筋、箍筋配置较多，或截面尺寸太小，或混凝土强度等级过低时，钢筋的作用不能充分发挥。这类构件在受扭纵筋和箍筋屈服前，往往发生混凝土压碎的超筋破坏，此时破坏的扭矩值主要取决于混凝土强度等级及构件的截面尺寸。为了避免发生超筋破坏，对于在弯矩、剪力和扭矩共同作用下且 $h_w/b \leqslant 6$ 的矩形截面、T形、工字形和 $h_w/t_w \leqslant 6$ 的箱形截面混凝土构件，其截面尺寸应符合下列要求。

（1）当 h_w/b（或 h_w/t_w）$\leqslant 4$ 时，有：

$$\frac{V}{bh_0} + \frac{T}{0.8W_t} \leqslant 0.25\beta_c f_c \qquad (8-28)$$

（2）当 h_w/b（或 h_w/t_w）$= 6$ 时，有：

$$\frac{V}{bh_0} + \frac{T}{0.8W_t} \leqslant 0.2\beta_c f_c \qquad (8-29)$$

（3）当 $4 < h_w/b$（或 h_w/t_w）< 6 时，应按线性内插法确定。

式（8-28）~式（8-29）中：

V、T——剪力设计值、扭矩设计值；

b——矩形截面的宽度，T形截面或工字形截面的腹板宽度，箱形截面的侧壁总厚度，$b = 2t_w$；

h_0——截面的有效高度；

h_w——截面的腹板高度，矩形截面应取 h_0，T形截面应取有效高度减去翼缘高度，工字形截面和箱形截面应取腹板净高；

t_w——箱形截面的壁厚，其值不应小于 $b_h/7$，此处 b_h 为箱形截面的宽度。

当 $V = 0$ 时，式（8-28）和式（8-29）即为纯扭构件的截面尺寸限制条件；当 $T = 0$ 时，则为纯剪构件的截面限制条件。计算时如不满足上述条件，则一般应加大构件的截面尺寸，也可提高混凝土的强度等级。

2. 下限条件

在弯矩、剪力和扭矩的共同作用下，当构件符合：

$$\frac{V}{bh_0} + \frac{T}{W_t} \leqslant 0.7f_t \qquad (8-30)$$

或

$$\frac{V}{bh_0} + \frac{T}{W_t} \leqslant 0.7f_t + 0.07\frac{N}{bh_0} \qquad (8-31)$$

时，则可不进行构件截面剪扭承载力计算，但为防止构件开裂后产生突然的脆性破坏，必须按构造要求配置钢筋。

式（8-31）中的轴向压力设计值 $N > 0.3f_c A$ 时，取 $N = 0.3f_c A$，A 为构件的截面面积。

在弯剪扭构件中，受扭构件的最小纵筋和箍筋配筋量，原则上是根据钢筋混凝土构件所能承受的扭矩 T 不低于相同截面素混凝土构件的开裂扭矩 T_{cr} 来确定的，即：

受扭纵筋的最小配筋率 $\qquad \rho_{st,l} = \dfrac{A_{st,l}}{bh} \geqslant \rho_{tl,min} = 0.6\sqrt{\dfrac{T}{Vb}}\dfrac{f_t}{f_y}$ （8-32）

受扭构件的最小配箍率 $\qquad \rho_{sv} = \dfrac{nA_{sv1}}{bs} \geqslant \rho_{sv,min} = 0.28\dfrac{f_t}{f_{yv}}$ （8-33）

式（8-32）中，当 $T/(Vb) > 2.0$ 时，取 $T/(Vb) = 2.0$；对于箱形截面构件，式（8-32）中的 b 应以 b_h 代替。

8.5.2　配筋构造

1. 纵筋的构造要求

对于弯剪扭构件，受扭纵向受力钢筋的间距不应大于 200 mm 和梁的截面宽度，而且在截面四角必须设置受扭纵向受力钢筋，其余纵向钢筋沿截面周边均匀对称布置。当支座边作用有较大扭矩时，受扭纵向钢筋应按受拉钢筋锚固在支座内。当受扭纵筋按计算确定时，纵筋的接头及锚固均应按受拉钢筋的构造要求处理。

在弯剪扭构件中，弯曲受拉边纵向受拉钢筋的最小配筋量不应小于按弯曲受拉钢筋最小配筋率计算所得的钢筋截面面积与按受扭纵向受力钢筋最小配筋率计算并分配到弯曲受拉边的钢筋截面面积之和。

2. 箍筋的构造要求

箍筋的间距及直径应符合第 5 章中关于受剪的相关要求。箍筋应做成封闭式，且应沿截面周边布置；当采用复合箍筋时，位于截面内部的箍筋不应计入受扭所需的箍筋截面面积；受扭所需箍筋的末端应做成 135° 的弯钩，弯钩端头平直段的长度不应小于 $10d$（d 为箍筋直径）。

【例 8-1】已知一均布荷载作用下的钢筋混凝土 T 形截面弯剪扭构件，截面尺寸为 $b_f' = 400$ mm，$h_f' = 80$ mm，$b \times h = 200$ mm × 500 mm，构件所承受的弯矩设计值 $M = 65$ kN·m，剪力设计值 $V = 80$ kN，扭矩设计值 $T = 9$ kN·m，混凝土采用 C25（$f_c = 11.9$ N/mm²，$f_t = 1.27$ N/mm²），纵向受力钢筋采用 HRB400 级钢筋（$f_y = 360$ N/mm²），箍筋采用 HPB300 级钢筋（$f_{yv} = 270$ N/mm²），环境类别为一类，试计算其配筋。

【解】（1）验算截面尺寸。假定 $a_s = 45$ mm，则：

$$h_0 = 500 - 45 = 455 (\text{mm})$$

$$W_{tw} = \frac{200^2}{6} \times (3 \times 500 - 200) = 8.67 \times 10^6 (\text{mm}^3)$$

$$W_{tf}' = \frac{80^2}{2} \times (400 - 200) = 6.4 \times 10^5 (\text{mm}^3)$$

$$W_t = W_{tw} + W_{tf}' = 9.31 \times 10^6 (\text{mm}^3)$$

$$T = 9(\text{kN} \cdot \text{m}) > 0.175 f_t W_t = 0.175 \times 1.27 \times 9.31 \times 10^6 = 2.07(\text{kN} \cdot \text{m})$$

$$V = 80(\text{kN}) > 0.35 f_t b h_0 = 0.35 \times 1.27 \times 200 \times (500 - 45) = 40.45(\text{kN})$$

故剪力和扭矩不能忽略，构件应按弯剪扭构件配筋。

因为

$$\frac{h_w}{b} = \frac{455 - 80}{200} = 1.875 < 4$$

$$\frac{V}{b h_0} + \frac{T}{0.8 W_t} = \frac{80\,000}{200 \times 455} + \frac{9\,000\,000}{0.8 \times 9.31 \times 10^6}$$

$$= 2.087(\text{N/mm}^2) \leqslant 0.25 \beta_c f_c = 0.25 \times 11.9 = 2.975(\text{N/mm}^2)$$

故截面尺寸符合要求。

又因为

$$\frac{V}{b h_0} + \frac{T}{W_t} = \frac{80\,000}{200 \times 455} + \frac{9\,000\,000}{9.31 \times 10^6} = 1.846(\text{N/mm}^2) > 0.7 \times 1.27 = 0.889(\text{N/mm}^2)$$

故需按计算配置受扭钢筋。

（2）扭矩分配。腹板承受的扭矩为：

$$T_w = \frac{W_{tw}}{W_t} T = \frac{8.67}{9.31} \times 9.0 = 8.38(\text{kN} \cdot \text{m})$$

受压翼缘承受的扭矩为：

$$T_f' = \frac{W_{tf}'}{W_t} T = \frac{0.64}{9.31} \times 9.0 = 0.62(\text{kN} \cdot \text{m})$$

（3）抗弯纵向钢筋计算。因为

$$\alpha_1 f_c b_f' h_f' (h_0 - h_f'/2) = 1.0 \times 11.9 \times 400 \times 80 \times (455 - 40)$$

$$= 158.03 \ (\text{kN} \cdot \text{m}) > 65(\text{kN} \cdot \text{m})$$

故属于第一类 T 形截面。

又因为

$$\alpha_s = \frac{M}{\alpha_1 f_c b_f' h_0^2} = \frac{65\,000\,000}{1.0 \times 11.9 \times 400 \times 455^2} = 0.066$$

故可求得：

$$\xi = 0.066 < \xi_b = 0.518$$

$$\gamma_s = 0.967$$

$$A_s = \frac{M}{\gamma_s f_y h_0} = \frac{65\,000\,000}{0.967 \times 360 \times 455} = 410.36(\text{mm}^2)$$

$$\rho_s = \frac{410.36}{200 \times 500} = 0.41\% > 0.2\% \ \text{及} \ 0.45 \frac{f_t}{f_y} = 0.45 \times \frac{1.27}{360} = 0.159\%$$

（4）腹板抗剪及抗扭钢筋计算。

$$A_{cor} = 130 \times 430 = 55\ 900 (mm^2)$$

$$u_{cor} = 2 \times (130 + 430) = 1\ 120 (mm)$$

$$\beta_t = \frac{1.5}{1 + 0.5\dfrac{V}{T_w}\dfrac{W_{tw}}{bh_0}} = \frac{1.5}{1 + 0.5 \times \dfrac{80}{8\ 380} \times \dfrac{8\ 670\ 000}{200 \times 455}} = 1.031 > 1.0,\ 取\ \beta_t = 1.0$$

① 抗剪箍筋。

$$\frac{A_{sv}}{s} = \frac{V_u - 0.7 \times (1.5 - \beta_t)f_t bh_0}{f_{yv}h_0} = \frac{80\ 000 - 0.7 \times (1.5 - 1) \times 1.27 \times 200 \times 455}{270 \times 455}$$

$$= 0.322 (mm^2/mm)$$

② 抗扭箍筋。取 $\zeta = 1.2$，于是有：

$$\frac{A_{stl}}{s} = \frac{T_w - 0.35\beta_t f_t W_{tw}}{1.2\sqrt{\zeta}f_{yv}A_{cor}} = \frac{8.38 \times 10^6 - 0.35 \times 1 \times 1.27 \times 8.67 \times 10^6}{1.2 \times \sqrt{1.2} \times 270 \times 55\ 900}$$

$$= 0.228 (mm^2/mm)$$

故可得到腹板单肢箍筋单位间距所需的总面积，即：

$$\frac{A_{stl}}{s} + \frac{A_{sv}}{2s} = 0.228 + \frac{0.322}{2} = 0.389 (mm^2/mm)$$

选用 $\phi 10$ 的箍筋（$A_s = 78.5\ mm^2$），则箍筋间距为：

$$s \leqslant \frac{78.5}{0.389} = 201.8 (mm)$$

故取 $s = 200\ mm$。

③ 抗扭纵筋。

$$A_{st,\,l} = \frac{\zeta f_{yv}A_{stl}u_{cor}}{f_y s} = \frac{1.2 \times 270 \times 0.228 \times 1\ 120}{360} = 229.8 (mm^2)$$

④ 梁底所需受弯和受扭纵筋截面面积。

$$A_s + A_{st,\,l}\frac{b_{cor} + 2(h_{cor}/4)}{u_{cor}} = 410.36 + 229.8 \times \frac{130 + 0.5 \times 430}{1\ 120} = 481.15 (mm^2)$$

实际选用 3 根直径为 14 mm 的 HRB400 级钢筋，$A_s = 461\ mm^2$。与计算所需面积相差小于 5%，且不足面积可由腹板抗扭纵筋承担。

⑤ 梁单侧边所需的受扭纵筋截面面积（取腹板中间 1/2 高部分）。

$$A_s = A_{st,\,l}\frac{0.5h_{cor}}{u_{cor}} = 229.8 \times \frac{0.5 \times 430}{1\ 120} = 44.1 (mm^2)$$

实际选用 1 根直径为 12 mm 的 HRB400 级钢筋，$A_s = 113.1$ mm^2。

⑥ 梁顶面所需的受扭纵筋截面面积。

$$A_s = A_{st, l} \frac{b_{cor} + 2(h_{cor}/4)}{u_{cor}} = 229.8 \times \frac{130 + 0.5 \times 430}{1120} = 70.8 (mm^2)$$

考虑构造要求，顶部选用 2 根直径为 12 mm 的 HRB400 级钢筋，$A_s = 226.2$ mm^2。

（5）受压翼缘抗扭钢筋计算。翼缘钢筋保护层按板类构件考虑，故按纯扭构件计算有：

$$A_{cor} = (80 - 2 \times 30) \times (400 - 200 - 2 \times 30) = 20 \times 140 = 2800 (mm^2)$$

$$u_{cor} = 2 \times (20 + 140) = 320 (mm)$$

① 抗扭箍筋。取 $\zeta = 1.2$，于是有：

$$\frac{A_{stl}}{s} = \frac{T'_f - 0.35 f_t W'_{tf}}{1.2 \sqrt{\zeta} f_{yv} A_{cor}} = \frac{0.62 \times 10^6 - 0.35 \times 1.27 \times 6.4 \times 10^5}{1.2 \times \sqrt{1.2} \times 270 \times 2800} = 0.34 (mm^2/mm)$$

选用 $\phi 10$ 的箍筋（$A_s = 78.5$ mm^2），则箍筋间距为：

$$s \leqslant \frac{78.5}{0.34} = 230.8 (mm)$$

故取 $s = 200$ mm。

② 抗扭纵筋。因为

$$A_{st, l} = \frac{\zeta f_{yv} A_{stl} u_{cor}}{f_y s} = \frac{1.2 \times 270 \times 0.34 \times 320}{360} = 97.92 (mm^2)$$

故受压翼缘纵筋选用 4 根直径为 8 mm 的 HRB400 级钢筋，$A_s = 201.1$ mm^2。

（6）最小配筋率的验算。

① 腹板的最小配箍率。因为

$$\rho_{sv} = \frac{nA_{stl}}{bs} = \frac{2 \times 78.5}{200 \times 200} = 0.392\% > \rho_{sv, min} = 0.28 \frac{f_t}{f_{yv}} = 0.28 \times 1.27/270 = 0.131\%$$

故符合要求。

② 腹板弯曲受拉边纵筋配筋率的验算。由受弯构件的最小配筋率要求可知，$\rho_{s, min} = 0.2\%$。因为

$$\frac{T}{Vb} = \frac{8.38 \times 10^6}{80 \times 10^3 \times 200} = 0.523 < 2$$

所以受扭构件的最小配筋率为：

$$\rho_{tl, min} = 0.6 \sqrt{\frac{T}{Vb}} \frac{f_t}{f_y} = 0.6 \times \sqrt{0.523} \times 1.27/360 = 0.153\%$$

则截面弯曲受拉边纵向受力钢筋的最小配筋量为：

$$\rho_{s,\,min}bh + \rho_{tl,\,min}bh\frac{b_{cor}}{u_{cor}} = 0.2\% \times 200 \times 500 + 0.153\% \times 200 \times 500 \times 130/1\,120$$

$$= 217.76(mm^2) < 461(mm^2)(实际配筋面积)$$

③ 翼缘按纯扭构件验算。因实配箍率为：

$$\rho_{sv} = \frac{nA_{st1}}{h'_f s} = \frac{2 \times 78.5}{80 \times 200} = 0.981\% > \rho_{sv,\,min} = 0.28\frac{f_t}{f_{yv}} = 0.131\%$$

故符合要求。

纵筋最小配筋率的计算如下：

由于翼缘不考虑受剪，故取 $\frac{T}{Vb} = 2$，所以有：

$$\rho_{tl,\,min} = 0.6\sqrt{\frac{T}{Vb}}\frac{f_t}{f_y} = 0.6 \times \sqrt{2} \times 1.27/360 = 0.299\%$$

$$\rho_s = \frac{A_{st,\,l}}{h'_f(b'_f - b)} = \frac{201.1}{80 \times 200} = 1.26\%$$

均满足要求。

截面配筋图如图 8 – 10 所示。

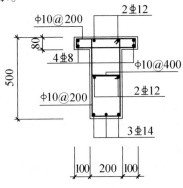

图 8 – 10 截面配筋图

小 结

1. 矩形截面素混凝土纯扭构件在扭矩作用下，截面上各点均产生剪应力及相应的主应力，当主拉应力超过混凝土的抗拉强度时，构件开裂，最后的破坏面为三面开裂、一面受压的空间扭曲面。此类破坏属于脆性破坏，构件受扭承载力很低。

2. 钢筋混凝土受扭构件的受扭承载力与素混凝土构件相比，有显著的增长。根据所配箍筋和纵筋数量的多少，构件的受扭破坏可分为：少筋破坏、适筋破坏、部分超筋破坏和完全超筋破坏。其中，适筋破坏和部分超筋破坏时，钢筋强度能充分利用或基本充分利用，破坏具有较好的塑性性质。为使抗扭纵筋和箍筋在构件受扭破坏时均能达到屈服，纵筋与箍筋的配筋强度比 ζ 应满足 $0.6 \leqslant \zeta \leqslant 1.7$ 的要求，并宜取 $\zeta = 1.2$。

3. 弯剪扭复合受力构件的承载力分析颇为复杂，在结合大量试验研究和理论分析的基础上，《混凝土规范》规定了混凝土部分剪扭相关性、钢筋（纵筋与箍筋）部分叠加的计算原则，既简便可行，又有一定的理论依据。

4. 在压弯剪扭构件中，轴向压力可以抵消弯扭引起的部分拉应力，延缓裂缝的出现，而且，当轴向压力值在一定范围内时，对提高构件的受扭和受剪承载力属有利影响。

思考题

1. 试述素混凝土矩形截面纯扭构件的破坏特征。

2. 试推导矩形截面受扭塑性抵抗矩 W_t 的计算公式。

3. 钢筋混凝土纯扭构件有哪几种破坏形式？各有何特点？

4. 钢筋混凝土弯剪扭构件的钢筋配置有哪些构造要求？

5. 在抗扭计算中，配筋强度比 ζ 的物理意义是什么？有什么限制？

6. 在进行受扭构件设计时，怎样避免出现少筋构件和完全超配筋构件？

7. 剪扭共同作用时，剪扭承载力之间存在怎样的相关性？《混凝土规范》如何考虑这些相关性？

8. 在弯剪扭构件的承载力计算中，为什么要规定截面尺寸限制条件和构造配筋要求？弯剪扭构件的最小配箍率和最小配筋率是如何规定的？

习 题

1. 已知一钢筋混凝土矩形截面纯扭构件，截面尺寸 $b \times h = 200 \text{ mm} \times 450 \text{ mm}$，所受的扭矩设计值 $T = 12.5 \text{ kN} \cdot \text{m}$，混凝土强度等级为 C25，纵筋采用 HRB400 级钢筋，箍筋采用 HPB300 级钢筋，试配置抗扭箍筋和纵筋。

2. 已知一矩形截面梁 $b \times h = 200 \text{ mm} \times 500 \text{ mm}$，采用 C25 级混凝土，纵筋采用 6 Φ12 的 HRB400 级钢筋，箍筋采用 Φ8@150 的 HPB300 级钢筋，试求其能承担的设计扭矩 T。

第9章　正常使用极限状态验算及耐久性设计

学习目标

1. 掌握钢筋混凝土构件在正常使用阶段中的基本特点，包括截面的应力分布、构件裂缝开展的原理与过程、截面曲率的变化以及影响这些特点的主要因素等。

2. 掌握裂缝宽度、截面受弯刚度的定义、计算原理以及裂缝宽度与构件挠度的验算方法。

9.1　概　　述

对某些混凝土结构或构件，根据使用条件和环境类别，需要进行正常使用状态下裂缝宽度和变形的验算。这主要是由于：混凝土构件裂缝宽度过大会影响结构物的外观，引起使用者的不安，还可能使钢筋锈蚀，影响结构的耐久性；楼盖梁、板变形过大会影响精密仪器的正常使用和非结构构件(如粉刷、吊顶和隔墙)的破坏；楼盖的刚度过低导致的振动会引起人的不适感；吊车梁的挠度过大会造成吊车正常运行困难。影响结构适用性和耐久性的因素很多，许多问题仍然是目前混凝土结构领域的研究热点。

结构构件不能满足正常使用极限状态时，其对生命财产的危害性，比不能满足承载力极限状态的危害性要小，因此，对其正常使用极限状态的可靠度要求就相应低一些，目标可靠指标值也可减小，一般的设计过程是在承载力极限状态设计满足后再验算裂缝宽度及变形是否满足，并在验算时采用荷载标准值和荷载准永久值。由于构件的变形及裂缝宽度都随时间而增大，因此，在验算裂缝宽度和变形时，应考虑荷载长期作用的影响。

本章主要学习影响结构适用性和耐久性的两个主要结构参数——裂缝宽度和变形的验算。

9.2　裂　缝　验　算

混凝土抗压强度较高，而抗拉强度较低，因此，在荷载作用下，普通混凝土受弯构件大都带裂缝工作，对此，国内外研究者提出各种不同的计算公式。这些计算公式大体可分为两类：一类是数理统计公式，即通过大量实测资料回归分析出不同参数对裂缝宽度的影响，然后用数理统计方法建立起由一些主要参数组成的经验公式；另一类是半理论半经验公式，即根据裂缝出现和开展的机理，在若干假定的基础上建立理论公式，然后根据试验资料确定公式中的参数，并对其进行修正，从而得到裂缝宽度的计算公式，我国建筑与水工类规范中的裂缝宽度公式即属于此类。

9.2.1 裂缝控制的要求

对于由荷载作用产生的裂缝，需通过计算确定裂缝的开展宽度，而非荷载因素产生的裂缝主要是通过构造措施来控制。研究表明，只要裂缝的宽度被限制在一定范围内，就不会对结构的工作性能造成影响。

《混凝土规范》中钢筋混凝土构件裂缝宽度的验算表达式为：

$$w_{max} \leqslant w_{lim} \tag{9-1}$$

式中：w_{max}——荷载作用产生的最大裂缝宽度；

w_{lim}——最大裂缝宽度限值。

钢筋混凝土构件的裂缝控制和最大裂缝宽度限值的确定见附录 4 中的附表 4-3。

9.2.2 裂缝的出现和分布规律

以受弯构件为例，受力裂缝出现和分布过程如下。

1. 裂缝未出现前

受拉区钢筋与混凝土共同受力。沿构件长度方向，各截面的受拉钢筋应力及受拉区混凝土的拉应力大体上保持均等。

2. 裂缝出现

由于混凝土的不均匀性，各截面混凝土的实际抗拉强度是有差异的，随着荷载的增加，在某一最薄弱的截面上将出现第一条裂缝（如图 9-1 中的 $a-a$ 截面所示），有时也可能在几个截面上同时出现一批裂缝。裂缝截面上的混凝土将不再承受拉力而转由钢筋来承担，钢筋应力突然增大，应变也会突增，加上原来受拉伸长的混凝土应力释放后又产生瞬间回缩，因此，裂缝一出现就会有一定的宽度。

3. 裂缝发展

由于混凝土向裂缝两侧回缩会受到钢筋黏结的约束，所以混凝土将随着远离裂缝截面而重新建立起拉应力。当荷载再增加时，某截面处混凝土的拉应力增大到该处混凝土的实际抗拉强度，将会出现第二条裂缝，如图 9-1 中的 $c-c$ 截面所示。假设 $a-a$ 截面与 $c-c$ 截面之间的距离为 l，如果 $l \geqslant 2l_{cr,min}$（$l_{cr,min}$ 为最小裂缝间距），则在 $a-a$ 截面与 $c-c$ 截面之间可能形成新的裂缝；如果 $l < 2l_{cr,min}$，由于黏结应力的传递长度不够，所以在 $a-a$ 截面与 $c-c$ 截面之间将不会出现新的裂缝。这意味着裂缝间距介于 $l_{cr,min}$ 与 $2l_{cr,min}$ 之间，其均值 l_{cr} 为 $1.5l_{cr,min}$。

在裂缝陆续出现后，沿构件长度方向，钢筋与混凝土的应力是随着裂缝的位置而变化的，同时，中和轴也随着裂缝的位置呈波浪形起伏，如图 9-2 所示。对于正常配筋率或配筋率较高的梁来说，约在荷载超过设计使用荷载的 50% 以上时，裂缝间距已基本趋于稳定，此后再增加荷载，构件也不会产生新的裂缝，而只是使原来的裂缝继续扩展与延伸。荷载越大，裂缝越宽。随着荷载的逐步增加，裂缝间的混凝土逐渐脱离受拉工作，钢筋应力逐渐趋于均匀。

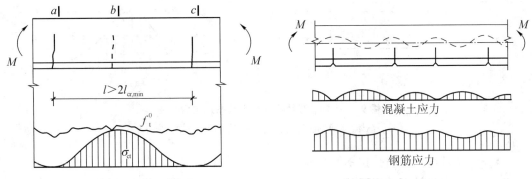

图 9 - 1　第一条裂缝至第二条裂缝出现时　　　　图 9 - 2　中性轴、钢筋及混凝土的应力分布

混凝土裂缝的出现是由于荷载产生的拉应力超过混凝土的实际抗拉强度所致，而裂缝的开展是由于混凝土的回缩，钢筋不断伸长，导致混凝土和钢筋之间变形不协调，也就是钢筋和混凝土之间产生相对滑移的结果。对于受弯构件，裂缝的开展宽度是受拉钢筋重心水平处构件侧表面上混凝土的裂缝宽度。

9.2.3　平均裂缝间距的计算

以轴心受拉构件为例，如图 9 - 3 所示，当薄弱截面 $a-a$ 出现裂缝后，混凝土的拉应力降为零，另一截面 $b-b$ 即将出现但尚未出现裂缝，此时，截面 $b-b$ 处混凝土的应力达到其抗拉强度 f_t。在截面 $a-a$ 处，拉力全部由钢筋承担；在截面 $b-b$ 处，拉力由钢筋和未开裂的混凝土共同承担。按图 9 - 3(a)内力平衡条件有：

$$\sigma_{s1}A_s = \sigma_{s2}A_s + f_t A_{te} \tag{9-2}$$

式中：A_{te}——未开裂混凝土的截面面积。

取 l 段内钢筋的隔离体，钢筋两端的不平衡力由黏结力平衡。黏结力为钢筋表面积上黏结应力的总和，考虑到黏结应力的不均匀分布，在此取平均黏结应力 τ_m，则由平衡条件可得：

$$\sigma_{s1}A_s = \sigma_{s2}A_s + \tau_m \mu l \tag{9-3}$$

将式(9-3)代入式(9-2)可得：

$$l = \frac{f_t A_{te}}{\tau_m \mu} \tag{9-4}$$

式中：A_{te}——有效受拉混凝土的截面面积，可按下列规定取用：对于轴心受拉构件，$A_{te}=bh$，
对于受弯、偏心受压和偏心受拉构件，$A_{te}=0.5bh+(b_f-b)h_f$，如图 9 - 4 所示；

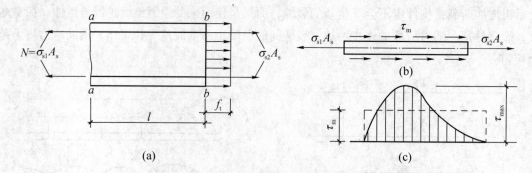

图 9 - 3　轴心受拉构件受力状态及应力分布
(a)脱离体；(b)钢筋受力平衡；(c)裂缝间的黏结应力分布

τ_m——l 范围内纵向受拉钢筋与混凝土的平均黏结应力；

μ——纵向受拉钢筋截面的总周长，$\mu = n\pi d$，n 和 d 分别为钢筋的根数和直径。

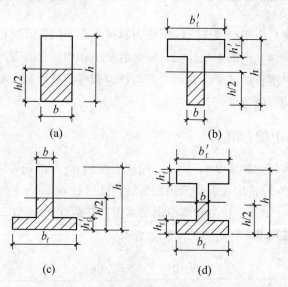

图 9 - 4　有效受拉混凝土的截面面积

由于 $A_s = \dfrac{\pi d^2}{4}$ 及截面有效配筋率 $\rho_{te} = \dfrac{A_s}{A_{te}}$，所以平均裂缝间距可表示为：

$$l_{cr} = 1.5 l = \frac{1.5}{4} \frac{f_t}{\tau_m} \frac{d}{\rho_{te}} = k_2 \frac{d}{\rho_{te}} \tag{9 - 5}$$

式中，k_2 为一经验系数。另外，试验表明，混凝土保护层厚度 c 对裂缝间距有一定的影响，保护层厚度大时，l_{cr} 也大些。考虑到截面有效配筋率、钢筋直径和保护层厚度的影响，并且考虑到不同种类钢筋与混凝土黏结特性的不同，用等效直径 d_{eq} 来表示纵向受拉钢筋的直径，于是构件平均裂缝间距的一般表达为：

$$l_{cr}=\beta \left(k_1 c_s + k_2 \frac{d_{eq}}{\rho_{te}} \right) \tag{9-6}$$

式中，k_1、k_2 为经验系数，根据试验结果并参照使用经验，$k_1=1.9$，$k_2=0.08$，对于受弯、受压和轴拉构件，系数会不同，所以式(9-6)也可以写成：

$$l_{cr}=\beta \left(1.9 c_s + 0.08 \frac{d_{eq}}{\rho_{te}} \right) \tag{9-7}$$

$$d_{eq} = \frac{\sum n_i d_i^2}{\sum n_i \upsilon_i d_i} \tag{9-8}$$

式中：β——系数，轴心受拉构件取 $\beta=1.1$，其他受力构件取 $\beta=1.0$；

c_s——最外层纵向受力钢筋外边缘至受拉区底边的距离，mm，当 $c_s<20$ mm 时，取 $c_s=20$ mm，当 $c_s>65$ mm 时，取 $c_s=65$ mm；

ρ_{te}——按有效受拉混凝土截面面积计算的纵向受拉钢筋的配筋率，$\rho_{te}=A_s/A_{te}$，当 $\rho_{te}<0.01$ 时，取 $\rho_{te}=0.01$；

A_{te}——有效受拉混凝土的截面面积；

d_i——第 i 种纵向受拉钢筋的直径，mm；

n_i——第 i 种纵向受拉钢筋的根数；

υ_i——第 i 种纵向受拉钢筋的相对黏结特性系数，带肋钢筋取 1.0，光圆钢筋取 0.7。

9.2.4　平均裂缝宽度的计算

裂缝的开展是由混凝土的回缩和钢筋伸长造成的，即在裂缝出现后受拉钢筋与相同曲率半径处的受拉混凝土的伸长差异造成的，因此，平均裂缝宽度即为在裂缝间的一段范围内钢筋平均伸长和混凝土平均伸长之差(如图 9-5 所示)，即：

$$w_m = \varepsilon_{sm} l_{cr} - \varepsilon_{cm} l_{cr} = \left(1 - \frac{\varepsilon_{cm}}{\varepsilon_{sm}} \right) \varepsilon_{sm} l_{cr} \tag{9-9}$$

式中：ε_{sm}、ε_{cm}——裂缝间钢筋及混凝土的平均拉应变。

取式(9-9)中等号右边括号项为 $\alpha_c = 1 - \varepsilon_{cm}/\varepsilon_{sm}$ 来反映裂缝间混凝土伸长对裂缝宽度的影响，并引入裂缝间钢筋应变不均匀系数 $\psi = \varepsilon_{sm}/\varepsilon_s$，则式(9-9)可改写为：

$$w_m = \alpha_c \psi \frac{\sigma_s}{E_s} l_{cr} \tag{9-10}$$

对于建筑结构的普通钢筋混凝土构件，裂缝宽度按荷载准永久组合计算；对于预应力混凝土结构，裂缝控制等级为三级且环境类别为二 a 类时，荷载按标准组合计算，所以式(9-10)中裂缝截面处的钢筋应力 σ_s 根据具体情况可分别记为 σ_{sq} 或 σ_{sk}。式(9-10)中的 α_c，对于受弯和偏心受压构件取 0.77，其他构件取 0.85。

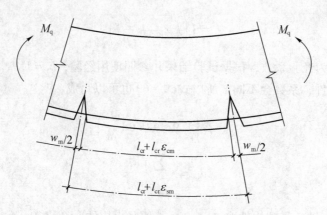

图 9 – 5　平均裂缝宽度计算图

正常使用状态下，钢筋等效应力的计算需遵循以下假定：

① 截面应变保持平面；

② 对于偏心受力或受弯构件，受压区混凝土的法向应力图为三角形；

③ 不考虑受拉区混凝土的抗拉强度；

④ 采用换算截面。

1. 裂缝截面处的钢筋应力（普通钢筋混凝土构件）

按荷载准永久组合计算的纵向受拉钢筋应力 σ_{sq} 可由下列公式计算。

（1）轴心受拉构件。对于轴心受拉构件，裂缝截面的全部拉力均由钢筋承担，故钢筋应力为：

$$\sigma_{sq}=\frac{N_q}{A_s} \tag{9-11}$$

式中：N_q——按荷载准永久组合计算的轴向拉力值；

　　　A_s——纵向受拉钢筋截面面积，对于轴心受拉构件，应取全部纵向钢筋截面面积。

（2）受弯构件。对于受弯构件，假定内力臂为 Z，一般可近似地取 $Z=0.87h_0$，故：

$$\sigma_{sq}=\frac{M_q}{0.87h_0A_s} \tag{9-12}$$

式中：M_q——按荷载准永久组合计算的弯矩值；

　　　A_s——纵向受拉钢筋截面面积，对于受弯构件，应取受拉区纵向钢筋截面面积。

（3）矩形截面偏心受拉构件。对于小偏心受拉构件，直接对拉应力较小一侧的钢筋重心取力矩平衡；对于大偏心受拉构件，如图 9 – 6 所示，近似取受压区混凝土压应力合力与受压钢筋合力作用点重合并对受压钢筋重心取力矩平衡，可得：

$$\sigma_{sq}=\frac{N_qe'}{A_s(h_0-a'_s)} \tag{9-13}$$

式中：N_q——按荷载准永久组合计算的轴向拉力值；

　　　e'——轴向拉力作用点至纵向受压钢筋或受拉较小边钢筋合力点的距离；

　　　A_s——纵向受拉钢筋截面面积，对于偏心受拉构件，应取受拉应力较大一边的纵向钢筋截面面积。

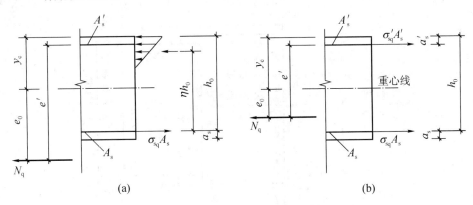

图 9 – 6　大、小偏心受拉构件的截面应力图形

(a) 大偏心受拉构件；(b) 小偏心受拉构件

(4) 偏心受压构件。其截面受力状态如图 9 – 7 所示。《混凝土规范》给出考虑截面形状的内力臂近似计算公式：

$$\sigma_{sq} = \frac{N_q}{A_s}\left(\frac{e}{Z} - 1\right) \tag{9-14}$$

其中

$$Z = \left[0.87 - 0.12\left(1 - \gamma_f'\right)\left(\frac{h_0}{e}\right)^2\right]h_0 \tag{9-15}$$

$$e = \eta_s e_0 + y_s \tag{9-16}$$

$$\eta_s = 1 + \frac{1}{4\,000 e_0 / h_0}\left(\frac{l_0}{h}\right)^2 \tag{9-17}$$

$$\gamma_f' = \frac{(b_f' - b)h_f'}{b h_0} \tag{9-18}$$

式 (9 – 14) ~ 式 (9 – 18) 中：

　　　N_q——按荷载准永久组合计算的轴向力值；

　　　e——轴向压力作用点至纵向受拉钢筋合力点的距离；

　　　Z——纵向受拉钢筋合力点至受压区合力点的距离；

　　　η_s——使用阶段的轴向压力偏心距增大系数，当 $l_0/h \leqslant 14$ 时，取 $\eta_s = 1.0$；

　　　y_s——截面重心至纵向受拉钢筋合力点的距离；

　　　γ_f'——受压翼缘面积与腹板有效面积的比值；

b_f'、h_f'——受压区翼缘的宽度和高度，在式(9-18)中，当 $h_f' > 0.2h_0$ 时，取 $h_f' = 0.2h_0$；其他符号的含义见附录 1。

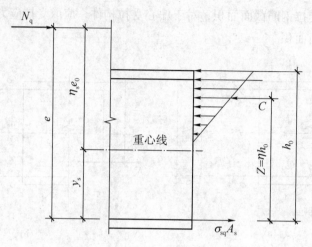

图 9-7　偏心受压构件截面应力图形

2. 裂缝间钢筋应变不均匀系数

系数 ψ 是钢筋平均应变与裂缝截面处钢筋应变的比值，即 $\psi = \varepsilon_{sm} / \varepsilon_s$，它反映了裂缝间受拉混凝土参与受拉工作的程度。其半理论半经验公式为：

$$\psi = 1.1 - \frac{0.65 f_{tk}}{\rho_{te} \sigma_s} \tag{9-19}$$

在计算中，当 ψ 计算值较小时，会过高估计混凝土的作用，因此规定：当 $\psi < 0.2$ 时，取 $\psi = 0.2$；当 $\psi > 1.0$ 时，取 $\psi = 1.0$；对直接承受重复荷载的构件，取 $\psi = 1.0$。

9.2.5　最大裂缝宽度的验算

实际观测表明，裂缝宽度具有很大的离散性。取实测裂缝宽度 w_t 与计算的平均裂缝宽度 w_m 的比值为 τ_s（称为短期裂缝宽度扩大系数），根据试验梁的大量裂缝量测结果可知，τ_s 的概率分布基本为正态分布。因此，超越概率为 5% 的最大裂缝宽度可由式（9-20）求得：

$$w_{max} = w_m (1 + 1.645\delta) \tag{9-20}$$

式中：δ——裂缝宽度变异系数。

对于受弯构件，由试验统计得 $\delta = 0.4$，故取短期裂缝宽度扩大系数 $\tau_s = 1.66$；对于轴心受拉和偏心受拉构件，根据试验结果统计，按超越概率为 5% 所得的最大短期裂缝宽度扩大系数 $\tau_s = 1.9$。

9.2.6 长期荷载的影响

在荷载的长期作用下，由于钢筋与混凝土的黏结滑移徐变、拉应力的松弛以及混凝土收缩的影响，会导致裂缝间混凝土不断退出受拉工作，钢筋的平均应变增大，裂缝宽度随着时间的推移而逐渐增大。此外，荷载的变动、环境温度的变化，都会使钢筋与混凝土之间的黏结作用削弱，也将导致裂缝宽度不断增大。根据长期观测结果，在长期荷载作用下，裂缝的扩大系数 $\tau_l = 1.5$。

考虑荷载长期影响在内的最大裂缝宽度公式为：

$$w_{\max} = \tau_s \tau_l w_m = \alpha_c \tau_s \tau_l \psi \frac{\sigma_{sq}}{E_s} l_{cr} \tag{9-21}$$

对于矩形、T 形、倒 T 形及工字形截面的钢筋混凝土受拉、受弯和偏心受压构件，按荷载效应的准永久组合并考虑长期荷载作用影响的最大裂缝宽度 $w_{\max}$ 应按式（9-22）计算：

$$w_{\max} = \alpha_{cr} \psi \frac{\sigma_{sq}}{E_s} \left(1.9 c_s + 0.08 \frac{d_{eq}}{\rho_{te}} \right) \tag{9-22}$$

式中：α_{cr}——构件受力特征系数，为前述各系数 α_c、τ_l、τ_s 的乘积，轴心受拉构件取 2.7，偏心受拉构件取 2.4，受弯构件和偏心受压构件取 1.9。

根据试验可知，当偏心受压构件 $e_0/h_0 \leqslant 0.55$ 时，正常使用阶段裂缝宽度较小，均能满足要求，故可不进行验算。对于直接承受重复荷载作用的吊车梁，卸载后裂缝可部分闭合，同时，由于吊车满载的概率很小，吊车最大荷载的作用时间很短暂，所以可将计算所得的最大裂缝宽度乘以系数 0.85。

如果 $w_{\max}$ 超过允许值，则应采取相应措施。例如：适当地减小钢筋直径，使钢筋在混凝土中均匀分布；采用与混凝土黏结较好的变形钢筋；适当地增加配筋量（不够经济合理），以降低使用阶段的钢筋应力；增加表层钢筋网片。这些方法都能在一定程度上减小正常使用条件下的裂缝宽度。但对于限制裂缝宽度而言，最有效的方法是采用预应力混凝土结构。

【例 9-1】某屋架下弦按轴心受拉构件设计，处于一类环境，截面尺寸 $b \times h = 200 \text{ mm} \times 200 \text{ mm}$，纵向配置 HRB335 级钢筋 4$\Phi$16（$A_s = 804 \text{ mm}^2$），采用 C35 级混凝土，按荷载准永久组合计算的轴向拉力 $N_q = 180 \text{ kN}$，试验算其裂缝宽度是否满足控制要求。

【解】查表得 C35 混凝土的 $f_{tk} = 2.20 \text{ N/mm}^2$，HRB335 级钢筋的 $E_s = 2.0 \times 10^5 \text{ N/mm}^2$，一类环境的最小保护层厚度 $c = 20 \text{ mm}$，考虑箍筋直径后，纵筋保护层厚度 $c_s = 30 \text{ mm}$，而且有：

$$w_{\lim} = 0.3 \,(\text{mm})$$

$$d_{eq} = 16 \,(\text{mm})$$

$$\rho_{te} = \frac{A_s}{A_{te}} = \frac{A_s}{bh} = \frac{804}{200 \times 200} = 0.020\ 1 > 0.01$$

$$\sigma_{sq} = \frac{N_q}{A_s} = \frac{180\ 000}{804} = 223.9 \,(\text{N/mm}^2)$$

$$\psi = 1.1 - 0.65 \frac{f_{tk}}{\rho_{te}\sigma_{sq}} = 1.1 - 0.65 \times \frac{2.20}{0.020\,1 \times 223.9} = 0.782 > 0.2 \text{ 且 } \psi < 1.0$$

又因为轴心受拉构件 $\alpha_{cr} = 2.7$，则：

$$w_{max} = \alpha_{cr}\psi \frac{\sigma_{sq}}{E_s}\left(1.9c_s + 0.08\frac{d_{eq}}{\rho_{te}}\right)$$

$$= 2.7 \times 0.782 \times \frac{223.9}{2.0 \times 10^5} \times \left(1.9 \times 30 + 0.08 \times \frac{16}{0.020\,1}\right)$$

$$= 0.285(mm) < w_{lim} = 0.30(mm)$$

因此，裂缝宽度满足控制要求。

【例 9 – 2】 一矩形截面梁，处于二 a 类环境，截面尺寸 $b \times h = 250\,mm \times 600\,mm$，混凝土采用 C40，配置 HRB335 级纵向受拉钢筋 4 Φ 22（$A_s = 1\,521\,mm^2$），纵筋混凝土保护层厚度为 30 mm，按荷载准永久组合计算的弯矩 $M_q = 130\,kN \cdot m$，试验算其裂缝宽度是否满足控制要求。

【解】 查表得 C40 混凝土的 $f_{tk} = 2.39\,N/mm^2$，HRB335 级钢筋的 $E_s = 2.0 \times 10^5\,N/mm^2$，处于二 a 类环境，有：

$$w_{lim} = 0.2(mm)$$

$$d_{eq} = 22(mm)$$

$$a_s = c_s + d/2 = 30 + 22/2 = 41(mm)$$

$$h_0 = h - a_s = 600 - 41 = 559(mm)$$

$$\rho_{te} = \frac{A_s}{A_{te}} = \frac{A_s}{0.5bh} = \frac{1\,521}{0.5 \times 250 \times 600} = 0.020\,3 > 0.01$$

$$\sigma_{sq} = \frac{M_q}{0.87h_0A_s} = \frac{130 \times 10^6}{0.87 \times 559 \times 1\,521} = 175.7(N/mm^2)$$

$$\psi = 1.1 - 0.65\frac{f_{tk}}{\rho_{te}\sigma_{sq}} = 1.1 - 0.65 \times \frac{2.39}{0.020\,3 \times 175.7} = 0.664 > 0.2 \text{ 且 } \psi < 1.0$$

又因受弯构件 $\alpha_{cr} = 1.9$，则：

$$w_{max} = \alpha_{cr}\psi \frac{\sigma_{sq}}{E_s}\left(1.9c_s + 0.08\frac{d_{eq}}{\rho_{te}}\right)$$

$$= 1.9 \times 0.664 \times \frac{175.7}{2.0 \times 10^5} \times \left(1.9 \times 30 + 0.08 \times \frac{22}{0.020\,3}\right)$$

$$= 0.159(mm) < w_{lim} = 0.20(mm)$$

因此，裂缝宽度满足控制要求。

9.3　变 形 验 算

9.3.1　变形控制的要求

对于适用性和耐久性，结构构件满足正常使用要求的限值大都凭长期使用经验确定，

《混凝土规范》规定了各种情况下变形的限值。

对于受弯构件，挠度变形的验算表达式为：

$$f \leqslant f_{\text{lim}} \tag{9-23}$$

式中：f——荷载作用下产生的挠度变形；

f_{lim}——挠度变形限值。

《混凝土规范》根据我国长期工程经验，对受弯构件的挠度进行了限制，限值见附录 4 中的附表 4-1。

9.3.2　截面抗弯刚度的主要特点

由材料力学可知，均质弹性体梁满足下列条件：①物理条件——应力与应变满足胡克定律；②几何条件——平截面假定；③平衡条件——钢筋混凝土构件中钢筋屈服前变形的计算。材料力学中已给出线弹性体梁跨中最大挠度的一般公式：

$$f = C \frac{M}{EI} l^2 = C\phi l^2 \tag{9-24}$$

$$\phi = \frac{M}{EI} \rightarrow EI = \frac{M}{\phi} \rightarrow M = EI\phi \tag{9-25}$$

以上述 3 个条件为基础，并在物理条件中考虑混凝土受压 $\sigma - \varepsilon$ 的非线性。当截面及材料给定后，EI 为常数，即挠度 f 与 M 为直线关系，如图 9-8 中的虚线所示。

加载到破坏实测的混凝土适筋梁 $M/M_u - f$ 关系曲线如图 9-8 中的实线所示，钢筋混凝土受弯构件的刚度不是一个常数，裂缝的出现与开展对其有显著影响。对普通钢筋混凝土受弯构件来讲，在使用荷载作用下，绝大多数处于第二阶段，因此，正常使用阶段的变形验算主要是指这一阶段的变形验算。另外，试验还表明，截面刚度随着时间的增长而减小。因此，在普通钢筋混凝土受弯构件的变形验算中，除考虑荷载效应准永久组合以外，还应考虑荷载长期作用的影响。受弯构件的截面刚度记为 B，受弯构件在荷载效应准永久组合下的刚度（短期刚度）记为 B_s。

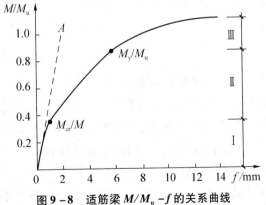

图 9-8　适筋梁 $M/M_u - f$ 的关系曲线

9.3.3 短期刚度计算公式

1. 使用阶段受弯构件的应变分布特征

钢筋混凝土受弯构件变形计算是以适筋梁第Ⅱ阶段应力状态为计算依据的，取梁的纯弯曲段来研究其应力、应变特点。由试验可知，在第Ⅱ阶段，从裂缝出现到裂缝稳定，沿构件长度方向的应力和应变分布如图9-9所示，其具有以下特点：

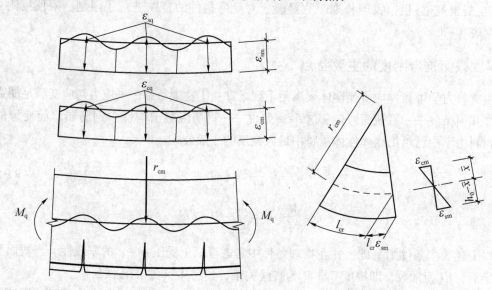

图9-9 钢筋混凝土梁纯弯段的应变分布

（1）钢筋应变沿梁长分布不均匀，裂缝截面处应变较大，裂缝之间应变较小。其不均匀程度可以用受拉钢筋应变不均匀系数 $\psi = \varepsilon_{sm}/\varepsilon_{sq}$ 来反映，其中，ε_{sm} 为裂缝间钢筋的平均应变，ε_{sq} 为裂缝截面处的钢筋应变，所以有：

$$\varepsilon_{sm} = \psi \varepsilon_{sq} \tag{9-26}$$

（2）受压区混凝土的应变沿梁长分布也是不均匀的，裂缝截面处应变较大，裂缝之间应变较小，则可得：

$$\varepsilon_{cm} = \psi_c \varepsilon_{cq} \tag{9-27}$$

（3）由于裂缝的影响，截面中和轴的高度 x_n 也呈波浪形变化，开裂截面处 x_n 小，而裂缝之间 x_n 较大。其平均值 x_{nm} 称为平均中和轴高度，相应的中和轴为平均中和轴，相应的截面称为平均截面，相应的曲率称为平均曲率，平均曲率半径记为 r_{cm}。试验表明，平均应变 ε_{sm}、ε_{cm} 符合平截面假定，即沿平均截面，平均应变呈直线分布。

2. 钢筋混凝土受弯构件的短期刚度 B_s

在梁的纯弯段内，其平均应变 ε_{sm}、ε_{cm} 符合平截面假定，仍可采用与材料力学中匀质弹性体曲率相似的公式，即：

$$\phi = \frac{1}{r_{cm}} = \frac{\varepsilon_{sm} + \varepsilon_{cm}}{h_0} = \frac{M_q}{B_s} \tag{9-28}$$

式中：r_{cm}——平均曲率半径。

利用弯矩曲率关系，可求得受弯构件的短期刚度 B_s：

$$B_s = \frac{M_q}{\phi} = \frac{M_q}{\dfrac{\varepsilon_{sm} + \varepsilon_{cm}}{h_0}} \tag{9-29}$$

钢筋的平均应变与裂缝截面钢筋应力的关系为：

$$\varepsilon_{sm} = \psi \varepsilon_{sq} = \psi \frac{\sigma_{sq}}{E_s} \tag{9-30}$$

另外，由于受压区混凝土的平均应变 ε_{cm} 与裂缝截面的应变 ε_c 相差很小，再考虑混凝土的塑性变形而采用变形模量 E_c'（$E_c' = \upsilon E_c$，υ 为弹性系数），则：

$$\varepsilon_{cm} = \psi_c \varepsilon_{cq} = \psi_c \frac{\sigma_{cq}}{E_c'} = \psi_c \frac{\sigma_{cq}}{\upsilon E_c} \tag{9-31}$$

裂缝截面的实际应力分布如图 9-10 所示，计算时可把混凝土受压应力图取为等效矩形应力图形，并取平均应力为 $\omega\sigma_{cq}$，ω 为压应力图形系数。

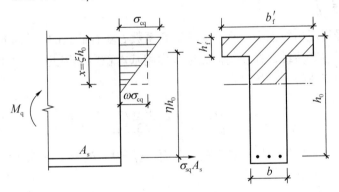

图 9-10　裂缝截面的实际应力分布

设裂缝截面受压区高度为 ξh_0，截面的内力臂为 ηh_0，如图 9-10 所示，则对受压区合力作用点取矩可得：

$$\sigma_{sq} = \frac{M_q}{A_s \eta h_0} \tag{9-32}$$

受压区面积为 $(b_f' - b)h_f' + bx = (\gamma_f' + \xi)bh_0$，将三角形分布的压应力图形换算成平均压应力 $\omega\sigma_{cq}$，再对受拉钢筋的重心处取矩，可得：

$$\sigma_{cq} = \frac{M_q}{\omega(\gamma'_f + \xi)\eta b h_0^2} \tag{9-33}$$

式中：ω——压应力图形丰满程度系数；

$\quad\quad \eta$——裂缝截面处内力臂长度系数，可取 0.87；

$\quad\quad \xi$——裂缝截面处受压区高度系数；

$\quad\quad \gamma'_f$——受压翼缘的加强系数，$\gamma'_f = (b'_f - b)h'_f / (bh_0)$。

综合上述 3 项关系，即可得到：

$$\phi = \frac{\varepsilon_{sm} + \varepsilon_{cm}}{h_0} = \frac{\psi \dfrac{\sigma_{sq}}{E_s} + \psi_c \dfrac{\sigma_{cq}}{vE_c}}{h_0} = \frac{\psi \dfrac{M_q}{A_s \eta h_0 E_s} + \psi_c \dfrac{M_q}{\omega(\gamma'_f + \xi)\eta b h_0^2 v E_c}}{h_0}$$

$$= M_q \left(\frac{\psi}{A_s \eta h_0^2 E_s} + \frac{\psi_c}{\omega(\gamma'_f + \xi)\eta b h_0^3 v E_c} \right) \tag{9-34}$$

式（9-34）即为 M_q 与曲率 ϕ 的关系式。设 $\zeta = \omega v(\gamma'_f + \xi)\eta / \psi_c$，并称为混凝土受压边缘平均应变综合系数，经整理，可得短期刚度的表达式：

$$B_s = \frac{M_q}{\phi} = \frac{1}{\dfrac{\psi}{A_s \eta h_0^2 E_s} + \dfrac{\psi_c}{\omega(\gamma'_f + \xi)\eta b h_0^3 v E_c}} = \frac{E_s A_s h_0^2}{\dfrac{\psi}{\eta} + \dfrac{\alpha_E \rho}{\zeta}} \tag{9-35}$$

式中，$\alpha_E = \dfrac{E_s}{E_c}$，$\rho = \dfrac{A_s}{bh_0}$。

试验表明，受压区边缘混凝土平均应变综合系数 ζ 随着荷载的增大而减小，在裂缝出现后降低很快，而后逐渐减缓，在使用荷载范围内则基本稳定，因此，ζ 的取值可不考虑荷载的影响。根据试验资料统计分析可得：

$$\frac{\alpha_E \rho}{\zeta} = 0.2 + \frac{6\alpha_E \rho}{1 + 3.5\gamma'_f} \tag{9-36}$$

式中：γ'_f——受压翼缘加强系数，对于矩形截面，$\gamma'_f = 0$，对于 T 形截面，当 $h'_f > 0.2h_0$ 时，取 $h'_f = 0.2h_0$。

将式（9-36）代入式（9-35），则受弯构件短期刚度公式可写为：

$$B_s = \frac{E_s A_s h_0^2}{1.15\psi + 0.2 + \dfrac{6\alpha_E \rho}{1 + 3.5\gamma'_f}} \tag{9-37}$$

式中，ψ 参照式（9-19）进行计算。

9.3.4 长期刚度计算公式

在荷载长期作用下，受弯构件受压区混凝土将发生徐变，受拉区裂缝间混凝土仍处于受拉状态，裂缝附近混凝土的应力松弛以及它与钢筋间的滑移使受拉混凝土不断退出工作，因此钢筋应变随时间而增大。此外，纵向钢筋周围混凝土的收缩受到钢筋的抑制，当受压纵向钢筋用量较少时，受压区混凝土可较自由地收缩变形，使梁产生弯曲，导致梁的挠度增长。

荷载长期作用下挠度增长的主要原因是混凝土的徐变和收缩，因此，凡是影响混凝土徐变和收缩的因素，如受压钢筋的配筋率、加载龄期、温度、湿度及养护条件等，都对长期挠度有影响。

试验表明，在加载初期，梁的挠度增长较快，随后，在荷载长期作用下，其增长趋势逐渐减缓，后期挠度虽继续增长，但增值很小。在实际应用中，对于一般尺寸的构件，可取 1 000 d 或 3 年挠度作为最终值。对于大尺寸的构件，挠度增长在 10 年后仍未停止。

根据国内的试验分析结果，受压钢筋对荷载短期作用下的挠度影响较小，但对荷载长期作用下受压区混凝土的徐变及梁的挠度增长起抑制作用，抑制程度与受压钢筋和受拉钢筋的相对数量有关，并且，对于早龄期的梁，受压钢筋对减小梁的挠度作用更大些。

《混凝土规范》采用通过试验确定钢筋混凝土受弯构件的挠度增大系数 θ 的方法来计算荷载长期影响的刚度。当 $\rho'=0$ 时，$\theta=2.0$；当 $\rho'=\rho$ 时，$\theta=1.6$；当 ρ' 为中间数值时，θ 按线性内插法取用。此处 $\rho'=A_s'/(bh_0)$，$\rho=A_s/(bh_0)$。

上述 θ 值适用于一般情况下的矩形、T 形和工字形截面梁。由于 θ 值与温度、湿度有关，对于干燥地区，收缩影响大，所以建议 θ 值应酌情增加 15% ~ 20%。对于翼缘位于受拉区的倒 T 形截面，θ 值应增加 20%。

《混凝土规范》给出普通钢筋混凝土构件按荷载准永久组合并考虑长期作用影响的矩形、T 形、倒 T 形和工字形截面受弯构件的刚度计算公式：

$$B=\frac{B_s}{\theta} \qquad\qquad (9-38)$$

式中：B——按荷载效应准永久组合并考虑荷载长期作用影响的刚度；

$\qquad\theta$——考虑荷载长期作用对挠度增大的影响系数；

$\qquad B_s$——荷载效应准永久组合作用下受弯构件的短期刚度。

9.3.5　最小刚度原则

式(9-37)及式(9-38)都是指纯弯区段内的平均截面弯曲刚度，但就一般受弯构件而言，在其跨度范围内各截面的弯矩一般是不相等的，故各截面的弯曲刚度也不相同。实际应用中为了简化计算，常采用同一符号弯矩区段内最大弯矩 M_{max} 处的截面刚度 B_{min} 作为该区段的刚度 B，以计算构件的挠度，这就是受弯构件挠度计算中的"最小刚度原则"。

对于简支梁，根据"最小刚度原则"，可按梁全跨范围内弯矩最大处的截面弯曲刚度，即最小的截面弯曲刚度[如图 9-11(b)中的虚线所示]，用结构力学方法中不考虑剪切变形影响的等截面梁公式来计算挠度。对于等截面连续梁，存在正、负弯矩，可假定各同一符号弯矩区段内的刚度相等，并分别取正、负弯矩区段处截面的最小刚度按变刚度连续梁计算挠度（如图 9-12 所示）。当计算跨度内的支座截面弯曲刚度不大于跨中截面弯曲刚度的 2 倍或不小于跨中截面弯曲刚度的1/2 时，该跨也可按等刚度构件进行计算，且其构件刚度可取跨中最大弯矩截面的弯曲刚度。

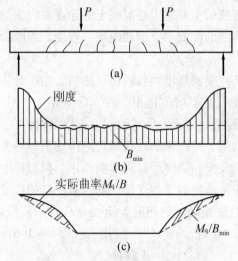

图 9-11　简支梁沿梁长的刚度和曲率分布

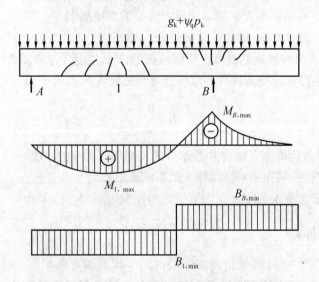

图 9-12　梁存在正、负弯矩时抗弯刚度分布图

采用"最小刚度原则"，表面上会使挠度计算值偏大，但由于计算中多不考虑剪切变形及其裂缝对挠度的贡献，两者相比较，误差大致可以互相抵消。国内外约 350 根试验梁验算结果表明，计算值与试验值符合较好，因此，采用"最小刚度原则"可以满足工程要求。用 B_{min} 代替匀质弹性材料梁截面弯曲刚度 EI 后，梁的挠度计算十分简便。

【例 9 - 3】 钢筋混凝土矩形截面梁，截面尺寸 $b \times h = 200 \text{ mm} \times 400 \text{ mm}$，计算跨度 $l_0 = 5.4 \text{ m}$，采用 C20 混凝土，配有 $3 \underline{\Phi} 18 (A_s = 763 \text{ mm}^2)$ HRB335 级纵向受力钢筋，纵筋混凝土保护层厚度为 30 mm，承受的均布永久荷载标准值 $g_k = 5.0 \text{ kN/m}$，均布活荷载标准值 $q_k = 20 \text{ kN/m}$，活荷载准永久系数 $\psi_q = 0.5$，如果该构件的挠度限值为 $l_0/250$，试验算该梁的跨中最大变形是否满足要求。

【解】 (1)求弯矩准永久组合设计值。准永久组合下的弯矩值为：

$$M_q = \frac{1}{8}(g_k + \psi_q q_k)l_0^2 = \frac{1}{8} \times (5 + 0.5 \times 20) \times 5.4^2 = 54.68 \ (\text{kN} \cdot \text{m})$$

(2)计算有关参数。查表得 C20 混凝土的 $f_{tk} = 1.54 \text{ N/mm}^2$，$E_c = 2.55 \times 10^4 \text{ N/mm}^2$，HRB335 级钢筋的 $E_s = 2.0 \times 10^5 \text{ N/mm}^2$，而且有：

$$a_s = c_s + d/2 = 30 + 18/2 \approx 40 \ (\text{mm})$$

$$\rho_{te} = \frac{A_s}{0.5bh} = \frac{763}{0.5 \times 200 \times 400} = 0.019 \ 1 > 0.010$$

$$\sigma_{sq} = \frac{M_q}{0.87h_0 A_s} = \frac{54.68 \times 10^6}{0.87 \times 360 \times 763} = 228.81 \ (\text{N/mm}^2)$$

$$\psi = 1.1 - 0.65 \frac{f_{tk}}{\rho_{te}\sigma_{sq}} = 1.1 - 0.65 \times \frac{1.54}{0.019 \ 1 \times 228.81} = 0.871 > 0.2 \text{ 且 } \psi < 1.0$$

$$\alpha_E = \frac{E_s}{E_c} = \frac{2.0 \times 10^5}{2.55 \times 10^4} = 7.84$$

$$\rho = \frac{A_s}{bh_0} = \frac{763}{200 \times 360} = 0.010 \ 6$$

(3)计算短期刚度 B_s。

$$B_s = \frac{E_s A_s h_0^2}{1.15\psi + 0.2 + 6\alpha_E\rho} = \frac{2.0 \times 10^5 \times 763 \times 360^2}{1.15 \times 0.871 + 0.2 + 6 \times 7.84 \times 0.010 \ 6}$$

$$= 1.16 \times 10^{13} (\text{N} \cdot \text{mm}^2)$$

(4)计算长期刚度 B。因为 $\rho' = 0$，$\theta = 2.0$，则：

$$B = \frac{B_s}{\theta} = \frac{1.16 \times 10^{13}}{2.0}$$

$$= 5.8 \times 10^{12} (\text{N} \cdot \text{mm}^2)$$

(5)计算挠度。

$$a_{f,\max} = \frac{5}{48} \frac{M_q l_0^2}{B} = \frac{5}{48} \times \frac{54.68 \times 10^6 \times 5.4^2 \times 10^6}{5.8 \times 10^{12}}$$

$$= 28.64 (\text{mm}) > \frac{l_0}{250} = 21.6 (\text{mm})$$

显然，该梁跨中挠度不满足要求，可采取增加梁截面高度的方法进行重新设计。

【例 9 – 4】 如例 9 – 3 中的矩形梁，截面尺寸为 250 mm × 500 mm，其他条件不变，试验算该梁跨中的最大挠度是否满足要求。

【解】 由例 9 – 3 可得：

$$M_q = 54.68(kN \cdot m)$$

$$E_c = 2.55 \times 10^4 (N/mm^2)$$

$$\alpha_E = 7.84$$

$$\rho_{te} = \frac{A_s}{0.5bh} = \frac{763}{0.5 \times 250 \times 500} = 0.0122 > 0.01$$

$$\sigma_{sq} = \frac{M_q}{0.87h_0 A_s} = \frac{54.68 \times 10^6}{0.87 \times 460 \times 763} = 179.07 \ (N/mm^2)$$

$$\rho = \frac{A_s}{bh_0} = \frac{763}{250 \times 460} = 6.6 \times 10^{-3}$$

则：

$$\psi = 1.1 - 0.65 \frac{f_{tk}}{\rho_{te}\sigma_{sq}} = 1.1 - 0.65 \times \frac{1.54}{0.0122 \times 179.07} = 0.642 > 0.2 \ 且 \ \psi < 1.0$$

故短期刚度 B_s 为：

$$B_s = \frac{E_s A_s h_0^2}{1.15\psi + 0.2 + 6\alpha_E\rho} = \frac{2.0 \times 10^5 \times 763 \times 460^2}{1.15 \times 0.642 + 0.2 + 6 \times 7.84 \times 6.6 \times 10^{-3}}$$

$$= 2.59 \times 10^{13} (N \cdot mm^2)$$

长期刚度 B 为：

$$B = \frac{B_s}{\theta} = \frac{2.59 \times 10^{13}}{2}$$

$$= 1.295 \times 10^{13} (N \cdot mm^2)$$

挠度为：

$$a_{f, max} = \frac{5}{48} \frac{M_q l_0^2}{B} = \frac{5}{48} \times \frac{54.68 \times 10^6 \times 5.4^2 \times 10^6}{1.295 \times 10^{13}} = 12.83(mm) < \frac{l_0}{250} = 21.6(mm)$$

可知，该梁跨中挠度满足要求。

9.4 混凝土结构的耐久性

9.4.1 混凝土结构耐久性的概念

结构耐久性是指结构及其构件在预计的设计使用年限内，在正常维护和使用条件下，在指定的工作环境中，结构不需要进行大修即可满足正常使用和安全要求的能力。在传统的观念中，混凝土是一种很耐久的材料，混凝土结构似乎不存在耐久性问题，但试验和工程实践表明，由于混凝土结构本身的组成成分及承载力特点，其抗力有初期较快增长和中期稳定阶段，在外界环境和各种因素的作用下，也存在逐渐削弱和衰减的时期，经历一定年代后，甚至不能满足设计应有的功能而"失效"。我国混凝土结构量大面广，若因耐久性不足而失效，或为了继续正常使用而进行相当规模的维修、加固或改造，必将付出高昂的代价。混凝土耐久性问题已引起学术界、工程界以及政府职能部门的高度重视。随着现代科学技术的发展，对混凝土耐久性的研究已取得了丰硕的成果，如国家标准《混凝土结构耐久性设计规范》（GB/T 50476—2008）的实施，但是，由于混凝土材料和耐久性影响因素的复杂性以及它们之间的相互交叉作用，使得混凝土耐久性破坏至今仍困扰着人们，因此，认识、了解、检测、控制并最终消除混凝土耐久性破坏，一直是混凝土科学工作者的一项重任。

混凝土结构设计时，为保证结构的安全性和适用性，除进行承载力计算和裂缝宽度、变形验算外，还必须进行结构的耐久性设计。由于混凝土结构耐久性设计的影响因素众多，对有些影响因素及规律的研究尚欠深入，难以达到进行定量设计的程度，所以我国规范采用宏观控制的方法，即根据设计使用年限和环境类别对混凝土结构提出相应的耐久性方面的要求。按国家标准《工程结构可靠性设计统一标准》（GB 50153—2008）的有关规定，建筑物按其使用要求和重要性，设计使用年限分别采用 5 年、25 年、50 年和 100 年。公路桥涵结构根据其规模和重要性，设计使用年限分别采用 30 年、50 年和 100 年。

9.4.2　影响混凝土结构耐久性的因素

混凝土长期处在各种环境介质中，往往会造成不同程度的损害，甚至完全破坏。影响混凝土结构耐久性的因素可分为内部因素和外部因素。内部因素指混凝土结构自身的缺陷。例如，表层混凝土的孔结构不合理，孔径较大，连续孔隙较多，或有裂缝，为外界环境中的水、氧气以及侵蚀物质向混凝土中的扩散、迁移、渗透等提供了通道，而混凝土保护层偏薄、钢筋间距太小，则缩短了这些通道的距离，加速钢筋锈蚀；当混凝土配制时使用海水、海砂或掺加含氯盐的外加剂时，将导致氯离子含量过高而引起钢筋锈蚀。又如，混凝土集料中的某些活性矿物与混凝土中的碱发生碱骨料反应，导致混凝土胀裂。混凝土结构的自身缺陷主要是由设计不合理、材料不合格、施工质量低劣、使用维护不当引起的。外部因素则主要有：二氧化碳、酸雨等使混凝土中性化，引起其中的钢筋发生脱钝锈蚀；工业建筑环境中的酸、碱、盐侵蚀物质导致混凝土腐蚀破坏、钢筋锈蚀；海洋环境中的氯盐侵蚀引起钢筋锈蚀。

混凝土结构的耐久性问题往往是内部不完善与外部不利因素综合作用的结果，实际工程中的耐久性破坏也往往非单一因素所致，而是多个因素交织在一起。例如，海水环境下混凝土结构的破坏可能由冻融循环、盐类结晶破坏（盐冻破坏）、钢筋锈蚀等多个因素引起；路面撒除冰盐引起的混凝土结构破坏既有盐冻破坏，又有氯离子引起的钢筋锈蚀破坏。

1. 混凝土的碳化

混凝土的碳化是指大气中的二氧化碳（CO_2）与混凝土中的碱性物质氢氧化钙（$Ca(OH)_2$）发生反应，使混凝土的 pH 下降。其他酸性物质如二氧化硫（SO_2）、硫化氢（H_2S）等也能与混凝土中的碱性物质发生类似反应，使混凝土的 pH 下降。由于大气中二氧化碳普遍存在，因此碳化是最普遍的混凝土中性化过程。

混凝土碳化对混凝土本身并无破坏作用，其生成的 $CaCO_3$ 和其他固态物质堵塞在混凝土孔隙中，使混凝土的孔隙率下降，减弱了后续 CO_2 的扩散，并使混凝土的密实度与强度有所提高，但脆性变大；碳化的主要危害是使混凝土中的保护膜受到破坏，引起钢筋锈蚀。混凝土的碳化是影响混凝土耐久性的重要因素之一。

影响混凝土碳化的因素中，有属于材料本身的因素，如水胶比、水泥品种、水泥用量、骨料品种与粒径、外掺加剂、养护方法与龄期、混凝土强度等；还包括属于环境条件的因素，如相对湿度、CO_2 浓度、温度，以及混凝土表面的覆盖层、混凝土的应力状态、施工质量等。

（1）水胶比。水胶比是决定混凝土孔结构与孔隙率的主要因素，其中游离水的多少还关系孔隙饱和度（孔隙水体积与孔隙总体积之比）的大小，因此，水胶比是决定 CO_2 有效扩散系数及混凝土碳化速度的主要因素之一。水胶比增加，则混凝土的孔隙率加大，CO_2 有效扩散系数增大，混凝土的碳化速度也加大。

（2）水泥品种与用量。水泥品种决定各种矿物成分在水泥中的含量，水泥用量决定单位体积混凝土中水泥熟料的多少。两者是决定水泥水化后单位体积混凝土中可碳化物质含量的主要因素，也是影响混凝土碳化速度的主要因素。水泥用量越大，则单位体积混凝土中的可碳化物质的含量越多，消耗的 CO_2 也越多，从而使碳化速度越小。在水泥用量相同时，掺混合材的水泥水化后，单位体积混凝土中的可碳化物质的含量减少，且一般活性混合材由于二次水化反应还要消耗一部分可碳化物质 $Ca(OH)_2$，使可碳化物质的含量更少，故碳化速度加大。因此，相同水泥用量的硅酸盐水泥混凝土的碳化速度最小，普通硅酸盐水泥混凝土次之，粉煤灰水泥、火山硅质硅酸盐水泥和矿渣硅酸盐水泥混凝土较大。同一品种的掺混合材水泥，碳化速度随混合材掺量的增加而加大。

（3）骨料品种与粒径。骨料粒径的大小对骨料—水泥浆黏结有重要影响，粗骨料与水泥浆黏结较差，CO_2 易从骨料—水泥浆界面扩散。另外，很多轻骨料中的火山灰在加热养护过程中会与 $Ca(OH)_2$ 结合，某些硅质骨料发生碱骨料反应时也消耗 $Ca(OH)_2$，这些因素都会使碳化速度加大。

（4）外掺加剂。混凝土中掺加减水剂，能直接减少用水量使孔隙率降低，而引气剂使混凝土中形成很多封闭的气泡，切断毛细管的通路，两者均可以使 CO_2 有效扩散系数显著减小，从而大大降低混凝土的碳化速度。

（5）养护方法与龄期。养护方法与龄期的不同导致水泥水化程度不同，在水泥熟料一定的条件下生成的可碳化物质含量也不等，因此影响混凝土的碳化速度。若混凝土早期养护不良，则会使水泥水化不充分，从而加快碳化速度。

（6）混凝土强度。混凝土强度能反映其孔隙率、密实度的大小，因此混凝土强度能宏观地反映其抗碳化性能。总体而言，混凝土强度越高，碳化速度越小。

（7）CO_2 浓度。环境中的 CO_2 浓度越大，混凝土内外 CO_2 浓度梯度就越大，CO_2 越易扩散进入孔隙，化学反应速度也加快。因此，CO_2 浓度是决定碳化速度的主要环境因素之一。一般农村室外大气中的 CO_2 浓度为 0.03%，城市为 0.04%，而室内可达 0.1%。

（8）相对湿度。环境相对湿度通过温湿平衡决定孔隙水饱和度，一方面影响 CO_2 的扩散速度，另一方面，由于混凝土碳化的化学反应均需在溶液中或固液界面上进行，所以相对湿度也是决定碳化反应快慢的主要环境因素之一。

若环境相对湿度过高，混凝土接近饱水状态，则 CO_2 的扩散速度缓慢，碳化发展很慢；若相对湿度过低，混凝土处于干燥状态，虽然 CO_2 的扩散速度很快，但缺少碳化化学反应所需的液相环境，碳化难以发展；50% ~75% 的中等湿度时，碳化速度最快。

（9）环境温度。温度的升高可促进碳化反应速度的提高，更加快了 CO_2 的扩散速度，温度的交替变化也有利于 CO_2 的扩散。

（10）表面覆盖层。表面覆盖层对碳化起延缓作用。如表面覆盖层不含可碳化物质（如沥青、涂料、瓷砖等），则能封堵混凝土表面的开口孔隙，阻止 CO_2 扩散，从而延缓碳化速度。

（11）应力状态。实际工程中的混凝土碳化均处于结构的应力状态下，当压应力较小时，由于混凝土受压密实，影响 CO_2 的扩散，所以对碳化起延缓作用；当压应力过大时，由于微裂缝的开展加剧，故碳化速度加快。当拉应力较小时（ $<0.3f_t$ ），应力作用不明显；当拉应力较大时，随着裂缝的产生与发展，碳化速度显著增大。

2. 钢筋的锈蚀

混凝土孔隙中存在碱度很高的 $Ca(OH)_2$ 饱和溶液，其 pH 在 12.5 左右，由于混凝土中还含有少量的 NaOH、KOH 等，故实际 pH 可达 13。在这样的高碱性环境中，钢筋表面被氧化，形成一层厚仅为 $(2~6) \times 10^{-9}$ m 的水化氧化膜 $mFe_2O_3 \cdot nH_2O$。这层膜很致密，并牢固地吸附在钢筋表面，使钢筋处于钝化状态，即使在有水分和氧气的条件下，钢筋也不会发生锈蚀，故称为"钝化膜"。在无杂散电流的环境中，有两个因素可以导致钢筋钝化膜破坏：混凝土中性化（主要形式是碳化）使钢筋位置的 pH 降低，或足够浓度的游离 Cl^- 扩散到钢筋表面。

碳化（或 H_2SO_4 等引起的其他中性化）使孔隙溶液中的 $Ca(OH)_2$ 含量逐渐减少，pH 逐渐下降。当 pH 下降到 11.5 左右时，钝化膜不再稳定，当 pH 降至 9~10 时，钝化膜的作用完全被破坏，钢筋处于脱钝状态，锈蚀就有条件发生。因为部分碳化区的存在，所以钢筋经历了从钝化状态经逐步脱钝转化为完全脱钝状态的过程。

当钢筋表面的混凝土孔隙溶液中的游离 Cl^- 浓度超过一定值时，即使在碱度较高，pH 大于 11.5 时，Cl^- 也能破坏钝化膜，从而使钢筋发生锈蚀。Cl^- 的半径小，活性大，容易吸附在位错区、晶界区等氧化膜有缺陷的地方。Cl^-有很强的穿透氧化膜的能力，在氧化物内层（铁与氧化物界面）形成易溶的 $FeCl_2$，使氧化膜局部溶解，形成坑蚀现象。如果 Cl^- 在钢筋表面分布比较均匀，则这种坑蚀现象便会广泛地发生，点蚀坑扩大、合并，发生大面积腐蚀。

影响钢筋锈蚀的因素很多，主要有以下几方面：

（1）pH。钢筋锈蚀与 pH 有密切关系。当 pH > 11 时，钢筋锈蚀速度很小；当 pH < 4 时，钢筋锈蚀速度迅速增大。

（2）含氧量。钢筋锈蚀反应必须有氧参加，因此溶液中的含氧量对钢筋锈蚀有很大的影响。

（3）氯离子含量。碳化是使钢筋脱钝的重要原因，但不是唯一的原因。混凝土中氯离子的存在（如掺盐的混凝土、使用海砂的混凝土、环境大气中氯离子渗入混凝土等），即使钢筋外围混凝土仍处于高碱性，但由于氯离子被吸附在钢筋氧化膜表面，使氧化膜中的氧离子被氯离子代替，生成金属氯化物，也会使钝化膜遭到破坏。同样，在氧和水的作用下，钢筋表面开始发生电化学腐蚀。因此，氯离子的存在对钢筋锈蚀有很大的影响。常见的如海洋环境及近海建筑、化工厂污染、盐渍土及含氯地下水的侵入、冬季使用除雪剂（盐的渗入等），都可能引起氯离子污染而导致钢筋锈蚀。

（4）混凝土的密实性。钢筋在混凝土中受到保护，主要源自两方面：一方面是混凝土的高碱性使钢筋表面形成钝化膜；另一方面是混凝土保护层对外界腐蚀介质、氧、水分等的渗入有阻止作用。显然，即使混凝土已碳化，但无氧、氯等入侵，锈蚀也不会发生。因此，混凝土越密实，则保护钢筋不锈蚀的作用也越大，而混凝土的密实性主要取决于水胶比、混凝土强度、级配、施工质量和养护条件等。

（5）混凝土裂缝。混凝土构件上裂缝的存在，将增大混凝土的渗透性，增加腐蚀介质、水分和氧的渗入，从而加剧腐蚀的发展。长期暴露试验发现，钢筋锈蚀首先在横向裂缝处，其锈蚀速度取决于阴极处氧的可用度，即氧在混凝土保护层中向钢筋表面阴极处扩散的速度，而这种扩散速度主要取决于混凝土的密实度，与裂缝关系不大，故横向裂缝的作用仅仅使裂缝处钢筋局部脱钝，使腐蚀过程得以开始，但它对锈蚀速度不起控制作用。研究表明，当裂缝宽度小于 0.4 mm 时，对钢筋锈蚀影响很小。而纵向裂缝引起的锈蚀不是局部的，相对来说有一定的长度，它更容易使水分、氧、腐蚀介质等渗入，从而加速钢筋锈蚀，对钢筋锈蚀的危害较大。

（6）其他影响因素。粉煤灰等掺和料会降低混凝土的碱性，对钢筋锈蚀有不利影响。但掺加粉煤灰后，可提高混凝土的密实性，改善混凝土的孔隙结构，阻止外界氧、水分等侵入，这对防止钢筋锈蚀又是有利的。综合起来，掺加粉煤灰不会降低结构的耐久性。环境条件对钢筋的锈蚀影响很大，如温度、湿度及干湿交替作用、海浪飞溅、海盐渗透、冻融循环作用等，尤其当混凝土质量较差、密实性不好、有缺陷时，这些因素的影响就会更显著。

防止钢筋锈蚀的措施有很多种，主要有：降低水灰比，增加水泥用量，加强混凝土的密实性；保证有足够的混凝土保护层厚度；采用涂面层，防止 CO_2、O_2 和 Cl^- 的渗入；采用钢筋阻锈剂；使用防腐蚀钢筋，如环氧涂层钢筋、镀锌钢筋、不锈钢钢筋等；对钢筋采用阴极防护法等。

3. 混凝土的冻融破坏

混凝土水化结硬后，内部有很多毛细孔。在浇筑混凝土时，为了得到必要的和易性，用水量往往会比水泥水化所需要的水多些，多余的水分便滞留在混凝土的毛细孔中。遇到低温时，水分因结冰产生体积膨胀，引起混凝土内部结构破坏。反复冻融多次，就会使混凝土的损伤积累达到一定程度而引起结构破坏。

冻融破坏在水利水电、港口码头、道路桥梁等工程中较为常见。防止混凝土冻融破坏的主要措施是降低水灰比，减少混凝土中多余的水分。冬期施工时应加强养护，防止早期受冻，并掺入防冻剂等。

4. 混凝土的碱集料反应

混凝土集料中的某些活性矿物与混凝土微孔中的碱性溶液产生化学反应称为碱集料反应。碱集料反应产生的碱——硅酸盐凝胶，吸水后会产生膨胀，体积可增大 3~4 倍，从而使混凝土开裂、剥落、强度降低，甚至导致破坏。

引起碱集料反应有三个条件：一是混凝土的凝胶中有碱性物质，其主要来自于水泥；二是骨料中有活性物质，如蛋白石、黑硅石、燧石、玻璃质火山石等含 SiO_2 的骨料；三是具备发生碱集料反应的充分条件，即有水分，在干燥环境下很难发生碱集料反应。因此，防止碱集料反应的主要措施是采用低碱水泥，或掺入粉煤灰以降低碱性，也可对含活性成分的骨料加以控制。

5. 侵蚀性介质的腐蚀

在石油、化学、轻工、冶金及港湾工程中，化学介质对混凝土的腐蚀很普遍。有些化学介质侵入造成混凝土中的一些成分被溶解、流失，从而引起裂缝、孔隙，甚至松软破碎；有些化学介质侵入，与混凝土中的一些成分发生化学反应，生成的物质体积膨胀，引起混凝土破坏。常见的侵蚀性介质主要有：

（1）硫酸盐腐蚀。硫酸盐溶液与水泥石中的氢氧化钙及水化铝酸钙发生化学反应，生成石膏和硫铝酸钙，产生体积膨胀，使混凝土破坏。硫酸盐除在一些化工企业中存在外，海水及一些土壤中也存在。

（2）酸腐蚀。混凝土是碱性材料，遇到酸性物质会发生化学反应，使混凝土产生裂缝、脱落，并导致破坏。酸不仅仅存在于化工企业中，在地下水，特别是沼泽地区或泥炭地区也广泛存在碳酸及溶有 CO_2 的水。

（3）海水腐蚀。在海港、近海结构中的混凝土构筑物，经常受到海水的侵蚀。海水中的氯离子和硫酸镁对混凝土有较强的腐蚀作用。在海岸飞溅区，由于受到干湿的物理作用，极易造成钢筋锈蚀。

9.4.3 混凝土结构耐久性设计的主要内容

混凝土结构耐久性设计涉及面广，影响因素多，一般包括以下几方面：

1. 确定结构所处的环境类别

混凝土结构的耐久性与结构所处的环境关系密切，同一结构在强腐蚀环境中要比在一般大气环境中的使用年限短。对混凝土结构使用环境进行分类，可以在设计时针对不同的环境类别，采取相应的措施，满足达到设计使用年限的要求。我国《混凝土规范》规定，混凝土结构的耐久性应根据环境类别和设计使用年限进行设计。环境类别的划分见附录4中的附表4-2。

2. 提出材料的耐久性质量要求

合理设计混凝土的配合比，严格控制集料中的含盐量、含碱量，保证混凝土必要的强度，提高混凝土的密实性和抗渗性是保证混凝土耐久性的重要措施。《混凝土规范》对处于一、二、三类环境中，设计使用年限为50年的结构混凝土材料耐久性的基本要求，如最大水胶比、最低强度等级、最大氯离子含量和最大碱含量等，均作出明确规定，见表9-1。

表9-1 结构混凝土材料耐久性基本要求

环境等级	最大水胶比	最低强度等级	最大氯离子含量	最大碱含量/$(kg \cdot m^{-3})$
一	0.60	C20	0.30%	不限制
二 a	0.55	C25	0.20%	
二 b	0.50（0.55）	C30（C25）	0.15%	
三 a	0.45（0.50）	C35（C30）	0.15%	3.0
三 b	0.40	C40	0.10%	

注：1. 氯离子含量系指其占胶凝材料总量的百分比。
2. 预应力构件混凝土中的最大氯离子含量为0.06%，其混凝土最低强度等级宜按表中的规定提高两个等级。
3. 素混凝土构件的水胶比及混凝土最低强度等级的要求可适当放松。
4. 有可靠工程经验时，二类环境中的混凝土最低强度等级可降低一个等级。
5. 处于严寒和寒冷地区二b、三a类环境中的混凝土，应使用引气剂，并可采用括号中的有关参数。
6. 当使用非碱活性骨料时，对混凝土中的碱含量可不作限制。

对在一类环境中设计使用年限为100年的混凝土结构，钢筋混凝土结构的最低强度等级为C30，预应力混凝土结构的最低强度等级为C40；混凝土中的最大氯离子含量为0.06%；宜使用非碱活性骨料，当使用碱活性骨料时，混凝土中的最大碱含量为3.0 kg/m³。

3. 确定构件中钢筋的保护层厚度

混凝土保护层对减小混凝土的碳化、防止钢筋锈蚀、提高混凝土结构的耐久性有重要作用，各国规范都有关于混凝土最小保护层厚度的规定。我国《混凝土规范》规定：构件中受力钢筋的保护层厚度不应小于受力钢筋的直径；对设计使用年限为50年的混凝土结构，最外层钢筋（包括箍筋和构造钢筋）的保护层厚度应符合附录4中附表4-4的规定。

4. 裂缝控制等级的规定

裂缝的出现加快了混凝土的碳化，也是使钢筋开始锈蚀的主要条件。为保证混凝土结构的耐久性，必须对裂缝进行控制。《混凝土规范》根据结构构件所处的环境类别、钢筋种类对锈蚀的敏感性，以及荷载的作用时间，将裂缝控制分为 3 个等级。

（1）一级裂缝控制等级构件。按荷载标准组合计算时，构件受拉边缘混凝土不应产生拉应力。

（2）二级裂缝控制等级构件。按荷载标准组合计算时，构件受拉边缘混凝土应力不应大于混凝土抗拉强度标准值。

（3）三级裂缝控制等级构件。普通钢筋混凝土构件按准永久组合并考虑长期作用影响的裂缝宽度及预应力混凝土构件按标准组合并考虑长期作用影响的裂缝宽度应满足规定的限值；环境类别为二 a 类的预应力混凝土构件，按准永久组合效应产生的受拉边缘应力不应大于混凝土抗拉强度标准值。

一级和二级裂缝控制只有采用预应力混凝土才能实现，普通钢筋混凝土和部分预应力混凝土构件为三级裂缝控制。对于荷载引起的裂缝，《混凝土规范》规定的最大裂缝宽度限值见附录 4 中的附表 4－3。

5. 提出满足耐久性要求相应的技术措施

对处在不利环境条件下的结构，以及在二类和三类环境中设计使用年限为 100 年的混凝土结构，应采取专门的有效防护措施。这些措施包括：

（1）预应力混凝土结构中的预应力钢筋应根据具体情况采取表面防护、孔道灌浆、加大混凝土保护层厚度等措施，外露的锚固端应采取封锚和混凝土表面处理等有效措施。

（2）有抗渗要求的混凝土结构，混凝土的抗渗等级应符合有关标准的要求。

（3）在严寒及寒冷地区的潮湿环境中，结构混凝土应满足抗冻要求，混凝土抗冻等级应符合有关标准的要求。

（4）处于二、三类环境中的悬臂构件，宜采用悬臂梁—板的结构形式，或在其上表面增设防护层。

（5）处于二、三类环境中的结构构件，其表面的预埋件、吊钩、连接件等金属部件应采取可靠的防锈措施。

（6）处在三类环境中的混凝土结构构件，可采用阻锈剂、环氧树脂涂层钢筋或其他具有耐腐蚀性能的钢筋，以及采取阴极保护或更换构件等措施。

6. 提出结构使用阶段的维护与检测要求

要保证混凝土结构的耐久性，还需要在使用阶段对结构进行正常的检查维护，不得随意改变建筑物所处的环境类别。这些检查维护的措施包括：

（1）结构应按设计规定的环境类别使用，建立定期检测、维修制度。

（2）设计中的可更换混凝土构件应定期按规定更换。

（3）构件表面的防护层应按规定进行维护或更换。

（4）结构出现可见的耐久性缺陷时，应及时进行处理。

《混凝土规范》主要对处于一、二、三类环境中的混凝土结构的耐久性要求作出明确规定；对处于四、五类环境中的混凝土结构，其耐久性要求应符合有关标准的规定。

对临时性（设计使用年限为 5 年）的混凝土结构，可不考虑混凝土的耐久性要求。对于公路桥涵混凝土和预应力混凝土结构，则有专门的耐久性设计要求。

小　结

1. 钢筋混凝土构件的裂缝控制有两个基本问题：①作为达到使用极限状态的裂缝宽度限值，即最大裂缝宽度允许值，应根据结构构件的耐久性要求确定；②裂缝宽度的计算。平均裂缝宽度主要是根据黏结滑移理论推导而来的，另外还考虑了混凝土保护层厚度和钢筋有效约束区的影响。最大裂缝宽度等于平均裂缝宽度乘以扩大系数，扩大系数是考虑裂缝宽度的随机性以及荷载长期作用效应组合的影响而确定的。

2. 钢筋混凝土受弯构件的挠度可借用材料力学公式计算。由于混凝土的弹塑性性质和构件受拉区存在裂缝，构件处于加载过程的第 II 阶段，混凝土变形模量和截面惯性矩均随作用于截面上弯矩值的大小而变化，因此，截面刚度不是常数，这与匀质弹性材料构件不同。

3. 根据平均应变的平截面假定可求得构件纯弯段的平均刚度 B_s，即式（9-37），该式分母中的第 1 项代表受拉区混凝土参与受力对刚度的影响，它随截面上作用弯矩的大小而变化；第 2 项及第 3 项代表受压区混凝土变形对刚度的影响，它们是仅与截面特性有关的常数。因此，钢筋混凝土构件截面抗弯刚度与弯矩有关，这就意味着等截面梁实际上是变刚度梁，挠度计算时应取最小刚度。

4. 在荷载长期作用下，由于混凝土徐变等因素的影响，截面刚度将进一步降低，这可通过挠度增大系数予以考虑，由此可得到构件的长期刚度。在进行构件挠度计算时，应取长期刚度。

5. 影响混凝土结构的耐久性设计的因素众多，《混凝土规范》通过环境类别划分、设计使用年限的规定、裂缝控制等级及裂缝宽度限值、混凝土材料的组分要求等措施来达到基本的耐久性设计要求。

思 考 题

1. 在设计结构构件时，为什么要控制裂缝宽度和变形？受弯构件的裂缝宽度和变形计算应以哪一受力阶段为依据？

2. 简述裂缝出现、分布和开展的过程和机理。

3. 为什么说混凝土保护层厚度是影响构件表面裂缝宽度的一项主要因素？影响构件裂缝宽度的主要因素还有哪些？

4. 半理论半经验方法建立裂缝宽度计算公式的思路是怎样的？其中，参数 ψ 的物理意义如何？

5. 最大裂缝宽度公式是怎样建立起来的? 为什么不用裂缝宽度的平均值而用最大值作为评价指标?

6. 何谓构件的截面抗弯刚度? 怎样建立受弯构件的刚度公式?

7. 何谓最小刚度原则? 试分析应用该原则的合理性。

8. 影响受弯构件长期挠度变形的因素有哪些? 如何计算长期挠度?

9. 简述配筋率对受弯构件正截面承载力、挠度和裂缝宽度的影响。

10. 什么是混凝土结构的耐久性? 其主要影响因素有哪些?《混凝土规范》通过哪些措施来提高混凝土结构的耐久性?

习　题

1. 某矩形截面简支梁, 处于一类环境, 截面尺寸为 $200 \text{ mm} \times 500 \text{ mm}$, 计算跨度 $l_0 = 4.5 \text{ m}$, 混凝土强度等级采用 C30, 纵筋为 4 根直径为 14 mm 和 2 根直径为 16 mm 的 HRB400 级钢筋, 纵筋混凝土保护层厚度 $c_s = 30 \text{ mm}$, 承受的永久荷载(包括自重在内)标准值 $g_k = 17.5 \text{ kN/m}$, 楼面活荷载标准值 $q_k = 11.5 \text{ kN/m}$, 准永久值系数 $\psi_q = 0.5$, 试计算最大裂缝宽度。

2. 受均布荷载作用的简支梁, 计算跨度 $l_0 = 5.2 \text{ m}$, 永久荷载(包括自重在内)标准值 $g_k = 5 \text{ kN/m}$, 楼面活荷载标准值 $q_k = 10 \text{ kN/m}$, 准永久值系数 $\psi_q = 0.5$, 截面尺寸为 $200 \text{ mm} \times 450 \text{ mm}$, 混凝土强度等级采用 C30, 纵向受拉钢筋为 3 根直径为 16 mm 的 HRB400 级钢筋, 纵筋混凝土保护层厚度 $c_s = 25 \text{ mm}$, 试验算梁的跨中最大挠度是否满足规范允许挠度的要求。

第10章　预应力混凝土构件的计算

学习目标

1. 熟练掌握预应力混凝土结构的基本概念、各项预应力损失值的意义和计算方法、预应力损失值的组合。
2. 熟练掌握预应力轴心受拉构件各阶段的应力状态、设计计算方法和主要构造要求。
3. 掌握预应力混凝土受弯构件各阶段的应力状态、设计计算方法和主要构造要求。

10.1　概　　述

10.1.1　预应力混凝土的概念

普通钢筋混凝土结构充分利用了钢筋和混凝土两种材料的受力特点，具有诸多优点，但也存在以下缺点：

混凝土抗拉强度和极限拉应变很低，导致裂缝会过早地出现。混凝土的极限拉应变为 $(0.10 \sim 0.15) \times 10^{-3}$；对于不同强度等级的钢筋（如 300 MPa、335 MPa、400 MPa、500 MPa），屈服时，其应变为 $(1.50 \sim 2.50) \times 10^{-3}$。因此，当混凝土开裂时，钢筋的强度只发挥了 $1/16 \sim 1/10$。而如果要充分利用钢筋的高强度，将导致构件变形过大和裂缝过宽，使 $f_{max} > f_{lim}$，$w_{max} > w_{lim}$，因而普通钢筋混凝土结构中采用高强度钢筋不能充分发挥其材料性能，而使用高强混凝土也会因受拉区提前开裂而不能很好地发挥其受压区部分的抗压强度。

在很多情况下，普通钢筋混凝土结构在用于大跨度、大开间工程结构时，为满足变形和裂缝控制的要求，将导致结构的截面尺寸和自重过大，以致无法建造。

为了避免混凝土结构中出现裂缝或推迟裂缝的出现，充分利用高强度材料，目前最好的方法是在结构构件受外荷作用前预先对外荷载产生拉应力部位的混凝土施加压力，造成人为的压应力状态。它所产生的预压应力可以抵消外荷载所引起的大部分或全部拉应力，从而使结构构件在使用时所受的拉应力不大，甚至处于受压状态，这样，结构构件在外荷载作用下就不致产生裂缝，即使产生裂缝，开展宽度也不致过大。这种在构件受荷前预先对混凝土受拉区施加压应力的结构称为预应力混凝土结构。

预加应力的概念和方法在日常生活和生产实践中早已有很多应用。如图 10-1(a) 所示的木桶是用环向竹箍对桶壁预先施加环向压应力，当木桶中盛水后，水压引起的拉应力小于预加压应力时，木桶就不会漏水。又如图 10-1(b) 所示，当从书架上取下一叠书时，由于受到双手施加的压力，这一叠书就如同一根横梁，可以承担全部书的重量。

图 10 -1(c)所示的木锯则是利用预加拉力来抵抗压力作用的例子，当锯条来回运动锯割木料时，锯条的一部分受拉，另一部分受压，由于锯条本身没有什么抗压能力，所以可通过预先拧紧另一侧的绳子使锯条预先受拉，如果预加拉力大于锯木时产生的压力，锯条就始终处于受拉状态，不会产生压曲失稳。此外，预先张紧自行车车轮的钢辐条也是利用了预应力的概念。

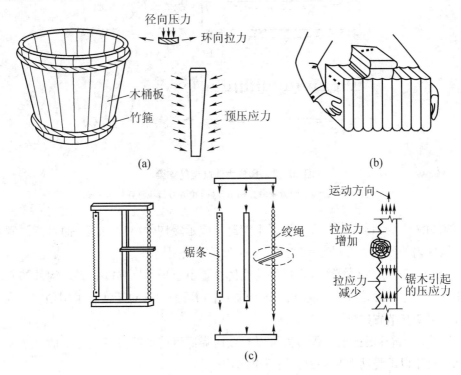

图 10 -1　生活中预应力的应用

10.1.2　预应力混凝土的特点

现以预应力简支梁的受力情况为例，说明预应力的基本原理，如图 10 -2 所示。在外荷载作用前，预先在梁的受拉区施加一对大小相等、方向相反的偏心预压力 N，使得梁截面下边缘混凝土产生预压应力 σ_{pc}，如图 10 -2(a)所示。当外荷载 q 作用时，截面下边缘将产生拉应力 σ_{ct}，如图 10 -2(b) 所示。在两者的共同作用下，梁的应力分布为上述两种情况的叠加，故梁的下边缘应力可能是数值很小的拉应力[如图 10 -2(c)所示]，也可能是压应力。也就是说，由于预压力的作用，可部分抵消或全部抵消外荷载所引起的拉应力，因而延缓了混凝土构件的开裂。

预应力混凝土与普通混凝土相比，具有以下特点：

(1)构件的抗裂度和刚度提高。由于构件中预应力的作用，在使用阶段，当构件在外荷载作用下产生拉应力时，首先要抵消预压应力，这就推迟了混凝土裂缝的出现并限制了裂缝的发展，从而提高了混凝土构件的抗裂度和刚度。

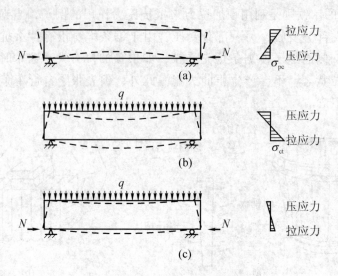

图 10 – 2　预应力混凝土简支梁
（a）预应力作用下；（b）外荷载作用下；（c）预应力与外荷载共同作用下

（2）构件的耐久性增加。预应力混凝土能避免或延缓构件出现裂缝，而且能限制裂缝的扩大，使构件内的预应力筋不容易锈蚀，从而延长了使用期限。

（3）自重减轻，节省材料，具有良好的经济性。由于采用高强度材料，构件的截面尺寸相应减小，自重也随之减轻，钢材和混凝土的用量均可减少。对于适合采用预应力混凝土结构的构件，可明显节省造价。

（4）提高抗剪抗疲劳强度。预应力可以有效地降低钢筋中的疲劳应力幅值，增加疲劳寿命，尤其是对于以承受动力荷载为主的桥梁结构。

（5）预应力混凝土施工需要专门的材料和设备、特殊的工艺，造价较高。

由此可见，预应力混凝土构件从本质上改善了普通钢筋混凝土结构的受力性能，因而具有技术革命的意义。

10.1.3　预应力混凝土的分类

根据制作、设计和施工的特点，预应力混凝土可以有不同的分类。

1. 先张法与后张法

先张法是制作预应力混凝土构件时，先张拉预应力钢筋、后浇灌混凝土的一种方法；而后张法是先浇灌混凝土，待混凝土达到规定强度后再张拉预应力钢筋的一种预加应力方法。

2. 全预应力和部分预应力

全预应力是在使用荷载作用下，构件截面混凝土不出现拉应力，即全截面受压。部分预应力是在使用荷载作用下，构件截面混凝土允许出现拉应力或开裂，即只有部分截面受压。部分预应力又分为两类：一类指在使用荷载作用下，构件预压区混凝土正截面的拉应力不超过规定的容许值；另一类则指在使用荷载作用下，构件预压区混凝土正截面的拉应力允许超过抗拉强度而开裂，但裂缝宽度不超过容许值。可见，全预应力和部分预应力都是按照构件中预加应力的大小来划分的。

3. 有黏结预应力与无黏结预应力

有黏结预应力，是指沿预应力钢筋全长，其周围均与混凝土黏结、握裹在一起的预应力。先张预应力结构及预留孔道穿筋压浆的后张预应力结构均属此类。

无黏结预应力钢筋是由高强钢丝组成钢丝束或用高强钢丝扭结而成的钢绞线，通过防锈、防腐润滑油脂等涂层包裹塑料套管而构成的新型预应力钢筋。它与施加预应力的混凝土之间没有黏结力，可以永久地相对滑动，预应力全部由两端的锚具传递。这种预应力钢筋的涂层材料要求化学稳定性高，对周围材料如混凝土、钢材和包裹材料不起化学反应；防腐性能好，润滑性能好，摩阻力小。对外包层材料要求具有足够的韧性，抗磨性强，对周围材料无侵蚀作用。

这种结构施工较简便，可把无黏结预应力钢筋同非预应力钢筋一道按设计曲线铺设在模板内，待混凝土浇筑并达到强度后，张拉无黏结预应力钢筋并锚固，借助两端锚具，达到对结构产生预应力的效果。由于预应力全部由锚具传递，故此种结构的锚具至少应能发挥预应力钢材实际极限强度的 95% 且不超过预期的变形。施工后必须用混凝土或砂浆加以保护，以保证其防腐蚀及防火要求。

无黏结预应力混凝土的设计原理与有黏结预应力混凝土相似，一般需增设普通受力钢筋以改善结构的性能，避免构件在极限状态下发生集中裂缝。无黏结预应力混凝土结构适用于多跨、连续的整体现浇结构。大量实践与研究表明，无黏结预应力混凝土结构有如下优点：

（1）构造简单、自重轻。因为不需预留孔道，所以可以减小构件尺寸，减轻自重，有利于减小下部支承结构的荷载和降低造价。

（2）施工简便、速度快。施工时，无黏结预应力钢筋按设计要求铺放在模板内，然后浇筑混凝土，待混凝土达到设计要求强度后再张拉、锚固、封堵端部，不需要预留孔道、穿筋和张拉后灌浆等复杂工序，简化了施工工艺，加快了施工进度。同时，构件可以预制，也可以现浇，特别适用于构造比较复杂的曲线布筋构件和运输不便、施工场地狭小的建筑。

（3）抗腐蚀能力强。涂有防腐油脂外包塑料套管的无黏结预应力钢筋束，具有双重防腐能力，可以避免预留孔道穿筋的后张法预应力构件因压浆不密实而发生预应力钢筋锈蚀，以致断丝的危险。

（4）使用性能良好。在使用荷载作用下，无黏结预应力混凝土结构容易使应力状态满足要求，挠度和裂缝得到控制。通过采用无黏结预应力钢筋束和普通钢筋的混合配筋，在满足极限承载能力的同时，可以避免较大集中裂缝的出现，使之具有与有黏结预应力混凝土相似的力学性能。

（5）抗疲劳性能好。无黏结预应力钢筋与混凝土纵向可相对滑移，使用阶段应力幅度小，无疲劳问题。

（6）抗震性能好。当地震荷载引起大幅度位移时，无黏结预应力钢筋一般处于受拉状态，承受的应力变化幅度较小，可将局部变形均匀地分布到构件全长上，使无黏结预应力钢筋的应力保持在弹性阶段，加上部分预应力构件中配置的非预应力钢筋，使结构的能量消散能力得到保证，并且保持良好的挠度恢复性能。

然而，无黏结预应力钢筋对锚具安全可靠性、耐久性的要求较高；由于无黏结预应力钢筋与混凝土纵向可相对滑移，所以预应力钢筋的抗拉能力不能充分发挥，并需配置一定的有黏结钢筋，以限制混凝土的裂缝。

无黏结预应力混凝土适用于多层和高层建筑中的单向板、双向连续平板，以及井字梁、悬臂梁、框架梁、扁梁等。无黏结预应力混凝土也适用于桥梁结构中的简支板（梁）、连续梁、预应力拱桥、桥梁下部结构等，也可应用于旧桥加固工程。

10.1.4　预应力钢筋的张拉方法

张拉预应力钢筋的方法主要有先张法和后张法两种，其他方法如电热法、自应力混凝土法等也有应用。

1. 先张法

制作先张法预应力构件一般需要台座、拉伸机、传力架和夹具等设备，其工序如图 10 - 3 所示。当构件尺寸不大时，可不用台座，而在钢模上直接进行张拉。先张法预应力混凝土构件，预应力主要是靠钢筋与混凝土之间的黏结力来传递的。

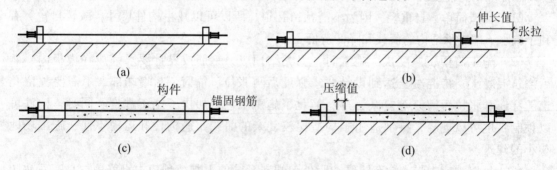

图 10 - 3　先张法主要工序示意图

（a）钢筋就位；（b）张拉钢筋；（c）浇筑混凝土并养护；（d）放松钢筋使混凝土产生预压应力

2. 后张法

在结硬后的混凝土构件上张拉钢筋的方法称为后张法，其工序如图 10 - 4 所示。张拉钢筋后，在孔道内灌浆，使预应力钢筋与混凝土形成整体，如图 10 - 4（d）所示；也可不灌浆，完全通过锚具来传递预压力，形成无黏结的预应力构件。后张法预应力构件，预应力主要是依靠钢筋端部的锚具来传递的。

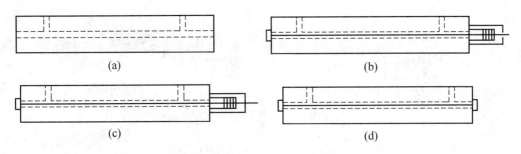

图 10 - 4　后张法主要工序示意图

(a)制作构件，预留孔道；(b)穿筋，安装拉伸机；(c)预拉钢筋，同时对混凝土施加应力；

(d)锚固钢筋，孔道灌浆

10.1.5　锚具与夹具

锚具和夹具是在制作预应力构件时锚固预应力钢筋的工具。其中，锚具为后张法结构构件中，用于保持预应力钢筋的拉力并将其传递到结构上所用的永久性锚固装置。夹具当用于先张法构件生产时，作为保持预应力钢筋的拉力并将其固定在生产台座（或设备）上的工具性锚固装置；当用于后张法结构或构件张拉预应力钢筋时，作为在张拉千斤顶或设备上夹持预应力钢筋的工具性锚固装置。夹具和锚具主要依靠摩阻、握裹和承压锚固来夹住或锚住预应力钢筋。

预应力钢筋锚固体系由张拉端锚具、固定端锚具和预应力钢筋连接器组成。根据锚固形式的不同，锚具有支承式、铸锚式、握裹式和夹片式等。

1. 支承式锚具

（1）螺母锚具。在单根预应力钢筋的两端各焊上一短段螺丝端杆，套以螺帽和垫板，可形成一种最简单的锚具，如图 10 - 5 所示。螺母锚具主要用于高强精轧螺纹粗钢筋的锚固中。

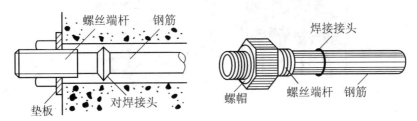

图 10 - 5　螺丝端杆锚具

（2）镦头锚具。镦头锚具可用于张拉端，也可用于固定端。张拉端采用锚环，固定端采用锚板。施工时先将钢丝穿过固定端锚板和张拉端锚环中的圆孔，然后利用镦头器对钢丝两端进行镦粗，形成镦头，通过承压板或疏筋板锚固预应力钢丝，如图 10 - 6 所示。

2. 铸锚式锚具

桥梁缆索的锚固，是将索体端部钢丝在锚具内散开，浇铸锌铜合金，合金浇铸时呈热熔状态，故称为热铸锚；当以环氧树脂和金属粉、粒的混合物灌铸入锚具内时，则称为冷铸

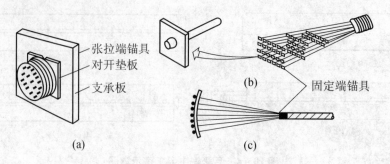

图 10 - 6　镦头锚具

（a）张拉端；（b）分散式固定端；（c）集中式固定端

锚。热铸锚的灌铸材料均为金属材料，理论上不存在寿命和老化的概念，因此，对于悬索桥主缆，鉴于其不可更换和对耐疲劳要求不高的性质，主缆一般均采用热铸锚。但对于耐疲劳要求很高的斜拉桥，一般采用冷铸锚，以充分利用其韧性特征来抵抗高应力幅的不利影响。

3. 握裹式锚具

握裹式锚具均是预先埋在混凝土内，待混凝土养护到设计强度后，再进行张拉，利用握裹力将预应力传递给混凝土。握裹式锚具主要有以下两种：

（1）挤压锚具。挤压锚具是用挤压机将挤压套压结在钢绞线上而形成的，它适用于构件端部设计应力大或群锚构件端部空间受到限制的情况，如图 10 - 7 所示。

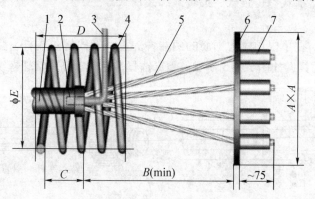

图 10 - 7　挤压锚具

1—波纹管；2—约束圈；3—出浆管；4—螺旋筋；5—钢绞线；6—固定锚板；7—挤压套挤压簧

（2）压花锚具。压花锚具是指将钢绞线一端用压花机压成梨状后，固定在支架上，可排列成长方形或正方形。它适用于钢绞线较少、梁的断面较小的情况，如图 10 - 8 所示。

4. 夹片式锚具

（1）圆柱体夹片式锚具。圆柱体夹片式锚具由夹片、锚环、锚垫板以及螺旋筋 4 部分组成。夹片是锚固体系的关键零件，用优质合金钢制作。圆柱体夹片式锚具有单孔〔如

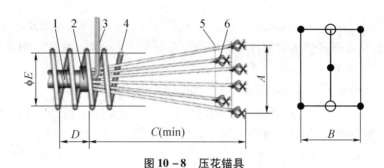

图 10 - 8　压花锚具

1—波纹管；2—约束圈；3—排气管；4—螺旋筋；5—支架；6—钢绞线梨形自锚头

图 10 - 9（a）所示］和多孔［如图 10 - 9（b）所示］两种形式。圆柱体夹片式锚具锚固性能稳定可靠，适用范围广泛，并具有良好的放张自锚性能，施工操作简便，适用于钢绞线单根和多根的锚固。

（a）　　　　　　　　　　　　　　（b）

图 10 - 9　圆柱体夹片式锚具

（a）圆形单孔锚具；（b）圆形多孔锚具

（2）扁形锚具。扁形锚具（如图 10 - 10 所示）由扁锚板、工作夹片、扁锚垫板等组成。扁形锚具用于厚度较小的板式构件或腹板较薄的梁腹预应力钢筋锚固。

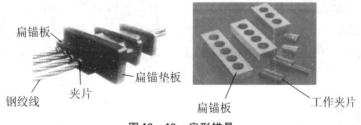

图 10 - 10　扁形锚具

10.2　预应力混凝土构件的一般规定

10.2.1　预应力混凝土材料

1. 混凝土

预应力混凝土结构构件所用的混凝土，需满足下列要求：

（1）强度高。与普通钢筋混凝土不同，预应力混凝土必须采用强度高的混凝土。因为，强度高的混凝土对采用先张法的构件可提高钢筋与混凝土之间的黏结力，对采用后张法的构件可提高锚固端的局部承压承载力。

（2）收缩、徐变小，以减少因收缩、徐变引起的预应力损失。

（3）快硬、早强，可尽早施加预应力，加快台座、锚具和夹具的周转率，以加快施工进度。

因此，《混凝土规范》规定，预应力混凝土构件的混凝土强度等级不宜低于C40，且不应低于C30。

2. 钢材

我国目前用于预应力混凝土构件中的预应力钢材主要有钢绞线、钢丝和预应力混凝土用螺纹钢筋3大类。

（1）钢绞线。常用的钢绞线是由直径为5~6 mm的高强度钢丝捻制而成的。用3根钢丝捻制的钢绞线，其结构为1×3，公称直径有8.6 mm、10.8 mm和12.9 mm。用7根钢丝捻制的钢绞线，其结构为1×7，公称直径有9.5~21.6 mm。钢绞线的极限抗拉强度标准值可达1 960 N/mm^2，在后张法预应力混凝土中采用较多。

钢绞线经最终热处理后以盘或卷供应，每盘钢绞线应由一整根组成，如无特殊要求，每盘钢绞线的长度应不低于200 m。成品的钢绞线表面不得带有润滑剂、油渍等，以免降低钢绞线与混凝土之间的黏结力。钢绞线表面允许有轻微的浮锈，但不得锈蚀成目视可见的麻坑。

（2）钢丝。预应力混凝土所用钢丝包括消除应力钢丝和中等强度预应力钢丝。按外形不同，钢丝可分为光面钢丝和螺旋肋钢丝；按应力松弛性能的不同，钢丝可分为普通松弛（Ⅰ级松弛）及低松弛（Ⅱ级松弛）两种。钢丝的公称直径有5 mm、7 mm、9 mm，消除应力钢丝的极限抗拉强度标准值可达1 860 N/mm^2。中等强度预应力钢丝的极限抗拉强度可达到1 270 N/mm^2。钢丝表面不得有裂纹、小刺、机械损伤、氧化铁皮和油污。

（3）预应力混凝土用螺纹钢筋。预应力螺纹钢筋是采用热轧、轧后余热处理或热处理等工艺生产的预应力混凝土用螺纹钢筋。其公称直径有18 mm、25 mm、32 mm、40 mm、50 mm，极限抗拉强度标准值可达1 230 N/mm^2。

10.2.2 张拉控制应力

张拉控制应力是指预应力钢筋在进行张拉时控制其允许达到的最大应力值。其值为张拉设备（如千斤顶油压表）所指示的总张拉力除以预应力钢筋截面面积而得的应力值，以σ_{con}表示。

张拉控制应力的取值，会直接影响预应力混凝土的使用效果。如果张拉控制应力取值过低，则预应力钢筋经过各种损失后，对混凝土产生的预压应力将过小，从而不能有效地提高预应力混凝土构件的抗裂度和刚度。如果张拉控制应力取值过高，则可能会引起以下问题：

（1）在施工阶段会使构件的某些部位受到拉力（称为预拉力）甚至开裂，对后张法构件还可能会造成端部混凝土局部受压破坏。

（2）构件出现裂缝时的荷载值与极限荷载值很接近，从而使构件在破坏前无明显的预兆，构件的延性较差。

（3）为了减少预应力损失，有时需进行超张拉，如果张拉控制应力取值过高，则有可能在超张拉过程中使个别钢筋的应力超过它的实际屈服强度，从而使钢筋产生较大的塑性变形或脆断。

张拉控制应力值的大小与施加预应力的方法有关，对于相同的钢种，先张法取值高于后张法。这是由于先张法和后张法建立预应力的方式不同。先张法是在浇灌混凝土之前在台座上张拉钢筋，故在预应力钢筋中建立的拉应力就是张拉控制应力 σ_{con}。后张法是在混凝土构件上张拉钢筋，在张拉的同时，混凝土被压缩，张拉设备千斤顶所指示的张拉控制应力已扣除混凝土弹性压缩所损失的钢筋应力。

张拉控制应力值大小的确定，还与预应力筋的钢种有关。由于预应力混凝土采用的都为高强度钢筋，其塑性较差，故张拉控制应力不能取得太高。

根据长期积累的设计和施工经验，《混凝土规范》规定，在一般情况下，张拉控制应力宜符合表 10 - 1 的规定。

表 10 - 1　张拉控制应力的限值

钢筋种类	最大值	最小值
消除应力钢丝、钢绞线	$0.75f_{ptk}$	$0.40f_{ptk}$
中强度预应力钢丝	$0.70f_{ptk}$	$0.40f_{ptk}$
预应力螺纹钢筋	$0.85f_{pyk}$	$0.50f_{pyk}$

注：f_{ptk}、f_{pyk} 分别为预应力钢筋的极限强度标准值和屈服强度标准值。

符合下列情况之一时，表 10 - 1 中的张拉控制应力最大值可提高 $0.05f_{ptk}$ 或 $0.05f_{pyk}$：

（1）要求提高构件在施工阶段的抗裂性能，而在使用阶段受压区内设置的预应力钢筋。

（2）要求部分抵消由于应力松弛、摩擦、钢筋分批张拉以及预应力钢筋与张拉台座之间的温度等因素产生的预应力损失。

10.2.3　预应力损失

预应力混凝土构件在制造、运输、安装和使用的各个过程中，由于张拉工艺和材料特性等原因，使钢筋中的张拉应力逐渐降低的现象，称为预应力损失。

引起预应力损失的因素很多，下面将讨论引起预应力损失的原因、损失值的计算方法和减少预应力损失的措施。

1. 张拉端锚具变形和预应力筋内缩引起的预应力损失 σ_{l1}

直线预应力钢筋张拉完锚固时，由于锚具、垫板与构件之间的所有缝隙都被挤紧，钢筋和楔块在锚具中的滑移使已拉紧的钢筋内缩了 a，造成预应力损失 σ_{l1}，其预应力损失值可按式(10 - 1)计算：

$$\sigma_{l1} = \frac{a}{l}E_p \qquad (10-1)$$

式中：a——张拉端锚具变形和钢筋的回缩值，按表 10 - 2 取用；

$\quad\quad l$——张拉端至锚固端之间的距离，mm；

$\quad\quad E_{p}$——预应力钢筋的弹性模量。

表 10 - 2　锚具变形和钢筋的回缩值 a　　　　　　　　　　mm

锚 具 类 别		a
支承式锚具	螺帽缝隙	1
（钢丝束镦头锚具等）	每块后加垫板的缝隙	1
夹片式锚具	有顶压时	5
	无顶压时	6 ~ 8

锚具损失中只需考虑张拉端，这是因为固定端的锚具在张拉钢筋的过程中已被挤紧，不会引起预应力损失。后张曲线预应力钢筋由锚具变形和预应力钢筋内缩引起的损失可参见《混凝土规范》附录 J 的规定。

减少 σ_{l1} 损失的措施有：

（1）选择锚具变形小或使用预应力钢筋内缩小的锚具和夹具，并尽量少用垫板，因为每增加一块垫板，a 值就增加 1 mm。

（2）增加台座长度，因为 σ_{l1} 值与台座长度成反比。若采用先张法生产构件，则当台座长度为 100 m 以上时，σ_{l1} 可忽略不计。

2. 摩擦损失 σ_{l2}

在后张法预应力混凝土结构构件的张拉过程中，由于预留孔道偏差、内壁不光滑及预应力钢筋表面粗糙等，预应力钢筋在张拉时与孔道壁之间产生摩擦。当为曲线型预应力钢筋布置时，由预应力钢筋与孔道壁的摩擦作用引起的预应力损失更为可观。随着计算截面距张拉端距离的增大，预应力钢筋的实际预拉应力将逐渐减小。各截面实际所受的拉应力与张拉控制应力之间的这种差值，称为摩擦损失。如图 10 - 11 所示，摩擦损失 σ_{l2} 可按式（10 - 2）进行计算：

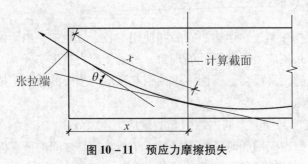

图 10 - 11　预应力摩擦损失

$$\sigma_{l2} = \sigma_{con}\left(1 - \frac{1}{e^{kx + \mu\theta}}\right) \qquad (10 - 2)$$

当 $kx + \mu\theta \leqslant 0.3$ 时，σ_{l2} 可作近似计算：

$$\sigma_{l2} = \sigma_{con}(kx + \mu\theta)$$

式中：x——从张拉端至计算截面的孔道长度，m，亦可近似取该段孔道在纵轴上的投影长度；

　　　θ——从张拉端至计算截面曲线孔道部分切线的夹角，rad；

　　　k——考虑孔道每 1 m 长度局部偏差的摩擦系数，可按表 10 − 3 取用；

　　　μ——预应力钢筋与孔道壁之间的摩擦系数，可按表 10 − 3 取用。

表 10 − 3　钢丝束、钢绞线的摩擦系数

孔道的成型方式	k	μ	
		钢绞线、钢丝束	预应力螺纹钢筋
预埋金属波纹管	0.001 5	0.25	0.50
预埋塑料波纹管	0.001 5	0.15	—
预埋钢管	0.001 0	0.30	—
抽芯成型	0.001 4	0.55	0.60
无黏结预应力钢筋	0.004 0	0.09	—

为了减少摩擦损失，可采用以下措施：

（1）对于较长的构件，可在两端进行张拉，如图 10 − 12 所示，比较图 10 − 12（a）与图 10 − 12（b）的最大摩擦损失值可以看出，两端张拉可减少一半摩擦损失。

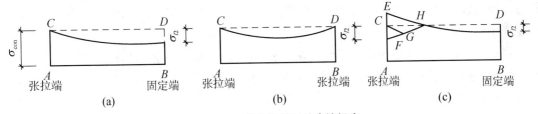

图 10 − 12　张拉钢筋时的摩擦损失

（a）一端张拉；（b）两端张拉；（c）超张拉

（2）采用超张拉工艺，如图 10 − 12（c）所示。若张拉工艺为：0→1.1σ_{con}，持荷 2 min → 0.85σ_{con}→σ_{con}。当第一次张拉至 1.1σ_{con} 时，预应力钢筋应力沿 EHD 分布；退至 0.85σ_{con} 后，由于钢筋与孔道的反向摩擦，预应力沿 $DHGF$ 分布；当再张拉至 σ_{con} 时，预应力沿 $CGHD$ 分布。显然，图 10 − 12（c）比图 10 − 12（a）所建立的预应力要均匀些，预应力损失也要小一些。

（3）在接触材料表面涂水溶性润滑剂，以减小摩擦系数。

（4）提高施工质量，减小钢筋的位置偏差。

3. 温差损失 σ_{l3}

为了缩短先张法构件的生产周期，常采用蒸汽养护混凝土的方法。升温时，新浇筑的混凝土尚未结硬，钢筋受热自由膨胀，但两端的台座是固定不动的，距离保持不变，故钢筋将

会松弛；降温时，混凝土已结硬并和钢筋结成整体，钢筋不能自由回缩，构件中钢筋的应力也就不能恢复到原来的张拉值，于是就产生了温差损失 σ_{l3}。

σ_{l3} 可近似地作以下计算：若预应力钢筋与承受拉力的设备之间的温差为 $\Delta t(\text{℃})$，钢筋的线膨胀系数为 $\alpha_s(1 \times 10^{-5}/\text{℃})$，那么由温差引起的钢筋应变为 $\alpha_s \Delta t$，则应力损失为：

$$\sigma_{l3} = \alpha_s E_p \Delta t \approx 1 \times 10^{-5} \times 2 \times 10^5 \times \Delta t = 2\Delta t \qquad (10-3)$$

为减少温差损失，可采用以下措施：

（1）采用两次升温养护，即先在常温下养护，待混凝土强度等级达到 C7~C10 时，再逐渐升温，此时可以认为钢筋与混凝土已结成整体，能一起胀缩而无应力损失。

（2）在钢模上张拉预应力构件，因钢模和构件一起加热养护，不存在温差，所以可不考虑此项损失。

4. 应力松弛损失 σ_{l4}

钢筋的应力松弛是指钢筋受力后，在长度不变的条件下，钢筋的应力随着时间的增长而降低的现象。显然，预应力钢筋张拉后固定在台座或构件上时，都会引起应力松弛损失 σ_{l4}。

应力松弛与时间有关：在张拉初期发展很快，第 1 min 内大约完成 50%，24 h 内约完成 80%，1 000 h 以后增长缓慢，5 000 h 后仍有所发展。应力松弛损失值与钢材品种有关：冷拉热轧钢筋的应力松弛比碳素钢丝、冷拔低碳钢丝、钢绞线的应力松弛小。应力松弛损失值还与初始应力有关：当初始应力小于 $0.7f_{ptk}$ 时，松弛与初始应力呈线性关系；当初始应力大于 $0.7f_{ptk}$ 时，松弛显著增大，在高应力下短时间的松弛可达到低应力下较长时间才能达到的数值。根据这一原理，若采用短时间内超张拉的方法，可减少松弛引起的预应力损失。常用的超张拉程序为：$0 \to 1.05\sigma_{con} \sim 1.1\sigma_{con} \to$ 持荷 2~5 min $\to \sigma_{con}$。

《混凝土规范》中规定预应力钢筋的应力松弛损失 σ_{l4} 按下列方法计算：

（1）普通松弛预应力钢丝和钢绞线。普通松弛预应力钢丝和钢绞线的应力松弛损失可按式（10-4）计算：

$$\sigma_{l4} = 0.4 \left(\frac{\sigma_{con}}{f_{ptk}} - 0.5 \right) \sigma_{con} \qquad (10-4)$$

（2）低松弛预应力钢丝和钢绞线。当 $\sigma_{con} \leqslant 0.7f_{ptk}$ 时，有：

$$\sigma_{l4} = 0.125 \left(\frac{\sigma_{con}}{f_{ptk}} - 0.5 \right) \sigma_{con} \qquad (10-5)$$

当 $0.7f_{ptk} < \sigma_{con} \leqslant 0.8f_{ptk}$ 时，有：

$$\sigma_{l4} = 0.2 \left(\frac{\sigma_{con}}{f_{ptk}} - 0.575 \right) \sigma_{con} \qquad (10-6)$$

（3）中等强度预应力钢丝。中等强度预应力钢丝的应力松弛损失可按式（10-7）计算：

$$\sigma_{l4} = 0.08\sigma_{con} \qquad (10-7)$$

(4)预应力螺纹钢筋。预应力螺纹钢筋的应力松弛损失可按式(10 - 8)计算:

$$\sigma_{l4} = 0.03\sigma_{con} \qquad (10 - 8)$$

当 $\sigma_{con}/f_{ptk} \leqslant 0.5$ 时,预应力钢筋的应力松弛损失值可取为零。

5. 收缩和徐变损失 σ_{l5}

在一般湿度条件下(相对湿度为 60% ~ 70%),混凝土结硬时体积收缩,而在预压力作用下,混凝土又发生徐变。收缩和徐变都会使构件的长度缩短,造成预应力损失 σ_{l5}。

由于收缩和徐变是伴随产生的,且两者的影响因素很相似,另外,由收缩和徐变引起的钢筋应力的变化规律也基本相同,故可将两者合并在一起予以考虑。《混凝土规范》规定,由混凝土收缩和徐变引起的受拉区和受压区预应力钢筋的预应力损失 σ_{l5}、σ'_{l5} 可按式(10 - 9) ~ 式(10 - 12)进行计算:

先张法构件

$$\sigma_{l5} = \frac{60 + 340\dfrac{\sigma_{pc}}{f'_{cu}}}{1 + 15\rho} \qquad (10 - 9)$$

$$\sigma'_{l5} = \frac{60 + 340\dfrac{\sigma'_{pc}}{f'_{cu}}}{1 + 15\rho'} \qquad (10 - 10)$$

后张法构件

$$\sigma_{l5} = \frac{55 + 300\dfrac{\sigma_{pc}}{f'_{cu}}}{1 + 15\rho} \qquad (10 - 11)$$

$$\sigma'_{l5} = \frac{55 + 300\dfrac{\sigma'_{pc}}{f'_{cu}}}{1 + 15\rho'} \qquad (10 - 12)$$

式(10 - 9) ~ 式(10 - 12)中:

σ_{pc}、σ'_{pc}——受拉区、受压区预应力钢筋合力点处混凝土的法向压应力;

f'_{cu}——施加预应力时的混凝土立方体抗压强度,一般不低于设计混凝土强度的 75%;

ρ、ρ'——受拉区、受压区预应力钢筋和非预应力钢筋的配筋率:对于先张法构件,$\rho = (A_p + A_s)/A_0$,$\rho' = (A'_p + A'_s)/A_0$,对于后张法构件,$\rho = (A_p + A_s)/A_n$,$\rho' = (A'_p + A'_s)/A_n$,对于对称配置预应力钢筋和非预应力钢筋的构件,取 $\rho = \rho'$,此时,配筋率应按其钢筋截面面积的一半进行计算;

A_p、A'_p——受拉区、受压区纵向预应力钢筋的截面面积;

A_s、A'_s——受拉区、受压区纵向非预应力钢筋的截面面积;

A_0——混凝土换算截面面积(包括扣除孔道、凹槽等削弱部分以外的混凝土全部截面面积以及全部纵向预应力钢筋和非预应力钢筋截面面积换算成混凝土的截面面积);

A_n——净截面面积(换算截面面积减去全部纵向预应力钢筋截面面积换算成混凝土的截面面积)。

由式（10 – 9）~式（10 – 12）可见，后张法构件的 σ_{l5} 取值比先张法构件要低，这是因为后张法构件在施加预应力时混凝土已完成部分收缩。

计算 σ_{pc}、σ'_{pc} 时，预应力损失仅考虑混凝土预压前（第一批）的损失，其非预应力钢筋中的应力 σ_{l5}、σ'_{l5} 应取为零，并可根据构件的制作情况考虑自重的影响。

对于处于干燥环境（年平均相对湿度低于 40%）的结构，σ_{l5} 及 σ'_{l5} 的值应增加 30%。

混凝土收缩和徐变引起的应力损失值，在曲线配筋构件中可占总损失值的 30% 左右，而在直线配筋构件中占 60% 左右，因此，为了减少这种应力损失，应采取减少混凝土收缩和徐变的各种措施，同时应控制混凝土的预压应力，使 σ_{pc}、$\sigma'_{pc} \leqslant 0.5f'_{cu}$。由此可见，过大的预应力以及放张时过低的混凝土抗压强度均是不妥的。

6. 环形构件用螺旋式预应力钢筋作为配筋时所引起的预应力损失 σ_{l6}

当环形构件采用缠绕螺旋式预应力钢筋时，混凝土在环向预应力的挤压作用下将产生局部压陷，预应力钢筋环的直径减少，从而造成应力损失 σ_{l6}，其值与环形构件的直径成反比。《混凝土规范》规定：当 $d \leqslant 3$ m 时，$\sigma_{l6} = 30$ N/mm^2；当 $d > 3$ m 时，$\sigma_{l6} = 0$。

上述 6 种应力损失，它们有的只发生在先张法构件中，有的只发生在后张法构件中，有的在两种构件中均有。在混凝土构件的预应力施加或预应力钢筋放张过程中，为了加快设备的周转，提高工作效率，通常在混凝土未达到 100% 设计强度时进行预应力施加，为了验算施工过程中的混凝土强度和局部抗压能力，需要得到混凝土预压前和预压后的应力水平，便于分析；同时，混凝土收缩和徐变损失的计算，也与混凝土实际获得的预压应力水平有关。《混凝土规范》规定：预应力构件在各阶段的预应力损失值宜按表 10 – 4 的规定进行分批组合。考虑到各项预应力的离散性，实际损失值有可能比计算值高，因此，《混凝土规范》规定，求得的预应力总损失值 σ_l 对于先张法构件不应小于 100 N/mm^2，对后张法构件不应小于 80 N/mm^2。

表 10 – 4　各阶段预应力损失值的组合

预应力损失值的组合	先张法结构	后张法结构	预应力损失值的组合	先张法结构	后张法结构
混凝土预压前（第一批）的损失 σ_{lI}	$\sigma_{l1} + \sigma_{l2} + \sigma_{l3} + \sigma_{l4}$	$\sigma_{l1} + \sigma_{l2}$	混凝土预压后（第二批）的损失 σ_{lII}	σ_{l5}	$\sigma_{l4} + \sigma_{l5} + \sigma_{l6}$

注：1. 先张法结构由于钢筋应力松弛引起的损失值 σ_{l4} 在第一批和第二批损失中所占的比例，如需区分，可根据实际情况确定。

2. 当在先张法结构中采用折线形预应力钢筋时，由于转向装置存在摩擦，故在混凝土预压前（第一批）的损失中计入 σ_{l2}，其值按实际情况确定。

10.3　预应力混凝土轴心受拉构件各阶段的应力分析和计算

10.3.1　预应力混凝土轴心受拉构件各阶段的应力分析

预应力混凝土轴心受拉构件从张拉钢筋开始到构件破坏，截面中混凝土和钢筋应力的变化可以分为两个阶段：施工阶段和使用阶段。各阶段中又包括若干个受力过程，其中各过程中的预应力钢筋与混凝土分别处于不同的应力状态，如图 10－13 所示。因此，在设计预应力混凝土轴心受拉构件时，除应保证荷载作用下的承载力、抗裂度或裂缝宽度要求外，还应对各中间过程的承载力和裂缝宽度进行验算。本节将介绍预应力混凝土轴心受拉构件从张拉预应力、施加外荷载直至构件破坏各受力阶段的截面应力状态和应力分析（下列各式中，混凝土受压和钢筋受拉规定为正值）。

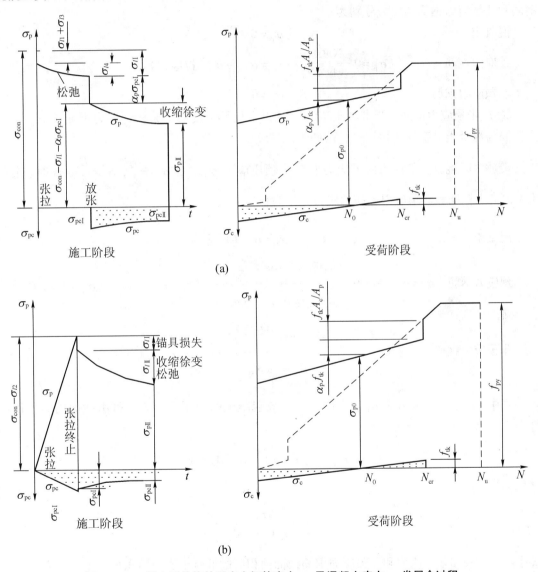

图 10－13　轴心受拉构件预应力钢筋应力 σ_{p} 及混凝土应力 σ_{c} 发展全过程

（a）先张法构件；（b）后张法构件

1. 先张法构件

（1）施工阶段。

① 张拉并锚固钢筋。混凝土浇筑前，在台座上张拉预应力钢筋（截面面积为 A_p）至张拉控制应力 σ_{con}（假定采用直线预应力钢筋，张拉时无转角，$\sigma_{l2} = 0$）。当混凝土养护至一定强度且预应力钢筋未放张时，完成第一批预应力损失 $\sigma_{lI} = \sigma_{l1} + \sigma_{l3} + \sigma_{l4}$（假定预应力钢筋的松弛损失在第一阶段全部发生），此时钢筋的总拉力为 $(\sigma_{con} - \sigma_{lI})A_p$，混凝土、预应力钢筋和非预应力钢筋的应力分别为：

混凝土 $\qquad\qquad\qquad\qquad \sigma_{pc} = 0$

预应力钢筋 $\qquad \sigma_p = 0 \xrightarrow[\text{损失 } \sigma_{lI}]{\text{张拉至 } \sigma_{con}} \sigma_p = \sigma_{con} - \sigma_{lI}$（拉应力）

非预应力钢筋 $\qquad\qquad\qquad\qquad \sigma_s = 0$

② 放张预应力钢筋。当混凝土达到 75% 以上设计强度后，放松预应力钢筋，由于预应力钢筋与混凝土的变形是协调的，故两者的回缩变形相等。

设放张时混凝土的应力由零应力发展为预压应力 σ_{pcI}，令 $\alpha_p = \dfrac{E_p}{E_c}$，$\alpha_s = \dfrac{E_s}{E_c}$，此时，混凝土、预应力钢筋和非预应力钢筋的应力分别为：

混凝土 $\qquad\qquad\qquad \sigma_{pc} = 0 \longrightarrow \sigma_{pc} = \sigma_{pcI}$（压应力）

预应力钢筋 $\quad \sigma_p = \sigma_{con} - \sigma_{lI} \xrightarrow[\Delta\sigma_p = \frac{E_p}{E_c}\Delta\sigma_{pc} = -\alpha_p\sigma_{pcI}]{\text{变形协调：} \Delta\varepsilon_c = \Delta\varepsilon_p, \ \frac{\Delta\sigma_{pc}}{E_c} = \frac{\Delta\sigma_p}{E_p}} \sigma_{pI} = \sigma_{con} - \sigma_{lI} - \alpha_p\sigma_{pcI}$（拉应力）

非预应力钢筋 $\quad \sigma_s = 0 \xrightarrow[\Delta\sigma_s = \frac{E_s}{E_c}\Delta\sigma_{pc} = -\alpha_s\sigma_{pcI}]{\text{变形协调：} \Delta\varepsilon_c = \Delta\varepsilon_s, \ \frac{\Delta\sigma_{pc}}{E_c} = \frac{\Delta\sigma_s}{E_s}} \sigma_{sI} = -\alpha_s\sigma_{pcI}$（压应力）

式中，σ_{con}、σ_{lI} 及 α_p、α_s 都已能求出，故混凝土的预压应力 σ_{pcI} 可由截面内力平衡条件求得，即：

$$(\sigma_{con} - \sigma_{lI} - \alpha_p\sigma_{pcI})A_p = \sigma_{pcI}A_c + \alpha_s\sigma_{pcI}A_s$$

整理后得：

$$\sigma_{pcI} = \frac{(\sigma_{con} - \sigma_{lI})A_p}{A_c + \alpha_p A_p + \alpha_s A_s} = \frac{N_{pI}}{A_0} \qquad\qquad (10-13)$$

式中：A_c——扣除预应力和非预应力钢筋截面面积后的混凝土截面面积；

$\qquad A_p$——预应力钢筋截面面积；

$\qquad A_s$——非预应力钢筋截面面积；

$\qquad A_0$——构件换算截面面积，$A_0 = A_c + \alpha_p A_p + \alpha_s A_s$；

N_{pI}——完成第一批损失后预应力钢筋的总预拉力，$N_{\text{pI}} = (\sigma_{\text{con}} - \sigma_{l\text{I}})A_{\text{p}}$；

其他符号的含义见附录 1。

式（10 – 13）可以理解为，将混凝土未压缩前（混凝土应力为零时）第一批损失后预应力钢筋的总预压力 N_{pI} 看作外力，并作用在整个构件的换算截面 A_0 上，由此所产生的预压应力为 σ_{pcI}。

③ 第二批损失完成。混凝土受到预压应力一定时期之后，预应力钢筋将产生第二批预应力损失 $\sigma_{l\text{II}}$，即混凝土的收缩和徐变产生的损失 σ_{l5}。由于收缩和徐变仅使混凝土发生了长度缩短，但其应力未变化，所以，当根据变形协调求解非预应力钢筋的应力时，应单独考虑此损失。在此过程中，预应力钢筋和非预应力钢筋的应力本应该都下降 σ_{l5}，但由于混凝土的弹性变形部分在预应力钢筋应力降低后有回弹趋势，所以预应力钢筋和非预应力钢筋实际的应力降低小于 σ_{l5}。假定混凝土的压应力由 σ_{pcI} 降为 σ_{pcII}，此时，混凝土、预应力钢筋和非预应力钢筋的应力分别为：

混凝土
$$\sigma_{\text{pc}} = \sigma_{\text{pcII}}\,(压应力)$$

预应力钢筋
$$\sigma_{\text{pI}} = \sigma_{\text{con}} - \sigma_{l\text{I}} - \alpha_{\text{p}}\sigma_{\text{pcI}} \xrightarrow[\text{变形协调：}\Delta\sigma_{\text{pII}} = -\alpha_{\text{p}}(\sigma_{\text{pcII}} - \sigma_{\text{pcI}})]{\text{损失 }\sigma_{l\text{II}} = \sigma_{l5}\text{，总损失 }\sigma_l} \sigma_{\text{pII}} =$$
$$\sigma_{\text{con}} - \sigma_l - \alpha_{\text{p}}\sigma_{\text{pcII}}\,(拉应力)$$

非预应力钢筋
$$\sigma_{\text{sI}} = -\alpha_{\text{s}}\sigma_{\text{pcI}} \xrightarrow[\Delta\sigma_{\text{sII}} = -\alpha_{\text{s}}(\sigma_{\text{pcII}} - \sigma_{\text{pcI}})]{\text{附加压应力 }\sigma_{l5}\text{，与混凝土变形协调}} \sigma_{\text{sII}} =$$
$$-\alpha_{\text{s}}\sigma_{\text{pcII}} - \sigma_{l5}\,(压应力)$$

混凝土的预压应力 σ_{pcII} 可由截面内力平衡条件求得，即：

$$(\sigma_{\text{con}} - \sigma_l - \alpha_{\text{p}}\sigma_{\text{pcII}})A_{\text{p}} = \sigma_{\text{pcII}}A_{\text{c}} + (\alpha_{\text{s}}\sigma_{\text{pcII}} + \sigma_{l5})A_{\text{s}}$$

整理后得：

$$\sigma_{\text{pcII}} = \frac{(\sigma_{\text{con}} - \sigma_l)A_{\text{p}} - \sigma_{l5}A_{\text{s}}}{A_{\text{c}} + \alpha_{\text{p}}A_{\text{p}} + \alpha_{\text{s}}A_{\text{s}}} = \frac{N_{\text{pII}} - \sigma_{l5}A_{\text{s}}}{A_0} \tag{10 – 14}$$

式中：σ_{pcII}——预应力混凝土中所建立的"有效预压应力"；

　　　σ_l——预应力钢筋的应力总损失；

　　　σ_{l5}——非预应力钢筋由于混凝土收缩和徐变引起的与预应力钢筋第二批应力损失相等的压应力；

　　　N_{pII}——完成全部损失后预应力钢筋的总预拉力，$N_{\text{pII}} = (\sigma_{\text{con}} - \sigma_l)A_{\text{p}}$。

（2）使用阶段。

① 混凝土的消压状态。当由外荷载（设此时外荷载为 N_0）引起的截面拉应力恰好与混凝土的有效预压应力 σ_{pcII} 全部抵消时，混凝土的压力为零。此时，混凝土、预应力钢筋和非预应力钢筋的应力分别为：

混凝土
$$\sigma_{pc} = \sigma_{pcII} \xrightarrow[\Delta\sigma_{pc} = -\sigma_{pcII}]{使混凝土消压} \sigma_{pc} = 0$$

预应力钢筋
$$\sigma_{pII} = \sigma_{con} - \sigma_l - \alpha_p \sigma_{pcII} \xrightarrow[\Delta\sigma_p = \alpha_p \sigma_{pcII}]{变形协调} \sigma_{p0} = \sigma_{con} - \sigma_l \,(拉应力)$$

非预应力钢筋
$$\sigma_{sII} = -\alpha_s \sigma_{pcII} - \sigma_{l5} \xrightarrow[\Delta\sigma_s = \alpha_s \sigma_{pcII}]{变形协调} \sigma_{s0} = -\sigma_{l5} \,(压应力)$$

外荷载轴向拉力 N_0 可由材料的应力变化或截面上内外力平衡条件求得，即：

$$N_0 = \sigma_{pcII} A_c + \alpha_p \sigma_{pcII} A_p + \alpha_s \sigma_{pcII} A_s = \sigma_{pcII}(A_c + \alpha_p A_p + \alpha_s A_s) = \sigma_{pcII} A_0 \qquad (10-15)$$

② 混凝土的开裂界限状态。当 $N > N_0$ 后，混凝土开始受拉，当外荷载增加到 N_{cr} 时，混凝土的拉应力达到混凝土的抗拉强度标准值 f_{tk}，混凝土即将开裂，此时，混凝土、预应力钢筋和非预应力钢筋的应力分别为：

混凝土
$$\sigma_{pc} = -f_{tk}\,(拉应力)$$

预应力钢筋
$$\sigma_{p0} = \sigma_{con} - \sigma_l \xrightarrow[\Delta\sigma_p = \alpha_p f_{tk}]{变形协调} \sigma_{p,cr} = \sigma_{con} - \sigma_l + \alpha_p f_{tk}\,(拉应力)$$

非预应力钢筋
$$\sigma_{s0} = -\sigma_{l5} \xrightarrow[\Delta\sigma_s = \alpha_s f_{tk}]{变形协调} \sigma_{s,cr} = \alpha_s f_{tk} - \sigma_{l5}$$

混凝土开裂外荷载 N_{cr} 可由材料的应力变化或截面上内外力平衡条件求得，即：

$$N_{cr} = N_0 + f_{tk} A_c + \alpha_p f_{tk} A_p + \alpha_s f_{tk} A_s = N_0 + f_{tk} A_0 = (\sigma_{pcII} + f_{tk}) A_0 \qquad (10-16)$$

比较普通混凝土轴心受拉构件可知，由于预应力混凝土轴心受拉构件开裂荷载 N_{cr} 中的 $\sigma_{pcII} \gg f_{tk}$，所以，预应力混凝土轴心受拉构件的开裂时间大大推迟，构件的抗裂度大大提高。

③ 构件破坏。当轴向拉力超过 N_{cr} 时，混凝土开裂，裂缝截面的混凝土退出工作，截面上的拉力全部由预应力钢筋与非预应力钢筋承担，当预应力钢筋与非预应力钢筋分别达到其抗拉设计强度 f_{py} 和 f_y 时，构件破坏，此时，混凝土、预应力钢筋和非预应力钢筋的应力分别为：

混凝土
$$\sigma_{pc} = 0$$
预应力钢筋
$$\sigma_{p,cr} = \sigma_{con} - \sigma_l + \alpha_p f_{tk} \rightarrow \sigma_p = f_{py}\,(拉应力)$$
非预应力钢筋
$$\sigma_{s,cr} = -\sigma_{l5} + \alpha_s f_{tk} \rightarrow \sigma_s = f_y\,(拉应力)$$

破坏外荷载 N_u 可由截面上内外力平衡条件求得，即：

$$N_u = f_{py} A_p + f_y A_s \qquad (10-17)$$

从式(10-17)中可以看出，预应力混凝土构件不能提高构件的正截面承载力。

2. 后张法构件

（1）施工阶段。

① 浇筑混凝土，养护直至钢筋张拉前，可认为截面中不产生任何应力。

② 张拉预应力钢筋产生摩擦损失 σ_{l2}，此时，混凝土、预应力钢筋和非预应力钢筋的应力分别为：

混凝土 $\qquad\qquad\qquad \sigma_{pc}=0 \rightarrow \sigma_{pc}=\sigma_{pcI初}$（压应力）

预应力钢筋 $\qquad \sigma_p = 0 \xrightarrow[\text{损失}\ \sigma_{l2}]{\text{张拉至}\ \sigma_{con}} \sigma_p = \sigma_{con} - \sigma_{l2}$ （拉应力）

非预应力钢筋 $\qquad \sigma_s = 0 \xrightarrow[\Delta\sigma_s = -\alpha_s\sigma_{pcI初}]{\text{变形协调}} \sigma_s = -\alpha_s\sigma_{pcI初}$（压应力）

混凝土的预应力 $\sigma_{pcI初}$ 可由截面内力平衡条件确定，即：

$$(\upsilon_{con} - \sigma_{l2})A_p = \alpha_s\sigma_{pcI初}A_s + \sigma_{pcI初}A_c$$

整理后得：

$$\sigma_{pcI初} = \frac{(\sigma_{con} - \sigma_{l2})A_p}{A_c + \alpha_s A_s} = \frac{(\sigma_{con} - \sigma_{l2})A_p}{A_n} \qquad (10-18)$$

式中：A_c——混凝土截面面积，应扣除非预应力钢筋截面面积及预留孔道的面积；

$\qquad A_n$——净截面面积（换算截面面积减去全部纵向预应力钢筋截面面积换算成混凝土的截面面积，即 $A_n = A_0 - \alpha_p A_p = A_c + \alpha_s A_s$）。

③ 预应力钢筋张拉完毕，钢筋在锚具上的固定过程中，锚具变形引起应力损失 σ_{l1}，并完成第一批损失。此时，混凝土、预应力钢筋和非预应力钢筋的应力分别为：

混凝土 $\qquad\qquad\qquad \sigma_{pc}=\sigma_{pcI}$（压应力）

预应力钢筋 $\quad \sigma_p = \sigma_{con} - \sigma_{l2} \xrightarrow{\text{损失}\ \sigma_{l1}} \sigma_{pI} = \sigma_{con} - \sigma_{l2} - \sigma_{l1} = \sigma_{con} - \sigma_{lI}$ （拉应力）

非预应力钢筋 $\quad \sigma_s = -\alpha_s\sigma_{pcI初} \xrightarrow[\Delta\sigma_s = -\alpha_s(\sigma_{pcI} - \sigma_{pcI初})]{\text{变形协调}} \sigma_{sI} = -\alpha_s\sigma_{pcI}$（压应力）

完成第一批损失后的混凝土压应力 σ_{pcI}，可由截面内力平衡条件求得，即：

$$(\sigma_{con} - \sigma_{lI})A_p = \alpha_s\sigma_{pcI}A_s + \sigma_{pcI}A_c$$

整理后得：

$$\sigma_{pcI} = \frac{(\sigma_{con} - \sigma_{lI})A_p}{A_c + \alpha_s A_s} = \frac{N_{pI}}{A_n} \qquad (10-19)$$

式中：N_{pI}——完成第一批损失后，预应力钢筋的总预拉力，$N_{pI} = (\sigma_{con} - \sigma_{lI})A_p$。

④ 混凝土受到预压应力后，发生预压力钢筋松弛、混凝土收缩和徐变引起的应力损失

σ_{l4}、σ_{l5}（可能还有 σ_{l6}），完成第二批损失。此时，混凝土、预应力钢筋和非预应力钢筋的应力分别为：

混凝土 $\quad\quad\quad\quad\quad\quad\quad\quad\quad \sigma_{pc} = \sigma_{pcII}$（压应力）

预应力钢筋 $\sigma_{pI} = \sigma_{con} - \sigma_{lI} \xrightarrow[\text{并忽略混凝土回弹影响}]{\text{发生损失 } \sigma_{lII}} \sigma_{pII} = \sigma_{con} - \sigma_{lI} - \sigma_{lII} = \sigma_{con} - \sigma_l$（拉应力）

非预应力钢筋 $\sigma_{sI} = -\alpha_s\sigma_{pcI} \xrightarrow[\text{变形协调：} \Delta\sigma_{sII} = -\alpha_s(\sigma_{pcII} - \sigma_{pcI})]{\sigma_{lII} \text{中的} \sigma_{l5} \text{使产生附加压应力}} \sigma_{sII} = -\alpha_s\sigma_{pcII} - \sigma_{l5}$（压应力）

完成第二批损失后的混凝土压应力 σ_{pcII}，可由截面内力平衡条件求得，即：

$$(\sigma_{con} - \sigma_l)A_p = (\alpha_s\sigma_{pcII} + \sigma_{l5})A_s + \sigma_{pcII}A_c$$

整理后得：

$$\sigma_{pcII} = \frac{(\sigma_{con} - \sigma_l)A_p - \sigma_{l5}A_s}{A_c + \alpha_s A_s} = \frac{N_{pII} - \sigma_{l5}A_s}{A_n} \quad\quad\quad (10-20)$$

式中：N_{pII}——完成全部损失后预应力钢筋的总预拉力，$N_{pII} = (\sigma_{con} - \sigma_l)A_p$。

（2）使用阶段。

① 混凝土处于消压状态。由外荷载（设此时外荷载为 N_0）引起的截面拉应力恰好与混凝土的有效预压应力 σ_{pcII} 全部抵消，此时，混凝土、预应力钢筋和非预应力钢筋的应力分别为：

混凝土 $\quad\quad\quad\quad\quad\quad \sigma_{pc} = \sigma_{pcII} \xrightarrow[\Delta\sigma_{pc} = -\sigma_{pcII}]{\text{使混凝土消压}} \sigma_{pc} = 0$

预应力钢筋 $\quad\quad \sigma_{pII} = \sigma_{con} - \sigma_l \xrightarrow[\Delta\sigma_p = \alpha_p\sigma_{pcII}]{\text{变形协调}} \sigma_{p0} = \sigma_{con} - \sigma_l + \alpha_p\sigma_{pcII}$（拉应力）

非预应力钢筋 $\quad \sigma_{sII} = -\alpha_s\sigma_{pcII} - \sigma_{l5} \xrightarrow[\Delta\sigma_s = \alpha_s\sigma_{pcII}]{\text{变形协调}} \sigma_{s0} = -\sigma_{l5}$（压应力）

外荷载轴向拉力 N_0 可由材料的应力变化或截面上内外力平衡条件求得，即：

$$N_0 = \sigma_{pcII}A_c + \alpha_p\sigma_{pcII}A_p + \alpha_s\sigma_{pcII}A_s = \sigma_{pcII}(A_c + \alpha_p A_p + \alpha_s A_s) = \sigma_{pcII}A_0 \quad\quad (10-21)$$

② 混凝土的开裂界限状态。此时，混凝土、预应力钢筋和非预应力钢筋的应力分别为：

混凝土 $\quad\quad\quad\quad\quad\quad \sigma_{pc} = -f_{tk}$（拉应力）

预应力钢筋 $\quad \sigma_{p0} = \sigma_{con} - \sigma_l + \alpha_p\sigma_{pcII} \xrightarrow[\Delta\sigma_p = \alpha_p f_{tk}]{\text{变形协调}} \sigma_{p,cr} = \sigma_{con} - \sigma_l + \alpha_p\sigma_{pcII} + \alpha_p f_{tk}$（拉应力）

非预应力钢筋 $\quad \sigma_{s0} = -\sigma_{l5} \xrightarrow[\Delta\sigma_p = \alpha_s f_{tk}]{\text{变形协调}} \sigma_{s,cr} = -\sigma_{l5} + \alpha_s f_{tk}$

混凝土开裂外荷载 N_{cr} 可由材料的应力变化或截面上内外力平衡条件求得，即：

$$N_{cr} = N_0 + f_{tk}A_c + \alpha_p f_{tk}A_p + \alpha_s f_{tk}A_s = N_0 + f_{tk}A_0 = (\sigma_{pcII} + f_{tk})A_0 \tag{10-22}$$

③ 构件破坏。此时，混凝土、预应力钢筋和非预应力钢筋的应力分别为：

混凝土　　　　　　　　　　　　$\sigma_{pc} = 0$

预应力钢筋　　　　　$\sigma_{p,cr} = \sigma_{con} - \sigma_l + \alpha_p \sigma_{pcII} + \alpha_p f_{tk} \rightarrow \sigma_p = f_{py}$

非预应力钢筋　　　　　　$\sigma_{s,cr} = -\sigma_{l5} + \alpha_s f_{tk} \rightarrow \sigma_s = f_y$

破坏外荷载 N_u 可由截面上内外力平衡条件求得，即：

$$N_u = f_{py}A_p + f_yA_s \tag{10-23}$$

10.3.2　预应力混凝土轴心受拉构件的计算

预应力混凝土轴心受拉构件的计算可分为使用阶段的计算和施工阶段的验算两部分。

1. 使用阶段的计算

预应力轴心受拉构件使用阶段的计算分为承载力计算、抗裂度验算和裂缝宽度验算。

(1) 承载力计算。当加荷载至构件破坏时，全部荷载均由预应力钢筋和非预应力钢筋承担，其正截面受拉承载力为：

$$\gamma_0 N \leqslant N_u = f_{py}A_p + f_yA_s \tag{10-24}$$

式中：N——轴向拉力设计值；

　　　f_{py}、f_y——预应力钢筋和非预应力钢筋的抗拉强度设计值；

　　　A_p、A_s——预应力钢筋和非预应力钢筋的截面面积；

　　　其他符号的含义见附录1。

(2) 抗裂度验算。要求结构物在使用荷载作用下不开裂或裂缝宽度不超过限值。《混凝土规范》规定，在预应力混凝土结构设计中，针对不同抗裂性能的要求，应选用不同的裂缝控制等级。

轴心受拉构件抗裂度的验算详见《混凝土规范》。由式(10-16)与式(10-22)可知，如果构件由荷载标准值产生的轴向拉力 N 不超过 N_{cr}，则构件不会开裂，即满足下列条件时构件不会开裂：

$$N \leqslant N_{cr} = (\sigma_{pcII} + f_{tk})A_0 \tag{10-25}$$

或　　　　　　　　$\dfrac{N}{A_0} \leqslant \sigma_{pcII} + f_{tk}，\ \sigma_c - \sigma_{pcII} \leqslant f_{tk} \tag{10-26}$

对于裂缝控制等级分别为一、二级的轴心受拉构件，其计算公式为：

① 一级裂缝控制等级构件。即严格要求不出现裂缝的构件，其在荷载标准组合下受拉边缘的应力应符合下列要求：

$$\sigma_{ck} - \sigma_{pc} \le 0 \qquad (10-27)$$

② 二级裂缝控制等级构件。即一般要求不出现裂缝的构件，其在荷载标准组合下的受拉边缘的应力应符合下列要求：

$$\sigma_{ck} - \sigma_{pcII} \le f_{tk} \qquad (10-28)$$

其中
$$\sigma_{ck} = \frac{N_k}{A_0}$$

式中：σ_{ck}——荷载效应在标准组合下抗裂验算边缘的混凝土法向应力；

$\quad\quad N_k$——按荷载效应标准组合计算的轴向拉力值；

$\quad\quad \sigma_{pcII}$——扣除全部预应力损失后，抗裂验算边缘混凝土的预压应力，按式（10 – 14）和式（10 – 20）计算。

（3）裂缝宽度验算。当预应力混凝土构件为三级裂缝控制等级时，允许开裂，其最大裂缝宽度按荷载标准组合并考虑荷载长期作用的影响，满足式（10 – 29）；对于环境类别为二 a 类的预应力混凝土构件，在荷载准永久组合下，受拉边缘应力尚应满足式（10 – 30）的要求。

$$w_{max} = \alpha_{cr}\psi\frac{\sigma_{sk}}{E_s}\left(1.9c_s + 0.08\frac{d_{eq}}{\rho_{te}}\right) \le w_{lim} \qquad (10-29)$$

$$\sigma_{cq} - \sigma_{pc} \le f_{tk} \qquad (10-30)$$

其中
$$\sigma_{sk} = \frac{N_k - N_{p0}}{A_p + A_s}$$

$$d_{eq} = \frac{\sum n_i d_i^2}{\sum n_i v_i d_i}$$

$$\rho_{te} = \frac{A_s + A_p}{A_{te}}$$

$$\sigma_{cq} = \frac{N_q}{A_0}$$

式中：α_{cr}——构件受力特征系数，预应力轴心受拉构件取 $\alpha_{cr} = 2.2$；

$\quad\quad \sigma_{sk}$——按荷载效应标准组合计算的预应力混凝土构件纵向受拉钢筋的等效应力；

$\quad\quad N_k$、N_q——按荷载效应标准组合、准永久组合计算的轴向拉力值；

$\quad\quad N_{p0}$——混凝土法向预应力等于零时，全部纵向预应力钢筋和非预应力钢筋的合力；

$\quad\quad d_{eq}$——纵向受拉钢筋的等效直径，mm，对于无黏结后张构件，仅为受拉区纵向受拉钢筋的等效直径；

$\quad\quad d_i$——受拉区第 i 种纵向受拉钢筋的公称直径，mm，对于有黏结预应力的钢绞线束，直径取为 $d_{p1}\sqrt{n_1}$，其中 d_{p1} 为单根钢绞线的公称直径，n_1 为单束钢绞线的根数；

n_i——受拉区第 i 种纵向钢筋的根数，对于有黏结预应力的钢绞线，取为钢绞线束数；

v_i——受拉区第 i 种纵向钢筋的相对黏结特性系数，可按表 10 – 5 取用；

其他符号的含义同第 9 章。

表 10 – 5 钢筋的相对黏结特性系数

钢筋	非预应力钢筋		先张法预应力钢筋			后张法预应力钢筋		
	光圆钢筋	带肋钢筋	带肋钢筋	螺旋肋钢丝	钢绞线	带肋钢筋	钢绞线	光面钢丝
v_i	0.7	1.0	1.0	0.8	0.6	0.8	0.5	0.4

注：环氧树脂涂层带肋钢筋的相对黏结特性系数应按表中系数的 0.8 倍取用。

2. 施工阶段的验算

（1）张拉预应力钢筋的构件承载力验算。当先张法放张预应力钢筋或后张法张拉预应力钢筋完毕时，混凝土将受到最大的预压应力 σ_{cc}，但由于混凝土强度通常仅达到设计强度的 75%，所以，构件强度是否足够，应予以验算，验算公式如下：

$$\sigma_{cc} \leqslant 0.8 f'_{ck} \tag{10 – 31}$$

式中：f'_{ck}——放张或张拉预应力钢筋完毕时混凝土的轴心抗压强度标准值；

σ_{cc}——放松或张拉预应力钢筋完毕时，混凝土承受的预压应力，先张法按第一批损失出现后计算 σ_{cc}，即 $\sigma_{cc} = \dfrac{(\sigma_{con} - \sigma_{l1}) A_p}{A_0}$，后张法按未加锚具前的张拉端计算 σ_{cc}，即不考虑锚具和摩擦损失，$\sigma_{cc} = \dfrac{\sigma_{con} A_p}{A_n}$。

（2）构件端部锚固区的局部受压承载力验算。后张法混凝土的预压应力是通过锚头对端部混凝土的局部压力来维持的。锚头下局部受压使混凝土处于三向受力状态，不仅有压应力，而且存在不小的拉应力，如图 10 – 14 所示，当拉应力超过混凝土的抗拉强度时，混凝土开裂。

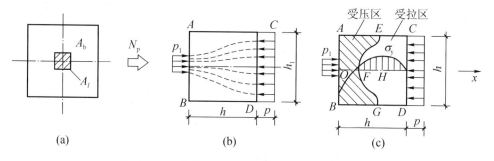

图 10 – 14 构件端部混凝土局部受压时的内力分布

① 为了满足构件端部局部受压的抗裂要求，防止由于间接钢筋配置过多，局部受压混凝土可能产生锚头下沉等问题，《混凝土规范》规定，局部受压区的截面尺寸应满足式

（10 – 32）的要求：

$$F_l \leqslant 1.35\beta_c\beta_l f_c A_{ln} \tag{10 – 32}$$

其中
$$\beta_l = \sqrt{\frac{A_b}{A_l}}$$

式中：F_l——局部受压面上作用的局部荷载或局部压力设计值，在后张法有黏结预应力混凝土构件中的锚头局部受压区，取 $F_l = 1.2\sigma_{con}A_p$，无黏结预应力的混凝土，F_l 取 $1.2\sigma_{con}A_p$ 和 $f_{ptk}A_p$ 两者中的较大值；

β_c——混凝土强度影响系数，当混凝土强度等级不超过 C50 时，取 $\beta_c = 1.0$，当混凝土强度等级等于 C80 时，取 $\beta_c = 0.8$，其间按线性内插法取用；

β_l——混凝土局部受压时的强度提高系数；

A_b——局部受压的计算底面积，可按局部受压面积与计算底面积同心对称的原则进行计算，并不扣除开孔构件的孔道面积，如图 10 – 15 所示；

A_l——局部承压面积，如有钢垫板，可考虑垫板按 45° 扩散后的面积，并不扣除开孔构件的孔道面积；

f_c——混凝土轴心抗压强度设计值，在后张法预应力混凝土构件的张拉阶段验算中，可根据相应阶段的混凝土立方体抗压强度 f'_{cu} 值，按附录 2 中的附表 2 – 1 中立方体抗压强度与轴心抗压强度的关系，采用线性内插法得到；

A_{ln}——混凝土局部受压净面积，对于后张法构件，应在混凝土局部受压面积中扣除孔道和凹槽部分的面积。

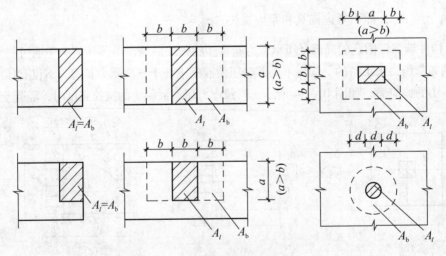

图 10 – 15 局部受压的计算底面积 A_b

当局部受压承载力验算不能满足式（10 – 32）时，应加大端部锚固区的截面尺寸、调整锚具位置或提高混凝土的强度等级。

② 当满足式(10-32)所要求的局部受压区截面尺寸时，在锚固区段配置间接钢筋(焊接钢筋网或螺旋式钢筋)，可以有效地提高锚固区段的局部受压强度，防止局部受压破坏。《混凝土规范》规定，当配置间接钢筋(方格网或螺旋式钢筋)时，局部受压承载力应按式(10-33)计算：

$$F_l \leqslant 0.9(\beta_c \beta_l f_c + 2\alpha \rho_v \beta_{cor} f_{yv}) A_{ln} \tag{10-33}$$

式中：α——间接钢筋对混凝土约束的折减系数，当混凝土强度等级为 C80 时，取 $\alpha=0.85$，当混凝土强度等级不超过 C50 时，取 $\alpha=1.0$，其间按线性内插法取用；

ρ_v——间接钢筋的体积配筋率；

β_{cor}——配置间接钢筋的局部受压承载力提高系数，$\beta_{cor}=\sqrt{\dfrac{A_{cor}}{A_l}}$，当 $A_{cor} > A_b$ 时，取 $A_{cor}=A_b$，当 $A_{cor} \leqslant 1.25A_l$ 时，取 $\beta_{cor}=1.0$。

体积配筋率 ρ_v 是核芯面积 A_{cor} 范围内单位混凝土体积所含间接钢筋的体积。当配置方格网钢筋时，如图 10-16(a)所示：

$$\rho_v = \frac{n_1 A_{s1} l_1 + n_2 A_{s2} l_2}{A_{cor} s} \tag{10-34}$$

此时，钢筋网两个方向上单位长度钢筋截面面积的比值不宜大于 1.5，当配置螺旋钢筋时，如图 10-16(b)所示：

$$\rho_v = \frac{4A_{ss1}}{d_{cor} s} \tag{10-35}$$

式(10-34)~式(10-35)中：

l_1、l_2——钢筋两个方向的长度，且 $l_2 > l_1$；

n_1、A_{s1}——方格网沿 l_1 方向的钢筋根数和单根钢筋的截面面积；

n_2、A_{s2}——方格网沿 l_2 方向的钢筋根数和单根钢筋的截面面积；

A_{cor}——配置方格网或螺旋式间接钢筋内表面范围以内的混凝土核芯面积(不扣除孔道面积)，应大于混凝土局部受压面积 A_l，且其重心应与 A_l 的重心重合；

s——方格网或螺旋式间接钢筋的间距，宜取 30~80 mm；

A_{ss1}——螺旋式单根间接钢筋的截面面积；

d_{cor}——螺旋式间接钢筋内表面范围内的混凝土截面直径。

式(10-33)中所需的钢筋网片或螺旋钢筋应配置在如图 10-16 所示的 h 范围内，且分格网片不小于 4 片，螺旋钢筋不小于 4 圈。

【例 10-1】某 24 m 跨度预应力混凝土拱形屋架下弦杆如图 10-17 所示，孔道在预应力钢筋张拉固定后灌浆，设计条件见表 10-6，试对该下弦杆进行使用阶段承载力计算、抗裂验算、施工阶段验算及端部受压承载力计算。

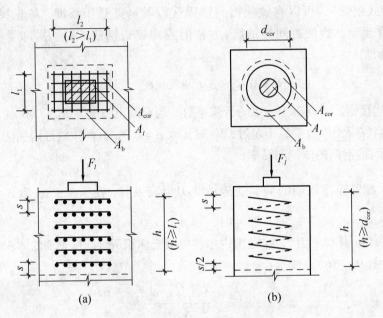

图 10-16　局部受压区的间接钢筋

(a) 方格网式配筋；(b) 螺旋式配筋

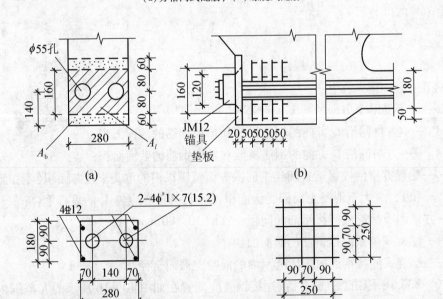

图 10-17　预应力混凝土拱形屋架端部构造图

表 10 - 6　例 10 - 1 的设计条件

材　料	混　凝　土	预应力钢筋	非预应力钢筋
品种和强度等级	C60	低松弛钢绞线	HRB400
截面	280 mm × 180mm 孔道 2Φ55	$\phi^s 1 \times 7 (d = 15.2 \text{ mm})$ $A_p = 140 \text{ mm}^2$	$4 \oplus 12 (A_s = 452 \text{ mm}^2)$
材料强度/(N·mm^{-2})	$f_{tk} = 2.85$	$f_{py} = 1\ 320, f_{ptk} = 1\ 860$	$f_y = 360, f_{yk} = 400$
弹性模量/(N·mm^{-2})	$E_c = 3.6 \times 10^4$	$E_p = 1.95 \times 10^5$	$E_s = 2 \times 10^5$
张拉工艺	后张法，夹片式锚具，OVM 型锚具，孔道为充压橡皮管抽芯成型		
张拉控制 应力/(N·mm^{-2})	$\sigma_{con} = 0.60 f_{ptk} = 0.60 \times 1\ 860 = 1\ 116$		
张拉时混凝土 立方体强度 及弹性模量/ (N·mm^{-2})	$f'_{cu} = 55, E'_c = 3.55 \times 10^4, f'_c = 25.3, f'_{ck} = 35.5$		
下弦拉力	永久荷载标准值产生的轴力 $N_{Gk} = 800$ kN，可变荷载标准值产生的轴力 $N_{Qk} = 250$ kN，组合值系数 $\psi_c = 0.7$		
裂缝控制等级	二级		

【解】（1）使用阶段承载力计算。轴力设计值计算如下：

由可变荷载效应控制组合可得：

$$N = 1.2N_{Gk} + 1.4N_{Qk} = 1.2 \times 800 + 1.4 \times 250 = 1\ 310 (\text{kN})$$

由永久荷载效应控制组合可得：

$$N = 1.35N_{Gk} + 1.4\psi_c N_{Qk} = 1.35 \times 800 + 1.4 \times 0.7 \times 250 = 1\ 325 (\text{kN})$$

故应采用 $N = 1\ 325$ kN 进行计算。

又由式（10 - 23）可得：

$$N_u = f_{py}A_p + f_yA_s$$

即

$$A_p \geq \frac{N - f_yA_s}{f_{py}} = \frac{1\ 325 \times 10^3 - 360 \times 452}{1\ 320} = 880.5 \ (\text{mm}^2)$$

所以选 2 束 4$\phi^s 1 \times 7 (d = 15.2 \text{ mm})$ 钢绞线，$A_p = 2 \times 4 \times 140 = 1\ 120 \text{ mm}^2$。

（2）截面的几何特征。预应力钢筋有：

$$\alpha_p = \frac{E_p}{E_c} = \frac{1.95 \times 10^5}{3.6 \times 10^4} = 5.42$$

非预应力钢筋有：

$$\alpha'_s = \frac{E_s}{E'_c} = \frac{2 \times 10^5}{3.55 \times 10^4} = 5.63 \ (\text{计算混凝土收缩与徐变损失时用})$$

$$\alpha_{s} = \frac{E_{s}}{E_{c}} = \frac{2 \times 10^{5}}{3.6 \times 10^{4}} = 5.56 \quad (正常使用时，抗裂度验算用)$$

$$A_{n} = A_{c} + \alpha_{s}' A_{s} = 280 \times 180 - 2 \times \pi \times \frac{55^{2}}{4} - 452 + 5.63 \times 452 = 47\ 741 \quad (mm^{2})$$

$$A_{0} = A_{c} + \alpha_{s} A_{s} + \alpha_{p} A_{p} = 280 \times 180 - 2 \times \pi \times \frac{55^{2}}{4} - 452 + 5.56 \times 452 + 5.42 \times 1\ 120 = 53\ 780 \quad (mm^{2})$$

（3）计算预应力损失。

① 锚具变形损失。对于夹片式锚具无顶压施工时，查表 10 - 2，取 $a = 8\ mm$，故由式（10 - 1）可得：

$$\sigma_{l1} = \frac{E_{p} a}{l} = \frac{1.95 \times 10^{5} \times 8}{24 \times 10^{3}} = 65 \quad (N/mm^{2})$$

② 孔道摩擦损失。该项损失应按锚固端计算，因 $l = 24\ m$，直线配筋 $\theta = 0°$，抽芯成型 $k = 0.001\ 4$，$kx = 0.001\ 4 \times 24 = 0.033\ 6$，故由式（10 - 2）可得：

$$\sigma_{l2} = \sigma_{con}\left(1 - \frac{1}{e^{kx + \mu\theta}}\right) = 1\ 116 \times \left(1 - \frac{1}{e^{0.033\ 6}}\right) = 36.87 \quad (N/mm^{2})$$

按表 10 - 4 进行预应力损失组合，则第一批预应力损失为：

$$\sigma_{lI} = \sigma_{l1} + \sigma_{l2} = 101.87 \quad (N/mm^{2})$$

第一批应力损失后的混凝土应力为：

$$\sigma_{pcI} = \frac{N_{pI}}{A_{n}} = \frac{(\sigma_{con} - \sigma_{lI}) A_{p}}{A_{c} + \alpha_{s}' A_{s}} = \frac{(1\ 116 - 101.87) \times 1\ 120}{47\ 741} = 23.79 \quad (N/mm^{2})$$

③ 预应力钢筋因松弛引起的应力损失。由式（10 - 5）可得：

$$\sigma_{l4} = 0.125(\sigma_{con}/f_{ptk} - 0.5)\sigma_{con} = 0.125 \times (1\ 116/1\ 860 - 0.5) \times 1\ 116 = 13.95 \quad (N/mm^{2})$$

④ 混凝土的收缩和徐变损失。因为

$$\sigma_{pcI}/f_{cu}' = 23.79/55 = 0.433 < 0.5$$

$$\rho = \frac{0.5(A_{p} + A_{s})}{A_{n}} = \frac{0.5 \times (1\ 120 + 452)}{47\ 741} = 0.016$$

故由式（10 - 11）可得：

$$\sigma_{l5} = \frac{55 + 300\dfrac{\sigma_{pcI}}{f_{cu}'}}{1 + 15\rho} = \frac{55 + 300 \times 0.433}{1 + 15 \times 0.016} = 149.11 \quad (N/mm^{2})$$

所以第二批预应力损失为：

$$\sigma_{lII} = \sigma_{l4} + \sigma_{l5} = 13.95 + 149.11 = 163.06 \quad (N/mm^{2})$$

总损失为：

$$\sigma_l = \sigma_{lI} + \sigma_{lII} = 101.87 + 163.06 = 264.93 (\,\mathrm{N/mm^2}\,) > 80 (\,\mathrm{N/mm^2}\,)$$

（4）抗裂度验算。混凝土有效预应力为：

$$\sigma_{pcII} = \frac{(\sigma_{con} - \sigma_l)A_p - \sigma_{l5}A_s}{A_n} = \frac{(1\,116 - 264.93) \times 1\,120 - 149.11 \times 452}{47\,741}$$

$$= 18.55 (\,\mathrm{N/mm^2}\,)$$

在荷载标准效应组合下有：

$$N_k = N_{Gk} + N_{Qk} = 800 + 250 = 1\,050 (\,\mathrm{N/mm^2}\,)$$

$$\sigma_{ck} = \frac{N_k}{A_0} = \frac{1\,050 \times 10^3}{53\,780} = 19.52 (\,\mathrm{N/mm^2}\,)$$

$$\sigma_{ck} - \sigma_{pcII} = 19.52 - 18.55 = 0.97 (\,\mathrm{N/mm^2}\,) < f_{tk} = 2.85 (\,\mathrm{N/mm^2}\,)$$

满足要求。

（5）施工阶段验算。最大张拉力为：

$$N_p = \sigma_{con}A_p = 1\,116 \times 1\,120 = 1\,249.9 (\,\mathrm{kN}\,)$$

采用式（10 – 31），截面上混凝土的压应力为：

$$\sigma_{cc} = \frac{N_p}{A_n} = \frac{1\,249.9 \times 10^3}{47\,741} = 26.18 (\,\mathrm{N/mm^2}\,) < 0.8 f'_{ck} = 0.8 \times 35.5 = 28.4 (\,\mathrm{N/mm^2}\,)$$

故满足要求。

（6）锚具下局部受压验算。

① 端部受压区截面尺寸验算。锚具的直径为 120 mm，锚具下垫板厚 20 mm，局部受压面积可按压力 F_l 从锚具边缘在垫板中按 45°扩散的面积计算，在计算局部受压底面积时，可近似地用图 10 – 17（a）中两条虚线所围的矩形面积代替两个圆面积，则有：

$$A_l = 280 \times (120 + 2 \times 20) = 44\,800 (\,\mathrm{mm^2}\,)$$

锚具下局部受压计算底面积为：

$$A_b = 280 \times (160 + 2 \times 60) = 78\,400 (\,\mathrm{mm^2}\,)$$

混凝土局部受压净面积为：

$$A_{ln} = 44\,800 - 2 \times \pi \times \frac{55^2}{4} = 40\,048 (\,\mathrm{mm^2}\,)$$

故

$$\beta_l = \sqrt{\frac{A_b}{A_l}} = \sqrt{\frac{78\,400}{44\,800}} = 1.323$$

当 $f'_{cu} = 55$ N/mm² 时，按直线内插法可得 $\beta_c = 0.966$，故按式（10 – 32）计算可得：

$$F_l = 1.2\sigma_{con}A_p = 1.2 \times 1\,116 \times 1\,120 = 1\,499\,904(N)$$
$$\approx 1\,499.9(kN) < 1.35\beta_c\beta_l f_c'A_{ln} = 1.35 \times 0.966 \times 1.323 \times 25.3 \times 40\,048$$
$$= 1\,748 \times 10^3(N) = 1\,748(kN)$$

故满足要求。

② 局部受压承载力计算。间接钢筋网片采用 4 片 $\phi8$ 方格焊接网片，如图 10 – 17(b)所示，间距 $s = 50$ mm，网片尺寸如图 10 – 17(d)所示，可得：

$$A_{cor} = 250 \times 250 = 62\,500 \text{ mm}^2 > 1.25A_l = 56\,000 \text{ mm}^2$$

$$\beta_{cor} = \sqrt{\frac{A_{cor}}{A_l}} = \sqrt{\frac{62\,500}{44\,800}} = 1.181$$

故间接钢筋的体积配筋率为：

$$\rho_v = \frac{n_1 A_{s1} l_1 + n_2 A_{s2} l_2}{A_{cor}s} = \frac{4 \times 50.3 \times 250 + 4 \times 50.3 \times 250}{62\,500 \times 50} = 0.032$$

按式(10 – 33)计算可得：

$$0.9(\beta_c\beta_l f_c' + 2\alpha\rho_v\beta_{cor}f_{yv})A_{ln} = 0.9 \times (0.966 \times 1.323 \times 25.3 + 2 \times 0.975 \times$$
$$0.032 \times 1.181 \times 270) \times 40\,048$$
$$= 1\,883 \times 10^3(N) = 1\,883(kN) > F_l = 1\,499.9(kN)$$

故满足要求。

10.4　预应力混凝土受弯构件的应力分析和计算

10.4.1　预应力混凝土受弯构件各阶段的应力分析

预应力混凝土受弯构件的受力过程可分为两个阶段：施工阶段和使用阶段。

预应力混凝土受弯构件中，预应力钢筋 A_p 一般都放置在使用阶段的截面受拉区，但为了防止在制作、运输和吊装等施工阶段出现裂缝，在梁的受拉区和受压区通常也配置一些非预应力钢筋 A_s 和 A_s'。

1. 施工阶段

(1)先张法构件。由轴心受拉构件施工阶段应力分析得到的概念，对受弯构件的计算同样适用，如图10 – 18(a)所示，则截面混凝土应力计算公式为：

$$\sigma_{pc} = \frac{N_{p0}}{A_0} \pm \frac{N_{p0}e_{p0}}{I_0}y_0 \tag{10 – 36}$$

其中

$$N_{p0} = (\sigma_{con} - \sigma_l)A_p + (\sigma_{con}' - \sigma_l')A_p' - \sigma_{l5}A_s - \sigma_{l5}'A_s'$$

$$e_{p0} = \frac{(\sigma_{con} - \sigma_l)A_p y_p - (\sigma_{con}' - \sigma_l')A_p'y_p' - \sigma_{l5}A_s y_s + \sigma_{l5}'A_s'y_s'}{N_{p0}}$$

式中：σ_{pc}——混凝土应力，压应力时为正，拉应力时为负；

$\quad A_0$——构件换算截面积，包括扣除孔道和凹槽等削弱部分以外的混凝土全部截面面积以及全部纵向预应力钢筋和非预应力钢筋截面面积换算成混凝土的截面面积，对于由不同强度等级混凝土组成的截面，应根据混凝土的弹性模量比值换算成同一混凝土强度等级的截面面积；

$\quad I_0$——换算截面惯性矩；

$\quad y_0$——换算截面重心至所计算纤维的距离；

$\quad y_p$、y'_p——受拉区、受压区预应力钢筋合力点至换算截面重心的距离；

$\quad y_s$、y'_s——受拉区、受压区非预应力钢筋合力点至换算截面重心的距离。

相应阶段预应力钢筋和非预应力钢筋的应力分别为：

预应力钢筋 $\qquad \sigma_p = \sigma_{con} - \sigma_l - \alpha_p\sigma_{pc}$，$\sigma'_p = \sigma'_{con} - \sigma'_l - \alpha_p\sigma'_{pc}$

非预应力钢筋 $\qquad \sigma_s = \alpha_s\sigma_{pc} + \sigma_{l5}$，$\sigma'_s = \alpha_s\sigma'_{pc} + \sigma'_{l5}$

(2)后张法构件。如图 10-18(a)所示，混凝土的应力可由式(10-37)表示：

$$\sigma_{pc} = \frac{N_p}{A_n} \pm \frac{N_p e_{pn}}{I_n}y_n \qquad (10-37)$$

其中 $\qquad N_p = (\sigma_{con} - \sigma_l)A_p + (\sigma'_{con} - \sigma'_l)A'_p - \sigma_{l5}A_s - \sigma'_{l5}A'_s$

$$e_{pn} = \frac{(\sigma_{con} - \sigma_l)A_p y_{pn} - (\sigma'_{con} - \sigma'_l)A'_p y'_{pn} - \sigma_{l5}A_s y_{sn} + \sigma'_{l5}A'_s y'_{sn}}{N_p}$$

式中：A_n——构件的净截面面积(换算截面面积减去全部纵向预应力钢筋换算成的混凝土截面面积)；

$\quad I_n$——净截面惯性矩；

$\quad y_n$——净截面重心至所计算纤维的距离；

$\quad y_{pn}$、y'_{pn}——受拉区、受压区预应力钢筋合力点至净截面重心的距离；

$\quad y_{sn}$、y'_{sn}——受拉区、受压区非预应力钢筋合力点至净截面重心的距离。

相应阶段预应力钢筋和非预应力钢筋的应力分别为：

预应力钢筋 $\qquad \sigma_p = \sigma_{con} - \sigma_l$，$\sigma'_p = \sigma'_{con} - \sigma'_l$

非预应力钢筋 $\qquad \sigma_s = \alpha_s\sigma_{pc} + \sigma_{l5}$，$\sigma'_s = \alpha_s\sigma'_{pc} + \sigma'_{l5}$

在利用以上各式计算时，均需采用施工阶段的有关数值，若构件截面中 $A'_p = 0$，则以上各式中的 $\sigma'_{l5} = 0$。另外，当后张法构件为超静定构件时，式(10-37)应考虑由次内力引起的混凝土截面法向应力。

2. 使用阶段

(1)加荷至受拉边缘混凝土应力为零。截面在消压弯矩 M_0 的作用下，受拉边缘的拉应力正好抵消受拉边缘混凝土的预压应力 σ_{pcII}，如图 10-18(c)所示，则：

$$\frac{M_0}{W_0} - \sigma_{pcII} = 0 \ \text{或} \ M_0 = \sigma_{pcII} W_0 \tag{10-38}$$

式中：W_0——换算截面受拉边缘的弹性抵抗矩。

（2）加荷至受拉区混凝土即将出现裂缝。受拉区混凝土应力达到其抗拉强度标准值 f_{tk} 时，混凝土即将出现裂缝，此时，截面上受到的弯矩为 M_{cr}，相当于构件截面在承受消压弯矩 M_0 后，又增加了一个普通钢筋混凝土构件的抗裂弯矩 $\overline{M}_{cr}$，如图 10-18（d）所示，故：

$$M_{cr} = M_0 + \overline{M}_{cr} = \sigma_{pcII} W_0 + \gamma f_{tk} W_0 = (\sigma_{pcII} + \gamma f_{tk}) W_0 \tag{10-39}$$

式中：γ——截面抵抗矩塑性影响系数。

截面抵抗矩塑性影响系数与截面形状和高度有关，《混凝土规范》建议 γ 值按式（10-40）确定：

$$\gamma = \left(0.7 + \frac{120}{h}\right)\gamma_m \tag{10-40}$$

式中：γ_m——截面抵抗矩塑性影响系数基本值，取值见附录 4 中的附表 4-5；

h——截面高度，当 $h < 400$ mm 时，取 $h = 400$ mm，当 $h > 1\ 600$ mm 时，取 $h = 1\ 600$ mm。

比较普通混凝土受弯构件可知，由于预应力混凝土受弯构件开裂弯矩 M_{cr} 中的 $\sigma_{pcII} \gg f_{tk}$，所以，预应力混凝土受弯构件的开裂时间大大推迟，构件的抗裂度大大提高。

（3）加荷至构件破坏。当 M 超过 M_{cr} 时，受拉区将出现裂缝，裂缝截面处的混凝土退出工作，拉力全部由钢筋承受，当加荷至破坏时，与普通混凝土截面应力状态类似，计算方法也基本相同，如图 10-18（e）所示。

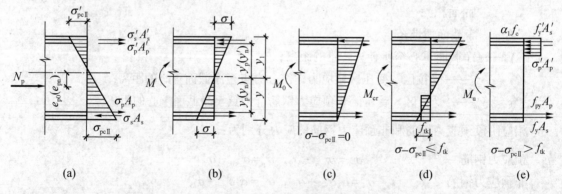

图 10-18　受弯构件截面的应力变化

（a）预应力作用下；（b）荷载作用下；（c）受拉区截面下边缘混凝土应力为零；
（d）受拉区截面下边缘混凝土即将出现裂缝；（e）截面达到受弯极限承载力状态

10.4.2　预应力混凝土受弯构件使用阶段承载力计算

预应力混凝土受弯构件的计算可分为使用阶段正截面承载力计算、使用阶段斜截面承载力计算、使用阶段抗裂度验算、变形验算和施工阶段验算等。

1. 使用阶段正截面承载力计算

(1)破坏阶段的截面应力状态。

① 界限破坏时截面相对受压区高度 ξ_b 的计算。对于有明显屈服点的预应力钢筋,界限相对受压区高度为:

$$\xi_b = \frac{x_b}{h_0} = \frac{\beta_1}{1 + \dfrac{f_{py} - \sigma_{p0}}{E_s \varepsilon_{cu}}} \tag{10-41}$$

混凝土强度等级不大于 C50 时,取 $\varepsilon_{cu} = 0.003\,3$。当 $\sigma_{p0} = 0$ 时,式(10-41)即为钢筋混凝土构件的界限相对受压区高度。

对于无明显屈服点的预应力钢筋(钢丝、钢绞线),界限相对受压区高度为:

$$\xi_b = \frac{\beta_1}{1 + \dfrac{0.002}{\varepsilon_{cu}} + \dfrac{f_{py} - \sigma_{p0}}{E_s \varepsilon_{cu}}} \tag{10-42}$$

式中：σ_{p0}——受拉区纵向预应力钢筋合力点处混凝土法向应力等于零时的预应力钢筋的应力。

② 任意位置处预应力钢筋及非预应力钢筋应力的计算。纵向钢筋应力可按式(10-43)和式(10-44)近似计算:

预应力钢筋 $$\sigma_{pi} = \frac{f_{py} - \sigma_{p0i}}{\xi_b - \beta_1}\left(\frac{x}{h_{0i}} - \beta_1\right) + \sigma_{p0i} \tag{10-43}$$

非预应力钢筋 $$\sigma_{si} = \frac{f_y}{\xi_b - \beta_1}\left(\frac{x}{h_{0i}} - \beta_1\right) \tag{10-44}$$

式(10-43)~式(10-44)中:

σ_{pi}、σ_{si}——第 i 层纵向预应力钢筋、非预应力钢筋的应力,正值代表拉应力,负值代表压应力;

h_{0i}——第 i 层纵向钢筋截面重心至混凝土受压区边缘的距离;

x——等效矩形应力图形的混凝土受压区高度;

σ_{p0i}——第 i 层纵向预应力钢筋截面重心处混凝土法向应力等于零时的预应力钢筋的应力。

预应力钢筋的应力 σ_{pi} 应符合条件 $\sigma_{p0i} - f'_{py} \leq \sigma_{pi} \leq f_{py}$。当 σ_{pi} 为拉应力且其值大于 f_{py} 时,取 $\sigma_{pi} = f_{py}$;当 σ_{pi} 为压应力且其绝对值大于 $\sigma_{p0i} - f'_{py}$ 的绝对值时,取 $\sigma_{pi} = \sigma_{p0i} - f'_{py}$。非预应力钢筋的应力 σ_{si} 应符合条件 $-f'_y \leq \sigma_{si} \leq f_y$。当 σ_{si} 为拉应力且其值大于 f_y 时,取 $\sigma_{si} = f_y$;当 σ_{si} 为压应力且其绝对值大于 f'_y 时,取 $\sigma_{si} = -f'_y$。

③ 受压区预应力钢筋应力 σ'_p 的计算。截面达到破坏时,A'_p 的应力可能仍为拉应力,也

可能变为压应力，但其应力值 σ'_p 达不到抗压强度设计值 f'_{py}，而仅为：

先张法构件 $\qquad\qquad\qquad \sigma'_p = (\sigma'_{con} - \sigma'_l) - f'_{py} = \sigma'_{p0} - f'_{py}$

后张法构件 $\qquad\qquad\qquad \sigma'_p = (\sigma'_{con} - \sigma'_l) + \alpha_p \sigma'_{pcII} - f'_{py} = \sigma'_{p0} - f'_{py}$

（2）正截面受弯承载力计算。对于图 10－19 所示的矩形截面或翼缘位于受拉边的 T 形截面预应力混凝土受弯构件，其正截面受弯承载力计算的基本公式为：

$$\alpha_1 f_c bx = f_y A_s - f'_y A'_s + f_{py} A_p + (\sigma'_{p0} - f'_{py}) A'_p \qquad (10-45)$$

$$M \leqslant M_u = \alpha_1 f_c bx (h_0 - 0.5x) + f'_y A'_s (h_0 - a'_s) - (\sigma'_{p0} - f'_{py}) A'_p (h_0 - a'_p) \qquad (10-46)$$

式（10－45）~ 式（10－46）中：

M——弯矩设计值；

M_u——正截面受弯承载力设计值；

A_s、A'_s——受拉区、受压区纵向非预应力钢筋的截面面积；

A_p、A'_p——受拉区、受压区纵向预应力钢筋的截面面积；

h_0——截面的有效高度；

b——矩形截面的宽度或倒 T 形截面的腹板宽度；

α_1——系数；

a'_s、a'_p——受压区纵向非预应力钢筋合力点、预应力钢筋合力点至截面受压边缘的距离。

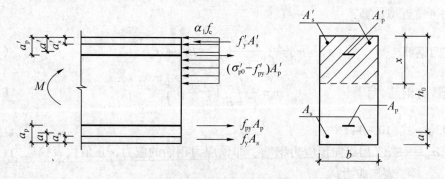

图 10－19　矩形截面受弯构件正截面受弯承载力计算

混凝土受压区高度尚应符合下列条件：

$$2a' \leqslant x \leqslant \xi_b h_0$$

式中：a'——受压区全部纵向钢筋合力点至截面受压边缘的距离，当受压区未配置纵向预应力钢筋或受压区纵向预应力钢筋应力 $\sigma'_p = \sigma'_{p0} - f'_{py}$ 为拉应力时，式中的 a' 用 a'_s 代替。

当 $x < 2a'$ 或当 σ'_p 为拉应力时，取 $x = 2a'_s$，则：

$$M \leqslant M_u = f_{py} A_p (h - a_p - a'_s) + f_y A_s (h - a_s - a'_s) + (\sigma'_{p0} - f'_{py}) A'_p (a'_p - a'_s) \qquad (10-47)$$

式中：a_s、a_p——受拉区纵向非预应力钢筋、预应力钢筋合力点至受拉边缘的距离。

2. 使用阶段斜截面承载力计算

因为预应力抑制了斜裂缝的出现和发展，根据试验结果可知，计算预应力混凝土梁的斜截面受剪承载力，可在钢筋混凝土梁计算公式的基础上，增加一项由预应力而提高的斜截面受剪承载力设计值 V_p。

（1）对于矩形、T 形及工字形截面的预应力混凝土受弯构件，当仅配置箍筋时，其斜截面的受剪承载力应按式（10 - 48）计算：

$$V \leqslant V_u = V_{cs} + V_p \tag{10 - 48}$$

（2）当配有箍筋和预应力弯起钢筋时，其斜截面受剪承载力应按式（10 - 49）计算：

$$V \leqslant V_u = V_{cs} + V_p + 0.8 f_y A_{sb} \sin\alpha_s + 0.8 f_{py} A_{pb} \sin\alpha_p \tag{10 - 49}$$

式（10 - 48）~ 式（10 - 49）中：

V_{cs}——构件斜截面上混凝土和箍筋的受剪承载力设计值，对于一般梁，$V_{cs} = 0.7 f_t b h_0 + f_{yv} \dfrac{n A_{sv1}}{s} h_0$，对于集中荷载作用下的独立梁，$V_{cs} = \dfrac{1.75}{\lambda + 1.0} f_t b h_0 + f_{yv} \dfrac{n A_{sv1}}{s} h_0$，$V_p = 0.05 N_{p0}$，$N_{p0}$ 为计算截面上混凝土法向应力等于零时的预应力钢筋及非预应力钢筋的合力，$N_{p0} = (\sigma_{con} - \sigma_l) A_p + (\sigma'_{con} - \sigma'_l) A'_p - \sigma_{l5} A_s - \sigma'_{l5} A'_s$，当 $N_{p0} > 0.3 f_c A_0$ 时，取 $N_{p0} = 0.3 f_c A_0$，但在计算 N_{p0} 时应不考虑预应力弯起钢筋的作用；

A_{sb}、A_{pb}——同一弯起平面内非预应力弯起钢筋、预应力弯起钢筋的截面面积；

α_s、α_p——斜截面上非预应力弯起钢筋、预应力弯起钢筋的切线与构件纵向轴线的夹角。

（3）为了防止斜压破坏，受剪截面应满足下列条件：

① 当 $h_w/b \leqslant 4$ 时，有：

$$V \leqslant 0.25 \beta_c f_c b h_0$$

② 当 $h_w/b \geqslant 6$ 时，有：

$$V \leqslant 0.2 \beta_c f_c b h_0$$

式中：f_c——混凝土轴心抗压强度设计值；

β_c——混凝土强度影响系数，当混凝土强度等级不超过 C50 时，取 $\beta_c = 1.0$，当混凝土强度等级为 C80 时，取 $\beta_c = 0.8$，其间按线性内插法取用；

V——计算截面上的最大剪力设计值；

b——矩形截面的宽度，或 T 形和工字形截面的腹板宽度；

h_w——截面的腹板高度，矩形截面 $h_w = h_0$，T 形截面 $h_w = h_0 - h'_f$，工字形截面 $h_w = h - h'_f - h_f$（h_f 为截面下部翼缘的高度）。

③ 当 $4 < h_w/b < 6$ 时，按直线内插法取用。

（4）矩形、T 形、工字形截面的一般预应力混凝土受弯构件，当符合式（10 - 50）的要求时，可不进行斜截面受剪承载力计算，仅需按构造要求配置箍筋。

$$V \leqslant 0.7 f_{t} b h_{0} + 0.05 N_{p0} \text{ 或 } V \leqslant \frac{1.75}{\lambda + 1.0} f_{t} b h_{0} + 0.05 N_{p0} \qquad (10-50)$$

10.4.3 预应力混凝土受弯构件的抗裂度验算

1. 正截面抗裂度验算

对于使用阶段不允许出现裂缝的受弯构件，其正截面抗裂度根据裂缝控制等级的不同要求，应按下列规定验算受拉边缘的应力。

(1) 一级裂缝控制等级构件。即严格要求不出现裂缝的构件，在荷载标准组合下，受拉边缘的应力应符合下列要求：

$$\sigma_{ck} - \sigma_{pc} \leqslant 0 \qquad (10-51)$$

(2) 二级裂缝控制等级构件。即一般要求不出现裂缝的构件，在荷载标准组合下，受拉边缘的应力应符合下列要求：

$$\sigma_{ck} - \sigma_{pc} \leqslant f_{tk} \qquad (10-52)$$

式中：σ_{ck}——荷载效应标准组合下抗裂验算边缘的混凝土法向应力，$\sigma_{ck} = \dfrac{M_k}{W_0}$；

M_k——按荷载效应标准组合计算的弯矩值；

W_0——构件换算截面受拉边缘的弹性抵抗矩；

σ_{pc}——扣除全部预应力损失后，在抗裂验算边缘混凝土的预压应力，按式(10-36)和式(10-37)计算。

(3) 裂缝宽度验算。当预应力混凝土受弯构件为三级裂缝控制等级时，允许开裂，但其最大裂缝宽度应按荷载标准组合并考虑荷载长期作用的影响，并应满足式(10-53)；对于环境类别为二 a 类的预应力混凝土构件，在荷载准永久值组合下，受拉边缘应力尚应满足式(10-54)的要求，即：

$$w_{max} = \alpha_{cr} \psi \frac{\sigma_{sk}}{E_s} \left(1.9 c_s + 0.08 \frac{d_{eq}}{\rho_{te}} \right) \leqslant w_{lim} \qquad (10-53)$$

$$\sigma_{cq} - \sigma_{pc} \leqslant f_{tk} \qquad (10-54)$$

其中

$$\sigma_{sk} = \frac{M_k - N_{p0}(Z - e_{p0})}{(A_s + \alpha_1 A_p) Z}$$

$$\sigma_{cq} = \frac{M_q}{W_0}$$

式中：α_{cr}——构件受力特征系数，预应力受弯构件取 1.5；

σ_{sk}——按荷载效应标准组合计算的预应力混凝土构件纵向受拉钢筋的等效应力；

σ_{cq}——荷载准永久组合下抗裂验算受拉边缘混凝土的法向应力；

M_q——按荷载准永久组合计算的弯矩值；

Z——受拉区纵向非预应力钢筋和预应力钢筋合力点到受压区合力点的距

离，$Z = \left[0.87 - 0.12(1 - \gamma'_f) \left(\dfrac{h_0}{e} \right)^2 \right] h_0$；

e——轴向压力作用点至纵向受拉钢筋合力点的距离，$e = e_p + \dfrac{M_k}{N_{p0}}$；

e_p——计算截面混凝土法向预应力等于零时预加力 N_{p0} 的作用点到受拉区纵向预应力

钢筋和非预应力钢筋合力点的距离，$e_p = y_{ps} - e_{p0}$，其中 y_{ps} 为受拉区纵向预应力

钢筋和普通钢筋合力点的偏心距，e_{p0} 为计算截面混凝土法向预应力等于零时预

加力 N_{p0} 作用点的偏心距，同式（10 - 36）中的 e_{p0}；

M_k——按荷载效应标准组合计算的弯矩值；

α_1——无黏结预应力的等效折减系数，取 α_1 为 0.3，灌浆后的后张预应力钢筋取 α_1

为 1.0；

γ'_f——受压翼缘截面面积与腹板有效截面面积的比值，$\gamma'_f = \dfrac{(b'_f - b)h'_f}{bh_0}$（其中 b'_f、h'_f

为受压翼缘的宽度和高度，当 $h'_f > 0.2h_0$ 时，取 $h'_f = 0.2h_0$）；

其他符号的物理意义同预应力轴心受拉构件裂缝宽度验算。

2. 斜截面抗裂度验算

《混凝土规范》规定，在进行预应力混凝土受弯构件斜截面抗裂度验算时，主要是验算截面上混凝土的主拉应力 σ_{tp} 和主压应力 σ_{cp} 是否超过规定的限值。

（1）斜截面抗裂度验算的规定。具体如下：

① 混凝土主拉应力。对于一级裂缝控制等级的构件，应符合：

$$\sigma_{tp} \leqslant 0.85 f_{tk} \tag{10 - 55}$$

对于二级裂缝控制等级的构件，应符合：

$$\sigma_{tp} \leqslant 0.95 f_{tk} \tag{10 - 56}$$

式（10 - 55）~ 式（10 - 56）中：

0.85、0.95——考虑张拉时的不准确性和构件质量变异影响的经验系数。

② 混凝土主压应力。对于一、二级裂缝控制等级的构件，均应符合：

$$\sigma_{cp} \leqslant 0.6 f_{ck} \tag{10 - 57}$$

式中：0.6——防止腹板在预应力和荷载作用下压坏，并考虑主压应力过大导致斜截面抗裂

能力降低的经验系数。

（2）混凝土主拉应力 σ_{tp} 和主压应力 σ_{cp} 的计算。预应力混凝土构件在斜截面开裂前，基本处于弹性工作状态，故主应力可按材料力学的方法计算，即：

$$\left.\begin{array}{c}\sigma_{tp}\\\sigma_{cp}\end{array}\right\}=\frac{\sigma_x+\sigma_y}{2}\pm\sqrt{\left(\frac{\sigma_x-\sigma_y}{2}\right)^2+\tau^2} \qquad (10-58)$$

$$\sigma_x=\sigma_{pc}+\frac{M_k y_0}{I_0} \qquad (10-59)$$

$$\tau=\frac{(V_k-\sum\sigma_p A_{pb}\sin\alpha_p)S_0}{bI_0} \qquad (10-60)$$

式(10-58)~式(10-60)中：

σ_x——由预应力和按荷载标准组合计算的弯矩值 M_k 在计算纤维处产生的混凝土法向应力；

y_0、I_0——换算截面重心至所计算纤维处的距离和换算截面惯性矩；

σ_y——由集中荷载标准值 F_k 产生的混凝土竖向压应力；

τ——由剪力值 V_k 和预应力弯起钢筋的预应力在计算纤维处产生的混凝土剪应力；

V_k——按荷载标准组合计算的剪力值；

σ_p——预应力弯起钢筋的有效预应力；

S_0——计算纤维以上部分的换算截面面积对构件换算截面重心的面积矩；

A_{pb}——计算截面上同一弯起平面内预应力弯起钢筋的截面面积；

α_p——计算截面上预应力弯起钢筋的切线与构件纵向轴线的夹角。

式(10-58)~式(10-60)中，当应力为拉应力时，以正值代入，当应力为压应力时，以负值代入。

（3）斜截面抗裂度验算位置。在对先张法预应力混凝土构件端部进行斜截面受剪承载力计算以及正截面、斜截面抗裂度验算时，应考虑预应力钢筋在其预应力传递长度 l_{tr} 范围内实际应力值的变化，如图10-20所示。预应力钢筋的实际预应力按线性规律增大，在构件端部为零，在其传递长度的末端，有效预应力值为 σ_{pe}。

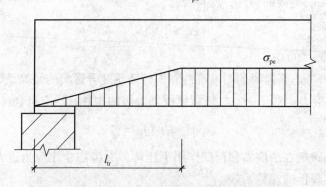

图 10-20 预应力传递范围内有效预应力值的变化

10.4.4 预应力混凝土受弯构件的变形验算

预应力混凝土受弯构件的挠度由两部分叠加而成：一部分是由荷载产生的挠度 f_{1l}；另一部分是由预加应力产生的反拱 f_{2l}。

1. 荷载作用下构件的挠度 f_{1l}

荷载作用下构件的挠度可按一般材料力学方法进行计算，即：

$$f_{1l} = S \frac{Ml^2}{B} \tag{10-61}$$

其中，截面弯曲刚度 B 应分别按下列情况计算。

（1）按荷载效应标准组合下的短期刚度计算。

① 对于使用阶段要求不出现裂缝的构件，有：

$$B_s = 0.85 E_c I_0 \tag{10-62}$$

② 对于使用阶段允许出现裂缝的构件，有：

$$B_s = \frac{0.85 E_c I_0}{k_{cr} + (1 - k_{cr}) \omega} \tag{10-63}$$

$$\omega = \left(1 + \frac{0.21}{\alpha_E \rho}\right)(1 + 0.45 \gamma_f) - 0.7 \tag{10-64}$$

式中：0.85——刚度折减系数，考虑混凝土受拉区开裂前出现的塑性变形；

k_{cr}——预应力混凝土受弯构件正截面的开裂弯矩 M_{cr} 与荷载标准组合弯矩 M_k 的比值，

即 $k_{cr} = \dfrac{M_{cr}}{M_k} \leqslant 1.0$，当 $k_{cr} > 1.0$ 时，取 $k_{cr} = 1.0$，$M_{cr} = (\sigma_{pc} + \gamma f_{tk}) W_0$；

α_E——钢筋弹性模量与混凝土弹性模量的比值，$\alpha_E = \dfrac{E_s}{E_c}$；

ρ——纵向受拉钢筋的配筋率，$\rho = \dfrac{\alpha_1 A_p + A_s}{b h_0}$，无黏结后张预应力钢筋取 $\alpha_1 = 0.3$，灌

浆后的后张预应力钢筋取 $\alpha_1 = 1.0$；

γ_f——受拉翼缘面积与腹板有效截面面积的比值，$\gamma_f = \dfrac{(b_f - b) h_f}{b h_0}$，其中 b_f、h_f 分别为

受拉区翼缘的宽度和高度。

预压时预拉区出现裂缝的构件，B_s 应降低 10%。

（2）按荷载效应标准组合并考虑预加应力长期作用影响的刚度，有：

$$B = \frac{M_k}{M_q(\theta - 1) + M_k} B_s \tag{10-65}$$

式中：B——按荷载效应标准组合并考虑荷载长期作用影响的刚度；

M_k——按荷载效应标准组合计算的弯矩值，取计算区段的最大弯矩值；

M_q——按荷载效应准永久组合计算的弯矩值，取计算区段的最大弯矩值；

θ——考虑荷载长期作用对挠度增大的影响系数，取 2.0；

B_s——荷载效应标准组合作用下受弯构件的短期刚度，按式（10 - 62）或式（10 - 63）计算。

2. 预加应力产生的反拱 f_{2l}

预应力混凝土受弯构件在偏心距为 e_p 的总预压力 N_p 的作用下将产生反拱 f_{2l}，设梁的跨度为 l，截面的弯曲刚度为 B，则：

$$f_{2l} = \frac{N_p e_p l^2}{8B} \qquad (10 - 66)$$

式中，N_p、e_p 及 B 等应按下列不同的规定取用不同的数值：

（1）荷载标准组合下的反拱值，按刚度 $B = E_c I_0$ 计算，此时 N_p、e_p 均按扣除第一批预应力损失值后的情况计算，先张法构件为 N_{p0I}、e_{p0I}，后张法构件为 N_{pI}、e_{pnI}。

（2）考虑预加应力长期影响的反拱值，按刚度 $B = 0.5E_c I_0$ 计算，此时 N_p、e_p 均应按扣除全部预应力损失后的情况计算，先张法构件为 N_{p0II}、e_{p0II}，后张法构件为 N_{pII}、e_{pnII}。

3. 挠度验算

荷载标准组合下构件产生的挠度扣除预应力产生的反拱，即为预应力混凝土受弯构件的挠度，应不超过规定的限值，即：

$$f = f_{1l} - f_{2l} \leqslant f_{\lim} \qquad (10 - 67)$$

式中：$f_{\lim}$——受弯构件的挠度限值。

10.4.5 预应力混凝土受弯构件施工阶段的验算

《混凝土规范》规定，对于制作、运输及安装等施工阶段预拉区允许出现拉应力的构件，或预压时全截面受压的构件，在预加力、自重及施工荷载的作用下（必要时应考虑动力系数），截面边缘的混凝土法向拉应力 σ_{ct} 和压应力 σ_{cc} 应符合下列规定（如图 10 - 21 所示）：

$$\sigma_{ct} \leqslant f'_{tk} \qquad (10 - 68)$$

$$\sigma_{cc} \leqslant 0.8 f'_{ck} \qquad (10 - 69)$$

简支构件的端部区段截面预拉区边缘纤维的混凝土拉应力允许大于 f'_{tk}，但不应大于 $1.2 f'_{tk}$。

截面边缘的混凝土法向应力应按式（10 - 70）计算：

$$\left.\begin{array}{r} \sigma_{cc} \\ \sigma_{ct} \end{array}\right\} = \sigma_{pc} + \frac{N_k}{A_0} \pm \frac{M_k}{W_0} \qquad (10 - 70)$$

式（10 - 68）~式（10 - 70）中：

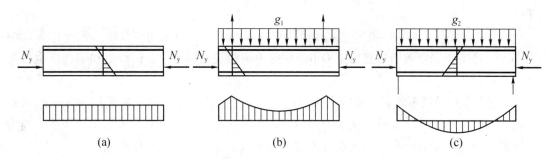

图 10 - 21　预应力混凝土受弯构件

(a)制作阶段；(b)吊装阶段；(c)使用阶段

f'_{tk}、f'_{ck}——按相应施工阶段混凝土强度等级 f'_{cu} 确定的混凝土抗拉强度和抗压强度标准
值，按附录 2 中的附表 2 - 1 采用线性内插法确定；

σ_{ct}、σ_{cc}——相应施工阶段计算截面边缘纤维的混凝土法向拉应力和压应力；

σ_{pc}——由预应力产生的混凝土法向应力，当 σ_{pc} 为压应力时，取正值，当 σ_{pc} 为拉应力
时，取负值；

N_k、M_k——构件自重及施工荷载的标准组合在计算截面产生的轴向力值及弯矩值，当
N_k 为轴向压力时，取正值，反之，取负值，由 M_k 产生的边缘纤维为压应
力时，取正值，反之，取负值；

W_0——验算边缘的换算截面弹性抵抗矩。

10.5　预应力混凝土构件的构造要求

预应力混凝土结构构件的构造要求，除应满足普通钢筋混凝土结构的有关规定外，还应
根据预应力张拉工艺、锚固措施和预应力钢筋种类的不同，满足相应的构造要求。

10.5.1　一般规定

(1)预应力混凝土构件的截面形式应根据构件的受力特点进行合理选择。对于轴心受拉
构件，通常采用正方形或矩形截面；对于受弯构件，宜选用 T 形、工字形、箱形截面或其他
空心截面。

此外，沿受弯构件的纵轴，其截面形式可以根据受力要求改变，如预应力混凝土屋面大
梁和吊车梁，其跨中可采用薄壁工字形截面，而在支座处，为了承受较大的剪力以及能有足
够的面积布置曲线预应力钢筋和锚具，则往往要加宽截面厚度。

与相同受力情况的普通混凝土构件的截面尺寸相比，预应力构件的截面尺寸可以设计得
小些，因为预应力构件具有较大的抗裂度和刚度。在决定截面尺寸时，既要考虑构件承载
力，又要考虑抗裂度和刚度的需要，而且必须考虑施工时模板制作及钢筋和锚具的布置等要
求。截面的宽高比宜小，翼缘和腹部的厚度也不宜大。梁高通常可取普通钢筋混凝土梁高

的 70%。

（2）预应力混凝土结构的混凝土强度等级不应低于 C30；当采用钢绞线、钢丝作为预应力钢筋时，混凝土强度等级不宜低于 C40。预应力钢筋宜采用预应力钢绞线和钢丝，也可采用预应力螺纹钢筋。

（3）当跨度和荷载不大时，预应力纵向钢筋可采用直线布置，施工时采用先张法或后张法均可；当跨度和荷载较大时，预应力钢筋可采用曲线布置，施工时一般采用后张法；当构件有倾斜受拉边的梁时，预应力钢筋可采用折线布置，施工时一般采用先张法。

（4）在预应力混凝土构件制作、运输、堆放和吊装时，为了防止预拉区出现裂缝或减小裂缝宽度，可在构件上部（预拉区）布置适量的非预应力钢筋。若受拉区部分钢筋施加的预应力已能满足构件使用阶段的抗裂度要求，则按承载力计算所需的其余受拉钢筋允许采用非预应力钢筋。

10.5.2 先张法构件的构造要求

（1）先张法预应力钢筋的净间距应根据浇筑混凝土、施加预应力及钢筋锚固等要求确定。先张法预应力钢筋的净间距不宜小于其公称直径的 2.5 倍和混凝土粗骨料最大粒径的 1.25 倍，且应符合下列规定：预应力钢丝，不应小于 15 mm；三股钢绞线，不应小于 20 mm；七股钢绞线，不应小于 25 mm。当混凝土的振捣密实性具有可靠保证时，先张法预应力钢筋的净间距可取为最大粗骨料粒径。

（2）混凝土保护层厚度。为保证钢筋与混凝土的黏结强度，防止放松预应力钢筋时出现纵向劈裂裂缝，必须要有一定的混凝土保护层厚度。对于设计使用年限为 50 年的混凝土结构，最外层钢筋的保护层厚度应符合附录 4 中附表 4-4 的规定；设计使用年限为 100 年的混凝土结构，最外层钢筋的保护层厚度不应小于附录 4 中附表 4-4 中数值的 1.4 倍。

（3）对于先张法预应力混凝土构件，预应力钢筋端部周围的混凝土应采取下列加强措施：

① 单根配置的预应力钢筋，其端部宜设置螺旋筋。

② 分散布置的多根预应力钢筋，在构件端部 $10d$（d 为预应力钢筋的公称直径）且不小于 100 mm 的长度范围内，宜设置 3~5 片与预应力钢筋垂直的钢筋网片。

③ 采用预应力钢丝配筋的薄板，在板端 100 mm 的长度范围内宜适当加密横向钢筋。

④ 槽形板类构件，应在构件端部 100 mm 范围内沿构件板面设置附加横向钢筋，且其数量不应少于 2 根。

（4）在预应力混凝土屋面梁、吊车梁等构件靠近支座斜向主拉应力较大的部位，宜将一部分预应力钢筋弯起。

（5）对于预应力钢筋在构件端部全部弯起的受弯构件或直线配筋的先张法构件，当构件端部与下部支承结构焊接时，考虑混凝土收缩、徐变及温度变化所产生的不利影响，宜在构件端部可能产生裂缝的部位设置足够的非预应力纵向构造钢筋。

10.5.3　后张法构件的构造要求

（1）后张法预应力钢丝束、钢绞线束的预留孔道，应符合下列规定：

① 对于预制构件，孔道之间的水平净间距不宜小于 50 mm，且不宜小于粗骨料粒径的 1.25 倍；孔道至构件边缘的净间距不宜小于 30 mm，且不宜小于孔道直径的 50%。

② 现浇混凝土梁中，预留孔道在竖直方向的净间距不应小于孔道外径，水平方向的净间距不宜小于孔道外径的 1.5 倍，且不应小于粗骨料粒径的 1.25 倍；从孔道外壁至构件边缘的净间距，梁底不宜小于 50 mm，梁侧不宜小于 40 mm，裂缝控制等级为三级的梁，其梁底、梁侧分别不宜小于 60 mm 和 50 mm。

③ 预留孔道的内径应比预应力钢丝束或钢绞线束外径及需穿过孔道的连接器外径大 6 ~ 15 mm，且孔道的截面面积宜为穿入预应力钢丝束截面面积的 3.0 ~ 4.0 倍。

④ 当有可靠经验并能保证混凝土浇筑质量时，预留孔道可水平并列贴紧布置，但并排的数量不应超过 2 束。

⑤ 在现浇楼板中采用扁形锚固体系时，穿过每个预留孔道的预应力钢筋数量宜为 3 ~ 5 根；在常用荷载情况下，孔道在水平方向的净间距不应超过板厚的 8 倍及 1.5 m 中的较大值。

⑥ 板中单根无黏结预应力钢筋的间距不宜大于板厚的 6 倍，且不宜大于 1 m；带状束的无黏结预应力钢筋的数量不宜多于 5 根，带状束间距不宜大于板厚的 12 倍，且不宜大于 2.4 m。

⑦ 梁中集束布置的无黏结预应力钢筋，集束的水平净间距不宜小于 50 mm，集束至构件边缘的净间距不宜小于 40 mm。

（2）后张法预应力混凝土构件的端部锚固区，应按下列规定配置间接钢筋：

① 采用普通垫板时，应进行局部受压承载力计算，并配置间接钢筋，且其体积配筋率不应小于 0.5%，垫板的刚性扩散角应取 45°。

② 局部受压间接钢筋配置区以外，在构件端部长度 l 不小于 $3e$（e 为截面重心线上部或下部预应力钢筋的合力点至邻近边缘的距离）但不大于 $1.2h$（h 为构件端部的截面高度）、高度为 $2e$ 的附加配筋区范围内，应均匀配置附加箍筋或网片，且其体积配筋率不应小于 0.5%。

③ 当构件端部预应力钢筋需集中布置在截面下部或集中布置在上部和下部时，应在构件端部 $0.2h$（h 为构件端部的截面高度）范围内设置附加竖向焊接钢筋网、封闭式箍筋或其他形式的构造钢筋（如图 10 – 22 所示），以防止端面裂缝。

附加竖向钢筋宜采用带肋钢筋，其截面面积应符合下列要求：

当 $e \leqslant 0.2h$ 时，$A_{sv} = (0.25 - e/h) P/f_y$。当 $e > 0.2h$ 时，可根据实际情况适当配置构造钢筋。式中，P 为作用在构件端部截面重心线上部或下部预应力钢筋的合力，并乘以预应力分项系数 1.2，此时，仅考虑混凝土预压前的预应力损失值；e 为截面重心线上部或下部预应力钢筋的合力点至截面近边缘的距离。当端部截面上部和下部均有预应力钢筋时，附加竖向钢筋的总截面面积应按上部和下部预应力合力分别计算的数值叠加后采用。

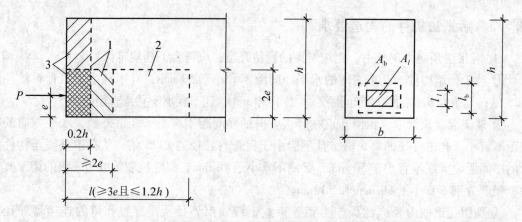

图 10 – 22　防止端部裂缝的配筋范围

1—局部受压间接钢筋配置区；2—附加防劈裂配筋区；3—附加防端面裂缝配筋区

（3）当构件在端部有局部凹进时，应增设折线构造钢筋或其他有效的构造钢筋，如图 10 – 23 所示。

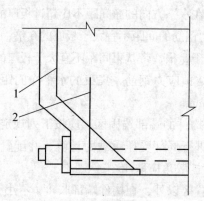

图 10 – 23　端部凹进处的构造钢筋

1—折线构造钢筋；2—竖向构造钢筋

（4）在后张法预应力混凝土构件中，曲线预应力钢丝束、钢绞线束的曲率半径不宜小于 4 m；采用折线配筋的构件，在预应力钢筋弯折处的曲率半径可适当减小。

（5）在后张法预应力混凝土构件的预拉区和预压区中，应设置纵向非预应力构造钢筋；在预应力钢筋弯折处，应加密箍筋或沿弯折处内侧设置钢筋网片。

（6）构件端部尺寸应考虑锚具的布置、张拉设备的尺寸和局部受压的要求，必要时应适当加大。在预应力钢筋锚具下及张拉设备的支承处，应设置预埋钢垫板，并按规定设置间接钢筋和附加构造钢筋。对于外露的金属锚具，应采取可靠的防锈措施。

小　　结

1. 钢筋混凝土构件存在的主要问题是正常使用阶段构件受拉区出现裂缝，即抗裂性能差，刚度小，变形大，不能充分利用高强钢材，适用范围受到一定的限制等。预应力混凝土主要是改善了构件的抗裂性能，正常使用阶段可以做到混凝土不受拉或不开裂（裂缝控制等级为一级或二级），因而适用于防水、抗渗要求的特殊环境及大跨度、重荷载的结构。

2. 在建筑结构及一般工程结构中，通常是通过张拉预应力钢筋给混凝土施加预压应力。根据施工时张拉预应力钢筋与浇灌构件混凝土两者的先后次序不同，张拉预应力钢筋分为先张法和后张法两种，应很好地掌握这两种方法的特点。先张法主要依靠锚具来传递预应力，端部处于局部受压的应力状态。

3. 预应力混凝土与普通钢筋混凝土相比要考虑更多的问题，其中包括张拉控制应力的取值应适当，必须采用高强度钢筋和高强度等级的混凝土，选用锚具和夹具，以及对施工技术的要求更高等。

4. 预应力混凝土构件两种极限状态的计算内容与钢筋混凝土构件类似，为了保证施工阶段构件的安全性，应进行相关的计算。另外，后张法构件还应计算构件端部的局部受压承载力。

5. 预应力钢筋预应力损失的大小决定在构件中建立的混凝土有效预应力的水平，因此，应了解产生各项预应力损失的原因，掌握损失的分析与计算方法，以及减小各项损失的措施。由于损失的发生是有先后的，因此，为了求特定时刻混凝土的预应力，应进行预应力损失的分阶段组合。掌握先张法和后张法各有哪几项损失，以及哪几项属于第一批损失，哪几项属于第二批损失。认识各项损失沿构件长度方向的分布，以对构件内有效预应力沿构件长度的分布有清楚的理解。

6. 通过对预应力混凝土轴心受拉构件受力全过程截面应力状态的分析，可以得出以下几点重要结论：①施工阶段，先张法（或后张法）构件截面混凝土预应力的计算可比拟为将一个预加力 N_p 作用在构件的换算截面 A_0（或净截面 A_n）上，然后按材料力学公式计算；②正常使用阶段，由荷载效应的标准组合或准永久组合产生的截面混凝土法向应力，可按材料力学公式计算，且无论是先张法还是后张法构件，特定时刻（如消压状态和即将开裂状态）的计算公式形式相同，即无论是先张法构件还是后张法构件，均采用构件的换算截面 A_0；③计算预应力钢筋和非预应力钢筋的应力时，只要知道该钢筋与混凝土黏结在一起协调变形的起点应力状态，就可以方便地写出其后任一时刻的钢筋应力（扣除损失，再考虑混凝土弹性伸缩引起的钢筋应力变化），而不依赖于任何中间过程。

7. 对预应力混凝土轴心受拉和受弯构件使用阶段两种极限状态具体计算内容的理解，应对照相应的普通钢筋混凝土构件，注意预应力构件计算的特殊性及施加预应力对计算的影响。

8. 施工阶段(制作、运输、安装)的计算是预应力混凝土构件特有的，因为此阶段构件内已存在内应力，所以，为防止混凝土被压坏或产生影响使用的裂缝，应进行有关的计算。

思 考 题

1. 为什么在钢筋混凝土受弯构件中不能有效地利用高强度钢筋和高强混凝土？而在预应力混凝土构件中必须采用高强度钢筋和高强混凝土？

2. 在预应力混凝土构件中，对钢筋和混凝土的性能有何要求？为什么？

3. 张拉控制应力 σ_{con} 为什么不能过高？为什么 σ_{con} 是按钢筋抗拉强度标准值确定的？为什么 σ_{con} 可以高于抗拉强度设计值？

4. 引起预应力损失的因素有哪些？如何减少各项预应力损失？

5. 何谓预应力钢筋的预应力传递长度？影响预应力钢筋预应力传递长度的因素有哪些？

6. 两个轴心受拉构件，设两者的截面尺寸、配筋及材料完全相同，一个施加了预应力，另一个没有施加预应力。有人认为前者在施加外荷载前，钢筋中已存在很大的拉应力，因此，在承受轴心拉力以后，其钢筋的应力必然先达到抗拉强度，试分析这种看法正确与否，并用公式表达，但不能简单地用 $N_u = f_{py} A_p$ 来说明。

7. 在预应力混凝土轴心受拉构件上施加轴向拉力，并同时量测构件的应变，设混凝土的极限拉应变为 ε_{tu}，试问当裂缝出现时测得的应变是多少？试用公式表示。

8. 混凝土局部受压的应力状态和破坏特征如何？

9. 为什么预应力混凝土构件比普通混凝土构件拥有更高的刚度？

习 题

1. 18 m 跨度预应力混凝土屋架下弦，截面尺寸为 150 mm × 200 mm，后张法施工，一端张拉并超张拉，孔道直径为 50 mm，充压橡皮管抽芯成型，JM12 型锚具，桁架端部构造如图 10-24 所示，预应力钢筋为钢绞线 $d = 12.7(7\Phi^s4)$，非预应力钢筋为 $4\Phi12$ 的 HRB335 级热轧钢筋，混凝土为 C40，裂缝控制等级为二级，永久荷载标准值产生的轴向拉力 $N_{Gk} = 280$ kN，可变荷载标准值产生的轴向拉力 $N_{Qk} = 110$ kN，可变荷载的准永久值系数 $\psi_c = 0.8$，混凝土达 100% 设计强度时张拉预应力钢筋，要求进行屋架下弦使用阶段承载力计算、裂缝控制验算以及施工阶段验算，由此确定纵向预应力钢筋的数量、构件端部的间接钢筋以及预应力钢筋的张拉控制力等。

2. 12 m 预应力混凝土工字形截面梁，截面尺寸如图 10-25 所示，采用先张法台座生产，不考虑锚具变形损失，蒸汽养护，温差 $\Delta t = 20$ ℃，采用超张拉，设钢筋松弛损失在放张前已完成 50%，预应力钢筋采用 Φ^p5 消除应力钢丝，$f_{ptk} = 1\ 570$ MPa，张拉控制应力 $\sigma_{con} = \sigma'_{con} = 0.75 f_{ptk}$，箍筋用 HRB335 级热轧钢筋，混凝土为 C40，放张时 $f'_{cu} = 30$ N/mm^2，试计算梁的各项预应力损失。

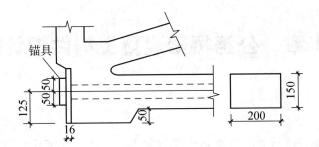

图 10-24　习题 1 图

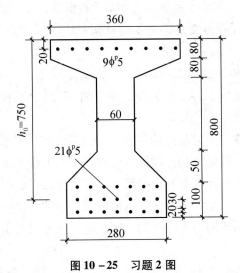

图 10-25　习题 2 图

第11章 公路桥梁混凝土构件设计方法

学习目标

1. 掌握公路规范中受弯构件正截面受弯承载力、斜截面抗剪承载力基于极限状态设计法的计算方法。

2. 了解公路规范中受压构件正截面承载力基于极限状态设计法的计算方法。

3. 了解公路规范中关于裂缝宽度和挠度的验算方法。

前几章结合房屋结构和一般构筑物结构的《混凝土规范》,对混凝土构件的力学性能、破坏特征及设计原理和方法作了详尽的介绍。本章将结合《公路桥规》介绍公路桥梁结构混凝土构件的设计和计算方法。

尽管混凝土的材料性能以及混凝土构件的受力性能、破坏特征不受地区和行业的限制,在本质上是一致的,但是,混凝土构件的设计公式在相当大程度上要依靠试验研究和传统经验,在这方面各个国家和各行业都有其自身特点。目前世界多数国家的设计规范都是按照极限状态设计的,但衡量结构安全度的方法及取值标准不一致。这些设计规范都是用概率与数理统计的方法作为确定结构或构件安全度的准则,也就是把以前主要依靠经验的方法转变为概率方法。

《混凝土规范》采用的是近似概率极限状态设计方法,即以概率理论为基础,以较完整的统计资料为依据,用结构可靠度来衡量结构的可靠性,按可靠度指标来确定荷载分项系数与材料分项系数,使设计出来的不同结构,只要重要性相同,结构的可靠度即相同。在公路桥梁专业的《公路桥规》中,采用的仍然是极限状态设计方法,按分项系数的设计表达式进行设计。但由于设计基准期与《混凝土规范》有所不同,故其荷载分项系数和材料分项系数与《混凝土规范》也有所不同,另外,荷载和材料符号的下标及材料的性能指标与《混凝土规范》亦有差异。

11.1 公路桥梁混凝土构件极限状态设计法及材料选用

1. 以概率论为基础的极限状态设计法

《公路桥规》采用以概率论为基础的极限状态设计法,按分项系数的设计表达式进行设计,对桥梁结构采用的设计基准期为100年,桥涵结构依据其重要性,设计使用年限也分为30~100年不等(见表11-1)。公路桥涵按承载能力极限状态和正常使用极限状态进行结构设计。在设计中,公路桥涵主要考虑以下4种设计状况:

（1）持久状况。持久状况是指桥涵建成后承受自重、汽车荷载等持续时间很长的结构使用情况。该状况下的桥涵应进行承载能力极限状态和正常使用极限状态设计。

（2）短暂状况。短暂状况是指桥涵施工过程中承受临时性作用及维修时的情况等。该状况下的桥涵应作承载能力极限状态设计，必要时才作正常使用极限状态设计。

（3）偶然状况。偶然状况是指桥涵使用过程中可能偶然出现的如撞击等情况。该状况下的桥涵仅作承载能力极限状态设计。

（4）地震状况。地震状况是指在桥涵使用过程中遭受地震时的情况，在抗震设防地区必须考虑地震状况。地震状况下，结构及结构构件设计应符合《公路工程抗震规范》（JTG B02—2013）的规定。

表 11-1　公路桥涵主体结构的设计使用年限　　　　　　　　　　　　　年

主体结构 公路等级	特大桥、大桥	中桥	小桥、涵洞
高速公路 一级公路	100	100	50
二级公路 三级公路	100	50	50
四级公路	100	50	30

注：本表所列特大、大、中、小桥和涵洞的分类方法见《公路桥涵设计通用规范》（JTG D60—2015）。

公路桥涵结构按承载能力极限状态设计时，对持久设计状况或短暂设计状况采用作用的基本组合。当作用与作用效应可按线性关系考虑时，其承载能力极限状态设计表达式为：

$$S_{ud} = \gamma_0 \left(\sum_{i=1}^{m} \gamma_{G_i} S_{G_ik} + \gamma_{Q_1} \gamma_{L_j} S_{Q_1k} + \psi_c \sum_{j=2}^{n} \gamma_{Q_j} \gamma_{L_j} S_{Q_jk} \right) \leqslant R(\gamma_M, f_k, a_d) \qquad (11-1)$$

或

$$S_{ud} = \gamma_0 \left(\sum_{i=1}^{m} S_{G_id} + S_{Q_1d} + \psi_c \sum_{j=2}^{n} S_{Q_jd} \right) \leqslant R(f_d, a_d) \qquad (11-2)$$

式中：S_{ud}——承载能力极限状态下作用基本组合的效应设计值；

　　　γ_0——结构重要性系数，按表 11-2 规定的结构设计安全等级采用。对应于设计安全等级为一、二、三级时，γ_0 分别取 1.1、1.0、0.9；

　　　γ_{G_i}——第 i 个永久作用的分项系数，按表 11-3 的规定采用；

　　　S_{G_ik}、S_{G_id}——第 i 个永久作用效应的标准值和设计值；

γ_{Q_1}——汽车荷载效应（含冲击力、离心力）的分项系数，采用车道荷载计算时取 $\gamma_{Q_1} = 1.4$，采用车辆荷载计算时取 $\gamma_{Q_1} = 1.8$。当某个可变作用在组合中其效应值超过汽车荷载效应时，则该作用取代汽车荷载，其分项系数取 $\gamma_{Q_1} = 1.4$；对专为承受某作用而设置的结构或装置，设计时该作用的分项系数 $\gamma_{Q_1} = 1.4$；计算人行道板和人行道栏杆的局部荷载，其分项系数也取 $\gamma_{Q_1} = 1.4$；

S_{Q_1k}、S_{Q_1d}——汽车荷载效应（含冲击力、离心力）的标准值和设计值；

γ_{Q_j}——在作用效应组合中除汽车荷载效应（含冲击力、离心力）、风荷载外的第 j 个其他可变作用效应的分项系数，取 $\gamma_{Q_j} = 1.4$，但风荷载的分项系数取 $\gamma_{Q_j} = 1.1$；

S_{Q_jk}、S_{Q_jd}——在作用效应组合中除汽车荷载效应（含汽车冲击力、离心力）外的第 j 个其他可变作用效应的标准值和设计值；

ψ_c——在作用效应组合中除汽车荷载效应（含冲击力、离心力）外的其他可变作用效应的组合系数，取 $\psi_c = 0.75$；

γ_{L_j}——第 j 个可变作用效应的结构设计使用年限荷载调整系数。公路桥涵结构的设计使用年限按《公路工程技术标准》（JTG B01—2014）取值时，可变作用的设计使用年限荷载调整系数取 $\gamma_{L_j} = 1.0$；否则，γ_{L_j} 取值应按专题研究确定；

γ_M——材料性能的分项系数，见表 11 – 4；

f_k、f_d——材料、岩土性能的标准值、设计值；

a_d——结构或结构构件几何参数设计值。

表 11 – 2　公路桥涵结构设计安全等级

设计安全等级	破坏后果	适用对象
一级	很严重	（1）各等级公路上的特大桥、大桥、中桥； （2）高速公路、一级公路、二级公路、国防公路及城市附近交通繁忙公路上的小桥
二级	严重	（1）三、四级公路上的小桥； （2）高速公路、一级公路、二级公路、国防公路及城市附近交通繁忙公路上的涵洞
三级	不严重	三、四级公路上的涵洞

注：本表所列特大、大、中桥等系按《公路桥涵设计通用规范》（JTG D60—2015）中桥涵的单孔跨径确定，对多跨不等跨桥梁，以其中最大跨径为准。

表 11 – 3　公路桥涵结构永久作用的分项系数 γ_G

编号	作用类别		当作用效应对结构的承载力不利时	当作用效应对结构的承载力有利时
1	混凝土和圬工结构重力（包括结构附加重力）		1.2	1.0
	钢结构重力（包括结构附加重力）		1.1 ~ 1.2	
2	预加力		1.2	
3	土的重力			
4	混凝土的收缩及徐变作用		1.0	
5	土侧压力		1.4	
6	水的浮力		1.0	
7	基础变位作用	混凝土和圬工结构	0.50	0.50
		钢结构	1.0	1.0

表 11 – 4　公路桥涵结构材料强度取值的分项系数

项　目	分项系数取值
钢筋材料分项系数 γ_s	1.20（各类热轧钢筋及精轧螺纹钢筋）
	1.47（钢绞线、钢丝）
混凝土材料分项系数 γ_c	1.45

注：钢绞线与钢丝的强度设计值按 $f_{pd} = f_{pk}/\gamma_s$ 计算，f_{pk} 为钢筋的抗拉强度标准值。

2. 材料选择

钢筋混凝土及预应力混凝土构件中的普通钢筋宜选用热轧 HPB300、HRB400、HRB500、HRBF400、HRBF500 和 RRB400 级钢筋，预应力混凝土构件中的箍筋应选用其中的带肋钢筋；常用纵筋直径为 16 mm、18 mm、20 mm、25 mm、30 mm、32 mm、36 mm；按构造要求配置的钢筋网可采用冷轧带肋钢筋。

预应力混凝土构件中的预应力钢筋应选用钢绞线、钢丝；中、小型构件或竖、横向预应力钢筋，也可选用精轧螺纹钢筋。

HPB300 级钢筋指热轧光圆钢筋，摘自国家标准《钢筋混凝土用钢 第 1 部分：热轧光圆钢筋》（GB 1499.1—2008）；HRB400、HRB500 级钢筋指热轧带肋钢筋，HRBF400、HRBF500 级钢筋指细晶粒热轧带肋钢筋，RRB400 级钢筋指余热处理带肋钢筋，均摘自国家标准《钢筋混凝土用钢 第 2 部分：热轧带肋钢筋》（GB 1499.2—2007）；冷轧带肋钢筋取自国家标准《冷轧带肋钢筋》（GB 13788—2008）。

公路桥涵现浇构件的混凝土强度等级不应低于 C25；当采用强度等级 400 MPa 及以上钢筋时，不应低于 C30。预应力混凝土构件不低于 C40。

11.2 受弯构件抗弯强度计算

在公路桥梁工程中，梁和板是典型的受弯构件。在外力作用下，受弯构件将承受弯矩 M 和剪力 Q 的作用，而结构和构件需要满足承载能力极限状态和正常使用极限状态的要求。就满足承载力极限状态而言，设计受弯构件应该进行正截面（在弯矩 M 作用下）及斜截面（在弯矩 M 及剪力 Q 共同作用下）两种承载能力的计算。而从正常使用的角度出发，受弯构件还应进行施工阶段的正应力验算及裂缝宽度和挠度方面的验算。这些均将在本章中有所讨论。

本节将重点讨论受弯构件抗弯强度的设计计算，即根据最大荷载效应 M_j 来确定钢筋混凝土梁和板所需的纵向钢筋截面面积及布筋方式。

1. 受弯构件基本构造规定

普通钢筋的最小混凝土保护层厚度不应小于钢筋的公称直径，后张法预应力钢筋的最小混凝土保护层厚度不应小于其管道直径的 $1/2$。《公路桥规》根据构件所处的不同环境类别、环境作用等级及构件所采用的混凝土强度等级，规定了普通钢筋和预应力直线钢筋最小混凝土保护层厚度。

受弯构件钢筋净间距应考虑浇筑混凝土时振捣器可以顺利插入。

各主钢筋间横向净间距和层与层之间的竖向净间距，当钢筋为三层及三层以下时，不应小于 30 mm，并不小于钢筋直径；当钢筋为三层以上时，不应小于 40 mm，并不小于钢筋直径的 1.25 倍。

2. 受弯构件基本假定和计算应力图形

钢筋混凝土受弯构件正截面受力过程的 3 个阶段及正截面受弯的 3 种破坏形态在第 4 章中已有详细的介绍。在《公路桥规》中，受弯构件设计计算的基本假定与《混凝土规范》中基本一致。

对于受压区混凝土曲线分布的压应力，直接应用比较复杂。因此，为了简化计算，可取等效应力图形来代替受压区混凝土的理论应力图形，如图 11 - 1 所示。图 11 - 1 中，σ_0 为最大应力，f_{cd} 表示混凝土的轴心抗压强度设计值（见附录 5 中的附表 5 - 1），f_{sd} 表示纵向钢筋的抗拉强度设计值（见附录 5 中的附表 5 - 4）。两个图形的等效原则为：等效前后混凝土压应力的合力大小及作用点位置均不变。

如图 11 - 1 所示，并参照本书 4.4 节，等效应力图形与《混凝土规范》中基本一致，但《公路桥规》中并未引入等效矩形应力图系数 α_1。我国《公路桥规》规定，在进行钢筋混凝土受弯构件设计时，混凝土受压区等效矩形应力图的应力值为混凝土轴心抗压强度设计值。

3. 受弯构件基本计算公式

(1)基本计算公式。根据受弯构件正截面承载能力计算的基本原则，可作出单筋矩形截面受弯构件正截面承载力计算简图，如图 11 - 2 所示。由图可以建立如下两个平衡方程式：

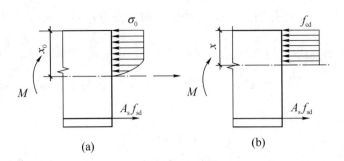

图 11 - 1　等效矩形应力图

$$\sum X = 0 \ , \ f_{cd}bx = f_{sd}A_s \qquad (11-3)$$

$$\sum M = 0 \ , \gamma_0 M_d \leqslant f_{cd}bx \left(h_0 - \frac{x}{2} \right) \qquad (11-4)$$

或

$$\gamma_0 M_d \leqslant f_{sd}A_s \left(h_0 - \frac{x}{2} \right) \qquad (11-5)$$

式(11 - 3) ~ 式(11 - 5)中:

γ_0——桥涵结构的重要性系数;

M_d——弯矩组合设计值;

A_s——受拉区纵向钢筋的截面面积;

b——矩形截面的宽度;

h_0——截面的有效高度,$h_0 = h - a_s$, 此处 h 为截面全高,a_s 为从截面受拉边缘至纵向

　　受拉钢筋重心的距离;

x——截面受压区的高度;

f_{cd}——混凝土的轴心抗压强度设计值, 其取值如附录 5 中的附表 5 - 1 所示;

f_{sd}——纵向钢筋的抗拉强度设计值, 其取值如附录 5 中的附表 5 - 4 所示。

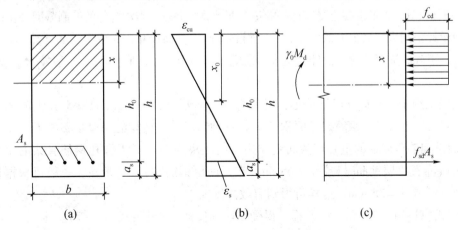

图 11 - 2　单筋矩形截面受弯构件正截面承载力计算简图

式(11-4)、式(11-5)分别由截面上对受拉钢筋合力作用点取矩和对受压区混凝土合力作用点取矩所得。

（2）公式的适用条件。

① 为防止构件一开裂便破坏，要求构件纵向受力钢筋的配筋量不得小于最小配筋量，即：

$$A_s \geqslant \rho_{\min} b h_0 \tag{11-6}$$

式中：$\rho_{\min}$——最小配筋百分率，不应小于 $0.45 f_{td}/f_{sd}$，同时不应小于 0.20%。

② 为防止受压区混凝土压碎时受拉钢筋不屈服，要求相对受压区高度 ξ 不超过界限相对受压区高度 ξ_b（如表11-5所示），即：

$$\xi \leqslant \xi_b \text{ 或 } x \leqslant x_b = \xi_b h_0 \tag{11-7}$$

表11-5 混凝土受压区界限相对受压区高度 ξ_b

钢筋种类＼混凝土强度等级	C50 及以下	C55、C60	C65、C70	C75、C80
HPB300	0.58	0.56	0.54	—
HRB400、HRBF400、RRB400	0.53	0.51	0.49	—
HRB500、HRBF500	0.49	0.47	0.46	—
钢绞线、钢丝	0.40	0.38	0.36	0.35
精轧螺纹钢筋	0.40	0.38	0.36	—

注：截面受拉区内配置不同种类钢筋的受弯构件，其 ξ_b 值应选用相应于各种钢筋的较小者。

4. 单筋矩形截面梁的设计与复核

受弯构件正截面受弯承载力计算包括截面设计和截面复核两类问题。

（1）截面设计。钢筋混凝土受弯构件的正截面计算，一般仅需对构件的控制截面进行计算。

截面设计是指根据截面上的弯矩，选定材料，确定截面尺寸，完成配筋的计算。在进行截面设计时，正截面抗弯承载力设计值应大于或等于弯矩组合设计值 $\gamma_0 M_d$，一般按 $M_{du} = \gamma_0 M_d$ 进行计算。

在实际工程中，常遇到以下情形：已知弯矩组合设计值 $\gamma_0 M_d$、混凝土和钢筋的材料级别及截面尺寸 b 和 h，求钢筋截面面积 A_s。在这种情况下，计算的一般步骤如下：

① 假设钢筋截面积的重心至截面受拉边缘的距离为 a_s。对于绑扎钢筋骨架的梁，可设 $a_s \approx 40$ mm（布置一层钢筋时）或 $a_s = 65$ mm（布置两层钢筋时）；对于板，一般可根据板厚假设 $a_s = 25$ mm 或 $a_s = 35$ mm，这样可得到有效高度 h_0。

② 由式(11-4)解一元二次方程求得受压区高度 x，并满足式(11-7)。

③ 由式(11-3)直接求得所需的钢筋截面面积。

④ 选择钢筋直径并进行截面布置后，得到实际配筋面积 A_s、a_s 及 h_0。

⑤ 验算配筋率是否满足 $\rho \geqslant \rho_{\min}$。

（2）截面复核。截面复核是指已知截面尺寸、材料和钢筋在截面上的位置，要求计算截面的抗弯承载能力 M_{du} 或复核控制截面承受某个弯矩组合值 $\gamma_0 M_d$ 是否安全。

复核时，通常已知截面尺寸 b 和 h、混凝土和钢筋的材料级别及钢筋截面面积 A_s，要求计算截面的承载能力 M_{du}，故复核步骤如下：

① 计算配筋率 ρ，且应满足 $\rho \geqslant \rho_{\min}$。

② 由式（11-3）计算受压区高度 x。

③ 若 $x \geqslant \xi_b h_0$，则为超筋截面，其承载能力为：

$$M_{du} = \frac{1}{\gamma_0} f_{cd} b h_0^2 \xi_b (1 - 0.5 \xi_b) \qquad (11-8)$$

④ 当 $x < \xi_b h_0$ 时，由式（11-4）计算得到 M_{du}。

若求得的 $M_{du} < \gamma_0 M_d$，说明不安全，可采取提高混凝土级别、修改截面尺寸或改为双筋截面等措施，以提高承载能力。

实际工程中，在进行截面设计时，截面尺寸 b 与 h 常是未知的，需要根据工程经验或构造规定等来初步设置。一般可根据计算跨度进行选择，梁一般取 $h = \left(\frac{1}{15} \sim \frac{1}{8} \right) l$，宽度取 $b = \frac{h}{2.5} \sim \frac{h}{1.5}$；板一般取 $h = \left(\frac{1}{35} \sim \frac{1}{25} \right) l$，$b$ 取 1 m。然后，根据所选截面，算出 A_s。若 $\rho = 0.6\% \sim 1.5\%$（矩形梁）或 $\rho = 0.3\% \sim 1.6\%$（板），说明所选截面基本合理。

【例 11-1】 如图 11-3 所示，矩形截面梁 $b \times h = 250 \text{ mm} \times 500 \text{ mm}$，截面处计算弯矩 $M_d = 130 \text{ kN} \cdot \text{m}$，采用 C30 混凝土、HRB400 级钢筋，安全等级为二级，纵筋保护层厚度为 30 mm，试进行配筋计算。

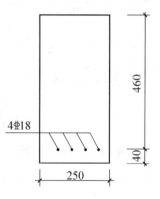

图 11-3　例 11-1 图

【解】 根据已给材料，分别由附录 5 中的附表 5-1 和附表 5-4 查得 $f_{cd} = 13.8 \text{ MPa}$，$f_{td} = 1.39 \text{ MPa}$，$f_{sd} = 330 \text{ MPa}$，由表 11-5 查得 $\xi_b = 0.53$，假设 $a_s = 40 \text{ mm}$，则有效高度 $h_0 = 500 - 40 = 460 \text{ mm}$，$\gamma_0 = 1.0$。

（1）求受压区高度 x。将各已知值代入式（11-4）可得：

$$1.0 \times 130 \times 10^6 = 13.8 \times 250 x \left(460 - \frac{x}{2} \right)$$

解得：

$$\begin{cases} x_1 = 829.1 \,(\text{mm})\,(\text{大于梁高，舍去}) \\ x_2 = 90.9 \,(\text{mm}) < \xi_b h_0 = 0.53 \times 460 = 243.8 \,(\text{mm}) \end{cases}$$

（2）求所需钢筋截面面积 A_s。将各已知值及 $x = 90.9$ mm 代入式（11 −3）可得：

$$A_s = \frac{f_{cd}bx}{f_{sd}} = \frac{13.8 \times 250 \times 90.9}{330} \approx 950.3(\text{mm}^2)$$

（3）选择并布置钢筋。查钢筋表可选用 4 ϕ 18（$A_s = 1\ 018$ mm²），其布置图如图 11 −3 所示。

因钢筋的净间距为：

$$s_n = \frac{250 - 2 \times 30 - 4 \times 18}{3} = 39(\text{mm})$$

显然，$s_n > 30$ mm，且大于钢筋直径 18 mm，故满足要求。

又因实际配筋率为：

$$\rho = \frac{A_s}{bh_0} = \frac{1\ 018}{250 \times 460} = 0.89\% > \rho_{min} = \max\left(0.20\%, 0.45\frac{f_{td}}{f_{sd}} = 0.19\%\right) = 0.20\%$$

故满足要求。

【例 11 −2】已知矩形截面梁 $b \times h = 300$ mm $\times 600$ mm，采用 C30 混凝土和 HRB400 级钢筋，$A_s = 1\ 570$ mm²（5 ϕ 20），安全等级为二级，纵筋保护层厚度为 30 mm。试问该截面能否承受计算弯矩 $M_d = 230$ kN · m 的作用。

【解】根据已给材料，分别由附录 5 中的附表 5 −1 和附表 5 −4 查得 $f_{cd} = 13.8$ MPa，$f_{td} = 1.39$ MPa，$f_{sd} = 330$ MPa，由表 11 −5 查得 $\xi_b = 0.53$，假设 $a_s = 40$ mm，则有效高度 $h_0 = 600 - 40 = 560$ mm，$\gamma_0 = 1.0$，故实际配筋率为：

$$\rho = \frac{A_s}{bh_0} = \frac{1\ 570}{300 \times 560} = 0.93\% > \rho_{min} = \max\left(0.20\%, 0.45\frac{f_{td}}{f_{sd}}\right) = 0.20\%$$

由式（11 −3）可得：

$$x = \frac{A_s f_{sd}}{f_{cd}b} = \frac{1\ 570 \times 330}{13.8 \times 300} = 125(\text{mm}) < \xi_b h_0 = 297(\text{mm})$$

由式（11 −5）可得：

$$M_d = \frac{1}{\gamma_0} f_{sd} A_s\left(h_0 - \frac{x}{2}\right)$$

$$= 1 \times 330 \times 1\ 570 \times \left(560 - \frac{125}{2}\right) = 257.8 \times 10^6(\text{N} \cdot \text{mm})$$

$$= 257.8(\text{kN} \cdot \text{m}) > 230(\text{kN} \cdot \text{m})$$

经复核，梁能承受 230 kN · m 的计算弯矩。

关于双筋截面和 T 形截面，其正截面承载力计算公式不再详细说明，可参阅《公路桥规》。

11.3　受弯构件斜截面承载力简介

与《混凝土规范》不同,《公路桥规》在抗剪承载力计算中,混凝土和箍筋的抗剪能力 V_{cs} 没有采用 V_c、V_s 两项相加的方法,而是采用破坏斜截面内箍筋与混凝土的共同承载力。

1. 斜截面承载力的基本计算公式

矩形、T 形和工字形截面的受弯构件,当配置箍筋和弯起钢筋时,其斜截面承载力计算应采用式(11 -9) ~ 式(11 -11):

$$\gamma_0 V_d \leqslant V_{cs} + V_{sb} \tag{11-9}$$

$$V_{cs} = \alpha_1 \alpha_2 \alpha_3 0.45 \times 10^{-3} bh_0 \sqrt{(2 + 0.6P)\sqrt{f_{cu,k}} \rho_{sv} f_{sv}} \tag{11-10}$$

$$V_{sb} = 0.75 \times 10^{-3} f_{sd} \sum A_{sb} \sin\theta_s \tag{11-11}$$

式(11 -9) ~ 式(11 -11)中:

V_d——斜截面受压端上由作用(或荷载)效应所产生的最大剪力组合设计值,kN;

V_{cs}——斜截面内混凝土和箍筋共同的抗剪承载力设计值,kN;

V_{sb}——与斜截面相交的普通弯起钢筋抗剪承载力设计值,kN;

α_1——异号弯矩影响系数,计算简支梁和连续梁近边支点梁段的抗剪承载力时,$\alpha_1 = 1.0$,计算连续梁和悬臂梁近中间支点梁段的抗剪承载力时,$\alpha_1 = 0.9$;

α_2——预应力提高系数,钢筋混凝土受弯构件,$\alpha_2 = 1.0$,预应力混凝土构件,$\alpha_2 = 1.25$,当钢筋合力引起的截面弯矩与外弯矩方向相同时,或允许出现裂缝的预应力混凝土受弯构件,取 $\alpha_2 = 1.0$;

α_3——受压翼缘的影响系数,对矩形截面取 $\alpha_3 = 1.0$;对 T 形和工字形截面,取 $\alpha_3 = 1.1$;

b——斜截面受压端正截面处矩形截面的宽度,或 T 形和工字形截面的腹板宽度,mm;

h_0——斜截面受压端正截面的有效高度,即自纵向受拉钢筋合力点至受压边缘的距离,mm;

P——斜截面内纵向受拉主筋的配筋率,$P = 100\rho$, $\rho = A_s/bh_0$,当 $P > 2.5$ 时,取 $P = 2.5$;

$f_{cu,k}$——混凝土的强度等级,MPa;

ρ_{sv}——斜截面内箍筋的配筋率,$\rho_{sv} = A_{sv}/(s_v b)$;

f_{sv}——箍筋的抗拉设计强度,MPa,设计时按附录 5 中的附表 5 -4 采用;

A_{sv}——斜截面内配置在同一截面的箍筋各肢总截面面积,mm^2;

s_v——斜截面内箍筋的间距,mm;

f_{sd}——斜截面普通弯起钢筋的抗拉设计强度,MPa,设计时按附录 5 中的附表 5 -4 采用;

A_{sb}——斜截面内在同一弯起平面的普通弯起钢筋的截面面积,mm^2;

θ_s——普通弯起钢筋(在斜截面受压端正截面处)的切线和水平线的夹角。

为防止受弯构件斜截面发生斜压破坏，矩形、T 形和工字形截面的受弯构件，其抗剪截面应符合下列要求：

$$\gamma_0 V_d \leqslant 0.51 \times 10^{-3} \sqrt{f_{cu,k}} bh_0 \qquad (11-12)$$

式中：V_d——验算截面处由作用(或荷载)产生的剪力组合设计值，kN；

   b——相应于剪力组合设计值处矩形截面的宽度，或 T 形和工字形截面的腹板宽度，mm；

   h_0——相应于剪力组合设计值处的截面有效高度，即自纵向受拉钢筋合力点至受压边缘的距离，mm。

矩形、T 形和工字形截面的受弯构件，当符合下列条件时，可不进行斜截面抗剪承载力验算，仅需要按构造要求配置箍筋：

$$\gamma_0 V_d \leqslant \alpha_2 0.50 \times 10^{-3} f_{td} bh_0 \qquad (11-13)$$

式中：f_{td}——混凝土抗拉强度设计值。

对于板式受弯构件，式(11-13)右边的计算值可以乘以 1.25 的提高系数。式(11-13)中，b、h_0 的计算单位为 mm。

公路工程对箍筋直径和最大间距的规定比房屋建筑简单，《公路桥规》规定：箍筋直径 $d \geqslant \max \left(8 \text{ mm}, \dfrac{1}{4} \text{主筋直径}\right)$；无受压纵筋时，箍筋间距应不大于 $\dfrac{h}{2}$ 及 400 mm 的最小值，有受压纵筋时，最大间距应不大于 15 倍的受压纵筋直径及 400 mm 的最小值；最小配箍率为 0.14%(HPB300)或 0.11%(HRB400)。

2. 抗剪承载力计算截面

在计算斜截面抗剪承载力时，其计算位置应按下列规定采用：

(1)简支梁和连续梁近边支点梁段。

① 距支座中心 $h/2$ 处的截面，如图 11-4(a)中的截面 1-1。

② 受拉区弯起钢筋弯起点处的截面，如图 11-4(a)中的截面 2-2 和截面 3-3。

③ 锚固于受拉区的纵向钢筋开始不受力处的截面，如图 11-4(a)中的截面 4-4。

④ 箍筋数量或间距改变处的截面，如图 11-4(a)中的截面 5-5。

⑤ 构件腹板宽度改变处的截面。

(2)连续梁和悬臂梁近中间支点梁段。

① 支点横隔梁边缘处的截面，如图 11-4(b)中的截面 6-6。

② 变高度梁高度突变处的截面，如图 11-4(b)中的截面 7-7。

③ 参照简支梁的要求，需进行验算处的截面。

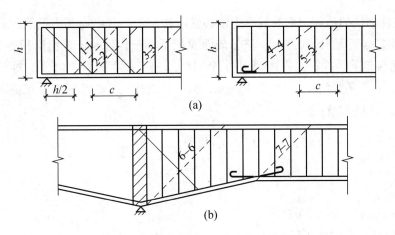

图 11 - 4　斜截面受剪承载力的计算截面

(a)简支梁和连续梁近边支点梁段；(b)连续梁和悬臂梁近中间支点梁段

11.4　受压构件的强度计算

1. 轴心受压构件的构造与计算

(1)轴心受压构件的构造。轴心受压柱的纵向钢筋一般采用 400 级钢筋，也可采用 500 级钢筋。箍筋可采用 300 级和 400 级钢筋。

《公路桥规》规定受压构件纵向钢筋截面面积不应小于构件截面面积的 0.5%，当混凝土强度等级为 C50 及以上时不应小于 0.6%。同时，一侧钢筋的配筋率不应小于 0.2%。当大偏心受拉构件的受压区配置按计算需要的受压钢筋时，其配筋率不应小于 0.2%。

纵向受力钢筋的直径不应小于 12 mm，净间距不应小于 50 mm，且不应大于 350 mm。

箍筋应做成封闭式，其直径不应小于纵向钢筋直径的 1/4，且不小于 8 mm。

箍筋间距不应大于纵向受力钢筋直径的 15 倍和构件的短边尺寸(圆形截面采用 0.8 倍的直径)，并不应大于 400 mm。纵向钢筋截面面积大于混凝土截面面积 3% 时，箍筋间距不应大于纵向钢筋直径的 10 倍，且不大于 200 mm。

(2)轴心受压构件的计算。对于长柱，不像短柱那样总是受压破坏，而有可能是失稳破坏，故其承载能力一般采用稳定系数折减的方法计算。为了简化，长柱与短柱的承载能力可采用同样的计算公式，然后通过轴压构件稳定系数进行调整，即：

$$\gamma_0 N_d \leqslant 0.90\varphi(f_{cd}A + f'_{sd}A'_s) \tag{11-14}$$

式中：N_d——轴向力组合设计值；

　　　φ——轴压构件稳定系数，可按附录 3 中的附表 3 - 3 选用；

　　　A'_s——钢筋截面面积；

　　　A——构件毛截面面积，当纵向钢筋的配筋率大于 3% 时，式中 A 应改为 A_n，$A_n = A - A'_s$。

（3）螺旋箍筋柱的计算。钢筋混凝土轴心受压构件，当其纵向受力钢筋的截面面积不小于箍筋圈内核芯截面面积的 0.5%，核芯截面面积不小于构件整个截面面积的 2/3，配置螺旋式箍筋且间接钢筋的换算面积 A_{so} 不小于全部纵向钢筋截面面积的 25%，螺旋式箍筋的间距不大于 80 mm 及 $d_{cor}/5$，且不小于 40 mm，构件长细比 $l_0/i \leqslant 48$ 时，其正截面抗压承载力计算应该符合式（11-5）：

$$\gamma_0 N_d \leqslant 0.90(f_{cd}A_{cor} + f'_{sd}A'_s + kf_{sd}A_{so}) \qquad (11-15)$$

$$A_{so} = \frac{\pi d_{cor}A_{so1}}{s} \qquad (11-16)$$

式（11-15）~式（11-16）中：

A_{cor}——构件核芯截面面积；

A_{so}——螺旋式间接钢筋的换算截面面积；

d_{cor}——构件截面的核芯直径；

k——间接钢筋影响系数，混凝土强度等级为 C50 及以下时取 $k=2.0$，混凝土强度等级为 C50~C80 时取 $k=2.0~1.70$，中间按直线插入取用；

A_{so1}——单根间接钢筋的截面面积；

s——沿构件轴线方向间接钢筋的螺距或间距。

按式（11-15）计算的抗压承载力设计值不应大于按式（11-4）计算的抗压承载力设计值的 1.5 倍。

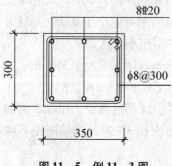

图 11-5　例 11-3 图

【例 11-3】如图 11-5 所示，轴心受压构件截面尺寸 $b \times h = 300$ mm $\times 350$ mm，计算长度 $l_0 = 3$ m，采用 C30 混凝土，纵向钢筋采用 HRB400 级钢筋，箍筋采用 HPB300 级钢筋，所受的轴向压力 $N_d = 2\ 000$ kN，安全等级为二级，纵筋保护层厚度为 30 mm，试进行构件截面设计。

【解】因 $\lambda = \dfrac{l_0}{b} = \dfrac{3 \times 10^3}{300} = 10$，故由附录 3 中的附表 3-3 可得 $\varphi = 0.98$，由附录 5 中的附表 5-1 和附表 5-4 可得 $f_{cd} = 13.8$ MPa，$f'_{sd} = 330$ MPa，$\gamma_0 = 1.0$，所以由式（11-14）可得：

$$A'_s = \frac{\dfrac{\gamma_0 N_d}{0.90\varphi} - f_{cd}A}{f'_{sd}} = 2\ 481\ (mm^2)$$

选用纵向钢筋为 8⾅20，$A'_s = 2\ 513$ mm²，截面配筋率为：

$$\rho = \frac{A'_s}{A} = \frac{2\ 513}{300 \times 350} = 0.023\ 9 > 0.5\%$$

且小于 5%，满足配筋率要求。

纵向钢筋如图 11 - 5 所示，保护层厚度为 30 mm，大于钢筋直径。钢筋净间距为 $(300 - 2 \times 30 - 3 \times 20)/2 = 90$ mm > 50 mm。

箍筋按构造要求选用 $\phi 8$，间距取 $s = 300$ mm，不大于柱短边尺寸，且不大于 15 倍纵筋直径。

2. 偏心受力构件中大、小偏心受压的判别

钢筋混凝土偏心受压构件根据破坏特征不同可分为大偏心受压构件和小偏心受压构件两种。

对于偏心受压混凝土柱，当相对偏心距较大，且受拉钢筋的配筋率较小时，偏心受压构件的破坏是由于受拉钢筋首先达到屈服强度而后受压混凝土被压碎，这一破坏称为大偏心受压破坏。大偏心受压破坏临界破坏时有明显的征兆，横向裂缝开展显著，构件的承载力主要取决于受拉钢筋的强度和数量。当相对偏心距较小，或虽然相对偏心距较大，但构件配置的受拉钢筋较多时，可能导致受压区混凝土在钢筋尚未达到屈服时先被压碎。通常情况下，轴力作用一侧的混凝土先被压坏，受压钢筋的应力也能达到抗压强度设计值，而离轴力较远一侧的钢筋仍可能受拉但未达到屈服，或者也可能仍处于受压状态。破坏前，受压区高度略有增加，破坏时无明显预兆。这种破坏称为小偏心受压破坏。

在进行偏心受压构件的截面设计时，首先要判别属于哪一类偏心受力情况。同《混凝土规范》一样，《公路桥规》中可用受压区界限高度 x_b 或界限相对受压区高度 ξ_b 来判别两种不同偏心受压的破坏形态，即：

(1) 当 $\xi \leqslant \xi_b$ 时，截面为大偏心受压破坏。

(2) 当 $\xi > \xi_b$ 时，截面为小偏心受压破坏。

其中，$\xi = x/h_0$，但一般情况下，由于 A_s、A'_s 是未知数，故不能通过对截面相对受压区高度 ξ 和 ξ_b 的大小进行比较而作出判断。与第 6 章的方法和原理相同，当 $\eta e_0 \leqslant 0.3h_0$ 时按小偏心受压构件计算，反之，先按大偏心受压计算，但必须满足 $\xi \leqslant \xi_b$，且所得的受拉钢筋必须满足最小配筋率的要求，否则应按小偏心受压计算。

3. 基本计算公式

偏心受压构件正截面承载力计算简图如图 11 - 6 所示。由图可得到偏心受压构件正截面承载力计算公式：

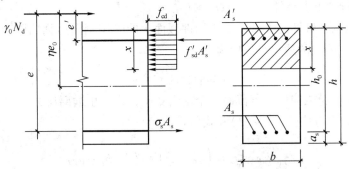

图 11 - 6 偏心受压构件正截面承载力计算简图

$$\gamma_0 N_d \leqslant f_{cd}bx + f'_{sd}A'_s - \sigma_s A_s \qquad (11-17)$$

$$\gamma_0 N_d e \leqslant f_{cd}bx\left(h_0 - \frac{x}{2}\right) + f'_{sd}A'_s(h_0 - a'_s) \qquad (11-18)$$

$$e = \eta e_0 + \frac{h}{2} - a_s \qquad (11-19)$$

$$\eta = 1 + \frac{1}{1\,300e_0/h_0}\left(\frac{l_0}{h}\right)^2 \zeta_1\zeta_2 \qquad (11-20)$$

$$\zeta_1 = 0.2 + 2.7e_0/h_0 \leqslant 1.0 \qquad (11-21)$$

$$\zeta_2 = 1.15 - 0.01\frac{l_0}{h} \leqslant 1.0 \qquad (11-22)$$

式(11-17)~式(11-22)中：

e——轴向力作用点至截面受拉边或受压较小边纵向钢筋 A_s 合力点的距离；

e_0——轴向力对截面重心轴的偏心距，$e_0 = M_d/N_d$；

N_d、M_d——轴向力及相应于轴向力的弯矩组合设计值；

h_0——截面受压较大边边缘至受拉边或受压较小边纵向钢筋合力点的距离，$h_0 = h - a_s$；

a'_s——截面受压较大边边缘至受压较大边纵向钢筋合力点的距离；

η——偏心受压构件轴向力偏心距增大系数，$l_0/i > 17.5$ 时考虑；

ζ_1——荷载偏心率对截面曲率的修正系数；

ζ_2——构件长细比对截面曲率的影响系数。

4. 几点说明

（1）截面受拉边或受压较小边纵向钢筋应力 σ_s 的取值：当 $\xi \leqslant \xi_b$ 时，截面为大偏心受压破坏，取 $\sigma_s = f_{sd}$，此处，相对受压区高度 $\xi = x/h_0$；当 $\xi > \xi_b$ 时，截面为小偏心受压破坏，取 $\sigma_s = \varepsilon_{cu}E_s\left(\dfrac{\beta h_0}{x} - 1\right)$。式中，当混凝土强度等级为 C50 及以下时，系数 β 取 0.8；当混凝土强度等级为 C80 时，β 取 0.74；中间可用内插法取值。

钢筋应力应符合下列条件：$-f'_{sd} \leqslant \sigma_s \leqslant f_{sd}$。

（2）为了保证构件破坏时大偏心受压构件截面上的受拉钢筋达到屈服，受压钢筋达到抗压强度设计值 f'_{sd}，公式的适用条件应为：

$$x \leqslant \xi_b h_0 \ \text{且} \ x \geqslant 2a'_s$$

（3）对于小偏心受压构件，若截面为全截面受压，为防止远离压力一侧钢筋 A_s 太少而先屈服，其抗压承载力应按式(11-23)和式(11-24)计算：

$$\gamma_0 N_d e' \leqslant f_{cd}bh\left(h'_0 - \frac{h}{2}\right) + f'_{sd}A_s(h'_0 - a_s) \qquad (11-23)$$

$$e' = \frac{h}{2} - e_0 - a'_s \qquad (11-24)$$

式(11 - 23) ~ 式(11 - 24)中：

e'——轴向力作用点至受力较大一侧钢筋合力点的距离；

h_0'——截面远离压力一侧边缘至受压较大边纵向钢筋合力点的距离，$h_0' = h - a_s'$。

【例 11 - 4】某偏心受压构件截面尺寸 $b \times h = 400$ mm $\times 500$ mm，计算长度 $l_0 = 4\,000$ mm，承受的轴向荷载 $N_d = 600$ kN，弯矩 $M_d = 360$ kN·m，安全等级为二级，设计采用 C30 混凝土、普通箍筋、HRB400 级纵向钢筋，对称配筋，纵筋保护层厚度为 30 mm，试对该构件进行配筋设计，并对截面强度进行校核。

【解】根据已知条件，查附录 5 中的附表 5 - 1、附表 5 - 4 及表 11 - 5 得 $f_{cd} = 13.8$ MPa，$f_{sd} = f_{sd}' = 330$ MPa，$\xi_b = 0.53$，$\gamma_0 = 1.0$，且有 $A_s = A_s'$，$e_0 = \dfrac{M_d}{N_d} = \dfrac{360\,000}{600} = 600$ mm。

(1)配筋设计。

① 计算偏心距增大系数 η。由于弯矩作用平面内 $l_0/h = 4\,000/500 = 8$，故可不考虑纵向弯曲影响，即 $\eta = 1.0$，$\eta e_0 = e_0 = 600$ mm。

② 大、小偏心判别。选 $a_s = a_s' = 40$ mm，则 $h_0 = h - a_s = 500 - 40 = 460$ mm。因为 $\eta e_0 = 600$ mm $> 0.3h_0 = 138$ mm，所以初步判定为大偏心，取 $\sigma_s = f_{sd}$，则：

$$x = \frac{\gamma_0 N_d}{f_{cd} b} = \frac{1.0 \times 600 \times 10^3}{13.8 \times 400} = 109\,(\text{mm}) > 2a_s' = 80\,(\text{mm})$$

$$\xi = \frac{x}{h_0} = \frac{109}{460} = 0.236 < \xi_b$$

故应按大偏心受压构件设计，且受压一侧钢筋可达到受压屈服，则：

$$e = \eta e_0 + \frac{h}{2} - a_s = 600 + 250 - 40 = 810\,(\text{mm})$$

$$e' = \eta e_0 - \frac{h}{2} + a_s' = 600 - 250 + 40 = 390\,(\text{mm})$$

③ 计算 A_s、A_s'。由式(11 - 18)可得所需纵向钢筋截面面积为：

$$A_s = A_s' = \frac{\gamma_0 N_d e - f_{cd} b x \left(h_0 - \dfrac{x}{2}\right)}{f_{sd}'(h_0 - a_s')}$$

$$= \frac{1.0 \times 600 \times 10^3 \times 810 - 13.8 \times 400 \times 109 \times (460 - 109/2)}{330 \times (460 - 40)}$$

$$= 1\,746\,(\text{mm}^2)$$

选 4 Φ 25 钢筋，则：

$$A_s = A_s' = 1\,964\,(\text{mm}^2) > 0.002bh_0 = 0.002 \times 400 \times 460 = 368\,(\text{mm}^2)$$

(2)弯矩作用平面外的轴心受压校核。

因为 $l_0/b = 4\,000/400 = 10$，查附录 3 中的附表 3 - 3 得 $\varphi = 0.98$，则：

$$N_{du} = \frac{0.90\varphi[f_{cd}A + f'_{sd}(A'_s + A_s)]}{\gamma_0}$$

$$= \frac{0.9 \times 0.98 \times (13.8 \times 400 \times 500 + 330 \times 1\,964 \times 2)}{1.0}$$

$$= 3\,577.6(kN) > N_d = 600(kN)$$

故满足强度要求。

11.5 构件裂缝宽度和变形的计算

1. 裂缝宽度的计算

《公路桥规》关于裂缝宽度的计算与《混凝土规范》不同。《公路桥规》根据国内外试验资料及理论分析计算，并参照有关规范，如《欧洲模式规范》（CEB－FIP）、《混凝土规范》等，采用了大连理工大学海洋工程研究所提出的计算公式。该公式主要考虑了下列几个参数。

（1）保护层厚度的影响。一方面，保护层对裂缝间距和表面裂缝宽度均有影响，保护层越厚，裂缝宽度越大，加大保护层厚度对限制裂缝宽度是不利的；另一方面，裂缝的允许宽度，即在一定年限内钢筋不致腐蚀的开展宽度，也与保护层厚度密切相关，保护层越厚，裂缝处钢筋与混凝土脱离的区段越短，钢筋被腐蚀的程度越轻，故加大保护层厚度，可提高允许裂缝的开展宽度，对防止钢筋腐蚀是有利的。这是保护层厚度与允许裂缝宽度之间相互矛盾的两方面。《公路桥规》在裂缝宽度的计算公式中，考虑了保护层厚度大于某一厚度时的影响。

（2）受拉钢筋应力的影响。裂缝宽度的研究表明，裂缝截面的受拉钢筋应力是影响裂缝宽度的最重要因素。但是描述钢筋应力与裂缝宽度之间关系的公式各不相同。采用受拉钢筋应力与最大裂缝宽度为线性关系的形式是最简单的。

（3）钢筋直径的影响。试验表明，在受拉钢筋配筋率及钢筋应力大致相同的情况下，裂缝宽度随钢筋直径的增大而增大。

（4）受拉钢筋配筋率的影响。试验表明，在钢筋直径相同、钢筋应力大致相等的情况下，裂缝宽度随配筋率的增加而减小。当配筋率 ρ 接近某一数值时，裂缝宽度基本不变。

（5）钢筋黏结特征的影响。在裂缝宽度计算公式中，引用系数 C_1 来考虑钢筋黏结特征对裂缝宽度的影响，带肋钢筋的黏结性能好于光圆钢筋，故带肋钢筋和光圆钢筋的 C_1 取值分别为 1.0 和 1.4。

（6）长期或重复荷载的影响。在裂缝宽度计算公式中，引用系数 C_2 来考虑长期或重复荷载的影响。试验表明，重复荷载作用下不断发展的裂缝宽度是初始使用荷载下裂缝宽度的 1.0 ~ 1.5 倍。

（7）荷载特征的影响。在裂缝宽度计算公式中，引用系数 C_3 来考虑荷载特征对最大裂缝宽度的影响。C_3 值越大，裂缝宽度越大。

综合以上分析，矩形、T 形和工字形截面钢筋混凝土构件，其最大裂缝宽度 W_{fk} 可按式(11-25)和式(11-26)计算：

$$W_{\mathrm{fk}} = C_1 C_2 C_3 \frac{\sigma_{\mathrm{ss}}}{E_{\mathrm{s}}} \left(\frac{c+d}{0.30 + 1.4\rho_{\mathrm{te}}} \right) \tag{11-25}$$

$$\rho_{\mathrm{te}} = \frac{A_{\mathrm{s}}}{A_{\mathrm{te}}} \tag{11-26}$$

式(11-25) ~ 式(11-26)中：

C_1——考虑钢筋表面形状的系数，光圆钢筋 $C_1 = 1.4$，带肋钢筋 $C_1 = 1.0$；

C_2——考虑荷载作用的系数，长期荷载作用时，$C_2 = 1 + 0.5\dfrac{N_l}{N_{\mathrm{s}}}$，其中 N_l 和 N_{s} 分别为按作用效应准永久组合和作用效应频遇组合计算的内力值(弯矩或轴向力)；

C_3——与构件受力性质有关的系数，钢筋混凝土板式受弯构件 $C_3 = 1.15$，其他受弯构件 $C_3 = 1.0$，轴心受拉构件 $C_3 = 1.2$，偏心受拉构件 $C_3 = 1.1$，偏心受压构件 $C_3 = 0.9$；

c——混凝土保护层厚度，mm，当 c 大于 50 mm 时，取 50 mm；

σ_{ss}——钢筋应力，对于受弯构件，$\sigma_{\mathrm{ss}} = M_{\mathrm{s}}/(0.87 A_{\mathrm{s}} h_0)$；

d——纵向受拉钢筋的直径，mm，当用不同直径的钢筋时，d 应改用换算直径 d_e，$d_e = \dfrac{\sum n_i d_i^2}{\sum n_i d_i}$，其中，对于钢筋混凝土构件，$n_i$ 为受拉区第 i 种普通钢筋的根数，d_i 为受拉区第 i 种普通钢筋的公称直径；当为环氧树脂涂层带肋钢筋时，d 或 d_e 应乘以系数 1.25；

ρ_{te}——纵向受拉钢筋的配筋率，对于钢筋混凝土构件，当 $\rho_{\mathrm{te}} > 0.1$ 时，取 $\rho_{\mathrm{te}} = 0.1$，当 $\rho_{\mathrm{te}} < 0.01$ 时，取 $\rho_{\mathrm{te}} = 0.01$；

A_{s}——受拉区纵向钢筋截面面积，mm^2。轴心受拉构件取全部纵向钢筋截面面积；受弯、偏心受拉及大偏心受压构件取受拉区纵向钢筋截面面积或受拉较大一侧的钢筋截面面积；

A_{te}——有效受拉混凝土截面面积，mm^2。轴心受拉构件取构件截面面积；受弯、偏心受拉、偏心受压构件取 $2a_{\mathrm{s}}b$，a_{s} 为受拉钢筋重心至受拉区边缘的距离，对矩形截面，b 为截面宽度，对有受拉翼缘的倒 T 形、工字形截面，b 为受拉区有效翼缘宽度。

《公路桥规》对不同环境类别、不同环境等级下的最大裂缝宽度作出规定。普通钢筋混凝土构件的最大裂缝宽度在大多数环境下不应超过 0.20 mm。

应该说明的是，对于跨径较大的简支梁、连续梁及刚架桥等，截面配筋一般不是由强度控制的，而是由裂缝宽度控制的。因此，在这类结构中多采用箱形截面，以尽可能采用较小直径的螺纹钢筋为宜。尤其对负弯矩区的裂缝宽度，更应严格控制，在有条件时可采用防锈蚀的环氧涂层钢筋。

2. 受弯构件挠度的计算

为确保桥梁的正常使用，受弯构件的变形计算是正常使用极限状态计算中的一项主要内容，要求受弯构件具有足够的刚度，使得构件在使用荷载下的最大变形（挠度）计算值不超过容许值。

结构的变形验算是为保证其正常使用，也就是要保证结构在长期使用中不致因变形太大而造成不良后果，从而影响结构的正常使用。例如简支梁，跨中变形（挠度）过大会使梁端部转角（桥头折角）过大，使行车在该处产生冲击，从而破坏伸缩缝和桥面。对连续梁而言，过大的挠度则会使桥面形成波浪起伏，既不利于行车，也不利于结构本身的受力。

桥梁的变形包括结构自重和活荷载两部分荷载产生的变形。结构自重引起的变形是长期的变形，一般桥梁设计中都采用预设上拱度的方法消除自重产生的变形，故结构变形验算中仅考虑活荷载引起的变形量。

钢筋混凝土和预应力混凝土受弯构件，在正常使用极限状态下的挠度，可根据给定的构件刚度用结构力学的方法计算，即：

$$f = C \frac{M}{B} \tag{11-27}$$

式中：M——短期荷载效应组合值；

　　　B——考虑长期效应的构件刚度；

　　　C——系数，视梁的荷载与支撑条件不同而异。

钢筋混凝土受弯构件的刚度可按式(11-28)计算：

$$B = \frac{B_0}{\left(\dfrac{M_{cr}}{M_s}\right)^2 + \left[\left(1 - \dfrac{M_{cr}}{M_s}\right)^2\right]\dfrac{B_0}{B_{cr}}} \tag{11-28}$$

式中：B——开裂构件等效截面的抗弯刚度；

　　　B_0——全截面的抗弯刚度，$B_0 = 0.95 E_c I_0$，I_0 为全截面换算截面惯性矩；

　　　B_{cr}——开裂截面的抗弯刚度，$B_{cr} = E_c I_{cr}$，I_{cr} 为开裂截面换算截面惯性矩；

　　　M_{cr}——开裂弯矩，$M_{cr} = \gamma f_{tk} W_0$；

　　　f_{tk}——混凝土轴心抗拉强度标准值；

　　　γ——构件受拉区混凝土塑性影响系数，$\gamma = 2 S_0 / W_0$；

　　　S_0——全截面换算截面重心轴以上（或以下）部分面积对重心轴的面积矩；

　　　W_0——换算截面抗裂边缘的弹性抵抗矩。

变形应考虑荷载长期效应的影响，长期挠度应乘以挠度增长系数 η_θ。挠度增长系数可按下列规定取用：当采用 C40 以下混凝土时，$\eta_\theta = 1.60$；当采用 C40 ~ C80 混凝土时，$\eta_\theta = 1.45 \sim 1.35$；中间强度等级可按直线内插法取用。

钢筋混凝土和预应力混凝土受弯构件按上述计算的长期挠度值，在消除结构自重产生的长期挠度后，梁式桥主梁的最大挠度不应超过计算跨径的 1/600，梁式桥主梁的悬臂端挠度不应超过悬臂长度的 1/300。

公路桥梁对挠度要求较严，常用预拱法抵消荷载的挠度。

小 结

本章以极限状态设计方法为理论基础，对受弯构件正截面受弯承载力、斜截面抗剪承载力设计计算方法，受压构件正截面承载力计算方法，以及公路桥梁裂缝宽度和挠度的验算方法进行了相应的介绍。

1. 《公路桥规》中正截面受弯承载力的计算基本假定和计算简图与《混凝土规范》中基本一致，也采用了等效应力矩形图，但它们有两点不同：一是《公路桥规》中没有引用系数 α_1，二是《混凝土规范》中的重要性系数一般在荷载计算时考虑，在构件计算中一般不列入，而《公路桥规》在单个构件计算中也列入。

2. 影响斜截面受剪承载力的主要因素有剪跨比、高跨比、混凝土强度等级、配箍率及箍筋强度和纵筋配筋率等；计算公式是以主要影响参数为变量，以试验统计为基础，以满足目标可靠指标的试验偏下限为依据建立起来的。

3. 斜截面受剪承载力计算公式是以剪压破坏的受力特征为依据建立的，因此应采取相应的构造措施，以防止斜压破坏和斜拉破坏的发生，即截面尺寸应有保证。另外，箍筋的最大间距、最小直径及配箍率应满足构造要求。

4. 受压构件是公路桥梁混凝土结构的主要受力形式之一，本章主要介绍了受压构件的一般构造要求、轴心受压构件承载力计算和矩形截面偏心受压构件承载力计算，重点应掌握其计算方法及大、小偏心受压的判别方法。

5. 《公路桥规》中裂缝宽度主要与受拉钢筋应力、钢筋直径、受拉钢筋的配筋率、钢筋的表面形状、混凝土强度和保护层厚度有关。而挠度是根据给定的构件刚度用结构力学的方法进行计算。

思 考 题

1. 分析对比《公路桥规》与《混凝土规范》中受弯构件正截面验算基本公式及计算方法的不同。

2. 有腹筋截面受剪承载力计算公式有什么限制条件？其意义如何？

3. 轴心受压长柱的稳定系数如何确定？

4. 轴心受压普通箍筋柱与螺旋箍筋柱的正截面受压承载力计算有何不同？

5. 怎样区分大、小偏心受压破坏的界限？

6. 矩形截面大偏心受压构件的正截面承载力如何计算？

7. 在《公路桥规》中，裂缝宽度与哪些因素有关？如何减小裂缝宽度？

习　题

1. 已知一矩形截面简支梁，截面尺寸 $b \times h = 200 \text{ mm} \times 550 \text{ mm}$，混凝土强度等级为 C30，纵向钢筋采用 HRB400 级，安全等级为二级，纵筋保护层厚度为 30 mm，梁跨中截面承受的最大弯矩设计值 $M = 160 \text{ kN} \cdot \text{m}$：

(1) 若上述设计条件不能改变，试进行配筋计算。

(2) 若由于施工质量原因，实测混凝土强度仅达到 C20，试问此梁按(1)计算所得的钢筋面积是否满足安全要求？

2. 某矩形截面简支梁，$b \times h = 200 \text{ mm} \times 500 \text{ mm}$，$h_0 = 465 \text{ mm}$，承受由均布荷载产生的剪力设计值 $V = 150 \text{ kN}$，采用 C25 混凝土，不配弯起钢筋，箍筋为 HPB300 级 $\phi 6$ 的双肢箍，求箍筋间距 s。

参 考 文 献

［1］ 中华人民共和国住房和城乡建设部，中华人民共和国国家质量监督检验检疫总局. GB 50010—2010 混凝土结构设计规范. 北京：中国建筑工业出版社，2011.

［2］ 叶列平. 混凝土结构(上册). 北京：中国建筑工业出版社，2012.

［3］ 梁兴文，史庆轩. 混凝土结构设计原理. 2 版. 北京：中国建筑工业出版社，2011.

［4］ 沈蒲生，梁兴文. 混凝土结构设计原理. 4 版. 北京：高等教育出版社，2012.

附　　录

附录1　术语及符号

1.《混凝土结构设计规范》(GB 50010—2010)的部分术语

(1)混凝土结构(concrete structure)

以混凝土为主制成的结构,包括素混凝土结构、钢筋混凝土结构和预应力混凝土结构等。

(2)素混凝土结构(plain concrete structure)

由无筋或不配置受力钢筋的混凝土制成的结构。

(3)钢筋混凝土结构(reinforced concrete structure)

由配置受力的普通钢筋、钢筋网或钢筋骨架的混凝土制成的结构。

(4)预应力混凝土结构(prestressed concrete structure)

由配置受力的预应力钢筋通过张拉或其他方法建立预加应力的混凝土制成的结构。

(5)先张法预应力混凝土结构(pretensioned prestressed concrete structure)

在台座上张拉预应力钢筋后浇筑混凝土,并通过黏结力传递而建立预加应力的混凝土结构。

(6)后张法预应力混凝土结构(post-tensioned prestressed concrete structure)

在混凝土达到规定强度后,通过张拉预应力钢筋并在结构上锚固而建立预加应力的混凝土结构。

(7)现浇混凝土结构(cast-in-situ concrete structure)

在现场支模并整体浇筑而成的混凝土结构。

(8)装配式混凝土结构(prefabricated concrete structure)

由预制混凝土构件或部件通过焊接、螺栓连接等方式装配而成的混凝土结构。

(9)装配整体式混凝土结构(assembled monolithic concrete structure)

由预制混凝土构件或部件通过钢筋、连接件或施加预应力加以连接并现场浇筑混凝土而形成的整体结构。

(10)普通钢筋(ordinary steel bar)

用于混凝土结构构件中的各种非预应力钢筋的总称。

(11)预应力钢筋(prestressing tendon)

用于混凝土结构构件中施加预应力的钢筋、钢丝和钢绞线的总称。

(12)可靠度(degree of reliability)

结构在规定的时间内和规定的条件下完成预定功能的概率。

(13)安全等级(safety class)

根据破坏后果的严重程度划分的结构或结构构件的等级。

（14）设计使用年限（design working life）

设计的结构或结构构件不需进行大修即可按其预定目的使用的时期。

（15）荷载效应（load effect）

由荷载引起的结构或结构构件的反应，例如内力、变形和裂缝等。

（16）荷载效应组合（load effect combination）

按极限状态设计时，为保证结构的可靠性而对同时出现的各种荷载效应设计值规定的组合。

（17）基本组合（fundamental combination）

承载能力极限状态计算时，永久荷载和可变荷载的组合。

（18）标准组合（characteristic combination）

正常使用极限状态验算时，对可变荷载采用标准值、组合值为荷载代表值的组合。

（19）准永久组合（quasi-permanent combination）

正常使用极限状态验算时，对可变荷载采用准永久值为荷载代表值的组合。

2.《混凝土结构设计规范》（GB 50010—2010）的符号

（1）材料性能

E_c——混凝土弹性模量；

E_c^f——混凝土疲劳变形模量；

G_c——混凝土剪切变形模量；

ν_c——混凝土泊松比；

E_s——钢筋弹性模量；

C20——立方体强度标准值为 20 N/mm^2 的混凝土强度等级；

f'_{cu}——施工阶段边长为 150 mm 的混凝土立方体抗压强度；

$f_{cu,k}$——边长为 150 mm 的混凝土立方体抗压强度标准值；

f_{ck}、f_c——混凝土轴心抗压强度标准值和设计值；

f_{tk}、f_t——混凝土轴心抗拉强度标准值和设计值；

f'_{ck}、f'_{tk}——施工阶段混凝土轴心抗压强度、轴心抗拉强度标准值；

f_{yk}、f_{ptk}——普通钢筋、预应力钢筋强度标准值；

f_y、f'_y——普通钢筋抗拉强度和抗压强度设计值；

f_{py}、f'_{py}——预应力钢筋抗拉强度和抗压强度设计值。

（2）作用和作用效应

N——轴向力设计值；

N_k、N_q——按荷载效应标准组合、准永久组合计算的轴向力；

N_p——后张法构件预应力钢筋及非预应力钢筋的合力；

N_{p0}——混凝土法向预应力等于零时预应力钢筋及非预应力钢筋的合力；

N_{u0}——构件的截面轴心受压或轴心受拉承载力设计值；

N_{ux}、N_{uy}——轴向力作用于 x 轴、y 轴的偏心受压或偏心受拉承载力设计值；

M——弯矩设计值；

M_k、M_q——按荷载效应标准组合、准永久组合计算的弯矩值；

M_u——构件的正截面受弯承载力设计值；

M_{cr}——受弯构件的正截面开裂弯矩值；

T——扭矩设计值；

V——剪力设计值；

V_{cs}——构件斜截面上混凝土和箍筋的受剪承载力设计值；

F_l——局部荷载设计值或集中反力设计值；

σ_{ck}、σ_{cq}——荷载效应标准组合、准永久组合下抗裂验算边缘的混凝土法向应力；

σ_{pc}——由预加力产生的混凝土法向应力；

σ_{tp}、σ_{cp}——混凝土中的主拉应力、主压应力；

$\sigma_{c,max}^f$、$\sigma_{c,min}^f$——疲劳验算时受拉区或受压区边缘纤维混凝土的最大应力、最小应力；

σ_s、σ_p——正截面承载力计算中纵向普通钢筋、预应力钢筋的应力；

σ_{sk}——按荷载效应的标准组合计算的纵向受拉钢筋的应力或等效应力；

σ_{con}——预应力钢筋张拉控制应力；

σ_{p0}——预应力钢筋合力点处混凝土法向应力等于零时的预应力钢筋应力；

σ_{pe}——预应力钢筋的有效预应力；

σ_l、σ_l'——受拉区、受压区预应力钢筋在相应阶段的预应力损失值；

τ——混凝土的剪应力；

w_{max}——按荷载效应标准组合并考虑长期作用影响计算的最大裂缝宽度。

（3）几何参数

a、a'——纵向受拉钢筋合力点、纵向受压钢筋合力点至截面近边的距离；

a_s、a_s'——纵向非预应力受拉钢筋合力点、纵向非预应力受压钢筋合力点至截面近边的距离；

a_p、a_p'——受拉区纵向预应力钢筋合力点、受压区纵向预应力钢筋合力点至截面近边的距离；

b——矩形截面的宽度，或 T 形、工字形截面的腹板宽度；

b_f、b_f'——T 形或工字形截面受拉区、受压区的翼缘宽度；

d——钢筋直径或圆形截面的直径；

c——混凝土保护层厚度；

e、e'——轴向力作用点至纵向受拉钢筋合力点、纵向受压钢筋合力点的距离；

e_0——轴向力对截面重心的偏心距；

e_a——附加偏心距；

e_i——初始偏心距；

h——截面高度；

h_0——截面有效高度；

h_f、h_f'——T 形或工字形截面受拉区、受压区的翼缘高度；

i——截面的回转半径；

r_c——曲率半径；

l_a——纵向受拉钢筋的基本锚固长度；

l_0——梁板的计算跨度或柱的计算长度；

s——沿构件轴线方向横向钢筋的间距，螺旋筋的间距或箍筋的间距；

x——混凝土受压区高度；

y_0、y_n——换算截面重心、净截面重心至所计算纤维的距离；

Z——纵向受拉钢筋合力至混凝土受压区合力点之间的距离；

A——构件毛截面面积；

A_0——构件换算截面面积；

A_n——构件净截面面积；

A_s、A_s'——受拉区、受压区纵向非预应力钢筋的截面面积；

A_p、A_p'——受拉区、受压区纵向预应力钢筋的截面面积；

A_{sv1}、A_{st1}——受剪、受扭计算中单肢箍筋的截面面积；

A_{stl}——受扭计算中取用的全部受扭纵向非预应力钢筋的截面面积；

A_{sv}、A_{sh}——同一截面内各肢竖向、水平箍筋或分布钢筋的全部截面面积；

A_{sb}、A_{pb}——同一弯起平面内非预应力、预应力弯起钢筋的截面面积；

A_l——混凝土局部受压面积；

A_{cor}——钢筋网、螺旋筋或箍筋内表面范围内的混凝土核芯面积；

B——受弯构件的截面刚度；

W——截面受拉边缘的弹性抵抗矩；

W_0——换算截面受拉边缘的弹性抵抗矩；

W_n——净截面受拉边缘的弹性抵抗矩；

W_t——截面受扭塑性抵抗矩；

I——截面惯性矩；

I_0——换算截面惯性矩；

I_n——净截面惯性矩。

（4）计算系数及其他

α_1——受压区混凝土矩形应力图的应力值与混凝土轴心抗压强度设计值的比值；

α_E——钢筋弹性模量与混凝土弹性模量的比值；

β_c——混凝土强度影响系数；

β_1——矩形应力图受压区高度与中和轴高度（中和轴到受压区边缘的距离）的比值；

β_l——局部受压时的混凝土强度提高系数；

γ——混凝土构件截面抵抗矩塑性影响系数；

η_{ns}——偏心受压构件考虑二阶弯矩影响的轴向力偏心距增大系数；

λ——计算截面的剪跨比；

μ——摩擦系数；

ρ——纵向受力钢筋的配筋率；

ρ_{sv}、ρ_{sh}——竖向箍筋、水平箍筋或竖向分布钢筋、水平分布钢筋的配筋率；

ρ_v——间接钢筋或箍筋的体积配筋率；

φ——轴心受压构件的稳定系数；

θ——考虑荷载长期作用对挠度增大的影响系数；

ψ——裂缝间纵向受拉钢筋应变不均匀系数。

附录2　《混凝土结构设计规范》(GB 50010—2010) 规定的材料力学指标

附表2-1　混凝土强度标准值、设计值　　　　　　　　　　　　N/mm²

强度种类	混凝土强度等级						
	C15	C20	C25	C30	C35	C40	C45
轴心抗压 f_{ck}	10.0	13.4	16.7	20.1	23.4	26.8	29.6
轴心抗拉 f_{tk}	1.27	1.54	1.78	2.01	2.20	2.39	2.51
轴心抗压 f_c	7.2	9.6	11.9	14.3	16.7	19.1	21.1
轴心抗拉 f_t	0.91	1.10	1.27	1.43	1.57	1.71	1.80
强度种类	混凝土强度等级						
	C50	C55	C60	C65	C70	C75	C80
轴心抗压 f_{ck}	32.4	35.5	38.5	41.5	44.5	47.4	50.2
轴心抗拉 f_{tk}	2.64	2.74	2.85	2.93	2.99	3.05	3.11
轴心抗压 f_c	23.1	25.3	27.5	29.7	31.8	33.8	35.9
轴心抗拉 f_t	1.89	1.96	2.04	2.09	2.14	2.18	2.22

注：1. f_{ck}、f_c 分别为混凝土轴心抗压强度标准值和设计值。

　　2. f_{tk}、f_t 分别为混凝土轴心抗拉强度标准值和设计值。

附表2-2　混凝土弹性模量和疲劳变形模量　　　　　　　　　　10⁴ N/mm²

强度种类	混凝土强度等级						
	C15	C20	C25	C30	C35	C40	C45
弹性模量 E_c	2.20	2.55	2.80	3.00	3.15	3.25	3.35
疲劳变形模量 E_c^f	—	—	—	1.30	1.40	1.50	1.55
强度种类	混凝土强度等级						
	C50	C55	C60	C65	C70	C75	C80
弹性模量 E_c	3.45	3.55	3.60	3.65	3.70	3.75	3.80
疲劳变形模量 E_c^f	1.60	1.65	1.70	1.75	1.80	1.85	1.90

附表2-3(1)　混凝土受压疲劳强度修正系数 γ_ρ

ρ_c^f	$0 \leqslant \rho_c^f < 0.1$	$0.1 \leqslant \rho_c^f < 0.2$	$0.2 \leqslant \rho_c^f < 0.3$	$0.3 \leqslant \rho_c^f < 0.4$	$0.4 \leqslant \rho_c^f < 0.5$	$\rho_c^f \geqslant 0.5$
γ_ρ	0.68	0.74	0.80	0.86	0.93	1.00

附表 2 - 3(2)　混凝土受拉疲劳强度修正系数 γ_ρ

ρ_c^f	$0 < \rho_c^f < 0.1$	$0.1 \leqslant \rho_c^f < 0.2$	$0.2 \leqslant \rho_c^f < 0.3$	$0.3 \leqslant \rho_c^f < 0.4$	$0.4 \leqslant \rho_c^f < 0.5$
γ_ρ	0.63	0.66	0.69	0.72	0.74
ρ_c^f	$0.5 \leqslant \rho_c^f < 0.6$	$0.6 \leqslant \rho_c^f < 0.7$	$0.7 \leqslant \rho_c^f < 0.8$	$\rho_c^f \geqslant 0.8$	—
γ_ρ	0.76	0.80	0.90	1.00	—

注：直接承受疲劳荷载的混凝土构件，当采用蒸汽养护时，养护温度不宜高于 60 ℃。

附表 2 - 4　普通钢筋强度标准值、设计值　　　　　　　　N/mm²

种　　类		符号	公称直径 d/mm	f_y'	f_y	f_{yk}
热轧钢筋	HPB300	φ	6 ~ 14	270	270	300
	HRB335	$\underline{\Phi}$	6 ~ 14	300	300	335
	HRB400 HRBF400 RRB400	Φ Φ^F Φ^R	6 ~ 50	360	360	400
	HRB500 HRBF500	Φ Φ^F	6 ~ 50	435	435	500

注：1. 构件中配有不同种类的钢筋时，每种钢筋根据其受力情况采取各自的强度设计值。

2. 当用做受剪、受扭、受冲切承载力验算时，其抗拉强度设计值大于 360 N/mm²时，仍应按 360 N/mm²取用。

3. 500 级钢筋用于轴心受压构件时，抗压强度设计值取 400 N/mm²。

4. 当吊环或吊钩直径大于 14 mm 时，可采用 Q235 钢棒。

附表 2 - 5　预应力钢筋强度标准值

种　　类		符号	公称直径 d/mm	屈服强度标准值 f_{pyk}/(N·mm⁻²)	极限强度标准值 f_{ptk}/(N·mm⁻²)
中强度 预应力 钢丝	光面	ϕ^{PM}	5、7、9	620	800
				780	970
	螺旋肋	ϕ^{HM}		980	1 270
预应力 螺纹 钢筋	螺纹	ϕ^T	18、25、32、40、50	785	980
				930	1 080
				1 080	1 230
钢绞线	1 × 3 （三股）	ϕ^s	8.6、10.8、12.9	—	1 570
				—	1 860
				—	1 960
	1 × 7 （七股）		9.5、12.7、15.2、17.8	—	1 720
				—	1 860
				—	1 960
			21.6	—	1 860

种　　类		符号	公称直径 d/mm	屈服强度标准值 f_{pyk}/(N·mm^{-2})	极限强度标准值 f_{ptk}/(N·mm^{-2})
消除应力钢丝	光面	ϕ^P	5	—	1 570
					1 860
	螺旋肋	ϕ^H	7	—	1 570
			9	—	1 470
					1 570

注：1. 钢绞线直径 d 系指钢绞线外接圆直径，即《预应力混凝土用钢绞线》(GB/T 5224—2014)中的公称直径 D_g。

　　2. 消除应力光面钢丝直径 d 为 4~9 mm，消除应力螺旋肋钢丝直径 d 为 4~8 mm。

附表 2-6　预应力钢筋强度设计值　　　　　N/mm^2

种　　类	极限强度标准值 f_{ptk}	抗拉强度设计值 f_{py}	抗压强度设计值 f'_{py}
中强度预应力钢丝	800	510	410
	970	650	
	1 270	810	
消除应力钢丝	1 470	1 040	410
	1 570	1 110	
	1 860	1 320	
钢绞线	1 570	1 110	390
	1 720	1 220	
	1 860	1 320	
	1 960	1 390	
预应力螺纹钢筋	980	650	400
	1 080	770	
	1 230	900	

注：对于中强度预应力钢丝及预应力螺纹钢筋，$f_{py} = f_{pyk}/\gamma_s$；对于钢绞线及消除应力钢丝，$f_{py} = 0.85 f_{ptk}/\gamma_s$。

附表 2-7　钢筋弹性模量　　　　　10^5 N/mm^2

种　　类	E_s
HPB300 钢筋	2.10
HRB335、HRB400、HRB500 钢筋 HRBF400、HRBF500 钢筋 RRB400 钢筋 预应力螺纹钢筋	2.00
消除应力钢丝、中强度预应力钢丝	2.05
钢绞线	1.95

附表 2 - 8　普通钢筋疲劳应力幅限值　　　　　　　N/mm²

疲劳应力比值 ρ_s^f	疲劳应力幅限值 Δf_y^f	
	HRB335	HRB400
0	175	175
0.1	162	162
0.2	154	156
0.3	144	149
0.4	131	137
0.5	115	123
0.6	97	106
0.7	77	85
0.8	54	60
0.9	28	31

注：当纵向受拉钢筋采用闪光接触对焊连接时，其接头处的钢筋疲劳应力幅限值应按表中数值乘以 0.8 取用。

附表 2 - 9　预应力钢筋疲劳应力幅限值　　　　　　　N/mm²

疲劳应力比值 ρ_p^f	疲劳应力幅限值 Δf_{py}^f	
	钢绞线 ($f_{ptk} = 1\,570$)	消除应力钢丝 ($f_{ptk} = 1\,570$)
0.7	144	240
0.8	118	168
0.9	70	88

注：1. 当 ρ_p^f 不小于 0.9 时，可不作预应力钢筋疲劳验算。

　　2. 当有充分的依据时，可对表中规定的疲劳应力幅限值作适当调整。

附录3　钢筋的计算截面面积、公称质量、轴心受压构件的稳定系数及相关计算表格

附表3－1　钢筋的计算截面面积及理论质量表

公称直径/ mm	不同根数钢筋的计算截面面积/mm²									单根钢筋理论质量/(kg·m⁻¹)
	1	2	3	4	5	6	7	8	9	
6	28.3	57	85	113	142	170	198	226	255	0.222
8	50.3	101	151	201	252	302	352	402	453	0.395
10	78.5	157	236	314	393	471	550	628	707	0.617
12	113.1	226	339	452	565	678	791	904	1 017	0.888
14	153.9	308	461	615	769	923	1 077	1 231	1 385	1.21
16	201.1	402	603	804	1 005	1 206	1 407	1 608	1 809	1.58
18	254.5	509	763	1 017	1 272	1 527	1 781	2 036	2 290	2.00 (2.11)
20	314.2	628	942	1 256	1 570	1 884	2 199	2 513	2 827	2.47
22	380.1	760	1 140	1 520	1 900	2 281	2 661	3 041	3 421	2.98
25	490.9	982	1 473	1 964	2 454	2 945	3 436	3 927	4 418	3.85 (4.10)
28	615.8	1 232	1 847	2 463	3 079	3 695	4 310	4 926	5 542	4.83
32	804.2	1 609	2 413	3 217	4 021	4 826	5 630	6 434	7 238	6.31 (6.65)
36	1 017.9	2 036	3 054	4 072	5 089	6 107	7 125	8 143	9 161	7.99
40	1 256.6	2 513	3 770	5 027	6 283	7 540	8 796	10 053	11 310	9.87 (10.34)
50	1 964	3 928	5 892	7 856	9 820	11 784	13 748	15 712	17 676	15.42 (16.28)

注：括号内为预应力螺纹钢筋的数值。

附表3－2　钢筋混凝土板每米宽的钢筋截面面积

钢筋间距/ mm	当钢筋直径(mm)为下列数值时的钢筋截面面积/mm²										
	6	6/8	8	8/10	10	10/12	12	12/14	14	14/16	16
70	404	561	718	920	1 122	1 369	1 616	1 907	2 199	2 536	2 872
75	377	524	670	859	1 047	1 278	1 508	1 780	2 053	2 367	2 681
80	353	491	628	805	982	1 198	1 414	1 669	1 924	2 218	2 513
85	333	462	591	758	924	1 127	1 331	1 571	1 811	2 088	2 365
90	313	436	559	716	873	1 065	1 257	1 484	1 710	1 972	2 234
95	298	413	529	678	827	1 009	1 190	1 405	1 620	1 886	2 116
100	283	393	503	644	785	958	1 131	1 335	1 539	1 775	2 011
110	257	357	457	585	714	871	1 028	1 214	1 399	1 614	1 828

钢筋间距/ mm	当钢筋直径（mm）为下列数值时的钢筋截面面积/mm²										
	6	6/8	8	8/10	10	10/12	12	12/14	14	14/16	16
120	236	327	419	538	654	798	942	1 113	1 283	1 480	1 676
125	226	314	402	515	628	767	905	1 068	1 232	1 420	1 608
130	217	302	387	495	604	737	870	1 027	1 184	1 336	1 547
140	202	280	359	460	561	684	808	945	1 100	1 268	1 436
150	188	262	335	429	524	639	754	890	1 026	1 183	1 340
160	177	245	314	403	491	599	707	834	962	1 110	1 257
170	166	231	296	379	462	564	665	785	906	1 044	1 183
180	157	218	279	358	436	532	628	742	855	985	1 117
190	149	207	265	339	413	504	595	703	810	934	1 058
200	141	196	251	322	393	479	565	668	770	888	1 005
220	129	178	228	293	357	436	514	607	700	807	914
240	118	164	209	268	327	399	471	556	641	740	838
250	113	157	201	258	314	383	452	534	616	710	804
260	109	151	193	248	302	369	435	514	592	682	773
280	101	140	180	230	280	342	404	477	550	634	718
300	94	131	168	215	262	319	377	445	513	592	670
320	88	123	157	201	245	299	353	417	481	554	630
330	86	119	152	195	238	290	343	405	466	538	609

注：表中钢筋直径有写成分式者，如 6/8 系指 φ6、φ8 钢筋间隔配置。

附表 3 – 3　钢筋混凝土轴心受压构件的稳定系数

l_0/b	≤8	10	12	14	16	18	20	22	24	26	28
l_0/d	≤7.0	8.5	10.5	12.0	14.0	15.5	17.0	19.0	21.0	22.5	24.0
l_0/i	≤28	35	42	48	55	62	69	76	83	90	97
φ	1.00	0.98	0.95	0.92	0.87	0.81	0.75	0.70	0.65	0.60	0.56
l_0/b	30	32	34	36	38	40	42	44	46	48	50
l_0/d	26.0	28.0	29.5	31.0	33.0	34.5	36.5	38.0	40.0	41.5	43.0
l_0/i	104	111	118	125	132	139	146	153	160	167	174
φ	0.52	0.48	0.44	0.40	0.36	0.32	0.29	0.26	0.23	0.21	0.19

注：表中 l_0 为构件的计算长度，钢筋混凝土柱可按《混凝土结构设计规范》（GB 50010—2010）第 6.2.20 条的规定取用；b 为矩形截面的短边尺寸；d 为圆形截面的直径；i 为截面的最小回转半径。

附表 3 - 4　钢筋混凝土矩形和 T 形截面受弯构件正截面受弯承载力计算系数

ξ	γ_s	α_s	ξ	γ_s	α_s
0.04	0.980	0.039	0.33	0.835	0.275
0.05	0.975	0.048	0.34	0.830	0.282
0.06	0.970	0.058	0.35	0.825	0.289
0.07	0.965	0.067	0.36	0.820	0.295
0.08	0.960	0.077	0.37	0.815	0.301
0.09	0.955	0.085	0.38	0.810	0.309
0.10	0.950	0.950	0.39	0.805	0.314
0.11	0.945	0.104	0.40	0.800	0.320
0.12	0.940	0.113	0.41	0.795	0.326
0.13	0.935	0.121	0.42	0.790	0.332
0.14	0.930	0.130	0.43	0.785	0.337
0.15	0.925	0.139	0.44	0.780	0.343
0.16	0.920	0.147	0.45	0.775	0.349
0.17	0.915	0.155	0.46	0.770	0.354
0.18	0.910	0.164	0.47	0.765	0.359
0.19	0.905	0.172	0.48	0.760	0.365
0.20	0.900	0.180	0.49	0.755	0.370
0.21	0.895	0.188	0.50	0.750	0.375
0.22	0.890	0.196	0.51	0.745	0.380
0.23	0.885	0.203	0.52	0.740	0.385
0.24	0.880	0.211	0.53	0.735	0.390
0.25	0.875	0.219	0.54	0.730	0.394
0.26	0.870	0.226	0.55	0.725	0.400
0.27	0.865	0.234	0.56	0.720	0.403
0.28	0.860	0.241	0.57	0.715	0.408
0.29	0.855	0.248	0.58	0.710	0.412
0.30	0.850	0.255	0.59	0.705	0.416
0.31	0.845	0.262	0.60	0.700	0.420
0.32	0.840	0.269	0.61	0.695	0.424

附录4 《混凝土结构设计规范》
（GB 50010—2010）的有关规定

附表4-1 受弯构件的挠度限值

构件类型	挠度限值
吊车梁： 手动吊车 电动吊车	$l_0/500$ $l_0/600$
屋盖、楼盖及楼梯构件： 当 $l_0 < 7$ m 时 当 7 m $\leqslant l_0 \leqslant 9$ m 时 当 $l_0 > 9$ m 时	$l_0/200$（$l_0/250$） $l_0/250$（$l_0/300$） $l_0/300$（$l_0/400$）

注：1. 表中 l_0 为构件的计算跨度；计算悬臂构件的挠度限值时，其计算跨度 l_0 按实际悬臂长度的 2 倍取用。

2. 表中括号内的数值适用于使用上对挠度有较高要求的构件。

3. 如果构件制作时预先起拱，且使用上也允许，则在验算挠度时可将计算所得的挠度值减去起拱值；对于预应力混凝土构件，尚可减去预加力所产生的反拱值。

4. 构件制作时的起拱值和预加力所产生的反拱值，不宜超过构件在相应荷载组合作用下的计算挠度值。

附表4-2 混凝土结构暴露的环境类别

环境类别	条 件
一	室内干燥环境；无侵蚀性静水浸没环境
二 a	室内潮湿环境；非严寒和非寒冷地区的露天环境；非严寒和非寒冷地区与无侵蚀性的水或土壤直接接触的环境；严寒和寒冷地区的冰冻线以下与无侵蚀性的水或土壤直接接触的环境
二 b	干湿交替的环境；水位频繁变动的环境；严寒和寒冷地区的露天环境；严寒和寒冷地区的冰冻线以上与无侵蚀性的水或土壤直接接触的环境
三 a	严寒和寒冷地区冬季水位变动区环境；受除冰盐影响的环境；海风环境
三 b	盐渍土环境；受除冰盐作用的环境；海岸环境
四	海水环境
五	受人为或自然侵蚀性物质影响的环境

注：1. 室内潮湿环境是指构件表面经常处于结露或湿润状态的环境。

2. 严寒和寒冷地区的划分应符合现行国家标准《民用建筑热工设计规范》（GB 50176—2016）的规定。

3. 海岸环境和海风环境宜根据当地情况，考虑主导风向及结构所处迎风、背风部位等因素的影响，由调查研究和工程经验确定。

4. 受除冰盐影响的环境是指受到除冰盐雾影响的环境；受除冰盐作用的环境是指被除冰盐溶液溅射的环境以及使用除冰盐地区的洗车房、停车楼等建筑。

5. 暴露的环境是指混凝土结构表面所处的环境。

附表 4 - 3　结构构件的裂缝控制等级及最大裂缝宽度限值

环境类别	钢筋混凝土结构		预应力混凝土结构	
	裂缝控制等级	w_{lim}/mm	裂缝控制等级	w_{lim}/mm
一	三级	0.30(0.40)	三级	0.20
二 a		0.20		0.10
二 b			二级	—
三 a、三 b			一级	—

注：1. 对处于年平均相对湿度小于 60% 地区一类环境下的受弯构件，其最大裂缝宽度限值可采用括号内的数值。

2. 在一类环境下，对钢筋混凝土屋架、托架及需作疲劳验算的吊车梁，其最大裂缝宽度限值应取 0.2 mm；对钢筋混凝土屋面梁和托梁，其最大裂缝宽度限值应取 0.3 mm。

3. 在一类环境下，对预应力混凝土屋架、托架及双向板体系，应按二级裂缝控制等级进行验算；对一类环境下的预应力混凝土屋面梁、托梁、单向板，应按表中二 a 级环境的要求进行验算；在一类和二 a 类环境下，对需作疲劳验算的预应力混凝土吊车梁，应按裂缝控制等级不低于二级的构件进行验算。

4. 表中规定的预应力混凝土构件的裂缝控制等级和最大裂缝宽度限值仅适用于正截面的验算；预应力混凝土构件的斜截面裂缝控制验算应符合《混凝土结构设计规范》中的相关要求。

5. 对于烟囱、筒仓和处于液体压力下的结构构件，其裂缝控制要求应符合专门标准的有关规定。

6. 对于处于四类、五类环境下的结构构件，其裂缝控制要求应符合专门标准的有关规定。

7. 表中的最大裂缝宽度限值是用于验算荷载作用引起的最大裂缝宽度。

附表 4 - 4　混凝土保护层最小厚度 c　　　　　　　　　　mm

环境类别	板、墙、壳	梁、柱、杆
一	15	20
二 a	20	25
二 b	25	35
三 a	30	40
三 b	40	50

注：1. 当混凝土强度等级不大于 C25 时，表中保护层厚度数值应增加 5 mm。

2. 钢筋混凝土基础宜设置混凝土垫层，基础中钢筋的保护层厚度应从垫层顶面算起，且不应小于 40 mm。

3. 构件中受力钢筋的保护层厚度不应小于钢筋的公称直径。

4. 设计使用年限为 100 年的混凝土结构，最外层钢筋的保护层厚度不应小于表中数值的 1.4 倍。

5. 当采用工厂化生产的预制构件或掺加阻锈剂和采用阴极保护处理措施的构件或构件表面有可靠的防护层时，可适当减小保护层厚度。

6. 对地下室墙体采取可靠的建筑防水或防护措施时，与土层接触一侧的钢筋保护层厚度可适当减少，但不应小于 25 mm。

7. 当梁、柱、墙中纵向受力钢筋的保护层厚度大于 50 mm 时，宜对保护层采取有效的构造措施。当在保护层内配置防裂、防剥落的钢筋网片时，网片钢筋的保护层厚度不应小于 25 mm。

附表 4 - 5　截面抵抗矩塑性影响系数基本值 γ_m

项次	1	2	3		4		5
截面形状	矩形截面	翼缘位于受压区的 T 形截面	对称工字形截面或箱形截面		翼缘位于受拉区的 T 形截面		圆形和环形截面
			$b_f/b \leqslant 2$，h_f/h 为任意值	$b_f/b > 2$，$h_f/h < 0.2$	$b_f/b \leqslant 2$，h_f/h 为任意值	$b_f/b > 2$，$h_f/h < 0.2$	
γ_m	1.55	1.50	1.45	1.35	1.50	1.40	$(1.6 \sim 0.24)r_1/r$

注：1. 对于 $b_f' > b_f$ 的工字形截面，可按项次 2 与项次 3 之间的数值采用；对于 $b_f' \leqslant b_f$ 的工字形截面，可按项次 3 与项次 4 之间的数值采用。

　　2. 对于箱形截面，b 指各肋宽度的总和。

　　3. r_1 为环形截面的内环外径，对于圆形截面，取 $r_1 = 0$。

附表 4 - 6　混凝土构件纵向钢筋的最小配筋百分率

受力类型		最小配筋百分率
受压构件	全部纵向钢筋　强度等级 500 MPa	0.50%
	全部纵向钢筋　强度等级 400 MPa	0.55%
	全部纵向钢筋　强度等级 300 MPa、335 MPa	0.60%
	一侧纵向钢筋	0.20%
受弯构件、偏心受拉、轴心受拉构件一侧的受拉钢筋		0.20% 和 $45f_t/f_y$ 中的较大值

注：1. 受压构件全部纵向钢筋的最小配筋百分率，当采用 C60 以上强度等级的混凝土时，应按表中规定增加 0.1%。

　　2. 板类受弯构件(不包括悬臂板)的受拉钢筋，当采用强度等级为 400 MPa、500 MPa 的钢筋时，其最小配筋百分率应允许采用 0.15% 和 $45f_t/f_y$ 中的较大值。

　　3. 偏心受拉构件中的受压钢筋，应按受压构件一侧纵向钢筋考虑。

　　4. 受压构件的全部纵向钢筋和一侧纵向钢筋的配筋率以及轴心受拉构件和小偏心受拉构件一侧受拉钢筋的配筋率应按构件的全截面面积计算。

　　5. 受弯构件、大偏心受拉构件一侧受拉钢筋的配筋率应按全截面面积扣除受压翼缘面积 $(b_f' - b) h_f'$ 后的截面面积计算。

　　6. 当钢筋沿构件截面周边布置时，"一侧纵向钢筋"指沿受力方向两个对边中的一边布置的纵向钢筋。

附录5　《公路钢筋混凝土及预应力混凝土桥涵设计规范》（JTG D62）规定的材料力学指标

附表5－1　混凝土强度设计值　　　　　　　　　　　　　MPa

强度种类	符号	混凝土强度等级						
		C25	C30	C35	C40	C45	C50	C55
抗压设计强度	f_{cd}	11.5	13.8	16.1	18.4	20.5	22.4	24.4
抗拉设计强度	f_{td}	1.23	1.39	1.52	1.65	1.74	1.83	1.89
强度种类	符号	混凝土强度等级						
		C60	C65	C70	C75	C80		
抗压设计强度	f_{cd}	26.5	28.5	30.5	32.4	34.6		
抗拉设计强度	f_{td}	1.96	2.02	2.07	2.10	2.14		

注：计算现浇钢筋混凝土轴心受压和偏心受压构件时，如截面的长边或直径小于300 mm，则表中数值应乘以系数0.8，但当构件质量（混凝土成型、截面和轴线尺寸等）确有保证时，可不受此限制。

附表5－2　混凝土的弹性模量　　　　　　　　　　　　　10^4 MPa

混凝土强度等级	C25	C30	C35	C40	C45	C50	C55
E_c	2.80	3.00	3.15	3.25	3.35	3.45	3.55
混凝土强度等级	C60	C65	C70	C75	C80		
E_c	3.60	3.65	3.70	3.75	3.80		

注：当采用引气剂及较高砂率的泵送混凝土且无实测数据时，表中C50～C80的E_c值应乘以折减系数0.95。

附表5－3　普通钢筋抗拉强度标准值　　　　　　　　　　MPa

牌号	符号	公称直径 d/mm	屈服强度标准值 f_{sk}	极限强度标准值 f_{stk}
HPB300	ϕ	6～14	300	420
HRB400 HRBF400 RRB400	$\oplus$ $\oplus^F$ $\oplus^R$	6～50	400	540
HRB500 HRBF500	Φ Φ^F	6～50	500	630

附表 5 - 4　普通钢筋抗拉、抗压强度设计值　　　　　　　　　　　　　　MPa

牌　　号	抗拉强度设计值 f_{sd}	抗压强度设计值 f'_{sd}
HPB300	250	250
HRB400、HRBF400、RRB400	330	330
HRB500、HRBF500	415	415

注：1. 钢筋混凝土轴心受拉和小偏心受拉构件的钢筋抗拉强度设计值大于 330 MPa 时，仍应按 330 MPa 取用；在斜截面抗剪承载力、受扭承载力和冲切承载力计算中，垂直于纵向受力钢筋的箍筋或间接钢筋等横向钢筋的抗拉强度设计值大于 330 MPa 时，仍应取 330 MPa。

2. 构件中配有不同种类的钢筋时，每种钢筋应采用各自的强度设计值。

附表 5 - 5　普通钢筋的弹性模量　　　　　　　　　　　　　　10^5 MPa

钢筋种类	E_s	钢筋种类	E_s
HPB300	2.10	钢绞线	1.95
HRBF400、RRB400、HRB500、HRBF500、精轧螺纹钢筋	2.00	消除应力钢丝、中强度预应力钢丝	2.05